商管全華圖書叢書 BUSINESS MANAGEMENT

第8版

顧客關係管理

CUSTOMER RELATIONSHIP MANAGEMENT

徐茂練 編著

全華

八版序

本書自2004年初版至今，已經十八年。從歷史的洪流來看，十八年是短暫的，人們的價值觀並沒有快速改變，消費的價值觀緩慢的趨向表現自我，也因此使得消費者的需求與消費行為有了豐富的變化，消費者的自我風格有深入的內涵且人人不同，滿足個別消費者的需求及提供個人化的互動，成為企業競爭力的戰場。

十八年對瞬息萬變的科技來說，光資訊技術上就有許多的進展，例如行動網路、消費化趨勢、社群網路、物聯網、大數據、人工智慧等，被善用於顧客關係管理領域。企業與顧客之間的關係更直接、通路更多元，例如利用網紅或是社群意見領袖來協助行銷與銷售、粉絲及會員經營更為熱絡，生態系的關係也成為重要的趨勢。資訊科技搭配消費者表現自我的價值觀，可以蒐集或整合消費者日常生活的相關資料，以消費者為對象（相對於以企業的消費者顧客為對象）成為新的顧客關係。這種個人個性化與多元的接觸使得顧客關係管理的策略及互動方案的設計，有更多的創意，當然也充滿了機會與挑戰。

本書第八版延續既有的完整架構，刪除一些過時的技術，增加新的概念與資料處理的方式，也加上配合這些新議題的個案，在章節安排上，做了以下一些修正：

1. 依據各章的主題提供較為新的企業個案，包含章前企業觀測站與章末個案，以便對照觀念演進的趨勢。
2. 依據各章的主題增加更多的迷你案例（News 報），除了將概念對照實務的運作之外，也提供更多課堂討論的素材。

3. 第六章資料處理章節，除原有的大數據之外，增加物聯網、大數據、行動通訊 5G、區塊鏈、延展實境技術以及人工智慧的概念，雖然在技術上沒有太深的著墨，但是對於這些技術如何應用於顧客關係管理的影響，有比較具體的介紹。

我們的期望是，顧客關係管理概念能與實務做更密切的連結。在既有的觀念架構以及應用個案的討論之外，本書的內容也要配合資訊科技，使得顧客關係管理的相關概念，在業界的應用更為普遍。

本書的出版結合多人的專業以及時間心力的付出，在此一一特致感謝之意。首先感謝我在交通大學經營管理研究所博士班的學長，銘傳大學企業管理學系林進財講座教授，以及國立暨南國際大學國際企業學系施信佑教授，在百忙之中撥冗審閱並推薦，給我莫大的鼓舞；其次是在學術界的前輩好友，國立臺中科技大學商學院戴錦周教授，以及國立雲林科技大學工業工程與管理系鄭博文教授，對我一路提攜，可謂亦師亦友，對本書也熱情推薦；再來感謝清華大學工業工程系的同學工業技術研究院服務系統科技中心謝文雄組長，對本書的制度與管理內容，尤其是專案管理，提供許多建議。要特別感謝郁用數碼股份有限公司賴承郁總經理，以實務上業界實用的系統支援本書的實作習題，更對本書的內容提供許多的建議與指正；全華陳董事長本源的慨允八版及編輯部同仁林芸珊及陳品蓁小姐的細心校稿，本書方才順利付梓。

感謝讀者對本書的支持，也感謝提供寶貴的意見。本書雖再三修正，然疏漏之處恐在所難免，祈望讀者與先進不吝指正，希望本書能持續精進，一直陪伴大家觀察企業與顧客之間的微妙變化。

徐茂練 謹識

2022.12

作　者　序

近年來顧客關係管理相當受到理論界與實務界的重視，其主要的推動力量來自兩方面，一個是關係行銷觀念的崛起，第二是資訊科技的進步。

關係行銷觀念的演進趨勢是視企業與消費者或企業與企業之間的關係為公司重要的資產。如果以最終顧客為核心，則企業需要與最終顧客維持良好關係，一方面顧客的角色變得更重要；另一方面，企業也期望透過替最終顧客提供效益，進而為本身創造價值。其次，為了要滿足最終顧客的需求，企業必須做最正確與最快速的回應，這也使得企業必須要與供應商、通路商等合作夥伴進行緊密的合作，因此顧客關係變成重要的議題。

資訊科技的進步主要表現在網際網路傳輸能力的進步、多媒體與高容量的資料處理能力，使得企業可以詳細地記錄個別顧客的基本資料、行為偏好、交易記錄等訊息，進而提供客製化的產品、個人化的服務或促銷活動。這種資訊處理的能力大大地提升了顧客關係的緊密程度，許多的資料收集技術（如搜尋引擎、智慧代理人、網路問卷調查、網路社群、購物車等）以及資料分析的軟體（如資料採礦、資料倉儲、顧客關係套裝軟體等）均已經日益成熟並普遍為人採用。

如此一來，顧客關係管理已經逐漸成為企業界熱門的話題，甚至有人預測顧客關係管理是明日的ERP。在這過程中，一些現象是值得提出來說明的。首先，許多企業界的高階主管紛紛在報章雜誌或期刊文獻，強調顧客關係管理的重要性，也分享該公司推動顧客關係或採用資料倉儲成功的經驗。這是一個令人振奮的訊息，然而我們更想知道這些企業獲致成功，其背後的努力為何？例如，構想如何產生？投入哪些資源？如何運用？

其次，在教科書方面，許多有關電子商務、網路行銷、資訊系統、企業e化等方面的教科書，已經逐漸重視顧客關係管理的議題，顧客關係管理往往被列為這些教科書的其中一個章節，我們對於顧客關係管理的了解無疑地又更進一步。

接著，便出現許多有關顧客關係管理的書籍或教科書，這些書籍對顧客關係管理的理論背景與運作方式，各有偏重，或是著重策略面，討論企業與顧客關係的原理與策略聯盟的構建；或是探討顧客關係管理導入的要領與步驟；或是偏重資訊技術的應用；也有探討許多的實務個案。加上學術上熱烈的討論，在在顯示顧客關係管理的觀念與實務已經日益普遍，而且頗具發展之潛力。

就一個大學或技專院校商管背景的學生而言，為了要學習顧客關係管理的理論與實務，面對這些書籍，選擇閱讀時不易取捨，需要一個具有整合性而且入門的教科書作為指引。所謂整合性，指的是顧客關係管理所牽涉的行銷、策略、資訊、管理等概念的整合，有了整體的概念，再進一步去鑽研相關的理論背景與運作的實務細節，方能充實顧客關係管理推行團隊之專業知識與團隊合作技巧，善用相關工具，提高成功導入之機率。這便是本書最初始的動機與構想。

在全華圖書「以簡易的觀念配合整體架構導引學生學習」的理念配合、以及對本書的全力支持之下，促成了此書的出版。首先運用基本的邏輯架構來描述顧客關係管理的目標與相關元件，這便是整合性的概念；繼而說明達成目標的各項元件發展流程，作為規劃、分析、設計顧客關係管理系統之依循；最後說明顧客關係管理的實務運作方式。本書寫作時文筆相當淺顯易懂，也引用許多實例說明，每章之後均有與該章主題相關之實務個案，以供討論，是一本相當適合大專院校顧客關係管理課程之教科書，或商管相關課程之參考書籍。

由於作者才疏學淺，此書又匆匆付梓，疏漏之處，恐在所難免，期望各界先進，不吝指正。

徐茂練 謹識

本書導讀

本書導讀－顧客關係進行曲

步驟 1 瀏覽內容架構

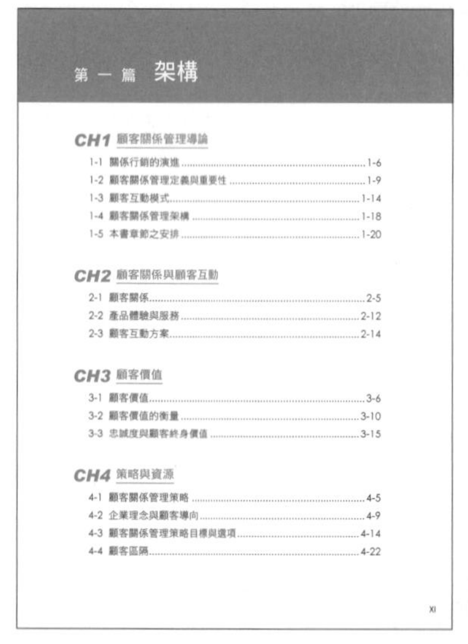

第一篇 架構

CH1 顧客關係管理導論

CH2 顧客關係與顧客互動

CH3 顧客價值

CH4 策略與資源

XI

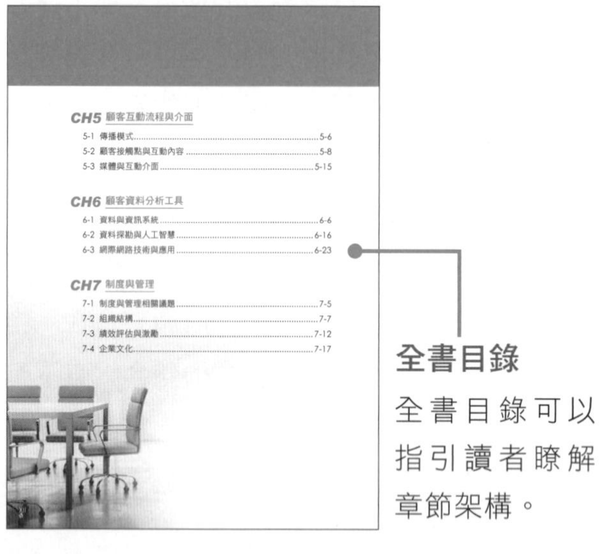

CH5 顧客互動流程與介面

CH6 顧客資料分析工具

CH7 制度與管理

全書目錄

全書目錄可以指引讀者瞭解章節架構。

完整架構

本書共十四章，以內容概念分為三大篇，包含「架構」、「發展」及「運用」，使讀者能清楚知道各章節是屬於這三類的一部分。

Chapter 1

顧客關係管理導論

學習目標
- 了解顧客關係管理的定義及重要性。
- 了解顧客互動模式。
- 了解顧客關係管理的整體架構。

前言

在顧客導向的時代，顧客是公司的重要資產，與顧客建立及維持良好的關係，不但可以提升業績，而且提升公司的競爭優勢。但是推動顧客關係管理（Customer Relationship Management）之前，需要有整體的概念，不致淪為盲目的引進資訊技術，畢竟技術是為了支援公司所有的業務活動而採用。同時沒有公司的後勤支援，業務單位也很難與顧客進行良好的互動，也就是顧客關係管理的推動，是整個公司的工作而非業務單位或客服人員的單打獨鬥。

推動顧客關係管理對企業而言，是一種變革，也是一種創新，創新的採用是否有效，關鍵在於該項創新是否有相對的效益以及企業採用創新的過程是否嚴謹。因此針對顧客關係管理這項變革，應先加以了解，方能評估是否採用。本章先介紹顧客關係管理的演進趨勢，再對顧客關係管理的內容做一個整體性的介紹，顧客關係管理的演進主要基於關係行銷的觀念，以及資訊通訊技術的強力支援，其核心內容在於企業與顧客的互動，但企業的整體技術、制度、資訊，甚至策略目標，均需充分支援顧客互動，方能產生績效。

易言之，推動顧客關係管理之前，需從組織面去探討其關聯性。一個良好的顧客關係管理架構可以帶領相關人員有效地認識顧客關係管理，繼而判斷是否該推行，以及如何推行，方能有顯著的成效。

本章架構

章首包含學習目標及前言，引導讀者瞭解本章要學習的重點，也可以吸引其進入顧客關係管理的基礎概念。

步驟 2 內容深入學習

企業觀測站

自 2020 年 3 月 19 日全面禁止旅行團出團起，臺灣入境人次重挫 93.88%，出境人次出現負成長，旅遊業龍頭雄獅集團每月的行銷費用高達 30 億元，怎麼活？

首先是產品創新，像是餐飲服務、雲端廚房、「雄獅嚴選」。雄獅於 2020 年 10 月，在臺北內湖開設首家「gonna EXPRESS」，看準疫後消費者重視健康的飲食趨勢，主打輕食、沙拉等少油、蔬食餐飲。雄獅早在 2017 年就進軍餐飲業，創立「欣食旅」，2020 年初，斥資千萬於內湖總部打造中央廚房，更在 2021 年 6 月成立雲端廚房，回應高速度成長的外送需求。

二是服務創新，與 KLOOK、豐趣科技結盟，設立旅遊服務化、數位化平台「NEXT」，幫助旅遊服務商家數位化，節省電子票券結帳的核銷成本。KLOOK 和雄獅結合各自供應商的產品，重新包裝成獨家商品，再由豐趣技術串接起二家行程，顧客只要掃一個 QR Code 就能通行，現階段有逾 400 家供應商導入。

三是體驗創新，雄獅縮編全臺 85 家門市至 50 家，整併旅遊產品的銷售、諮詢、餐飲、伴手禮等服務，轉型為複合店型。不僅如此，雄獅也正評估元宇宙的虛擬體驗，思考另類的旅遊服務與產品。

疫情逐漸解封之下，雄獅的海外旅遊本業往國內發展，從分眾市場規劃多元體驗。以高端客群而言，2019 年 7 月推出的「Signature 雄師璽品」，聚焦五星級體驗，

企業觀測站

麗池卡登飯店（Ritz-Carlton）創辦人利茲（Caesar Ritz）和艾斯柯菲爾（August Escoffier）在一百多年前就已經訂定了顧客至上的標準，這是顧客導向的先驅之一，也是企業文化的表現。麗池卡登經常教育其員工有關公司的傳統與價值觀，該公司的「黃金標準」（Gold Standards）信條列出了這些傳統與價值觀，並印製於員工隨身攜帶的一張卡片上。黃金標準信條開宗明義：「我們是為女士與先生服務的女士與先生。」接著陳述與顧客互動的原則，例如，我隨時對我們的賓客所提出的或未提出的希望與需要作出回應、我不斷地尋找有助於創新及改善麗池卡登飯店體驗的機會，我立即解決賓客的問題等。

這樣的價值觀也落實到人力資源制度，麗池卡登的價值觀是所有員工訓練課程獎勵方案的基礎，在每位員工每天上班後的前十五分鐘「入列」（Lineup）會議中，

章前個案

章前的「企業觀測站」，以個案方式來吸引讀者學習顧客關係管理的概念，用案例帶入本章學習內容。

本書導讀

本書導讀－顧客關係進行曲

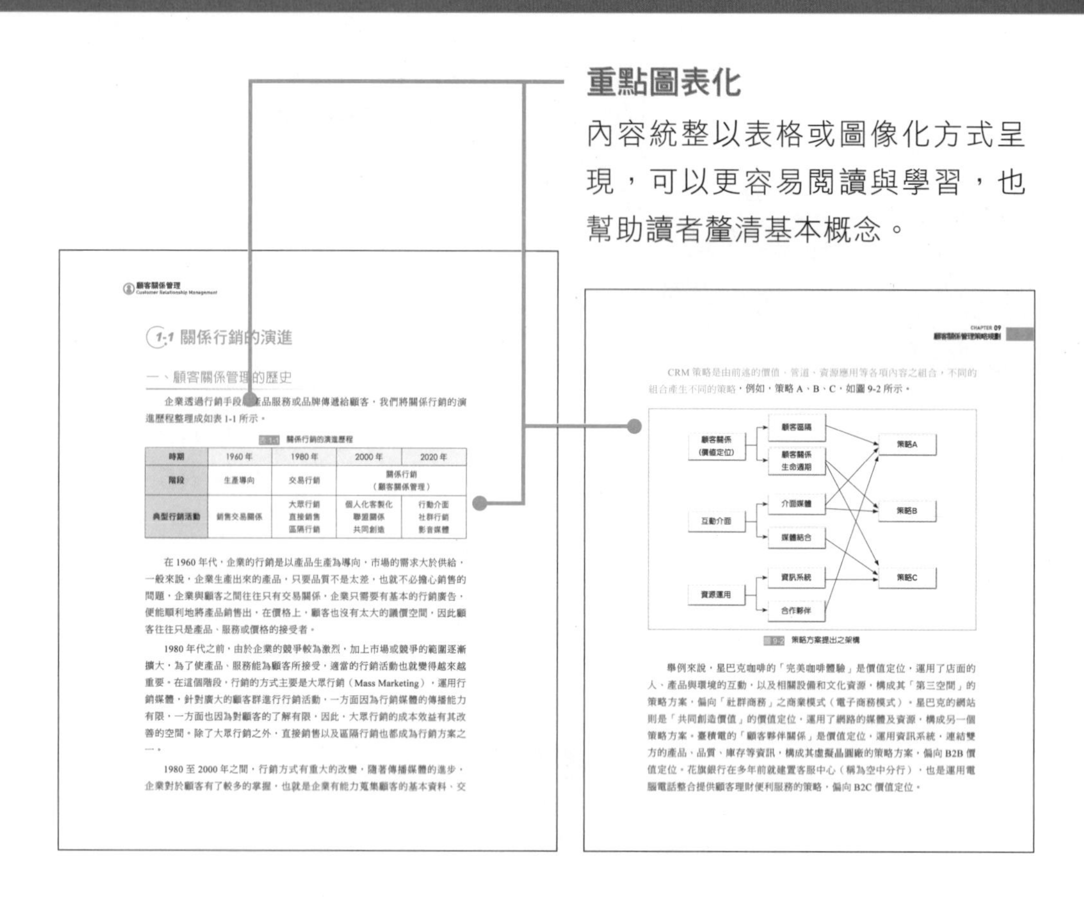

重點圖表化

內容統整以表格或圖像化方式呈現，可以更容易閱讀與學習，也幫助讀者釐清基本概念。

1-1 關係行銷的演進

一、顧客關係管理的歷史

企業透過行銷手段[illegible]產品服務或品牌傳遞給顧客，我們將關係行銷的演進歷程整理成如表 1-1 所示。

表 1-1 關係行銷的演進歷程

時期	1960 年	1980 年	2000 年	2020 年
階段	生產導向	交易行銷	關係行銷（顧客關係管理）	
典型行銷活動	銷售交易關係	大眾行銷 直接銷售 區隔行銷	個人化客製化 聯盟關係 共同創造	行動介面 社群行銷 影音媒體

在 1960 年代，企業的行銷是以產品生產為導向，市場的需求大於供給，一般來說，企業生產出來的產品，只要品質不是太差，也就不必擔心銷售的問題，企業與顧客之間往往只有交易關係，企業只需要有基本的行銷廣告，便能順利地將產品銷售出，在價格上，顧客也沒有太大的議價空間，因此顧客往往只是產品、服務或價格的接受者。

1980 年代之前，由於企業的競爭較為激烈，加上市場或競爭的範圍逐漸擴大，為了使產品、服務能為顧客所接受，適當的行銷活動也就變得越來越重要。在這個階段，行銷的方式主要是大眾行銷（Mass Marketing），運用行銷媒體，針對廣大的顧客群進行行銷活動，一方面因為行銷媒體的傳播能力有限，一方面也因為對顧客的了解有限，因此，大眾行銷的成本效益有其改善的空間。除了大眾行銷之外，直接銷售以及區隔行銷也都成為行銷方案之一。

1980 至 2000 年之間，行銷方式有重大的改變，隨著傳播媒體的進步，企業對於顧客有了較多的掌握，也就是企業有能力蒐集顧客的基本資料、交

CRM 策略是由前述的價值、管道、資源應用等各項內容之組合，不同的組合產生不同的策略，例如，策略 A、B、C，如圖 9-2 所示。

圖 9-2 策略方案提出之架構

舉例來說，星巴克咖啡的「完美咖啡體驗」是價值定位，運用了店面的人、產品與環境的互動，以及相關設備和文化資源，構成其「第三空間」的策略方案，偏向「社群商務」之商業模式（電子商務模式）。星巴克的網站則是「共同創造價值」的價值定位，運用了網路的媒體及資源，構成另一個策略方案。臺積電的「顧客夥伴關係」是價值定位，運用資訊系統，連結雙方的產品、品質、庫存等資訊，構成其虛擬晶圓廠的策略方案，偏向 B2B 價值定位。花旗銀行在多年前就建置客服中心（稱為空中分行），也是運用電腦電話整合提供顧客理財便利服務的策略，偏向 B2C 價值定位。

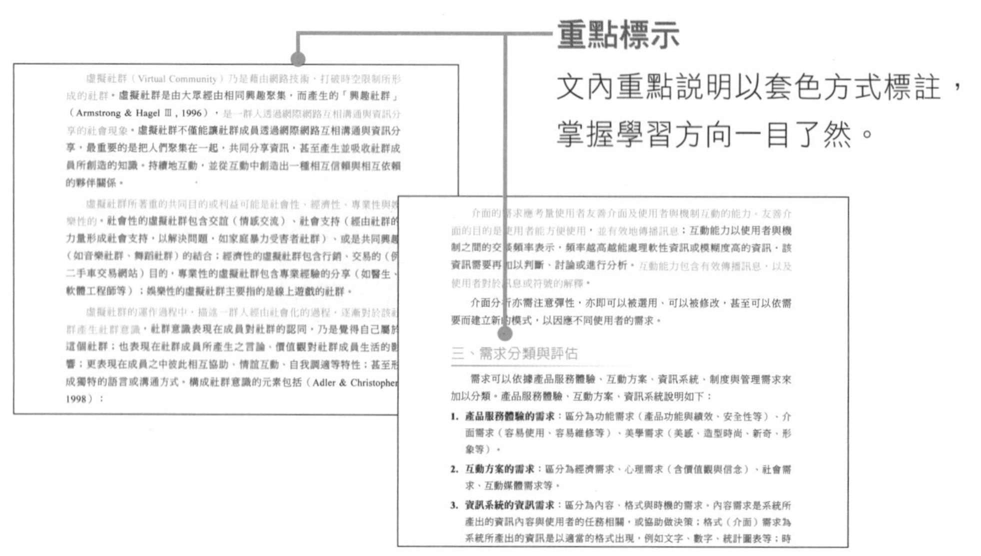

重點標示

文內重點說明以套色方式標註，掌握學習方向一目了然。

虛擬社群（Virtual Community）乃是藉由網路技術，打破時空限制所形成的社群。**虛擬社群是由大眾經由相同興趣聚集，而產生的「興趣社群」（Armstrong & Hagel Ⅲ, 1996）**，是一群人透過網際網路互相溝通與資訊分享的社會現象。**虛擬社群不僅能讓社群成員透過網際網路互相溝通與資訊分享，最重要的是把人們聚集在一起，共同分享資訊，甚至產生並吸收社群成員所創造的知識。持續地互動，並從互動中創造出一種相互信賴與相互依賴的夥伴關係。**

虛擬社群所著重的共同目的或利益可能是社會性、經濟性、專業性與娛樂性的。**社會性的虛擬社群包含交誼（情感交流）、社會支持（經由社群的力量形成社會支持，以解決問題，如家庭暴力受害者社群）、或是共同興趣（如音樂社群、舞蹈社群）的結合；經濟性的虛擬社群包含行銷、交易的（例二手車交易網站）目的，專業性的虛擬社群包含專業經驗的分享（如醫生、軟體工程師等）；娛樂性的虛擬社群主要指的是線上遊戲的社群。**

虛擬社群的運作過程中，描述一群人經由社會化的過程，逐漸對於該社群產生社群意識，**社群意識表現在成員對社群的認同，乃是覺得自己屬於這個社群；也表現在社群成員所產生之言論、價值觀對社群成員生活的影響；更表現在成員之中彼此相互協助、情誼互動、自我調適等特性；甚至形成獨特的語言或溝通方式。構成社群意識的元素包括（Adler & Christopher 1998）：**

介面的[illegible]求應考量使用者友善介面及使用者與機制互動的能力。友善介面的目的是[illegible]使用者能方便使用，並有效地傳播訊息；**互動能力以使用者與機制之間的交[illegible]頻率表示，頻率越高越能處理軟性資訊或模糊度高的資訊，該資訊需要再[illegible]加以判斷、討論或進行分析。**互動能力包含有效傳播訊息，以及使用者對於[illegible]息或符號的解釋。

介面分[illegible]亦需注意彈性，亦即可以被選用、可以被修改，甚至可以依需要而建立新[illegible]模式，以因應不同使用者的需求。

三、需求分類與評估

需求可以依據產品服務體驗、互動方案、資訊系統、制度與管理需求來加以分類。產品服務體驗、互動方案、資訊系統說明如下：

1. **產品服務體驗的需求**：區分為功能需求（產品功能與績效、安全性等）、介面需求（容易使用、容易維修等）、美學需求（美感、造型時尚、新奇、形象等）。
2. **互動方案的需求**：區分為經濟需求、心理需求（含價值觀與信念）、社會需求、互動媒體需求等。
3. **資訊系統的資訊需求**：區分為內容、格式與時機的需求。內容需求是系統所產出的資訊內容與使用者的任務相關，或協助做決策；格式（介面）需求為系統所產出的資訊是以適當的格式出現，例如文字、數字、統計圖表等；時

文中小個案

各章節中穿插「NEWS報」，顧客關係管理觀念佐以迷你個案實證，貼近生活實例。

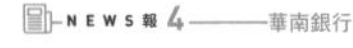

NEWS報 4——華南銀行

華南銀行擁有百年歷史，數十年來累積龐大的中小企業業主客戶，是發展財富管理業務最重要的基礎。

華南銀行依據客戶個人需求，打造客製化理財建議，例如一位企業主想將它手上超過億元的現金價值股票，及其父母的資產贈與下一代，華南銀行得知此需求，結合稅務及信託專家的專業規劃，以「本金自益、孳息他益」的方式進行固票信託，並結合隔代贈與，為顧客完成妥善的理財配置。

要贏得客戶信任，華南銀行的做法是輔導理專考取 CFP 證照，光是培訓課程每年就有五十堂。

目前華南銀行財富管理領航會員分為三種級別：

1.「獨享家」會員：客戶近三個月與華銀往來，資產總平均達三千萬以上。
2.「理享家」會員：客戶近三個月與華銀往來，資產總平均達一欠萬至三千萬。
3.「夢享家」會員：客戶近三個月與華銀往來，資產總平均達三百萬至一千萬。

資料來源：守富˙智能˙暖心，銀行三傑再進化，今周刊 2018.7，pp. 100-103

NEWS報 5——星巴克

星巴克自 2009 年便領先市場，在美國西雅圖和海灣地區的 16 家門店推出行動支付服務，會員只需出示專屬的一維條碼給店家的 POS 機掃描，即完成結帳。2014 年 12 月，星巴克再推出自家的「Mobile Order & Pay」App。會員透過此 App 點餐並預付款，到店時只要向咖啡店員取餐即可，而不需要排隊點餐，進一步改善結帳速度。

NEWS報 8——創兆生物科技

創兆生物科技提供的服務包含診所選址、內部設備系統的架設、行銷獲客、提升服務品質等。希望讓醫生只做最重要的事。

創兆將 Beacon（低功率藍芽發信器），結合診所的 Line@，從病患靠近診所開始，一直到離開診所的過程中，診所都能夠推播客製化的訊息。例如牙醫矯正患者等候看診超過一定的時間，系統就會推播矯正的衛教資訊、相關的產品資訊、或是傳簡單的問卷給他。在看診前後，系統也能自動推播注意訊息，進而改善服務流程與顧客體驗。

資料來源：創兆生物科技公司 用數據打造更好的醫療體驗，EMBA 雜誌 420 期，2021.8

NEWS報 9——君品酒店

2021 年 6 月，雲品國際旗下的君品酒店與長期合作的程加婚禮顧問公司，推出全臺首創的線上婚禮服務。已有超過五對新人透過網路完成終身大事。

將婚禮移到線上，部份可以靠科技解決，例如用視訊軟體讓賓客與新人同框、禮金也能掃描轉帳，困難的就是還原婚禮現場的用餐體驗及氛圍。君

章末個案

各章重點觀念學習後，以「顧客焦點」案例帶出問題，以利讀者統整此章學習內容，培養邏輯思考與解決問題的能力。

顧客焦點

3M臺灣分公司善用通路與介面

3M 臺灣分公司是 3M 表現優異的單位之一，美商 3M 臺灣子公司總經理趙台生表示，在工業產品上，跟主要客戶發展比較深層的接觸、合作，共同去開發市場。其願景是要成爲最創新的公司，以及客戶最喜愛的供應商（The Most Preferred Supplier）。最重要的價值就是不妥協的誠實和誠信，即使生意上能夠讓 3M 賺大錢，但如果需要欺騙，這個生意千萬不能做。

3M 的創新是商業上很好的案例，他們會有一個適當的創新指標。例如以臺灣來說，3M 臺灣百分之 30 的營業額，要來自過去四年所研發的主要新產品。甚至於，第一年主要的新產品就要佔百分之十營業額。運用這樣的創新指標做爲開發新產品的指針。當然通路及行銷也是他們注重的議題。

就企業客戶而言，在臺灣成立一個主要客戶團隊，例如針對廣達，3M 有個團隊專門服務它。面對客戶，他們就是一個聲音；回過頭來對 3M 內部，由自己內部解決。再如營建業，新房子會需要 3M 的產品，舊房子在維護保養上，也可以利用 3M 的東西。所以這個市場是永遠不會停止的。3M 過去有很多事業部都賣產品給營建業，但每個部分都是一點點，在客戶那邊不是一個主角，人家根本不會理你。當你把所有東西全部收集在一起，對營建業來說就比較有影響力，人家才會注意你。3M 內部就是需要把所有東西組織在一起，針對營建產業的市場做一個整合。

其次，在通路的選擇上，3M 也有其一套做法。在農業社會時期，臺灣人習慣在住家附近的柑仔店、五金行購買民生用品，3M 進入臺灣市場之初，銷售百利菜瓜布這項民生用品採用的策略也相當「本土」。「最早菜瓜布的通路是大同磁器，菜瓜布是拿來塞碗的，避免磁器打破。」漸漸地隨著軍公教等聯社商店興起，3M 順勢進入這些新興通路。

5-23

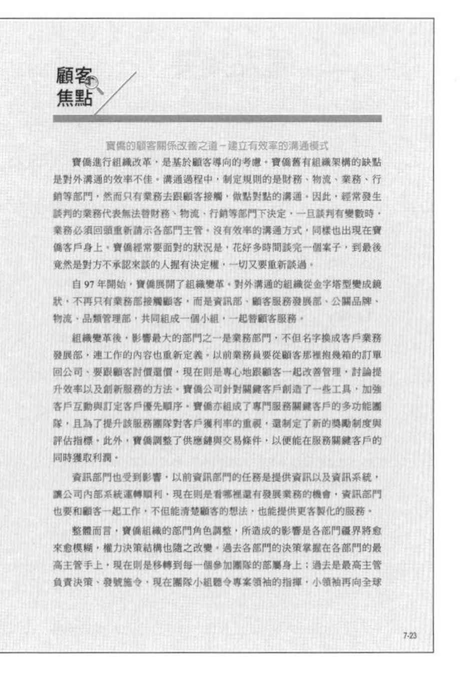

顧客焦點

實僑的顧客關係改善之道－建立有效率的溝通模式

寶僑進行組織改革，是基於顧客導向的考慮。寶僑舊有組織架構的缺點是對外溝通的效率不佳。溝通過程中，制定規則的是財務、物流、業務、行銷等部門，然而只有業務去跟顧客接觸，做點對點的溝通。因此，經常發生談判的業務代表無法替財務、物流、行銷等部門下決定，一旦談判有變數時，業務必須回頭重新請示各部門主管。沒有效率的溝通方式，同樣也出現在寶僑客戶身上。寶僑經常要面對的狀況是，花好多時間談完一個案子，到最後竟然是對方不承認來談的人握有決定權，一切又要重新談過。

自 97 年開始，寶僑展開了組織變革。對外溝通的組織從金字塔型變成鏡狀，不再只有業務部接觸顧客，而是資訊部、顧客服務發展部、公關品牌、物流、品類管理部，共同組成一個小組，一起替顧客服務。

組織變革後，影響最大的部門之一是業務部門，不但名字換成客戶業務發展部，連工作的內容也重新定義。以前業務員要從顧客那裡抱幾箱的訂單回公司、要跟顧客討價還價，現在則是專心地跟顧客一起改善管理，討論提升效率以及創新服務的方法。寶僑公司針對關鍵客戶創造了一些工具，加強客戶互動與訂定客戶優先順序。寶僑亦組成了專門服務關鍵客戶的多功能團隊，且為了提升該服務團隊對客戶獲利率的重視，還制定了新的獎勵制度與評估指標。此外，寶僑調整了供應鏈與交易條件，以便能在服務關鍵客戶的同時獲取利潤。

資訊部門也受到影響，以前資訊部門的任務是提供資訊以及資訊系統，讓公司內部系統運轉順利，現在則是看哪裡還有發展業務的機會，資訊部門也要和顧客一起工作，不但能清楚顧客的想法，也能提供更客製化的服務。

整體而言，寶僑組織的部門角色調整，所造成的影響是各部門疆界將愈來愈模糊，權力決策結構也隨之改變。過去各部門的決策掌握在各部門的最高主管手上，現在則是移轉到每一個參加團隊的部屬身上；過去是最高主管負責決策、發號施令，現在團隊小組聽令專案領袖的指揮，小領袖再向全球

7-23

本書導讀

本書導讀－顧客關係進行曲

步驟 3 章後評量練習

課後評量

每一章後面都附有本章習題，包含選擇題、問題與討論及實作習題，讀者可以自行練習，自我評估學習狀況。

本章習題

一、選擇題

( ) 1. 下列何項不是顧客關係管理時代典型的行銷活動？
(A) 客製化　(B) 大眾行銷
(C) 共同創造　(D) 社群行銷

( ) 2. 下列何項最不能代表顧客關係管理的意義？
(A) 關係行銷　(B) 資料庫行銷
(C) 理念行銷　(D) 以上皆非

( ) 3. 企業所有顧客的終身價值總和稱為？
(A) 顧客終身價值　(B) 顧客權益
(C) 顧客獲利性　(D) 以上皆是

( ) 4. 下列何者是適當地推薦顧客購買更高檔的產品或服務？
(A) 交叉銷售　(B) 升級銷售
(C) 口碑推薦　(D) 以上皆非

( ) 5. 下列哪一項最能代表亞馬遜書店與顧客互動的特質？
(A) 個人化推薦　(B) 大量客製化
(C) 接單生產　(D) 語音下單

( ) 6. 企業與顧客之間透過下單、付款、取貨等程序進行互動，是屬於哪一類的互動？
(A) 交易　(B) 合作
(C) 共同創造　(D) 以上皆非

( ) 7. 企業透過品牌個性與顧客建立品牌關係，是屬於哪一種互動內容？
(A) 實體　(B) 資訊
(C) 知識　(D) 意象互動

( ) 8. 顧客關係管理的導入時，需要注意組織的調整，此時是考量下列哪一項因素？
(A) 策略　(B) 技術
(C) 制度　(D) 以上皆是

( ) 9. 顧客關係管理資訊系統應對應於顧客關係管理架構的哪一個元件？
(A) 顧客價值　(B) 策略與資源
(C) 制度與管理　(D) 分析工具

二、問題與討論

1. 請說明關係行銷的演進過程。
2. 何謂顧客關係管理？其重要性為何？
3. 何謂顧客互動？顧客互動為何能提升顧客的忠誠度？
4. 何謂顧客終身價值？顧客忠誠度與顧客終身價值有何關係？
5. 何謂顧客關係管理架構？該架構對於企業推行顧客關係管理有何幫助？
6. 找一個有推行顧客關係管理的企業，扼要描述其顧客關係管理架構。

三、實作習題

【功能模組】

說明：登入 CRM 系統，初步了解 CRM 系統之功能。

1. 請依據任課教師提示之網址、帳號、密碼，登入 CRM 系統。
2. 請描述 CRM 七大功能模組內容，每個功能模組描述盡量不超過 30 個字。

重點摘要

各章後均有本章摘要，將顧客關係管理的重點觀念整理於章後呈現，使讀者複習時可更快抓住重點，加深記憶。

本章摘要

1. 廣義的資料儲存包含資料庫、資料倉儲與大數據。資料倉儲乃是將企業內部及外部相關的資料庫加以整合，透過擷取、轉換及彙整等方式加以整理，整理過後的資料經過維度模式的建立而形成。大數據也包含半結構或非結構化資料，例如電子郵件、文章、圖片、聲音、影像等。
2. 資料處理乃是將資料轉換爲對使用者有價值之資訊的過程，其轉換方式包含篩選、計算、分析、判斷等，其目的在於對使用者有價值，亦即對於顧客關係管理人員進行互動方案相對決策、規劃以及進行互動具有支援的效果。將資料轉換爲資訊的機制稱爲「資訊系統」，典型的資訊系統結構包含輸入（資料）、轉換（應用程式）、輸出（資訊）資料庫及資料庫管理系統。
3. 與顧客關係管理較有關係的資訊系統包含行銷資訊系統、銷售支援系統、產品建議系統、資料採礦系統等，只要該系統與建立及維持顧客關係有關，均爲顧客關係管理資訊系統。顧客關係管理軟體主要的功能包含顧客聯繫、交易流程支援、顧客服務、機會分析等。
4. 資料分析可依處理層次分爲資料庫管理系統、運算與分析模式、多維度分析、人工智慧等。
5. 人工智慧的學習區分爲法則學派與機器學習學派兩種學派。法則學派運用邏輯推理的方式，根據人類學到的法則及環境變數的輸入而推理出判斷的結果，其

本章摘要

1. 顧客關係管理源於關係行銷的演進，由顧客角色、顧客關係內涵、顧客連結技術來觀察。其趨勢由生產導向、交易行銷、關係行銷、演進至目前的顧客關係管理，其主要的理念來自於維持舊有顧客的成本遠低於找尋新顧客的成本，而其動力主要來自關係行銷觀念的普及以及資訊技術能力之大幅提升。
2. 顧客關係管理的定義爲企業與顧客建立及維持長程關係，以提升顧客終身價值的管理活動，其核心概念包含關係、終身價值與管理。
3. 顧客關係管理主要透過顧客互動模式進行互動，企業依據顧客需求設計產品服務及互動方案與顧客進行互動，顧客對於互動因爲有了效益上的認知，而產生了滿意度及忠誠度的回應，構築了動態的顧客關係，而逐漸提升顧客終身價值。
4. 企業爲了進行有效的顧客互動，需有整體的推展架構，該架構以產品服務及互動流程爲核心，以策略與資源、互動介面、分析工具、制度與管理爲四大支援元件，在各種關係程度之下，提供各種互動內容，以創造顧客之終身價值。

參考文獻

1. 洪育忠、謝佳蓉譯（民 96），顧客關係管理：資料庫行銷方法之應用，初版，臺北市：華泰。

第一篇 架構

CH1 顧客關係管理導論

CH2 顧客關係與顧客互動

CH3 顧客價值

CH4 策略與資源

CH5 顧客互動流程與介面

CH6 顧客資料分析工具

CH7 制度與管理

第二篇　發展

CH8 實施團隊與規劃流程

CH9 顧客關係管理策略規劃

CH10 顧客關係管理方案規劃與分析

CH11 顧客關係管理系統設計與導入

第三篇 運用

CH12 顧客關係管理實施

CH13 顧客知識管理

CH14 顧客關係管理創新方案之擬定

CH15 顧客關係管理議題與趨勢

第一篇 架構

Chapter 1

顧客關係管理導論

學習目標

- 了解顧客關係管理的定義及重要性。
- 了解顧客互動模式。
- 了解顧客關係管理的整體架構。

前言

在顧客導向的時代，顧客是公司的重要資產，與顧客建立及維持良好的關係，不但可以提升業績，而且提升公司的競爭優勢。但是推動顧客關係管理（Customer Relationship Management）之前，需要有整體的概念，不致淪為盲目的引進資訊技術，畢竟技術是為了支援公司所有的業務活動而採用。同時沒有公司的後勤支援，業務單位也很難與顧客進行良好的互動，也就是顧客關係管理的推動，是整個公司的工作而非業務單位或客服人員的單打獨鬥。

推動顧客關係管理對企業而言，是一種變革，也是一種創新，創新的採用是否有效，關鍵在於該項創新是否有相對的效益以及企業採用創新的過程是否嚴謹。因此針對顧客關係管理這項變革，應先加以了解，方能評估是否採用。本章先介紹顧客關係管理的演進趨勢，再對顧客關係管理的內容做一個整體性的介紹，顧客關係管理的演進主要基於關係行銷的觀念，以及資訊通訊技術的強力支援，其核心內容在於企業與顧客的互動，但企業的整體技術、制度、資訊，甚至策略目標，均需充分支援顧客互動，方能產生績效。

易言之，推動顧客關係管理之前，需從組織面去探討其關聯性。一個良好的顧客關係管理架構可以帶領相關人員有效地認識顧客關係管理，繼而判斷是否該推行，以及如何推行，方能有顯著的成效。

企業觀測站

2000 年，新竹物流啟動企業流程再造，要讓自己從運輸業轉型為服務產業，要做客戶的夥伴。為了要推動顧客關係管理，新竹物流提出一些創新的服務模式，例如為客戶提供履約經銷、打造 H 快購平臺、跨境電商等。以幫顧客做履約經銷為例，客戶定價格策略，做行銷，作業務，新竹物流則履行他們的經銷義務，包含代採購、接訂單、供貨、收應收帳款等，等於說日常的交易是由新竹物流幫客戶完成的，這就是夥伴關係。你平日買的勁量電池、普拿疼，都可能是新竹物流賣出去的。過去新竹物流做 B2B，到現在，B2C 已經佔了四成，幫東森、雅虎送宅配又兼代收貨款，一年代收貨款有兩百億。今天，新竹物流的業務橫跨 B2B 的貨運及 B2C 的宅配。B2B 店配可以透過各大通路，直接到貨；B2C 電商 H+ 提供宅配服務，溫暖到家，而且具有低溫宅配服務，可由產地直送，確保新鮮。

這些創新的服務模式要落實，新竹物流在組織結構、人員培訓、資訊化等都有著墨。以組織結構來說，新竹物流花了八年，組織結構改成倒三角形組織，第一線員工最重要，主管必須盡力協助他們。新竹物流有一個經銷營業部在幫客戶接訂單，同仁從送貨司機變成服務業的宅配司機。

其次，新竹物流成立了顧客價值研發中心（成員來自心理或社會相關科系，不是物流專業，以真正了解消費者行為），導入資策會的服務體驗工程，去傾聽客戶的聲音，再用多種的調查研究手法，去了解、去體會顧客的痛點和需求（例如農友客戶最大的痛點就是價格）。

第三，新竹物流建構智慧倉儲。新竹物流累積逾 40 年各式業態倉儲服務經驗，目前全臺共 14 處服務據點，包含一般倉儲、溫控及 GDP 醫藥物流中心，並致力於聚落化，打造不同產業的專屬物流園區，主要包含電子商務物流園區及綜合性物流園區。以電子商務物流園區為例，全區可以無線即時庫存批號效期管控，全程透明化追蹤，具有動力輸送帶、自動掃讀、自動分貨等設備滿足客戶快速到貨的需求，而且提供客製化 API 串接，以及高彈性的 WMS（倉儲管理）系統，產出各項管理報表。倉儲系統運用自有車隊及通關服務，提供一條龍式物流供應鏈服務。

由上述組織的改變，也可看出新竹物流對於服務人才的重視，薪資待遇是業界最高，還有多一層的保險。服務業總在人與人互動，人的改造才是關鍵，心態改變，行為才會改變；行為改變，結果才會改變。從教育訓練到人的關懷，新竹物流花了很多時間在這部分。新竹物流對於人員的重視，不只是教育訓練，也注意到態度與價值觀的改變，逐漸形成企業文化，新竹物流營運長李正義接受訪問時說：「之前一位學者講到，企業文化的轉變需要花八到十年的時間，我回過頭看，嚇了一跳，新竹物流的顧客導向文化落實花了八到十年。」

在資訊化方面，新竹物流也投入相當大的心力，運用 ICT 人才，幫助客戶規劃更有競爭力的供應鏈，因此就由顧客提供服務到提供解決方案，現在又往前走，變成顧客的夥伴。新竹物流也成立了「互惠網」平臺，把客戶商品放上去，讓大家去買，還幫客戶代收貨款。重要的關鍵是我們不賺差價。這個平臺現在轉變成「H 快購」。

資料來源：不做貨運公司，做客戶的夥伴，EMBA 雜誌 2017.10，pp. 102-109；新竹物流網站，2022/08/16

提示

新竹物流採取顧客導向，做顧客的夥伴，推動了許多顧客關係管理的方案，擬定良好的策略作為方案之指針，同時也在科技的運用與介面的改善、組織結構、人員訓練、企業文化等方面做了調整，讓我們可以了解顧客關係管理的架構。

1-1 關係行銷的演進

一、顧客關係管理的歷史

企業透過行銷手段將產品服務或品牌傳遞給顧客，我們將關係行銷的演進歷程整理成如表 1-1 所示。

表 1-1 關係行銷的演進歷程

時期	1960 年	1980 年	2000 年	2020 年
階段	生產導向	交易行銷	關係行銷 （顧客關係管理）	
典型行銷活動	銷售交易關係	大眾行銷 直接銷售 區隔行銷	個人化客製化 聯盟關係 共同創造	行動介面 社群行銷 影音媒體

在 1960 年代，企業的行銷是以產品生產為導向，市場的需求大於供給，一般來說，企業生產出來的產品，只要品質不是太差，也就不必擔心銷售的問題，企業與顧客之間往往只有交易關係，企業只需要有基本的行銷廣告，便能順利地將產品銷售出，在價格上，顧客也沒有太大的議價空間，因此顧客往往只是產品、服務或價格的接受者。

1980 年代之前，由於企業的競爭較為激烈，加上市場或競爭的範圍逐漸擴大，為了使產品、服務能為顧客所接受，適當的行銷活動也就變得越來越重要。在這個階段，行銷的方式主要是大眾行銷（Mass Marketing），運用行銷媒體，針對廣大的顧客群進行行銷活動，一方面因為行銷媒體的傳播能力有限，一方面也因為對顧客的了解有限，因此，大眾行銷的成本效益有其改善的空間。除了大眾行銷之外，直接銷售以及區隔行銷也都成為行銷方案之一。

1980 至 2000 年之間，行銷方式有重大的改變，隨著傳播媒體的進步，企業對於顧客有了較多的掌握，也就是企業有能力蒐集顧客的基本資料、交易資料、甚至個人偏好等資料，進而建立顧客資料庫，也因為對顧客的了解越來越深入，所採用的行銷手法也就越個人化。當然，對顧客的了解（或說是資料蒐集），並非一朝一夕的工作，而是持續地進行，企業與顧客之間的關係，也是由單次的交易，逐漸演變為多次的交易，而每次交易之間，企業與顧客便有許多的資料蒐集、訊息告知等資訊的互動，更有產品試用、產品相關的服務等實體的互動，使得雙方的關係更為密切。除了聯盟關係，顧客很可能參與企業的價值鏈活動，如研發、生產等，甚至共同創造價值，因此關係行銷的觀念也就越來越普遍。

2000 年之後，由於社群媒體發達，加上智慧型手機普遍，因此關係行銷的重點活動轉向行動介面、社群行銷與影音媒體。所謂行動介面是以智慧型手機為中斷設備，包含原有的電子商務與網路行銷活動，均可透過手機介面及 App 來達成；社群行銷則是運用社群媒體，產生新的溝通模式，例如粉絲團經營、會員模式或口碑行銷等；影音媒體則採用影音短片進行相關的行銷推廣活動，例如運用 YouTube 或 FB 等媒體進行短片宣傳或直播活動。

關係行銷（Relationship Marketing）是以一種互利的行銷觀念，利用互動、個人化且具附加價值的長期接觸，以確認、建立並維持與個別顧客的網路關係，其中兩個關鍵要素是「互動」與「互利」。互動指的是企業與顧客間、產品、服務、知識、資訊等內容的往來，也包含有個人化的味道；互利指的是企業能夠提供顧客具有效益的產品、服務或知識，而顧客也因為對這些效益的認知而提高再購的意願。因此，關係包含了個人化、客製化的互動，也包含合作聯盟的關係，甚至共同創造價值的關係。

二、顧客的角色與需求

在關係行銷的情境下，顧客的角色由被動轉為主動；由產品服務的接受者變為參與者，顧客也可能扮演顧問、研發者或代言人。因為顧客有太多的選擇，企業需要引起顧客的注意，顧客的需求多元且多變化，企業更難滿足其需求。在策略上也逐漸產生顧客顧客導向的概念，視顧客為資產、顧客主導企業行動等觀念，形成完整的顧客關係管理體系。該體系有兩大重點，一為留住顧客，透過了解顧客個別需求，與顧客建立及維持深入關係。二為視顧客為資產，將投入顧客互動的經費視為投資，期望顧客有更多的回報（例如增加購買、口碑推薦等）。

三、資訊技術的運用

關係行銷演進趨勢，除了前述顧客角色改變以及雙方互動關係不同之外，技術的進步也是重要的推力，從顧客連結技術的角度來說，主要的關係行銷活動包含資料庫行銷、銷售自動化、電話客服中心等。

1. **資料庫行銷（Database Marketing）**：主要的訴求點是運用顧客資料庫的大量資料，以便對顧客有更小眾的區隔，資料項越多，代表對顧客越了解；對顧客越了解，也就越能區分顧客的不同點，對於個別或小眾也就能夠提供客製化的產品、服務或進行個人化的促銷活動。
2. **銷售自動化（Sales Force Automation, SAF）**：指的是銷售人員運用資訊通訊技術，將銷售人員與顧客之間的業務活動（如產品建議）加以電腦化資料處理，使得銷售人員與顧客之間的互動更為密切、資訊更能分享，進而提升銷售的效能。
3. **電話客服中心（Call Center）**：乃是以電話系統為核心技術，話務人員透過電話系統與顧客進行查詢、訂貨、意見回應、促銷等互動，藉由客服中心作為服務的窗口，不但具有整體協調的功能，配合資料處理的能力，令顧客能快速地接受應有的服務，對於顧客滿意度也有相當的助益。

到了 2000 年之後，關係行銷的觀念與實務更為成熟，與顧客的互動越頻繁，顧客關係管理的觀念也就越來越普遍，實務上的運作乃是拜資訊技術之賜，使得前述的各項關係行銷的活動更具強化，主要的進展包含資料採礦技術的運用、電腦電話整合系統，以及網路為中心的架構：

1. **精準行銷**：運用資料採礦（Data Mining）、大數據與人工智慧技術，或是運用社群媒體或搜尋引擎技術，使得行銷更能鎖定目標客群，例如資料採礦技術運用的結果，不但能分析出既有顧客的行為模式，更能產生許多的潛在規則，產生商業智慧（Business Intelligence），使得促銷與服務活動更為有效。
2. **社群行銷**：諸如臉書、LINE 等社群媒體相當發達，媒體中有非常多的用戶，加上社群媒體提供許多行銷推廣的工具，使得社群行銷變得非常重要，甚至有逐漸取代傳統廣告的趨勢，常用的包含粉絲團經營、廣告投放、會員經營或口碑行銷等。

3. **電腦電話整合（Computer Telephone Integration, CTI）**：由於網路技術及資料庫技術的發達，將產品、顧客、市場等資訊做妥善的整理，透過查詢系統，來支援客服中心的業務，使得客服中心的功能更為強化，其服務品質也更加提升。

1-2 顧客關係管理定義與重要性

一、顧客關係管理的動機

基於關係行銷與資料庫行銷的觀念日漸普及，顧客關係管理的理念也就隨之興起。顧客關係管理主要的目的是要留住舊有顧客，其基本理由是，留住一位顧客購買同樣金額的產品，是尋找一位新顧客的成本的六分之一（Kalakota & Robinson, 2001），這也就是顧客關係管理的重要動機。

Kalakota & Robinson（2001）提供了一些數據，可以讓我們了解顧客關係管理的重要性：

1. 開發一個新顧客，比維繫一個舊顧客，大約要多花六倍的時間。
2. 通常一個不滿意的顧客，會將這個不好的經驗告訴八到十個人。其不滿意的主要原因是缺乏顧客服務（15 個主要的抱怨理由中，12 個與顧客服務有關，包含電話忙線及 E-mail 不回覆等）。
3. 銷售給新顧客成功的機率為 15%，而銷售給舊顧客成功的機率為 50%。
4. 如果公司能迅速適當地解決服務上的缺失，則抱怨的顧客中有 70% 將會再度與這家公司往來。

顧客關係管理的目的可以從兩個角度來討論，一為留住顧客，一為投資顧客。留住顧客指的是企業除了開發顧客，希望也能維持顧客，除了考量顧客價值，也考量顧客終身價值，因此顧客關係管理的目標是個別顧客的顧客終身價值最大。在投資顧客方面，顧客關係管理對於顧客的觀點不同，一般而言，行銷領域的觀點是將投入於行銷組合的金錢視為費用，而顧客關係管理的觀點則是視顧客為資產，認為不同顧客群（顧客區隔）其投資報酬率有所不同，因此對於各顧客群所投入的金額亦有所不同，目標是所有顧客終身價值的總和為最大。

留住顧客與投資顧客能夠發生效果的原因包含透過顧客參與的分享知識與共同創造價值，也包含產品服務的吸引力及顧客互動的強化。

顧客關係管理的目的，主要是透過顧客互動方案來達成，例如餐廳服務、服飾選購、理財網站等均為顧客互動方案，該方案一般區分為行銷、銷售、顧客服務、顧客忠誠度方案。一般而言，顧客互動的內容或頻率越佳、個人化程度越高則顧客關係越好（當然投入成本也越大），顧客關係越好則該顧客對企業而言，價值越高，價值可能表現在再度購買、口碑推薦、對品質價格的容忍度等。而顧客互動方案的投資理念乃是對於不同的顧客區隔，投入不同的顧客互動方案，會得到不一樣的回報（增加購買），而期望總投入與總回報的投資報酬率最高。

二、顧客關係管理的定義

有關顧客關係管理的觀念，也受到許多的討論。Peppers & Rogers（1999）認為顧客關係管理乃是運用區別化的生產、互動的媒體，以及一對一行銷為手段，以顧客占有率為目標，注重長期顧客關係，使得顧客終身愛用的管理活動。Kalakota & Robinson（2001）則認為顧客關係管理乃是運用整合性銷售、行銷與服務的策略之下，所發展出的組織一致性活動。該活動需要求取科技與流程之整合，找出顧客的真正需求，同時要求企業內部在產品與服務上配合，以達成顧客滿意度與忠誠度。實際上顧客關係管理也稱為一對一行銷，或持續關係管理，其基本理念均與關係行銷或資料庫行銷大同小異，針對這些特質的管理活動，本書採用顧客關係管理一詞，其定義如下：

「顧客關係管理乃是企業與顧客建立及維持長程關係，以提升顧客終身價值的管理活動」。

由上述的定義可知顧客關係管理的核心概念包含顧客、關係、終身價值及管理四項，分別說明如下：

(一) 顧客

顧客關係管理所指稱的顧客，可能包含消費者、企業等明確的顧客，也可能包含所有的利害關係者，例如政府、媒體、社團、利益團體等。

(二) 關係

就顧客關係管理的角度而言，主要有三類的關係：(1) 企業與通路、經銷商之間的關係，為企業與企業之間的關係；(2) 企業與最終消費者之間的關係；(3) 消費者之間的關係；(4) 企業與利害關係者之間的關係，如表 1-2。

表 1-2　顧客關係管理間的三種關係

顧客關係管理的關係	說明
企業之間的關係	主要探討組織間的價值交換行為（如交易、生產等）中所形成的各種互動型態，其關係指的是以產品、服務或品牌形象為核心，進行一系列的互動，包含交易、協同規劃、合作行銷、策略聯盟或合資等。
企業與消費者之間的關係	主要探討其中的傳播行為與忠誠關係，傳播行為乃是一對一行銷、口碑行銷、關係行銷、許可行銷之基礎，忠誠關係則是描述消費者與企業之間的長期往來關係。
消費者之間的關係	乃是個人與個人的關係，對應到社群或會員的經營，其中個人之間的關係包含資訊的往來、意見的諮詢與情感的支持。
企業與利害關係者之間的關係	乃是指企業與利害關係者之間的關係，例如政府、媒體、社團、利益團體、消費者、合作夥伴或供應鏈成員等，不同利害關係者有不同的訴求，企業需要分別了解其訴求，採取不同的關係策略。

企業與顧客之間的關係應該如何定義，據以建立及維持該關係，是顧客關係管理的主要課題。依據前面的各項觀念及定義可以得知，企業與不同的顧客應建立不同的關係，所謂「不同的顧客」指的是顧客區隔，不同區隔的顧客，對企業的重要性或獲利性不同，其關係的緊密程度不一，緊密程度可能指的是財務往來的交易關係，或是長期結盟的合作關係。

本書在建構顧客關係管理架構時，便是以企業間、企業與個人之間的互動關係為核心，不同的互動關係，需要雙方有不同的投入與努力。

(三) 終身價值

終身價值是顧客關係管理的核心概念，其重要的觀念來自忠誠關係。具有忠誠關係的顧客，表現出重複購買、口碑推薦、交叉購買等特性。例如，因為對顧客有更多的了解，而推薦相關聯的一組產品，稱為交叉銷售（Cross-

Selling）；或因為得知顧客有提升消費金額的機會，而推薦更高檔次的產品或服務，稱為升級銷售（Up-Selling）。同時，忠誠顧客對價格及時間等待具有較高的容忍度。

交易行銷時代，往往以交易的額度來衡量顧客價值，關係行銷時代，注重的則是長程關係，也就是顧客再度交易的機率及金額的提升，甚至因顧客的口碑而有更多的未來交易。衡量顧客一輩子可能與企業交易的金額（預估值），稱為顧客終身價值（Life Time Value, LTV）。顧客終身價值的極大化可以說是顧客關係管理的終極目標（Pappard, 2000）。

顧客終身價值來自於顧客忠誠關係，顧客忠誠關係來自於企業與顧客之間良好的互動關係，而良好的互動關係則需要靠雙方對顧客關係的投入與努力，如何有效的投入，需要建構一個完整的顧客關係管理系統。

(四) 管理

以一般企業為例（政府、學校、非營利機構均各有其特性）來說明管理的概念，企業乃是透過產品服務的產出，受到顧客的購買，而產生營業額與利潤。要能順利產出顧客所能接受的產品或服務，企業有其一套運作方式，如研發、生產、銷售、採購、財務、人力等，稱為企業功能（Business Functions）。企業管理的目的便是運用管理的知識與技能，使得企業功能能夠有效發揮。所謂有效發揮，一般是以效能（Effectiveness）與效率（Efficiency）來表示。「效能」指的是做對的事情，也就是所產出的成果，如產品、服務等是正確的；「效率」指的是運用對的方法來做事情，較具體的定義是產出與投入的比值。為了達成管理的目標，管理的知識與技能便是核心的專業知識，包含策略、決策、規劃、控制、溝通、協調、組織、領導等，在企業管理的教科書均有詳細的說明。

顧客關係管理終極目標是顧客終身價值的最大化，易言之，就是期望與顧客進行適當的互動，以維持長期的交易或夥伴關係，甚至因為交叉銷售、升級銷售、甚至口碑相傳而提高交易額，而使得終身價值最大化。因此，顧客關係管理的「管理」活動，需要運用管理的知識技術，規劃與設計良好的互動模式，並確實執行，這也是顧客關係管理效能是否能發揮的關鍵所在。

三、顧客關係管理的步驟

從顧客關係的演進來看，其生命週期可區分為取得、增強及維持三個階段（Kalakota and Robinson, 2001）。取得指的是開發新顧客，主要可運用差異化、創新、便利等方式取得顧客；增強是強化與顧客的關係，例如降低成本、強化服務、交叉銷售、向上銷售等均可強化顧客關係；維持則是維持與顧客之間的關係，例如運用新產品、忠誠度方案等均可維持顧客關係。

顧客關係管理推動的重要步驟包含取得顧客、區隔顧客、與顧客進行客製化互動等，這些活動包含顧客區隔、互動方案的設計與執行等，再策略指引之下，顧客區隔與互動方案不斷地改變顧客關係，其與生命週期關係如圖 1-1 所示。

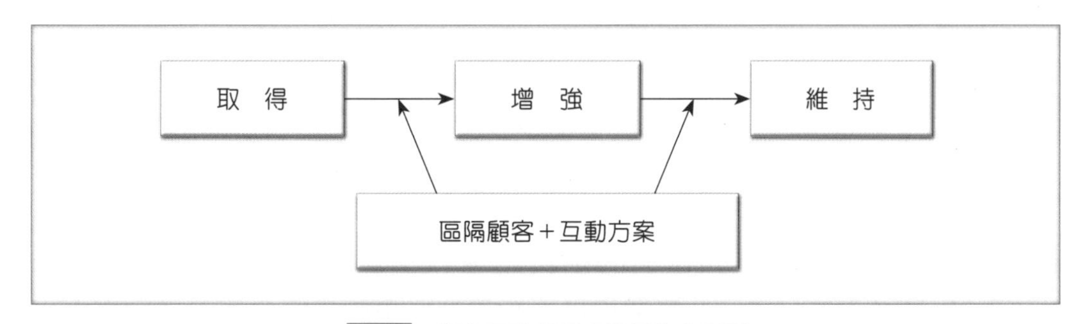

圖 1-1 顧客互動與顧客關係生命週期

顧客關係管理的運作，是要透過與顧客的持續互動，以便與顧客維持良性的關係，進而塑造終身價值。因此，有效的互動將是顧客關係管理的核心。

顧客互動乃是企業透過人員、電話、網路、機器等介面與顧客進行知識或實體物料產品的交流，產品解說、個人化服務等均是典型的顧客互動項目。然而顧客互動欲充分發揮效果，並不是第一線的行銷、客服人員所能獨立完成，好的互動方案需要有創意環境來支持，知識與實體的互動內涵，需要資訊流（資訊技術）與物流（後勤系統）的配合，適當的財務與預算，更是顧客互動的必備條件。而高階主管對於顧客關係管理的支持與承諾，也是成功的要素。因此，我們認為顧客關係管理對企業而言，是一個策略議題，其範圍是擴及全公司的，依此理念，我們由顧客關係互動為起始點，逐漸建立顧客關係管理的架構，以下兩節，分別說明這兩個主題。

1-3 顧客互動模式

為了說明顧客互動模式，以下是一些典型的例子：

NEWS報 1——戴爾電腦

戴爾電腦（Dell）的核心產品是電腦，其主要顧客是企業。戴爾電腦與顧客之間的運作模式稱為接單生產（Build to Order, BTO），也就是收到顧客的訂單後，才開始組裝生產，並快速交貨，其主要的特色是按照顧客的特定規格需求來生產，這種特色稱之為客製化（Customization），客製化需要很強大的資訊系統配合彈性的生產系統方能達成，卻也能提供顧客相當好的服務。

NEWS報 2——嘉信理財

嘉信理財提供理財相關服務，運用企業網站讓經營者了解市場與顧客，同時讓顧客或投資人得知產品的相關訊息。嘉信理財也採用名為 Voice Broker 的語音下單軟體，為顧客提供交易服務，也利用客服中心提供顧客自主的服務模式。在內部制度方面，嘉信理財透過有效的評量與回報系統來加強顧客導向的企業文化，嘉信理財衡量經管績效的指標而不是損益報告，而是顧客資產之累積、顧客滿意度以及顧客留住率。

NEWS報 3——亞馬遜網路書店

亞馬遜網路書店（Amazon.com）的核心產品主要是書籍、CD 等，該公司運用電子商務技術，包含購物車、付款及交易安全機制等，配合其物流配送系統，使得顧客不必到實體書店，便能購買書籍、CD 等產品，顧客藉由網站瀏覽書籍型錄，當顧客選到中意商品，便透過購物車下單，並運用信用卡付款機制付款，亞馬遜網路書店便可經由配送系統，將購買之商品寄至顧客的手中。亞馬遜網路書店運用強大的顧客及書店（商品）資料庫，記錄顧客的基本資料及消費行為，因此，顧客不但在交易之前，獲得書店親切的問候，在交易的過程中，可以查詢訂單的狀況，也可以在交易之後，進行不良商品的退貨或提出抱怨。

另外亞馬遜網路書店可以依據顧客的交易資料，了解其對書籍產品的偏好時機及偏好的書籍類別，而對顧客進行個人化的促銷及商品推薦，並在顧客或其家人特殊日子（如生日、結婚紀念日）寄上親切的賀卡或小禮物。亞馬遜網路書店還有一種創新的作法，就是在網路上進行徵文比賽，如果表現優異，便可與著名的作家合作進行著作，不但能使網站更為熱絡，而且讓顧客有成為作家的機會，與作家共同創造作品。

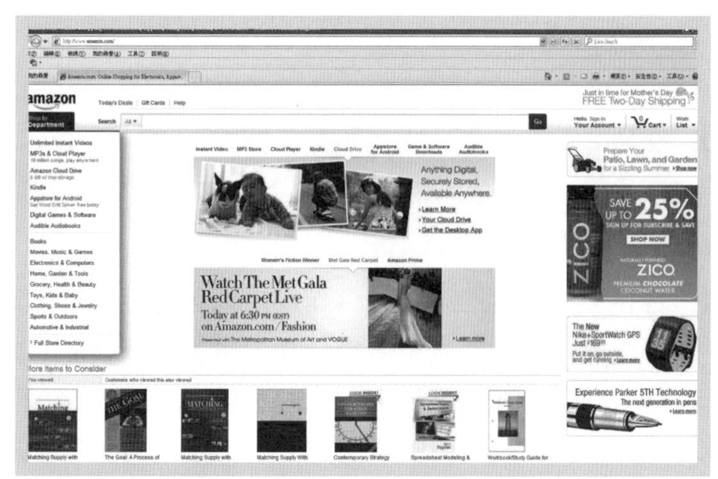

➲由亞馬遜書店的網頁可以看出該網站提供個人化服務。

NEWS 報 4——中華賓士

中華賓士的核心產品是汽車，其維修部門主要服務是汽車維修服務。該部門的維修系統是運用資料採礦（Data Mining）系統，將維修的車種、問題點、所需零件、維修的時間、週期、車齡等資訊，加以整理，推估顧客進廠的時間，以便主動通知車主，並推估各地區維修廠所需的零件需求，以做到庫存管理，並縮短維修時間，如此不但能夠提升服務品質，也能夠鼓勵過了保固期的車子，繼續回廠進行維修。

由上面的幾個例子，可知企業是以產品、服務或體驗來滿足顧客需求，並創造顧客價值，其手段就是透過顧客互動來進行，企業與顧客互動的型態包含銷售、行銷、服務與忠誠度方案。戴爾電腦採用的是客製化模式，這模式已經是屬於策略定位的層次，之下還需要有更具體的行動方案；嘉信理財的銷售方式是採用自動化銷售模式；亞馬遜書店採用的行銷推廣方案是個人化推薦，是一種精準行銷模式；中華賓士的顧客服務則是屬於主動服務模式。

互動的程度由淺而深包含交易、合作與共同創造三個層次，分別說明如下：

1. **交易**：顧客透過認知、搜尋、比較、下單、付款、取貨等程序，與企業進行交易，交易是最原始，也是最基本的顧客關係，交易已經由傳統的交易逐漸演進至網路上交易。
2. **合作**：企業透過與顧客合作的方式，進行相關的業務活動，例如，共同進行需求預測以便做出產銷計畫，也可能採納顧客的構想來擬定新產品的規格，從顧客的角度來說，便是顧客有機會參與企業的研發、生產、銷售等流程。其次，企業與顧客之間的合作，也包含了知識的分享，企業更進一步了解顧客的需求，而顧客更進一步了解企業的產品、服務、能力及理念，有助於雙方關係之促進，稱之為學習關係（Learning Relationship；Peppers et al., 1999）。不論合作的形式為知識交換、資源交換或意見交換，提供顧客的體驗（Experience）以及與顧客共同創造價值已逐漸成為顧客關係之趨勢（Prahalad & Ramaswamy, 2000）。
3. **共同創造**：企業透過某種合作平臺的設計，讓顧客與企業或顧客與顧客之間可以共同創造價值，例如 Nike 的平臺可以讓顧客創造運動、樂趣及社交的價值。

其次，企業與顧客之間互動的內容包含實體、資訊、知識及意象。意象互動指的是顧客對於企業品牌形象或信譽之認知，意象互動會影響顧客與企業之間在交易、服務、合作方面的意願。品牌關係是一種意象互動，企業可能塑造出品牌個性，而讓顧客受到吸引，企業的品牌承諾也要對顧客兌現，有良好的品牌經營，顧客對品牌聯想、品牌知名度等，都有較佳的反應。讀者可試著與 Apple、Nike 等知名品牌做意象互動。

顧客關係管理主要的目的便是針對重要顧客，想盡辦法與重要顧客建立更深入與更長遠的關係（Reniartz & Kumar, 2000）。然而，要維持長期的夥伴關係，需要透過與顧客之間不斷地互動，例如，一對一行銷、忠誠度方案等，擬定顧客互動方案前，需要先了解顧客的需求，依據其個人化或客製化的需求，擬定互動方案，經過互動方案與顧客進行實際互動之後，會對顧客產生價值或效益，顧客對互動的內容也產生價值的認知，之後才會有滿意度或忠誠度之反應。企業與顧客之間的互動流程如圖 1-2 所示，說明如下：

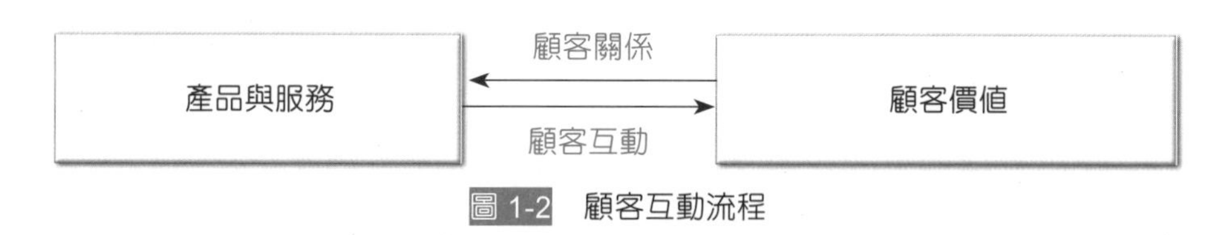

圖 1-2　顧客互動流程

1. **顧客關係**：顧客關係可以用兩個極端來表示，一為短期的交易關係，一為長期的夥伴關係。不管是企業對消費者、企業對企業、消費者對消費者的關係，都可以用關係程度或關係親密度來測量顧客關係。與顧客建立什麼程度的關係，是由顧客關係管理策略來決定的。
2. **產品與服務**：產品與服務是企業主要產出，並提供給顧客。企業提供給顧客的，可能是單純的產品、服務，也可能提供顧客美好的體驗，或完整的解案。
3. **顧客互動**：顧客互動就是執行顧客互動方案，顧客互動方案是依據顧客關係程度（CRM 策略）而設計的。在了解顧客的特定需求之後，需擬定互動方案，包含銷售（例如交叉銷售、升級銷售）、行銷（例如個人化促銷方案）或是顧客服務方案（例如顧客自助服務或 FAQ），也包含顧客忠誠度方案（Loyalty Program）。總而言之，顧客互動的標的是產品、服務、體驗等企業產出，透過上述的互動類型，以執行交易、合作、共同創造等互動方式。
4. **顧客價值**：顧客互動方案之目的，是為顧客創造價值，顧客接受到促銷、服務等互動方案之後，也會感受到對本身有價值，這些價值可能包含時間、成本之節省等經濟效益，也包含友誼、尊重等心理或社會方面的效益，或是受到特殊對待及尊重等客製化的效益。顧客因為接受到對自己有價值的互動或服務，因而產生心理或行為方面的回應，心理上的回應包含滿意度或再購意願等忠誠度指標，行為上的回應則為實際的再購行為、口碑相傳等。

1-4 顧客關係管理架構

探討顧客關係管理架構可以從策略開始，策略是資源投入的重點，也是企業營運的方向。顧客關係管理的策略主要重點是對於顧客觀念的改變，以往視顧客為銷售的對象，1990 年代之後，便開始有人主張以顧客為中心，顧客逐漸參與或主導雙方的關係，因而需與客戶建立策略性的聯結。

接下來討論的是技術的問題，要建立及維持良好的顧客關係，需要有技術加以輔助。諸如銷售與行銷管理、事件管理、溝通管理等，更運用資料採礦及資料倉儲等技術進行更深入的分析。

顧客關係管理的導入，除了策略的引導與資源之挹注，以及技術支援之外，也需要考量企業內部的配套措施，包括組織的調整、流程的變革以及制度的改變等。

由前述得知，圖 1-2 顧客互動模式要能夠實際運作，需要適當的資訊技術工具，透過適當的互動介面與顧客進行互動，而整個互動的進行，則是透過顧客關係管理策略目標之指揮以及企業流程與制度之配合。策略、制度與管理、分析工具以及互動介面等項目為推動顧客關係管理之元件，我們稱之為顧客關係管理架構，為企業進行顧客關係管理必須具備的條件或能力，其目標則在於創造顧客價值。

顧客關係管理架構如圖 1-3 所示，顧客關係管理架構中的顧客可能包含企業顧客或是最終消費者，可能區分為現有顧客與潛在顧客，也可能區分為是採購者或使用者。不同的顧客其需求不同，互動方式亦不同，顧客關係管理所需具備的能力亦異，企業必須依據企業本身的顧客特性以及對顧客的區隔，來定義顧客關係管理架構之功能。

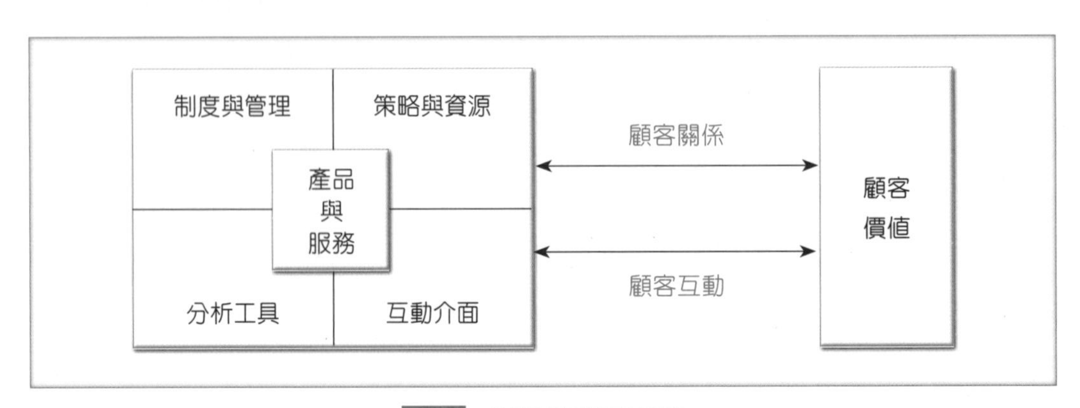

圖 1-3 顧客關係管理架構

首先，要與顧客建立何種關係，這是顧客關係管理的策略目標，策略與資源指引顧客價值的定義與互動流程的設計。也就是說，為了獲得相當的競爭優勢，企業必須決定與顧客建立多麼深入程度的關係，這種關係可以從短期的交易關係到長期的夥伴關係，也可以從一對多的關係到一對一的關係。更具體言之，顧客關係管理的理念是希望企業針對顧客進行適當的區隔（如以交易額或成長潛力為區隔變數），針對不同的顧客建立不同程度的關係，當然不同的顧客，其互動方式也就不一樣了。因此，決定提供給什麼樣的顧客（區隔）多少的價值，便是顧客關係的策略議題。策略乃是由更具體的行動方案來落實執行，而策略又受到上一層的使命或願景所影響，願景是企業價值觀與遠大的目標，能夠有引導策略方向。

其次，依據顧客（已區隔）之不同的需求，需要提供產品與服務，並設計適當的互動方案或流程，以協助產品與服務的提供，並滿足顧客關係管理的目標。顧客互動可以說是與顧客接觸的最前線，也是顧客關係管理的核心，例如，客服中心的顧客抱怨處理流程，便是可以直接為顧客創造價值的活動，互動方案或流程的設計，則需要有顧客知識以及創意。

第三，互動方案之執行，需要企業流程的重整以及制度上的配合。例如，要針對累計購買金額較高的顧客提供某些折扣，提供折扣便是一個互動方案，為了執行這個方案，企業的結帳、出貨等流程，需要加以調整。同時企業也需要投入資源（資金），或是運用適當的激勵來鼓勵銷售或補貨的人員，這些稱為制度的配合。制度配合的背後影響因素則是企業文化，企業文化是組織成員共同的信念或價值觀，企業文化無形中影響組織的制度與管理，進而影響顧客互動流程。

第四，是互動介面的問題，互動介面乃是企業傳遞產品或訊息給顧客的管道，也稱為接觸點（Contact Point），而企業與顧客的互動，是透過適當的介面來進行。例如，透過面對面的銷售或解說、透過電話訂貨、運用文件傳送 DM，甚至運用網站或 E-mail 等，均可能與顧客進行良好的直接互動，當然也可能透過仲介商、經銷商等與顧客進行間接互動。

最後，乃是技術面的分析工具，由於互動過程中，牽涉到大量而且種類繁多的資料傳遞，資料要轉化為有用的資訊或知識，均有賴於資訊科技的運用。資訊科技的運用主要包含運算及傳輸兩方面，運算指的是將資料透過計算、分析、篩選、判斷等方式進行轉換，目前資訊運算的能力非常高超，使得龐大的分析工作，得以如願進行。就傳輸能力而言，網路頻寬的增進，使得數據、聲音、影像、動畫、圖片等多媒體的傳輸，相當快速，就顧客關係管理的應用來說，由原來的顧客資訊系統，進展到資料倉儲、資料採礦等技術，網際網路上更有許多推播技術（Push Technology）、個人化等工具提供使用，資訊工具的進步，使得顧客關係管理個人化互動的希望變得可能。

1-5 本書章節之安排

顧客關係管理的實施是一個組織變革的過程，實施顧客關係管理之前，需要對顧客關係管理的整體架構有所了解，本書的第一篇為架構篇，第 1 章「顧客關係管理導論」，介紹關係行銷的演進、顧客互動模式、顧客關係管理定義及架構，其餘各章描述顧客關係管理架構中的各個元件及元件之間的關係，包含第 2 章「顧客關係與顧客互動」、第 3 章「顧客價值」、第 4 章「策略與目標」、第 5 章「顧客互動流程與介面」、第 6 章「顧客資料分析工具」以及第 7 章「制度與管理」。

了解顧客關係管理的架構之後，便需要推動，本書將顧客關係管理的推動視為系統發展的過程，第二篇為發展篇，介紹顧客關係管理發展的流程，包含第 8 章「實施團隊與規劃流程」、第 9 章「顧客關係管理策略規劃」、第 10 章「顧客關係管理方案規劃與分析」、第 11 章「顧客關係管理系統設計與導入」。

顧客關係管理系統導入之後，便是系統運作的問題，如何在現有基礎之下，持續擬出互動方案與顧客進行互動，為重要的考量，加上實施顧客關係管理所需考量的議題以及未來的趨勢也都在考量之列，本書第三篇為運作篇，包含第 12 章「顧客關係管理實施」、第 13 章「顧客知識管理」、第 14 章「顧客關係管理創新方案之擬定」、以及第 15 章「顧客關係管理議題與趨勢」。

本書三篇的安排基本上是依據基本概念、內容了解、系統發展、系統應用的順序而來。其中第一篇先令人對顧客關係管理歷史發展及內涵有初步而整體的認知，再了解顧客關係管理系統架構，並培養評估系統的能力，此篇各章的安排，是顧客關係管理系統的元件及其關係；第二篇的各章，以發展流程的方式安排，需注意如何管理發展流程，方能有效；第三篇系統應用除了持續應用顧客關係管理系統之外，還需注意不斷創新與知識的累積。

本書各章前後均附一個實務個案，個案的思考問題討論，宜聚焦於該章的主題內容，進行深入的討論，必要時可蒐集該個案更詳細、更新穎的資料，或以其他個案進行同主題之比較。

顧客焦點

台灣大車隊推動CRM引爆小黃革命

台灣大車隊因爲優步（Uber）的競爭的關係，又沒有龐大資金撐腰，促使它挖掘在地優勢：深耕車主與消費者兩種用戶需求，打造生態系，把彼此綁得更深。

在車主關係方面，台灣大車隊做平臺，就要先幫司機賺錢，具體作法首先是張貼車身廣告；第二降低司機月租費門檻，一個月僅收 1,500 元（過去收三千），每派一個任務收十元媒合費用，過去消費者用電話叫車，車隊要付二十元給電信公司，把叫車改爲 55688，由客人付錢，車隊跟電信商個分獲利。整個收益模式也不一樣了，過去車隊全部收入來自司機，現在還有廣告費及電信收入。

第三是推動非現金支付，台灣大車隊始終專注數位科技服務發展創新，跳脫傳統計程車產業框架，2011 年首創 APP 叫車，並不斷升級全面滿足乘客的便利叫車需求。由於優步的關係，讓台灣大車隊把 App 弄得更好，也眞正推動非現金支付（過去車隊司機寧可收現金，不願乘客刷卡支付），目前非現金支付已經達到兩成（超商約 10-15%）。第四是做聯合行銷，台灣大車隊幫司機做一張隊員卡（存放多元支付來的車資），司機最基本的花費是加油的錢，我們就加油站談，讓司機拿著虛擬錢包去加油，車隊再跟加油站月結，藉由導客過去，車隊還可以收媒合費用，這是新收入。此外，我們也一直在發展給司機的汽車維修、賣車與租車服務，降低司機養車成本，讓司機願意留在車隊。

在消費者關係方面（乘客端），台灣大車隊以用戶體驗做出發點，從乘客用車需求前後，逐步發展出酒後代駕與包車旅遊等服務。包車旅遊等服務方面，車隊成立「台灣大旅遊」，輔導司機考導遊證照，教他外語，幫他接外國客人。後來又發展機場接送與陪病看診服務，同時也在車上銷售 MID（車上多媒體），可以提供更豐富多元的乘客服務。目前台灣大車隊也推動會員制，稱爲熊友會員，只要下載 App 就成爲小熊，再依據搭乘次數逐漸成爲黑熊、銀熊、金熊與鑽石熊，可獲得不同等級的回饋。

目前要跨入乘客端去創造生態系，其關鍵是行動支付，現在有十萬人用信用卡綁定車隊的 App，假設他們願意拿著車隊 App 到車隊合作商家去消費，我回饋給他搭車金，他就更願意搭車隊的車子。

台灣大車隊相當看好點數經濟，運用配對、排程系統做「生活快送」，靠廣告、汽車維修、快遞、洗衣、居家清潔等賺錢，來自司機的收入可能只佔 35%。因此，台灣大車隊在 2016 年成立「55688 Life 生活大管家」，從專業媒合者的角度出發，利用數百萬廣大用戶群，搭配金流服務與大數據分析，集合眾多優質管家，媒合多元清潔服務，該居家清潔服務媒合平臺，可提供居家清潔、家電清潔、塵蟎清潔、空間消毒等服務，讓忙碌的現代人可擁有更多休閒時光。新冠肺炎疫情期間，居家隔離及照護者愈來愈多，若請人居家打掃清潔，管家與消費者近距離接觸有疑慮，因此，生活大管家抓緊疫情商機，推出業界首創「居家安心方案」，居家清潔、消毒一次完成。大車隊集團今年成立子公司臺灣智慧生活網，結合洗衣、快遞、居家清潔、代駕、汽車保修、旅遊等各項生活媒合服務，打造「新生活服務生態圈」，提供消費者更便利的生活體驗。

爲了落實上述兩端客戶之顧客關係，台灣大車隊相當重視資訊技術之投入，資訊部門就七十幾個人，而且已經成立大數據單位，正在分析客人的形貌，將生活大管家裡面的居家清潔與洗衣服務，都推播給需要的客戶，這可孵化是當的新創事業來做，也就是用流量來創造一個生態系。

資料來源：台灣大車隊迎戰 Uber，淨利創三年新高，商業週刊 1691 期 2018 / 7，pp. 54-57；大車隊引爆小黃革命變身生活大管家，財訊雙周刊 2019 / 5，pp. 92-95；台灣大車隊集團 打造疫情下的生活服務，經濟日報，2022.5；台灣大車隊網站

台灣大車隊視司機與乘客為顧客，推動顧客關係管理，請討論其顧客關係管理策略、顧客互動方案、分析工具、互動介面及制度與管理的相關內容為何？

本章習題

一、選擇題

(　　) 1. 下列何項不是顧客關係管理時代典型的行銷活動？

(A) 客製化　(B) 大眾行銷
(C) 共同創造　(D) 社群行銷

(　　) 2. 下列何項最不能代表顧客關係管理的意義？

(A) 關係行銷　(B) 資料庫行銷
(C) 理念行銷　(D) 以上皆非

(　　) 3. 企業所有顧客的終身價值總和稱為？

(A) 顧客終身價值　(B) 顧客權益
(C) 顧客獲利性　(D) 以上皆是

(　　) 4. 下列何者是適當地推薦顧客購買更高檔的產品或服務？

(A) 交叉銷售　(B) 升級銷售
(C) 口碑推薦　(D) 以上皆非

(　　) 5. 下列哪一項最能代表亞馬遜書店與顧客互動的特質？

(A) 個人化推薦　(B) 大量客製化
(C) 接單生產　(D) 語音下單

(　　) 6. 企業與顧客之間透過下單、付款、取貨等程序進行互動，是屬於哪一類的互動？

(A) 交易　(B) 合作
(C) 共同創造　(D) 以上皆非

(　　) 7. 企業透過品牌個性與顧客建立品牌關係，是屬於哪一種互動內容？

(A) 實體　(B) 資訊
(C) 知識　(D) 意象互動

(　　) 8. 顧客關係管理的導入時，需要注意組織的調整，此時是考量下列哪一項因素？

(A) 策略　　(B) 技術

(C) 制度　　(D) 以上皆是

(　　) 9. 顧客關係管理資訊系統應對應於顧客關係管理架構的哪一個元件？

(A) 顧客價值　　(B) 策略與資源

(C) 制度與管理　　(D) 分析工具

二、問題與討論

1. 請說明關係行銷的演進過程。
2. 何謂顧客關係管理？其重要性為何？
3. 何謂顧客互動？顧客互動為何能提升顧客的忠誠度？
4. 何謂顧客終身價值？顧客忠誠度與顧客終身價值有何關係？
5. 何謂顧客關係管理架構？該架構對於企業推行顧客關係管理有何幫助？
6. 找一個有推行顧客關係管理的企業，扼要描述其顧客關係管理架構。

三、實作習題

【功能模組】

說明： 登入 CRM 系統，初步了解 CRM 系統之功能。

1. 請依據任課教師提示之網址、帳號、密碼，登入 CRM 系統。
2. 請描述 CRM 七大功能模組內容，每個功能模組描述盡量不超過 30 個字。

本章摘要

1. 顧客關係管理源於關係行銷的演進，由顧客角色、顧客關係內涵、顧客連結技術來觀察。其趨勢由生產導向、交易行銷、關係行銷、演進至目前的顧客關係管理，其主要的理念來自於維持舊有顧客的成本遠低於找尋新顧客的成本，而其動力主要來自關係行銷觀念的普及以及資訊技術能力之大幅提升。
2. 顧客關係管理的定義為企業與顧客建立及維持長程關係，以提升顧客終身價值的管理活動，其核心概念包含關係、終身價值與管理。
3. 顧客關係管理主要透過顧客互動模式進行互動，企業依據顧客需求設計產品服務及互動方案與顧客進行互動，顧客對於互動因為有了效益上的認知，而產生了滿意度及忠誠度的回應，構築了動態的顧客關係，而逐漸提升顧客終身價值。
4. 企業為了進行有效的顧客互動，需有整體的推展架構，該架構以產品服務及互動流程為核心，以策略與資源、互動介面、分析工具、制度與管理為四大支援元件，在各種關係程度之下，提供各種互動內容，以創造顧客之終身價值。

參考文獻

1. 洪育忠、謝佳蓉譯（民 96），顧客關係管理：資料庫行銷方法之應用，初版，臺北市：華泰。
2. Kalakota, R., Robinson, M., (2001), e-Business: Roadmap for Success, 2nd Ed Addison Wesley.
3. Pappard, J. (2000), "Customer Relationship Management（顧客關係管理）in Financial Services," European Management Journal, 18:3, pp. 312-327.
4. Peppers, et al. (1999), "Is Your Company Ready for one-to-one Marketing ？" Harvard Business Review, Jan-Feb, pp. 151-160.
5. Prahalad, C.K., Ramaswamy, V. (2000), "Co-Opting Customer Competence," Harvard Business Review, Jan- Feb, pp.79-87.
6. Reinartz, W. J., Kumar, V., (2000), "On the Profitability of Long-Life Customers in a Noncontractual Setting: An Empirical Investigation and Implications for Marketing," Journal of Marketing, 64, pp. 17-35.

NOTE

Chapter 2

顧客關係與顧客互動

學習目標

- 了解顧客關係的內涵。
- 了解產品、服務與體驗的屬性與層次。
- 了解擬定顧客互動方案的要領。

前言

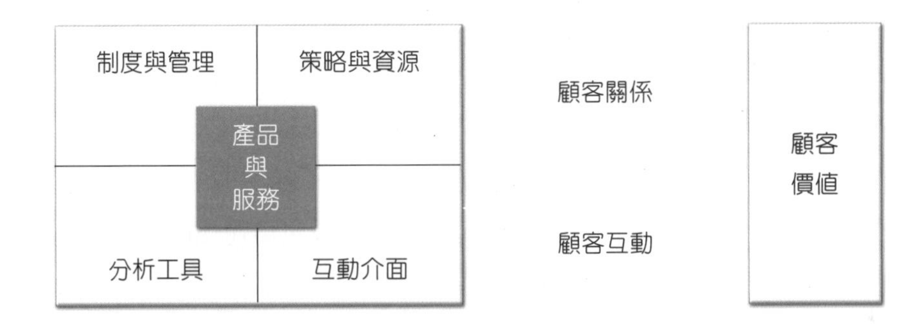

企業透過產品與服務的提供，完成價值上的交易，為了順利傳遞產品與服務的價值，企業在行銷、銷售、顧客服務等功能領域，提供基本的技巧，也設計許多顧客互動方案。透過產品與服務的提供與顧客互動方案的執行，顧客關係可以不斷的維持與增強。本章針對顧客關係、產品與服務、顧客互動方案三者之間的關係進行探討。

企業觀測站

依據 2018 年遠見雜誌電鍍金牌服務員選拔，信義房屋順利連莊。信義房屋總經理劉元智認為，最大的變革，莫過於默默推出的社區服務。劉元智表示，過去信義提出「服務取代業務」的願景，近來終於有重大突破。透過「社區服務」，讓第一線經紀人關心社區，做好公益，業績自然來。比如有修繕技能的同事會幫社區住戶修紗窗。有同仁擔心長者跌倒，跑到老舊住宅的樓梯裡貼反光條，甚至擔任小學生的導護和彈性支援守望相助隊。面對小型社區管委會，信義同仁也在架器材、送水、協助議事紀錄等，提供一條龍服務。劉元智認為，買賣房子屬於低頻交易，一般人一輩子只能交易兩三次，但用心耕耘社區，顧客未來要找房仲時，第一個自然想到信義。

2016 年臺灣房市交易量創下史上新低，僅剩二十四萬五千戶，但是信義房屋卻逆勢成長，主要關鍵在於推動「全房產」智慧賣房。早在 2010 年，信義集團資訊長蔡祈岩上任後，啟動智慧買房數據建置，每年投資超過一億元，建置數據資料庫，追蹤消費者使用行為改變，不僅用在賣房，更搶進社區服務業務。

針對買屋者，信義房屋提供個人化服務，稱為「主題找屋」，顧客可以依據各種需求，尋找合適的房型，個人化主題包含如新婚、年輕小資、三代同堂、單身貴族等。

在智慧賣房的方針下，信義房屋除了房仲看房 App 之外，也推出「社區幫」和「有無快送」等 App，以社區幫為例，可以享有線上繳管理費之折扣優惠、代收包裹服務、鄰近店家資訊提供等，還舉辦頗具人文氣息的藝廊活動。這些做法都在力拼 2025 年成為居家生活產業第一品牌，服務再升級。

資料來源：台式服務無懈可擊：信義房屋 / 友鄰親善做好 業績自然來，遠見雜誌 2018.12，pp. 96；代銷、中介聯手，信義房屋掀智慧賣房革命，商業週刊 1644 期 2019.5，pp. 79-81；信義房屋網站，2022.8.16

提示

信義房屋推出的仲介服務、社區服務都有相當的服務品質，並運用「主題找屋」、「房仲看屋」、「社區幫」和「有無快送」等 App 服務，提昇顧客關係，這些都是企業與顧客互動的方案。

2-1 顧客關係

從企業經營的角度來說，關係管理討論的範圍包含企業利害關係人（Stakeholder）之間的關係、內部員工關係（如內部行銷）、外部夥伴關係以及顧客關係，甚至是公共關係。顧客關係管理把關係的對象由傳統聚焦於企業與顧客之間的關係，演進到企業與利害關係者之間的關係，因為關係的成員已經由企業與顧客關係演進到供應鏈關係、網絡關係或生態系統。就本書而言，主要討論的內容便是與利害關係者兩者之間的互動關係。

企業與顧客之間建立及維持關係具有不同的動機與目的，可能包含營業目的方面的提升交易客戶、市場佔有率或利潤，可能包含資源使用方面的資源互賴、資源共享、資源有效運用的目標，也可能包含行銷方面的品牌形象建立與知名度的提升。歸納關係管理的這些目的特性，我們認為「互利」是顧客關係的重要動機，企業往往因而提升本身的能力或是營業績效，顧客則得到良好的商品、服務、價格，甚至是知識或其他資源，沒有以互利作為基礎的關係通常無法長久維持。

企業與顧客達成「互利」的目標，所謂互利，對企業而言，可以提升顧客終身價值、長期利益、降低取得顧客之成本；對顧客而言，可簡化交易、降低交易風險、接觸點的熟悉以及個人化效益等。互利可以強化其競爭力，企業與顧客建立互利的關係是一種合作的過程，我們可視所形成的「企業與顧客」或「企業群與顧客群」為一個競爭體，進而與其他的企業或企業群進行更有優勢的競爭。

其次，顧客關係的建立與維持，需要透過觀念、知識、資訊、實體材料或商品之間的往來，個別的業務往來過程中，可能是單向的，例如，傳送訂單，也可能是雙向的關係，稱為互動關係，所需考量的是雙方互動的內容、頻率、時機、主／被動性等特質，以便有效增進關係，因此，我們認為「互動」是顧客關係管理的重要手段，透過互動，企業與顧客之間進行交易往來、溝通協調、資源分享或知識學習，沒有互動，便沒有建立與維持關係的機會。

第三，顧客關係是一種變動的過程，關係的程度可能隨著時間而不斷地提升或削減；這種變動的過程直接受到前述互動程度的影響，互動越頻繁，可能有助於關係之增進；反之，則可能降低關係程度，當然互利程度也受到「互動」這個手段的影響，要達成越高的互利，可能互動的程度也越高，可見顧客關係的程度，互動程度以及互利的認知，均是不確定性的，亦即隨著時空環境而改變，「不確定性」是顧客關係的重要特點，我們可以大致推論，推動顧客關係管理的過程就是適應這種不確定性的過程。

由上述，我們認為「以互動方式建立動態平衡關係，達成互利的效果」是顧客關係管理的本質，由此引發出推動顧客關係管理的動機、目的與方法。

由關係的對象而言，關係的存在可能是一對一、一對多、多對一、或多對多的關係。在顧客關係管理的討論或分析過程中，通常區分為一對一的對等關係、一對多的廣播行銷關係，或由關係成員構成一個網路而成為網絡關係（Network Relationship）。

其次，企業與顧客關係的內涵可能包含產品與服務的提供、資源與資訊的分享或互賴，也包含品牌形象的識別與信任。這些關係的內涵可能是實體的產品、資源，也可能是智慧型的資訊與知識，更可能是無形的情感連結。

以下分別討論企業間關係、企業與消費者間關係、消費者間的關係內涵。

一、企業間關係

企業間關係主要探討組織間的價值交換行為（如交易、生產等）中所形成的各種互動型態。

與企業間顧客關係較有相關的議題為供應鏈、價值鏈及配銷通路，配銷通路為價值網絡（Value Network）的一環，或是供應鏈（Supply Chain）的延伸。

企業與顧客之間的通路，可能包含物流配送、經銷商、廣告代理等單位，而企業的合作夥伴可能包含供應商、研發同盟、製造外包、資訊顧問等，這中間的關係視為企業對企業（Business to Business, B2B）的關係，其合作或聯盟活動包含資訊或知識交換、其他資源交換以及研發、生產與後勤之互動。

價值鏈是指將企業營運過程視為一連串的加值（Value-Added）過程，每一個流程的價值均比上游的流程更具有價值，例如，半成品比零件的價值更高，產品又比半成品的價值更高。依據波特的價值鏈模式，企業的價值鏈是由主要的加值活動與支援性的加值活動所構成，主要的加值活動包含採購、研發、生產、配送、銷售等。

企業的價值鏈若往上游及下游延伸便成為價值網絡（Value Network），也就是說供應商、企業本身、通路商等價值鏈結合成為價值網絡。

從顧客關係管理的觀點，價值鏈具有兩種涵義，第一是視價值鏈或價值網絡為顧客，若針對企業銷售產品與服務，可能可以對顧客創造價值，若是對企業的價值鏈或是整體的價值網絡提供整體解案，則可能創造更多的價值。第二是視價值鏈或價值網絡為合作夥伴，可以考量與價值網絡成員建立更親密的關係，以便共同提供最終顧客更高的價值。

在企業市場中，供應商與顧客經常需要建立及維持長期關係。此類的關係主要是透過一些適應行為，以達到信任及承諾的關係。在適應方面，供應商須做出適應以滿足特定顧客的需求，顧客則須因為特定供應商的能力及意願而對產品及服務做出調整。最常見的跨組織適應為產品客製化，包含產品的物料、規格、品質等觀點，這是產品的適應；供應商亦透過購買新設備、採用 JIT 系統，來適應生產流程（Processes）。

信任是對於他方可以依賴的一種期望，也可以說是願意為對方冒風險的程度，既然信任對方，相對的也需要冒一些風險。信任是對對方能力及態度的信任，能力的信任是相信對方有能力完成任務，態度則是對對方的善意、誠實、意圖等產生信任。信任往往導致承諾，也就是願意為對方付出的意願、行為或保證。信任與承諾是企業間關係相當重要的變數。

二、企業與消費者關係

企業與消費者關係主要是描述企業如何了解消費者的需求，以提供適當的產品或服務解案，此種關係的重點應該擺在「消費者行為」，也就是了解消費者需求及其決策過程。

消費者行為探討的主題之一是描述消費者的動機、態度、行為之間的關係。動機表達了消費者的需求，態度是消費者對於廠商、品牌、產品、服務等的偏好；行為則是消費者對於產品或服務的購買意願或行動。消費者行為模式主要是探討影響上述動機、態度、行為過程的因素，如行銷刺激、個人特質、社會文化背景等。消費者行為模式，如圖 2-1 所示。

1. **背景因素**：背景因素指的是消費者所處的文化、社會及心理等因素，文化因素包含國家文化、社會文化、或次文化；社會因素考量消費者所處的群體，許多的直接參考群體（如家庭、職業、宗教等），或間接參考群體（如社會等級或意見領袖）對個人行為有所影響；心理因素指的是個人的慾望、動機、認知及學習行為等。企業若能了解這些背景因素對消費者的影響力，便能調整自己的行銷手段，與顧客進行較佳的行銷傳播。
2. **市場刺激**：市場刺激指的是企業透過本身的品牌、信譽以及行銷傳播的訊息刺激，來影響消費者。品牌、信譽是企業長期經營的結果，可以在消費者心中留下記憶或較深刻的印象；行銷刺激則是立即性的改變消費者對企業或所屬產品服務的印象。企業欲透過長期的品牌塑造來影響此項中介變數，需要與消費者進行持續性的互動，而短期的行銷刺激，則是需要思考如何為顧客提供價值而影響消費者之認知與行為。
3. **購買決策**：購買決策指的是採購決策過程，包含察覺需求、搜尋、評估各種方案、購買及售後行為等，企業透過對顧客的各個階段的協助，也可以為顧客創造價值。

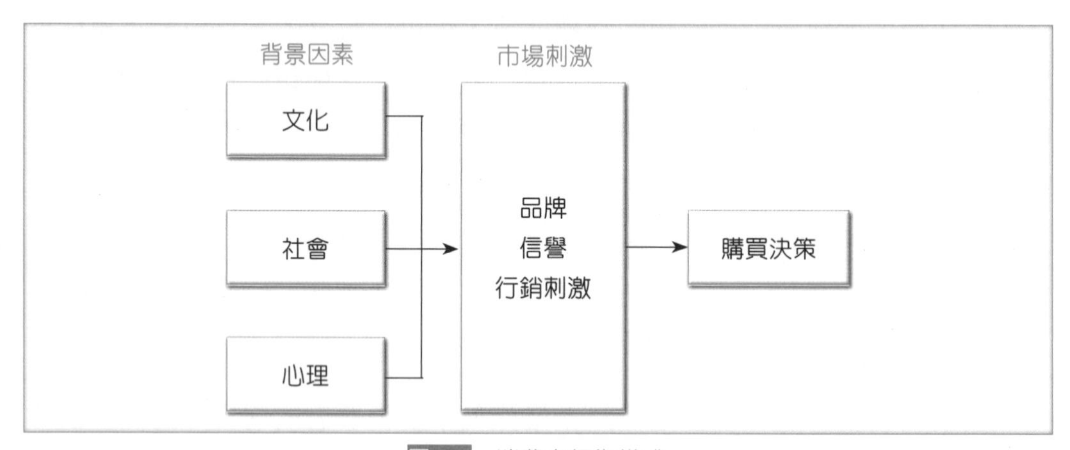

圖 2-1　消費者行為模式

消費者行為模式讓我們了解與顧客互動行為及其背後的動機，對於尋找顧客價值的機會，有相當大的助益。由消費者行為模式可以了解顧客的動機與需求，顧客的需求有層次與類別的區分，滿足不同層次或不同類別的需求，會讓顧客產生不同的效益認知與不同的滿意或忠誠反應。

消費者行為探討的第二個主題是描述消費者的決策過程，消費者購買商品或服務的主要階段如圖 2-2：

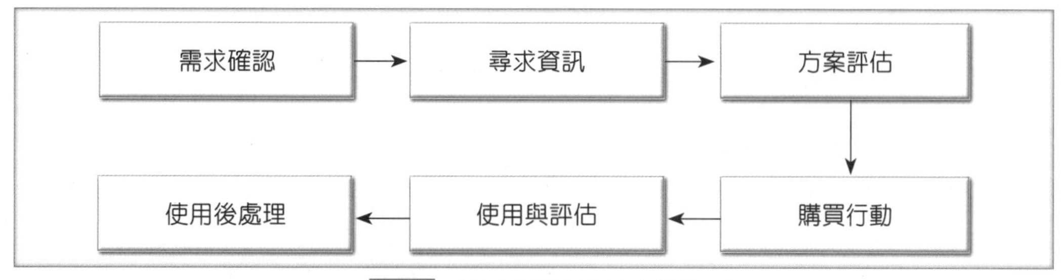

圖 2-2 消費者購買商品之階段

1. **需求確認**：當消費者感到有慾望或不足，而有實際相對應的產品或服務時，便確認了需求。
2. **尋求資訊**：消費者開始尋找可滿足其需求以及相關產品或服務的資訊。
3. **方案評估**：消費者從各類產品或服務中，進行評估與比較，以利於產品或服務的選擇。
4. **購買行動**：消費者決定經由何種零售通路（例如百貨公司、超市、網路等）或商店購買，以及購買過程的下單、付款、取貨等程序。
5. **使用與評估**：消費者購買後，開始使用產品或服務，並針對使用狀況進行評估。
6. **使用後處理**：產品或服務經使用及評估後，進行後續處理，包括報廢、回收或再售等行為。

上述決策過程的各個階段，代表消費者對於產品或服務的了解增加，可能包含對於產品服務、企業等知識的增加，是一個學習的過程。

如果消費者的角色變得更主動，具有主導市場的能力，就產生了 C2B 商業模式。C2B 是消費者發起需求，企業再提供滿足需求的產品與服務，這是以消費者為中心的商業模式。最典型的 C2B 模式是「團購」，透過集合消費者的力量，產生大量的需求，主動要求廠商提供優惠價格。

三、消費者間的關係

消費者間的關係可以用社群關係來討論。社群（Community）可能是同住於一地區的人群，或是具有共同利益的人所構成的人群，又或者是共同參與某種事件或活動的人群，也就是共同的利益才會促使社群的形成。社群的運作過程中，有三個重要的組成要素，即共同的地理要素、共同的心理要素及共同的行為。

虛擬社群（Virtual Community）乃是藉由網路技術，打破時空限制所形成的社群。虛擬社群是由大眾經由相同興趣聚集，而產生的「興趣社群」（Armstrong & Hagel Ⅲ, 1996），是一群人透過網際網路互相溝通與資訊分享的社會現象。虛擬社群不僅能讓社群成員透過網際網路互相溝通與資訊分享，最重要的是把人們聚集在一起，共同分享資訊，甚至產生並吸收社群成員所創造的知識。持續地互動，並從互動中創造出一種相互信賴與相互依賴的夥伴關係。

虛擬社群所著重的共同目的或利益可能是社會性、經濟性、專業性與娛樂性的。社會性的虛擬社群包含交誼（情感交流）、社會支持（經由社群的力量形成社會支持，以解決問題，如家庭暴力受害者社群）、或是共同興趣（如音樂社群、舞蹈社群）的結合；經濟性的虛擬社群包含行銷、交易的（例二手車交易網站）目的，專業性的虛擬社群包含專業經驗的分享（如醫生、軟體工程師等）；娛樂性的虛擬社群主要指的是線上遊戲的社群。

虛擬社群的運作過程中，描述一群人經由社會化的過程，逐漸對於該社群產生社群意識，社群意識表現在成員對社群的認同，乃是覺得自己屬於這個社群；也表現在社群成員所產生之言論、價值觀對社群成員生活的影響；更表現在成員之中彼此相互協助、情誼互動、自我調適等特性；甚至形成獨特的語言或溝通方式。構成社群意識的元素包括（Adler & Christopher, 1998）：

1. **需要被實現**：成員的需求被社群滿足了多少。
2. **融入**：成員被鼓勵及開放去參與成員彼此間計畫或活動的程度。
3. **相互影響**：成員們開誠布公討論議題，並互相影響的程度。
4. **分享心情**：分享彼此經驗與心情，通常是較具紀念性的事件（如生日、紀念日等）。

企業運用社群主要的目的在於產品研發、行銷兩大領域，在研發方面，主要是從社群討論中挖掘顧客現有及潛在的需求，更是提升忠誠度的重要方案，諸如增加網站黏度（瀏覽時間），藉由社群意識來強化品牌形象等。

從行銷面來看，「虛擬社群」將共同習性的人集合在一起，因此只要善加利用社群的既有資料加以篩選，就可輕易的挖掘出潛在顧客，例如，遊戲的討論社群，其喜愛遊戲的比例一定較一般社群高，此時若遊戲商在行銷時能適時切入此目標社群，則能提升行銷之效果。市場研究方面，在產品開發初期，可藉由「虛擬社群」的意見回饋，而得到有利的消費者資訊，也就是C2B2C（Customer to Business to Customer），先蒐集目標「虛擬社群」的意見，經融會貫通後再發展新產品，最後銷售給消費者，讓新產品更有其市場利基。在銷售通路方面，「虛擬社群」除了溝通人際關係外，自然也有交易的需求，網路拍賣 C2C 交易方式，就是一個很成功的例子。

社群意識是社群行為的重要應變數，社群意識越高，越有機會從社群中獲得構想、研發、行銷方面的效益。由前述討論，讓我們了解，如何透過社會化的過程，提升成員的社群意識，對於如何運用社群經營以便了解顧客需求以及擬定互動方案，達成顧客關係管理目標，均有相當大的助益。

四、生態系

生態系（Ecosystem）是由一群多元的夥伴建立的體系，成員可能包含政府、社群、生產者、消費者與其他多元夥伴，採取共生、共享與整合的方式，針對目標客群滿足其需求。

生態系可能因目的或客群不同而有不同的分類。例如商業生態系聚焦於供應鏈成員之間的協同合作與競合過程，提供商業上的支援；創新生態系與創業生態系則集合相關成員，進行創新與創業相關活動或提供創新與創業相關服務；平臺生態系則強調集合買賣雙方以及相關成員，進行媒合、服務與交易相關活動。相較於傳統供應鏈的價值主張是滿足客群對於供應鏈所提供的產品與服務的需求，生態系統主要的價值主張是要滿足客群的所有需求，對於消費者而言，可能就需要滿足其食衣住行育樂的需求；對於創新生態系統而言，就是要滿足創新者對於創新的所有需求。

NEWS 報 1——國泰金控

總資產超過十兆的金控龍頭國泰，數位轉型的大戰略是經營「生態圈金融」。身為市場先進者，國泰已經全面布局食衣住行的消費場景。繼全家之後，統一超商的指尖金流也是國泰負責，其他吃下的板塊包含：全聯 PX Pay、好市多 Costco Pay、六角美食通、誠品 eslite Pay、連鎖茶飲康青龍、停車大聲公等。比起讓客戶走進分行或打開銀行 App，客戶更常走進超商、買手搖飲，仰賴這些高頻互動的場景，國泰才能真正進入民眾生活。下一步，國泰不只是要賺金流的錢，還要把貸款、保險，送到消費者面前。國泰跟遠通電收的合作就是一例，車主不只能在國泰產險官網買到高速公路碰撞險，也能夠過 ETC App 和 uTagGO App 投保。因此，國泰喊出「CaaS 國泰即服務」（Cathay as a Service），要攜手合作夥伴，將國泰的金融專業，滲透進每一個人的食衣住行。

資料來源：金控龍頭國泰包圍你生活，愈隱形，愈成功！天下雜誌 2021.1，pp. 62-68

2-2 產品與服務

企業提供給顧客的交易標的是產品與服務，其重要的屬性是規格與品質。一般而言，品質是符合規格的程度。美國品質協會對品質的定義是：產品或服務的特徵具有滿足需要的能力，品質的根本是卓越和價值，符合規格和滿足或超越顧客的期望。品質乃是針對產品或是服務的某些規格或屬性加以定義，而衡量生產者達成該規格或屬性的程度，或是由消費者來衡量其期望與實際接觸後使用的認知。當然消費者對產品或服務的整體性、主觀性、甚至比較性（與競爭者產品或服務）的認知，也是重要的品質要素。

Gronroos（1982）認為「服務」的特性之一是在消費過程中，顧客涉入的程度較高，由於服務具生產與消費的同步特性，故在服務的買賣雙方互動中，消費者將針對服務資源與績效進行評估，因而形成知覺服務品質。服務的優劣可以從服務品質來認定，並且相信品質是一種態度，包含對於服務的整體判斷，與服務本身的特質有關。服務具有無形性（Intangibility）、不可分割性（Inseparability）或稱同時性（Simultaneity）、異質性（Heterogeneity）

或稱變異性（Variability）以及易逝性（Perishability）等特性（Parasuraman, et al., 1988）。服務也包含許多抽象的屬性，如態度、信賴度、價值、品質、保證等；服務也是一種執行過程，需要顧客參與；由於顧客對服務需求的變異性很大，因此無法儲存，生命週期也較短。「服務品質」係指顧客對服務提供者的表現所做的長期及整體性之主觀評估，主要決定於所提供的服務是否滿足消費者期望。服務品質也較為複雜或抽象，但基本觀念應與產品品質相似。

產品與服務是基本的互動內容，為了替顧客創造更大的價值，可以深化產品與服務，或提供消費者的體驗，而影響消費者的心理活動及生活型態；就企業顧客而言，產品與服務可以深化為客製化的效果，或是替企業價值鏈提供整體的解決方案。

產品或服務提供的內涵，可從深度與廣度來分析。從深度來說，可以提供客製化的產品或服務。客製化就是量身訂做的意思，也就是說，針對不同顧客的不同需求，提供不同的產品服務或解決方案。例如，7-ELEVEn 按照節令或社會活動推出各種典藏系列，提供客製化的「個人」iCash 卡，讓消費者能夠擁有屬於自己獨一無二的儲值卡，我們也可以在網站上客製化自己的運動鞋或運動衫，再加以購買。由於網路系統的發達以及彈性的設計，「大量客訂化」（Mass Customization）的潮流興起，以大量生產的價格，提供客製化商品，戴爾電腦就是大量客訂化的典型例子之一。

從產品服務提供的廣度來說，可以提供整體解案（Total Solution），主要是以解決顧客的問題或滿足其需求為原則，也就是說，企業顧客在其價值鏈上，有其目標、有其對應的問題需要解決，若能夠協助顧客達成目標或解決價值鏈的問題，就是提供整體解案。例如，IBM 以解決公司 e 化問題來替代銷售電腦，就是整體解案的例子，整體解案對顧客產生的價值要比單一提供產品來得高。

2-3 顧客互動方案

顧客互動方案主要是來自於與顧客直接接觸的銷售、行銷、顧客服務等各項功能的延伸，以下分別說明之。

一、銷售

銷售目標主要的指標在於銷售額或銷售量，以及顧客開創與維持績效，即新顧客人數、流失顧客人數。其次，銷售目標也包含銷售效率的考量，也就是銷售績效相對應於銷售成本。第三，銷售績效也可以從顧客的滿意度或忠誠度來考量。具體定義銷售目標是重要的，也就是需定義某銷售人員（或部門）在某期間、某市場範圍內、針對某些產品服務所須達成之績效指標。

銷售活動主要是由業務員人員來負責，業務員主要扮演的角色包含爭取訂單、接單、提供銷售支援等。爭取訂單即針對新顧客的招攬，以及說服舊顧客繼續購買或購買更多。接單主要是依據企業銷售流程進行接單的動作，通常是比較制式化的工作，包含透過電話、傳真、網路接單，再進行後續訂單處理，也可能在拜訪顧客或與顧客接觸過程中接單。提供銷售支援主要的工作是協助銷售與管理的工作，包含銷售規劃、顧客教育訓練、化解糾紛、提供售後服務等。針對業務員的表現也有一些評估的方式，包含具體的績效成果以及所具備的職能。具體的成果除了上述銷售額、銷售量、銷售成本、顧客滿意度之外，也需要更具體衡量其執行過程，包含拜訪次數、平均拜訪成本。業務員所具備的職能包含專業能力、工作態度、配合度等等。

一般的銷售流程步驟如下：

1. **發掘潛在顧客**：發掘潛在顧客是辨識潛在顧客以便尋找銷售機會的過程。有效的發掘顧客的管道包含人脈關係的推薦介紹、陌生拜訪、信函聯繫、運用網路或電話聯繫、參加商展與相關活動、名錄等。辨識潛在顧客之後還需要想辦法與潛在顧客聯繫。
2. **銷售準備**：銷售準備主要的工作是對潛在顧客有基本的了解，以及進行銷售前的準備。了解顧客可以進行顧客分析，包含顧客的背景與需求，例如職業、家庭、教育程度、生活型態、產品需求與重要性等。銷售前準備主要的工作則包含競爭者分析、銷售計劃之擬訂等工作，競爭者分析主要是了解本身與競爭者的異同，方能有效擬定銷售計畫，銷售計畫包含銷售目標、銷售策略（例如說服、感性策略等）、以及詳細的銷售執行細節（例如拜訪內容、方式、時間、地點、路線安排等）。

3. **推介與解說**：推介與解說是銷售人員或媒體與顧客第一次正式的接觸，因此給顧客留下的印象是相當重要的，以面對面銷售而言，儀表、談吐、或符合顧客背景的話題是重要的。推介與解說是將產品服務等與銷售相關的資訊傳達給（潛在）顧客，有可能是正式的簡報、解說，或是非正式場合的說明。如果有必要，可能需要利用展示的方式，讓顧客對產品與服務有更深入的了解，並提供銷售人員與顧客雙方互動的機會。在推介與解說過程中，顧客經常表達其拒絕、推託或是抗拒（異議）的態度，此時銷售人員亦需要妥善回應。除了真實誠懇地加以解說之外，也需要將這類態度視為重要的訊息或線索，作為檢討分析之用。
4. **成交與簽約**：成交與簽約是正式完成交易的過程，業務人須需要盡力促成成交。在推介與解說以及顧客同意之間，銷售人員也扮演重要的角色，例如觀察出顧客發出對產品高度興趣或是想要購買的訊號，此時業務人員可以表達希望成交的訊號，並運用一些促成交易的方式（例如立即成交的優惠、對顧客的顧慮做更有力的說服）來達成交易。
5. **追蹤與服務**：成交之後需要加以追蹤，包含之前的承諾是否實現，並關心產品的使用狀況，甚至只是表達關心。售後追蹤相當重要，可以建立與顧客更強的連結，並影響顧客是否再購或是推薦他人。因此需要妥善規劃進行。

銷售管理的活動包含銷售預測、銷售策略與計畫（例如採取說明、說服、信服之修受策略）、產品管理、行程安排、工作追蹤、溝通與公告、知識管理等活動，以便達成銷售目標。與銷售相關的顧客互動方案如下：

1. **銷售活動之執行**：包含前台銷售、店外銷售、銷售人員解說、電子商務等。
2. **產品、服務或體驗之關聯或擴充**：包含交叉銷售、升級銷售等，屬於產品搭售的模式。
3. **自動化**：指的是以資訊系統支援相關銷售活動，例如銷售自動化系統。
4. **銷售流程或付費方式之變化**：例如採用預售或租賃方式等。

將上述銷售相關之互動方案整理成常見的互動模式包含預售模式、租賃模式、搭售模式、人員銷售模式等，這些模式的定義及範例如表 2-1 所示。需特別說明，這些模式並非完整，還有可能有需多新的模式需要被挖掘出來，此處只列出常見的模式供讀者參考。

表 2-1　常見的銷售類型的顧客互動模式

類型	模式名稱	定義	範例
銷售策略	預售模式	採用事先付費或訂購的方式銷售商品或服務。	全家便利商店在 App 上推出商品預售服務，其中現煮咖啡為大宗。
	租賃模式	採用租賃的方式取得商品或服務。	Saleforce.com 採用雲端服務方式租給客戶 CRM 軟體。
銷售流程	自動化模式	運用電腦輔助銷售人員進行銷售流程。	嘉信理財採用語音下單軟體，為顧客提供交易服務。
	搭售模式	採用產品搭配的方式提供顧客方便性及提升銷售量（金額或利潤）。	樂高將產品配件設計成只與自家專利產品相容。
	人員銷售	以銷售人員或其他相關人員進行銷售活動。	日本雀巢以「雀巢咖啡大使」協助銷售活動，雀巢支援部隊，經常拜訪全國的咖啡大使。
	產品推薦模式	依據產品特性及消費者行為，推薦適當的產品。	Netflix 利用觀眾對影片偏好及觀賞次數等資料，推薦適當的影片給觀眾。

NEWS 報 2——壽司郎

迴轉壽司挑戰大，顧客未到就得做好，而且食材多海鮮生鮮，放久就壞，高美味加低食材廢棄率才能獲利。壽司郎的旋轉壽司轉盤裝有數十個感應器，記錄壽司的即時銷量，為了維持鮮度，壽司「走」過三百五十公尺，就被判定不新鮮而自動廢棄。

當大家透過 App 預約時，系統已經算出你等待進店與停留時間，當服務生帶位時，他也記錄來客是男生、女生或小孩，系統會即時做出對應，若有小孩，迴轉帶上面就會出現如玉子壽司等孩童常拿取的壽司種類，若是某條迴轉帶上男性較多，就會增加種類及數量。

壽司郎社長水留耗一說：「掌握客人從迴轉帶吃了多少、吃了什麼、在什麼時間點吃，就知道一間店要進多少客的鮪魚與鰤魚，準備多少食材，降低廢棄，這是壽司郎的競爭力。」

如果店內的客人多已經來電十五分鐘，此時多半已經八分飽了，因此提供牠們的是少嘗試的種類或季節限定品。

精準的數據分析，讓壽司郎的食材廢棄率減少了四分之一，約佔營收1.5%，也使用科技降低人事費用，而把食材成本提高到五成，這是日本業界最高水準（對手約在41%～46%），讓商品好吃又不貴。

資料來源：壽司郎大數據捏壽司，你的食欲食量都能算，商業週刊1616期2018.11，pp. 88-92

二、行銷

行銷最主要的目的便是促成交易，也就是透過買賣雙方的價值交換來創造效用，例如商品服務的加值效用、時間節省的效用、地點的方便效用等。因此行銷規劃主要的目標就是要透過提供顧客價值而達到企業的目標，主要的行銷目標包含績效指標與顧客指標。績效指標包含營業額、利潤、市場佔有率、及其成長指標；顧客指標則包含提昇品牌知名度、提昇公司形象、建立顧客關係等。

欲提供顧客價值，傳統行銷的做法包含定位與行銷組合。定位是定義企業以及企業在產業中的地位，包含技術、產品、形象等在顧客心目中的地位。行銷定位通常是透過市場區隔、定義目標市場、定位等三個步驟進行之。例如賓士車的豪華與TOYOTA的可靠、城市咖啡的便利與星巴克咖啡的體驗、著重旅遊與著重洽公顧客的飯店等均是定位的例子，這些定位的屬性大多與價格有相當高的關係。

定位策略之後，重要的行銷活動是行銷組合，包含產品（Product）、通路（Place）、價格（Price）、推廣（Promotion）等內容。

依據上述，行銷相關的互動方案如下：

1. **STP**：指的是市場區隔與定位，定位可能依據價值、差異化等方式而與競爭者有所不同。

2. **4P 行銷組合**：執行行銷組合時，可考量客製化與個人化、精準化、口碑、忠誠度方案等。

3. **資料庫行銷**：採用資訊化及顧客資料庫進行行銷，包含精準行銷、口碑行銷等。

上述行銷互動方案可區分為定價、推廣及通路三方面來討論，與定價相關的互動模式包含增值模式、拍賣模式、固定費率模式、差別訂價模式，與推廣相關的互動模式包含社群經營模式、精準行銷模式、聯合行銷模式等，而與通路相關的互動模式包含平臺模式、多重通路模式、虛實整合模式、直銷模式等。這些模式的定義及範例如表 2-2 所示。

表 2-2　常見的行銷類型的顧客互動模式

類型	模式名稱	定義	範例
顧客行為研究	購買模式	針對顧客購買及使用流程或顧客旅程的各階段，採用調查、訪談、觀察、次集資料蒐集等方法，了解其各類型的需求。	美國艾維斯（AVIS）租車運用影片觀察顧客下飛機後的行為，依據動作及表情，了解顧客對於租車的需求。
	顧客評論分析	了解顧客在意見箱、留言板、以及網站或社群媒體等可能場合，發表對產品、公司相關人員與流程制度等相關意見。	YouTube 運用按讚（喜歡、不喜歡）方式了解顧客對於影片的偏好（未來可用於影片推薦）。
產品服務與體驗	整體解案模式	提供滿足顧客全面需求的產品或服務。	元大證券致力成為「金融百貨」的目標，為完善產品鏈，納入更多風險低、報酬穩定的產品。
	客製化模式	提供顧客量身訂做的產品或服務。	華南銀行依據客戶個人需求，打造客製化理財建議。
	專精模式	極力發揮本身專長，提供顧客專業的產品、服務或體驗。	居酒屋串炸田中專攻親子客，推出一連串以逗笑兒童為目標的服務。
定價	增值模式	先以免費或低價吸引客群，客群量大或針對進階版再收費或提升價格。	隨手科技先推出免費記帳，App 累積三億用戶之後，提供部分忠實用戶收費的理財服務。
	拍賣模式	採用買方或賣方喊價的方式決定價格。	日本的賣卡利是二手拍賣電商，訴求交易輕鬆簡單。
	固定費率模式	針對各項產品或服務均以單一價格收費。	Netflix 影音採用吃到飽的方式收費。

類型	模式名稱	定義	範例
定價	差別訂價模式	相同產品或服務以不同的價格收費。	賣給富人貴得多，賣給窮人則較便宜。
	低價模式	在適當的顧客價值前提之下，提供顧客盡可能低價的產品或服務。	天藍小舖提供平價且具設計感的包包。
	訂價上浮	訂價上浮（Surge Pricing）是在需求增加的時候提升價格的做法。平衡平臺供給及消費雙方重要的動態訂價機制，而且往往在旺季時可以提升服務供應者的獲利。訂價上浮可能造成消費者的不信任甚至認為是詐欺。	Uber 採取高峰定價，當遇上高峰時間，司機不足，若要搭得到車，需要提升價格，以便吸引司機。
推廣	社群經營模式	運用社群經營的方式與顧客建立及維持關係，包含口碑行銷、會員經營等。	1. 威猛奧玩具公司運用社交媒體舉辦許多活動，觸發懷舊情懷。 2. 豐田汽車透過購車社交平臺「豐田共同研究者」（Toyota Collaborator），讓消費者和朋友在平臺上，共同設計他們想要的汽車顏色及內部裝潢。
	精準行銷模式	運用顧客資料分析了解目標行銷對象，精準投放廣告或推廣手段，包含個人化促銷。	在晚餐的高峰期，只要有顧客接近任何一家紅龍蝦餐廳，它便會在他們的行動裝置投放廣告。
	聯合行銷模式	與其他對象採取合作行銷的手段。	手機遊戲「天堂 M」與大甲媽祖合作造勢。
通路	平臺模式	建立一個平臺，吸引生產者及消費者雙方接觸進行相關價值活動。也可能建置多方平臺。	潔客幫建立網路平臺媒合居家清潔服務。
	多重通路模式	設計各種媒體或通路以便更有效的與顧客接觸。	日本第一生命打出「拓展接點」，和壽險業以外有關的公司、政府、藥局合作，接觸保戶，並整合手機 App。
	虛實整合模式	將虛擬通路與實體通路結合，以達到行銷、銷售及客服相互支援，進而提升績效。	信宏國際的門市店員幫客戶在 App 下單。
	直銷模式	不透過任何中間商，直接將商品或服務銷售給最終客戶。	Dell 跳過中間人，將電腦直接銷售給客戶。

NEWS報 3——PressPlay

PressPlay是臺版的Netflix訂閱平臺。林鼎鈞2014年成立群眾募資平臺HeroO，HeroO是當時臺灣唯一一家針對音樂藝文與設計文創而設立的募資平臺。PressPlay在2017年5月轉型成「付費訂閱」，主打讀者有價值的的內容。「訂閱集資」與「付費訂閱」兩者最大的差距在於集資屬於「利他」，讀者喜歡創作者所以願意贊助，幫助他持續創作，或者用在社會公益，但是臺灣讀者比較偏向「利己」，創作的內容要對自己有幫助，才願意長久訂閱。

PressPlay致力打造無廣告的乾淨空間，讓用戶能找到最有價值的內容，平臺再與創作者拆帳，假設訂閱金額100元，平臺可拿20元，創作者實拿80元。

資料來源：台版Netflix訂閱平台－知識網紅學院讓你認真學習努力玩，能力雜誌No754, 2018.12，pp. 96-101

三、顧客服務

顧客服務也是屬於顧客互動的一種形式，除了銷售、行銷之外，企業針對顧客所提供的有價值的活動均屬於顧客服務的範圍。

顧客服務的內容包含售後服務、維修服務、顧客滿意度調查、顧客抱怨處理、顧客諮詢服務、顧客服務保證等。例如現場服務、售後服務及維修、技術支援與諮詢等均為服務方案之例。顧客服務也可以從售前、售中、售後來分類：

1. **售前服務**：在銷售商品或服務前，一切促進產品或服務銷售的活動。其目的在於提供充分的資訊給消費者知曉，才能吸引消費者購買。例如商品資訊傳遞、會員型錄的寄送等均為售前服務。
2. **售中服務**：從消費者開始採購商品或服務，至結帳完畢的過程中，所有幫助、促進消費者採購商品的活動。
3. **售後服務**：意指消費者在結帳完成後所提供的各項協助服務。包括商品的配送、安裝、退貨、換貨、諮詢、客訴處理等。

顧客服務流程主要包含需求分析、服務規劃（目標與服務流程）、服務傳送、績效評估等步驟。顧客服務相關互動方案則包含顧客自助服務、FAQ。

企業在服務接觸的過程中，難免會產生服務失誤，服務失誤（Service Failure）是指服務的過程中，讓消費者有不滿意或是負面不愉快的感受或經驗（Bitner et al., 1990）。服務失誤可能的造成原因之一來自服務人員，有三種類型，分別是「員工對服務傳遞失敗的回應」、「員工對顧客需求及要求的回應」、和「未經請求及未經指示的員工行為」（Bitner et al., 1990）。當然，系統性及制度性的原因，甚至是顧客本身的誤解或犯錯也都有可能造成服務失誤。

而企業在面臨顧客抱怨，或是偵測得知顧客不滿意度，甚至自行發現本身發生服務失誤，均可能採取回應或行動，稱為顧客抱怨處理或服務補救（Service Recovery）（Gronroos, 1988），透過此種補救措施，可以撫平顧客情緒、採取適當的補償降低顧客的損失，進而降低顧客不滿意度、挽回顧客，甚至可以提升顧客忠誠度。因此，顧客抱怨處理或服務補救也是顧客互動方案之一。該互動方案設計時，可以包含心理的與實質的方案，心理的方案可能包含解釋、道歉、關懷等，實質的方案可能包含商品更換、折扣、免費招待、更正錯誤等。而方案設計的原則包含快速回應、便利的程序、同理心、負責的態度等。

上述顧客服務的互動模式主要區分為服務與保證兩大類，包含自助服務模式、保證模式、主動服務模式、抱怨處理模式等，這些模式的定義及範例如表 2-3 所示。

表 2-3　常見的顧客服務類型的顧客互動模式

類型	模式	定義	範例
服務	自助服務模式	設計相關的設備或流程供顧客自行操作相關的客服活動。	麥當勞使用「自助亭」服務，在麥當勞裡點選螢幕，依自己的口味喜好挑選材料，讓他們製作出你的客製化漢堡。
	主動服務模式	在適當的時機，主動建議或提醒顧客進行某項服務或購買商品。	Gogoro 運用電池裡存取的車況、里程等數據，讓內含人工智慧的能源管理系統，能準確預測消費者行為，判斷電池何時需充電，手機 App 建議車輛保養時間及地點。
	服務復原模式（抱怨處理模式）	建立有效的顧客抱怨處理流程，降低服務失效的衝擊。	劍湖山世界面對顧客抱怨，將申訴內容區分為人為、設備、場域和其他四大類，充分釐清原因，提出因應方案。
保證	保證模式	針對所銷售的產品或服務提供適當的保證，提升顧客信心與購買意願。	特斯拉（Tesla）用企業信譽為產品提供「剩餘價值保證」，針對旗下幾款車款提供「回購」專案，買家可以在三年後將車子以不錯的價格賣回給特斯拉。

NEWS 報 4——劍湖山世界

劍湖山世界觀察東京迪士尼，就算清潔人員打包垃圾，也都在「表演」，因此劍湖山世界董事長尤義賢期待每位員工把自己當成「演員」，融入這個大舞臺。為了把服務做好，他賦予第一線員工很大的權力，他深信，好的服務在六十秒內見真章，一線員工能不能臨機應變是關鍵。

劍湖山世界面對顧客抱怨，也會將申訴內容區分為人為、設備、場域和其他四大類，充分釐清原因，不會盲目錯怪員工，打擊信心，才能打造出服務實力。

資料來源：好的服務 60 秒內見真章，遠見雜誌 2018.12，pp. 101

歸納上述銷售、行銷、顧客服務之活動內容，我們希望能有效地提出有效的顧客互動方案。互動方案提供可以參考表 2-1 到 2-3 的模式，再從產品／服務、互動媒介、顧客或市場三個角度來思考。

在產品與服務方面，其思考構面包含：

1. **擴充或關聯**：針對產品、服務與體驗的內容加以擴充，如擴充相關產品之交叉銷售，擴充至更高檔產品之升級銷售等。
2. **客製化**：依據顧客的特定需求，將產品、服務與體驗予以客製化。
3. **品牌與形象**：透過企業或產品服務的品牌與形象提升，強化顧客關係，例如：運用品牌社群或顧客行銷提升品牌認同或塑造品牌愛慕等。

在互動媒介方面，針對媒體之使用，其思考構面包含：

1. **自動化**：採用自動化或電子媒體，例如 FAQ、銷售自動化。
2. **口碑傳播**：著重於顧客之口耳相傳，這包含採用傳統媒體或電子媒體。
3. **整合媒體**：採用多重媒體，將訊息一致性地傳給顧客，獲得強化的效果。

在顧客或市場方面，可考慮的方向包含：

1. **精準鎖定或個人化**：針對正確的少數的顧客實施互動方案，例如個人化促銷或推薦。
2. **顧客忠誠**：設計出提升顧客忠誠度的活動，例如忠誠度方案。
3. **顧客掌握**：提供讓顧客可以自主或自我服務的方案，例如自助服務、FAQ 等。
4. **顧客協助**：在購買的前、中、後，協助顧客有關選購、購買、使用等相關事項，或提供相關知識。

四、忠誠度方案

忠誠度方案是為了維繫顧客而對具有潛力顧客採取的優惠或酬賓計畫。忠誠度方案的設計需考慮的事項需從目標對象、方案設計、方案推動三方面來考量。

目標對象方面，忠誠度方案必須要針對不同目標客群來設計，傳遞的訊息也要與其他通路的訊息一致，也就是說，依據顧客偏好傳遞個人化的訊息，而該訊息需考慮一致性。方案設計方面，忠誠度方案要能夠提升顧客體驗，讓顧客的感受價值提高；同時方案也要考慮操作性，最好世間單明瞭、容易參與。方案推動方面，除了與顧客好好的互動之外，最重要的是顧客抱怨或不滿意時，要能及時處理回應，也就是快速而有效地採取補救措施。

忠誠度計畫（Loyalty Program）基本上就是加上誘因的顧客互動方案，忠誠度計畫往往是長期導向的計畫，計畫中允許消費者累積點數，做為後續的獎勵。忠誠度計畫主要有兩種型態（Faramarzi & Bhattacharya, 2021）：

1. **依頻率報償的計畫（Frequency Reward Programs , FRPs）**：例如買 X 次可免費獲得某件東西、買多少數量 / 集多少點可獲得獎賞。
2. **顧客等級計畫（Customer Tier Programs, CTPs）**：例如買多少數量 / 集多少點有資格晉升一個等級。

以下兩個案例可以說明忠誠度方案的運作方式：

NEWS 報 5——星巴克的星巴克卡

在 2003 年秋天，星巴克（Starbucks）推出名為星巴克卡的新顧客忠誠度計畫，該計畫把該公司現有的預付卡計畫與能積點兑換星巴克產品的信用卡結合在一起。使用這張卡消費，可以從每一筆交易中獲得 1% 的回饋。當顧客使用此卡消費時，星巴克也能從其合作夥伴〔第一銀行（Bank One）與 Visa〕的拆帳比例中賺到錢。付現會讓星巴克難以蒐集顧客的資訊。鼓勵顧客使用這張卡來付款，星巴克就能建立更好的顧客資訊資料庫，這是額外的好處。

資料來源：洪育忠、謝佳蓉譯（民 96），顧客關係管理：資料庫行銷方法的應用，初版，臺北：華泰文化事業

顧客焦點

麥當勞掀革命　餐飲業客製菜單正夯

1984 年，臺北民生東路成立第一家麥當勞餐廳，1986 年，在臺北天母中心推出第一家「得來速服務」。1988 年，增加玩具行銷，也就是現今的買兒童餐贈送玩具，並且引起轟動。2003 年，與富邦金控合作，成為全臺第一家有 ATM 的餐飲店。

麥當勞主要的產品為漢堡、薯條、炸雞、碳酸飲料、冰品、沙拉、水果等快餐食品。也包含兒童餐、有氧早餐、快樂分享餐等，更於 1996 年推出薯條、可樂加漢堡的超值全餐，套餐式的銷售型態，引發餐飲業的跟進，形成這二十年來市場奉行的潛規則，但是這樣的組合式的餐點，已經被打破，「自由配」的點餐方式登場，引爆全新變革。

麥當勞終結標準化套餐的供餐模式，其實有脈絡可循。2015 年 11 月，全新改版的兒童餐，從主餐、副餐到飲料，就已經採行自行搭配的方式。自 12 月 4 日起，先選主餐再任選配餐的自由配，取代國人熟悉的一號餐、二號餐。

麥當勞推出「自由配」的出發點是滿足全客層、全時段的需求，並藉此帶動營收成長。進一步分析，自由配也符合近年來，邀消費者共創（Co-Create）菜單或產品設計，創造商品價值感的服務業潮流，實證研究也顯示，顧客願意為自主選擇多付出代價，《哈佛商業評論》曾指出，只要提供的選項夠多，消費者就算在自動點餐螢幕（Kiosk）前，都願意付出較高的金額。

為何這類的自助服務會刺激更多消費呢？因為自助科技會顯著改變人們的行為，例如可以避免面對服務人員而更隱私、更自在的購物。麥當勞使用「Kiosk」服務，在麥當勞裡點選螢幕，依自己的口味喜好挑選材料，讓他們製作出你的客製化漢堡，使用科技的理由之一是他們不想自己的吃高熱量食物遭到店員案中的嘲笑，這種自動化菜單是典型的顧客自助服務型態之一。

餐飲界人士認為，這樣的做法有幾個好處。從創新性的角度，可以帶動話題，多元餐點組合帶來的新鮮感，則提高顧客短時間內，再次回購的動機，帶來了擴大營收的實質效果。其次，從定價策略的角度，推出自由配之際同時調降主餐價格，盼吸引顧客上門的理由，除降低價格門檻，也有擴大價格代的效果。此外，從中長期品牌行銷的角度，淡化薯條、可樂在菜單上的角色，可形成均衡飲食的形象，擺脫垃圾食物的的負面觀感。

除了客製化菜單之外，麥當勞也充分運用數位技術，不但提供便利的服務，也要你來麥當勞找尋美味與樂趣。例如「24hr 歡樂送」，可以保溫保冷、方便性的大量訂餐、24 小時訂餐；又例如「麥當勞 APP」，不但訂餐便利，還可以獲得的麥當勞 APP「積分」，獲得獎勵。

在促銷推廣方面，麥當勞是臺灣第一個採用短影音 TikTok（以下稱抖音）做行銷活動的廠商。2018 年 6 月，麥當勞與抖音平臺合作，推出麥克雞塊手指舞競賽，活動兩週內，創作者投遞超過四千五百支短影音，超過一千三百萬次點閱。

資料來源：尤子彥，麥當勞掀革命 餐飲業客製菜單正夯，商業週刊 1465 期 2015.12，pp. 38-39；麥當勞手指舞、都可奶茶，搶攻「視占率」玩法，商業週刊 1632 期 2019.2，pp. 52-53；打造自助式服務，讓顧客自己動手來，EMBA 雜誌 2016.5，pp. 100-105；麥當勞網站

麥當勞在銷售、行銷、顧客服務方面的互動方案有哪些？分別屬於哪一種顧客互動模式？

本章習題

一、選擇題

(　　) 1. 顧客關係所謂的互利，下列哪一項不是由企業所評估的利益？

(A) 認知效益　(B) 取得成本

(C) 顧客終身價值　(D) 長期利益

(　　) 2. 個人化促銷是屬於哪一類的顧客互動？

(A) 銷售　(B) 行銷

(C) 顧客服務　(D) 忠誠度方案

(　　) 3. 由一群多元的夥伴建立體系，其形成的關係屬於哪一種關係？

(A) 企業與消費者　(B) 企業間

(C) 消費者社群　(D) 生態系

(　　) 4. 進行顧客分析是屬於哪一項銷售管理的步驟？

(A) 發掘潛在顧客　(B) 銷售準備

(C) 推介與解說　(D) 成交與簽約

(　　) 5. 銷售人員檢查之前對顧客之承諾是否實現，並關心產品的使用狀況，是屬於哪一項銷售管理的步驟？

(A) 銷售準備　(B) 推介與解說

(C) 成交與簽約　(D) 追蹤與服務

(　　) 6. 口碑行銷、會員經營是屬於哪一行銷類型的推廣模式？

(A) 社群經營模式　(B) 精準行銷模式

(C) 聯合行銷模式　(D) 以上皆非

(　　) 7. 下列哪一項是資料庫行銷的特性？

(A) 掌握個別顧客需求　(B) 提供個人化或精準化行銷

(C) 運用資訊技術　(D) 以上皆是

(　　) 8. 下列哪一項不是虛擬社群重要的組成要素？

(A) 地理　(B) 技術

(C) 動機　(D) 任務

(　　) 9. 下列有關社群意識對於顧客關係管理的描述何者有誤？

(A) 企業有效建立社群有助於取得創意

(B) 企業有效建立社群有助於了解需求

(C) 企業有效建立社群有助於客製化行銷

(D) 企業有效建立社群無助於成員實質活動

二、問題與討論

1. 顧客關係的本質為何？企業與顧客為何需要建立與維持關係？
2. 產品、服務與體驗的層次有哪些可能性？
3. 顧客互動方案有哪些類型？擬定顧客互動方案有哪些思考方向？

三、實作習題

【工作管理】

說明：主管指派業務人員一般工作，於 2016.10.16 至 2016.10.31 之間，規劃參展行程，詳細內容為：規劃明年度第一季參展計畫，並撰寫計畫書。該任務為一般工作，重要性高。

1. 進入「入口網頁模組」，選取「工作管理」。
2. 選取「工作交辦管理」，按「新增」。
3. 填入相同資料後按「儲存」。系統自動以 mail 發送被授予任務者。

本章摘要

1. 顧客關係管理的本質為「以互動方式建立動態平衡關係，達成互利的效果」，由此引發出推動顧客關係管理的動機、目的與方法。
2. 產品、服務與體驗的層次則包含客製化、大量客訂化、整體解案、整體體驗等，也都因為顧客的需求或是為了創造顧客的需求而有不同的考量。
3. 顧客互動方案主要是來自於與顧客直接接觸的銷售、行銷、顧客服務等各項功能的延伸。與銷售相關的顧客互動方案包含銷售活動之執行、產品、服務或體驗之關聯或擴充與自動化，銷售方面常見的互動模式包含預售模式、租賃模式、搭售模式、人員銷售模式及產品推薦模式等；行銷相關的互動方案包含 STP、4P 行銷組合、資料庫行銷等，行銷互動方案可區分為顧客行為研究、產品與服務、定價、推廣及通路五方面來討論，與定價相關的互動模式包含增值模式、拍賣模式、固定費率模式、差別訂價模式，與推廣相關的互動模式包含社群經營模式、精準行銷模式、聯合行銷模式等；顧客服務的內 容包含售後服務、維修服務、顧客滿意度調查、顧客抱怨處理、顧客諮詢服務、顧客服務保證等，顧客服務的互動模式包含自助服務模式、保證模式、主動服務模式、抱怨處理模式等。
4. 互動方案提供可以從產品 / 服務與體驗、互動媒介、顧客或市場三個角度來思考。在產品、服務與體驗方面，其思考構面包含擴充或關聯、客製化；在互動媒介方面，針對媒體之使用，其思考構面包含自動化、口碑傳播、整合媒體；在顧客或市場方面，可考慮的方向包含精準鎖定或個人化、顧客忠誠、顧客掌握、顧客協助等。

參考文獻

1. 王育英、梁曉鷹譯（民 89），體驗行銷－電子商務時代的大霹靂行銷法則，經典傳訊。
2. 夏業良、魯煒譯（民 92），體驗經濟時代，臺北市：經濟新潮社。

3. Adler, R. P. & Christopher, A. J. (1998). Internet community primer- overview & business opportunity. [On-line], xx Available: http://www.digiplaces.com/pages/primer00toc.html
4. Armstrong, A. & Hagel, J. III. (1996). The Real Value of Online Communities. Harvard business review, 74(3), pp. 134~141.
5. Armstrong, A. & Hagel, J. III. (1997). Net gain: Expanding Markets Through Virtual Communities. (16rd Ed.). New York: Routledge.
6. Bitner, M. J., Booms, B. H., and Tetreault, M. S., (1990), The service encounter: diagnosing favorable and unfavorable incidents, Journal of Marketing, 54(1), 71-84.
7. Faramarzi, A, Bhattacharya, A. (2021), The economic worth of loyalty programs: An event study analysis, Journal of Business Research, 123, pp. 313-323
8. Gronroos, C. (1982)., "An Applied Service Marketing Theory," European Journal of Marketing, 33.
9. Gronroos, C. (1988). Service quality: The six criteria of good perceived service quality, Review of Business, Vo1.9, No.3, pp.IO-13
10. Oliver, C. (1990)，" Reterminants of Interorganizational Relationships: Integration and Future Directions, " Academy of Management Review, 15, PP.241-265.
11. Parasuraman, A., et al, (1988), "SERVQUAL: A Multiple-Item Scale for Measuring Consumer Perceptions of Service Quality," Journal of Retailing, 64:1, pp. 12-40
12. Romm, C., Pliskin, N. & Clarke, R. (1997), Virtual communities and Society: Toward an intergrative three phase model, International of Information Management, 17(4), pp. 261-270
13. Wasserman, S., Faust, K. (1994), Social network analysis: methods and applications, Cambridge: Cambridge University Press , 1994.

NOTE

Chapter 3

顧客價值

學習目標

- 了解顧客認知效益與顧客價值的定義。
- 了解顧客價值如何表現於滿意度與忠誠度。
- 了解顧客終身價值的衡量指標與計算方式。

前言

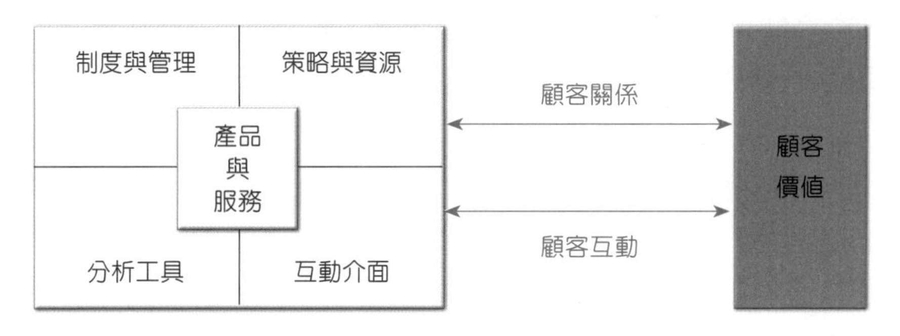

顧客關係管理的目標在於求得顧客終身價值的最大化，顧客終身價值指的是顧客本身或是因為顧客的推薦所導致的與企業交易的金額。顧客終身價值源自於顧客再度購買的意願、提高購買的意願，或是進行口碑相傳的意願，這些意願越高，則顧客終身價值越高。然而，顧客這些意願的提升，並非無中生有的，而是依據顧客所接受的產品品質、所接受的互動服務的品質或是企業的品牌信譽給予顧客信賴的感覺。易言之，產品服務或互動的過程及品質。對顧客而言，持續地產生了認知的效益，有了認知的效益，顧客才有滿意的感受，才有再購的意願，進而產生實際的交易，創造了價值，因而對企業有較高的價值貢獻。企業為顧客創造價值是提升其競爭力的重要手段，許多的企業透過顧客導向策略，期望能夠為顧客創造價值，並讓顧客認知該價值的優越性，以便找到更多的新顧客，並留住現有顧客。有許多實證研究顯示，對顧客的價值創造，可以改善企業的績效或是提升競爭優勢。

從顧客的互動中考量顧客互動的內容與品質，讓顧客有了效益的認知，進而提升未來的交易，為一連串的行動，因此，顧客價值、顧客認知效益、顧客滿意度、顧客忠誠度，為本章探討的主題。

企業觀測站

Oisix（Oisix Ra Daichi 公司）是日本 Meal Kit 龍頭。創立 Oisix 的是高島宏平先生，他在 2000 年創業時才 26 歲。當時他的工作經驗與消費、零售業完全無關，原本在日本麥肯錫工作，之後想藉由網路發揮對社會的影響力，所以才離開令人羨慕的高薪外商，一頭栽入當時一天只有 2 張外送訂單的食材 B2C 新創。所謂 Meal Kit，指的是將食材加工處理後，連同調味料、食譜包裝成箱宅配到家的服務，是食材配送的新浪潮。大戶屋、鬍鬚張等提供的是外食（Ready to Eat）服務，全家便當、冷凍水餃供應中食（Ready to Heat），傳統買菜自炊的是內食（Ready to Prepare），Meal Kit 是中食的進化版，為消費者省下買菜備料的功夫，同時仍能享受下廚烹飪的樂趣。

Oisix 以「邊工作邊照顧家庭的上班族」為目標客群，原來在網路販售有機食品，2013 年轉型提供餐點 DIY 配送箱服務，使用當季天然食材、推出專屬食譜再到販售自家產品，年營業額相較十年前成長七倍。成長這麼快速的原因，是因為它懂得針對不同客群，設計對應其需求的菜單。除了一般食品的配送箱之外，它也設計主打有機蔬菜的配送箱，以及高蛋白質、低卡路里的健身餐，或者是針對孕婦族群，銷售產前及產後餐。Oisix 也利用會員制、一對一行銷經營客群，每周四，平臺會針對每一個客人過去的用餐習慣，推出不同食譜組合。這些菜色主打可在二十分鐘內調理完成。每一個配送箱的蔬菜，都是當天才從契作農場採收，確保食材的新鮮度。此外，箱內也包含超小規格的辛香料、調味品，免去自己買菜煮飯，食材用不完的困擾。

Oisix 供應鏈相當多元，包括宅配送貨、超市策略聯盟實體通路上架、以「移動超市」進入偏遠地區，在小貨車內販售日用品與食材配送箱，目前全日本有四百二十輛車提供此服務。

這波疫情中，超市產業與餐飲業呈現了完全不同的樣貌。大大小小業者紛紛投入其中的「食材 B2C 產業」搶市，目前以專做生鮮、蔬果食材的平臺最有活力，像是近期討論度不低的蔬菜箱、水果箱等。而日本市場，無論從成長速度、獲利能力或討論度來看，近來都以屬於「中央倉儲」揀貨後配送的 Oisix 最受矚目，其最著名的產品就是臺灣目前也很流行的ミールキット蔬菜組合包。

資料來源：餐點 DIY 配送箱新浪潮，商業週刊 1619 期 2018 / 11，pp. 22-23；臺灣蔬菜箱還能怎麼進化？從一天 2 張訂單到年收 1,000 億，日本網路超市霸王的啟示，經理人 2021.6

提示

由此個案可知，「為消費者省下買菜備料的功夫，同時仍能享受下廚烹飪的樂趣」是 Oisix 主要的顧客價值，而客製化菜單設計、食材新鮮、訂購方便則是 Oisix 顧客價值的更具體描述。

3-1 顧客價值

一、顧客價值的定義

顧客價值（Customer Value）指的是顧客能對企業做出多少貢獻，具體的貢獻便是顧客對企業的購買數量或金額，貢獻越多，代表這位顧客在企業的眼中，其價值越高。當然顧客的貢獻也包含對企業知識、構想等方面無形的協助，計算顧客價值時亦不可忽略其重要性。

顧客關係管理主要的目的是透過與顧客的互動，為顧客提供有價值之產品、服務或開創價值，所謂「價值」指的是顧客的所獲得利益與付出成本之比值（Saliba & Fisher, 2000）：

$$價值=\frac{獲得效益}{付出成本}\quad（或「獲得效益－付出成本」）$$

顧客最具體的效益表現在對於企業的購買金額，以及購買金額的成長率，當然也包含一些關係資產，如合作關係、契約關係等。以企業顧客而言，顧客價值可能表現在兩個部分：

1. **營業貢獻**：包含顧客營業額中對於本企業的貢獻比率以及成長率等。
2. **關係資產**：包含合約、合約年數、顧客年數，以及成長狀況，也包含技術的關聯性、策略夥伴關係等。

效益也可能出現在為顧客解決某個問題、提供某項功能或提供娛樂等而獲得利益，而且也包含減少顧客在時間或精神之投入。在獲得利益方面，不僅包含價格節省、時間節省或使用方便性等經濟方面的效益，也包含友誼、社交等社會效益或是信任、安心等心理方面的效益。由於顧客接受互動服務之後，有了價值的認知（亦即效益與成本之比值大於 1），因而產生善意的回應，也就是其再購買的意願、口碑相傳等機率提升。

描述顧客價值的內容稱為價值主張（Value Proposition）。價值主張是指企業透過產品和服務，提供目標顧客群的效用或是可創造效用的產品或服務，包含優質服務、便利的解決方案、客製化等（陳琇玲譯，民 90，pp.38）。例如富豪汽車的價值主張包含安全性、寬敞空間、耐用性、流行的設計、價格合理等。Kaplan 與 Norton 在平衡計分卡一書中認為所有產業的價值主張都有產品和服務的屬性、顧客關係、形象與商譽等三大共同的屬性（朱道凱譯，民 88，pp. 116）。

二、顧客認知效益

由於互動乃是依據顧客的某些需求而設計，顧客接受了互動服務之後，透過顧客互動的過程，顧客因為某些需求獲得滿足，因而有效益上的認知。

企業與顧客的往來是雙向的，企業期望顧客終身購買本公司的產品或服務，但相對的，企業必須提供讓顧客覺得有效益的產品、服務或體驗，否則雙方的關係不會久遠。

要了解哪些事項對顧客產生效益，可以從需求理論或消費者行為的角度加以思考。Sweeney & Soutar（2001）從消費者行為的角度，認為消費者所認知的效益構面包含品質、情感、價格與社會等四項；Gwinner et al.（1998）也針對服務業歸納了顧客關係效益，包含社會效益、心理效益、經濟效益、客製化效益等四項。

Schneider & Bowen（1999）依據馬斯洛的需求理論，探討出滿足顧客需求且具有安全、公平、自尊等三大層次，安全指的是具有可靠的交易或互動的過程，使得顧客有免於安全受到威脅或是具有相當程度的信心；公平指的是交易、服務、互動等程序正義，讓顧客有受到公平對待的感受；自尊則是顧客有受到某種程度尊重、誠懇的對待。

這些效益也需延伸至價值觀，如成就安全、誠實等。對企業而言，企業的價值觀也包含冒險、創新、禮貌、尊重人性等。心理學家及哲學家傾向從全人類的角度來探討人類的完整需求，包含生理層次、情感層次、智識層次以及精神層次：

1. **生理層次**：指的是人類基本的生存需求、本能地追求舒適快樂的需求等。人類透過感官而感覺產品的存在，而滿足生理需求。
2. **情感層次**：指的是人們主觀的情緒上的變化，例如喜歡、憤怒等，這些情感因素造成消費者對於產品的好惡或是忠誠關係。
3. **智識層次**：指的是人類透過知識與技能的學習、理性的判斷，而提升自己解決問題的能力，或是追求人生的目標與成就感。

4. **精神層次**：精神層次可能與人的信念或信仰有關，也就是觸及我們內心深處的東西，除了宗教信仰之外，人們的藝術、審美、創造、修養等均與精神層次有關。

不僅是最終消費者需要考量認知效益，企業之間的往來也需要滿足對方效益方面的需求，企業本身對於效益的認知也包含經濟面、社會面及公平認知（Gassenheimer et al., 1998）；其次，企業之間留住企業顧客的方法也包含提高其轉換成本或障礙、降低顧客對價格之敏感度以及降低行銷成本（Voss & Voss, 1997）。

將上述顧客效益加以歸納得知，顧客接受互動服務之後，對於效益方面的認知可能來自於功能、經濟、心理以及社會方面，分別說明如下：

1. **功能效益**：主要是產品或服務之功能，能夠為顧客解決本身的問題，或提供該功能所訴求之效益。
2. **經濟效益**：主要是顧客所接受的產品或服務之功能與成本的比值，能夠合乎顧客的期望，不論是搜尋產品的時間或成本的降低或方便性，或交易價格的相對合理性，或交易流程的方便性等，均屬於經濟方面的效益。
3. **心理效益**：主要是顧客所接受到的產品或服務以及雙方的互動過程，能夠讓顧客產生心理方面的滿足感，包含受到尊重或讓顧客有自我成長或自我實現的機會，均屬於心理方面的效益。針對顧客的態度或價值觀有所改變或影響，也屬於心理效益。
4. **社會方面**：主要是企業與顧客雙方的互動過程，讓顧客可以體會到社會化的滿足，包含人際關係的增進、友誼的建立、歸屬的感覺等，均屬於社會方面的效益。

以線上交易為例子，線上交易能夠幫助順利顧客完成交易，這是功能效益。線上交易使得顧客節省許多搜尋的時間及成本，具有方便的交易和付款流程，而且可能獲得更多的價格優惠，這些對顧客而言，都是產生經濟效益的方式。而在線上交易過程中，若針對顧客的交易內容趨勢及偏好等資料掌握得很詳細，而提供個人化的促銷或主動推薦，則可能讓顧客有受到尊重的感覺，進而產生心理方面的效益認知（當然亦可能有經濟方面的效益認知）。又如在交易網站上，若能提供良好的意見回應管道，或是主題討論的社群，讓顧客能夠充分表達意見或做充分的溝通，則可能產生社會方面的效益認知。

再以企業間關係為例，有形的效益包含功能好、速度快、降低多少成本、保證期、服務保證等；無形的效益包含消除顧客的疑慮、與顧客合作研發生產與測試、收費方式的改變、品牌聲譽等，也包含良好的信任與承諾關係。

了解上述的顧客對效益的認知，於企業設計有效的顧客互動方案有極大的幫助。就實務的操作而言，企業針對最終消費者進行消費者行為分析，或對企業進行顧客效益的需求分析，最主要的目的便是要了解顧客需求之所在。需求可能是目前的需求或是未來的需求，可能是必要的需求或具備更好的錦上添花式需求，也可能是現有的需求或潛在的需求。依據這些需求來擬定互動方案時，便需考量該互動方案是否能滿足顧客需求，或為顧客創造需求再滿足之，而且可以推測滿足該需求能夠讓顧客產生多少的效益認知。

以下的案例可以說明企業對於顧客價值的定義。

NEWS 報 1 —— Artemide

知名的設計公司 Artemide 認為，產品會透過兩個層面吸引消費大眾，滿足消費大眾需求。第一個層面為「實用功能」，這是由產品性能與技術發展來推動。第二個層面則是關乎感受及意義，是產品的「理由」，亦即消費大眾使用此產品時的深層心理與文化緣由。這個層面意味著個人或社會動機。個人動機可以聯繫到心理或情感意義，例如使用 Metamorfosi 燈具（Artemide 公司的產品）幫家中小寶貝按摩，有助於強化親子聯繫，營造詩意的感受。社會動機則是關於象徵與文化的意義：這產品能說出關於我、關於他人的何種訊息。我買 Metamorfosi 燈具，是因為它可以顯示出我喜歡探索現代感的居家風格與哲學。

資料來源：呂奕欣譯，民 100

3-2 顧客價值的衡量

一、顧客價值的來源

(一) 需求的滿足

顧客價值高低的判斷，來自於顧客需求滿足的程度，也就是透過產品銷售、服務品質、顧客體驗等方式的互動，顧客體會了多少效益，而願意貢獻其價值。滿足與超越顧客需求是創造顧客價值的重要機會。

顧客價值主要的衡量方式有數種。首先，價值可以從需求（Needs）與欲求（Wants）的角度來衡量，對消費者而言，滿足需求是必要的，而滿足欲求則是錦上添花。其次，價值可區分為主觀價值與客觀價值，例如，情感層次偏向主觀的價值，知識層次偏向客觀的價值；就商品而言，一般區分為交易價值、使用價值、象徵或符號價值，交易價值是具有交換的價值，使用價值著重於商品的功能及實用性，象徵或符號價值則將商品價值延伸至消費者建構其象徵意義，例如美感、品味、社會地位等。

其次，從產品的組成角度來說，能為顧客創造價值的可能是產品本身所提供的功能，也可能是產品延伸性的服務可以為顧客創造價值。例如，汽車產業，其核心產品提供交通、便利、舒適等功能，而將汽車相關的維修、保險、財務服務等加以整合，便成為延伸性的價值，此為由產品或服務本身的擴大思考，來尋找為顧客創價值的機會。

第三，從企業與顧客之間的互動流程或顧客決策過程中，也可以幫助我們發現顧客需求，例如，思考顧客在銷售的前、中、後，各有哪些行動，並考量會影響顧客改變行動的因素，以尋找顧客價值之所在。例如，顧客在購買書籍（產品）之前，需要確認自己的購買動機，尋找相關書籍的銷售來源，並比較評估以確認哪些書籍才是自己最需要購買的對象，此時創造顧客價值的機會便來自刺激顧客的購買動機。運用適當的行銷傳播手段讓顧客了解企業及企業所提供的產品，以及提供良好的購買建議（如客觀的書籍比較、專家的書評等）。同理，顧客購買過程中，能為顧客創造價值的機會包含提供便利、可靠、安全的交易流程；而購買之後，能為顧客創造價值的機會則包含提供訴怨管理、版本更新通知與書籍相關知識或動態訊息等。

總而言之，顧客價值源自於不同層次的產品、服務與體驗的提供，以及在行銷、銷售、顧客服務領域所設計的顧客互動方案。也就是說，顧客價值的來源包含顧客需求以及顧客所接受的產品服務品質與互動的組合。

(二) 顧客互動

企業在推動顧客關係管理時，不論是產品服務的提供，或是顧客互動方案的進行，能夠為顧客創造價值的機會點應該存在於顧客與企業的互動。對任何一個機會點所創造的價值也有高低之分，例如，互動的頻率越高，互動程度越深入，所產生的價值可能就越高。簡言之，接觸點是顧客價值的重要來源之一。

從顧客單方面的角度來說，顧客行為主要包含詢問、購買、評論、抱怨等。從企業與顧客雙方的角度來說，顧客互動的內涵主要包含以下三種：

1. **參與及涉入**：指的是顧客參與交易流程的程度，可能是被動告知，也可能是主動提供意見。顧客參與的程度往往也就代表顧客投入的程度，例如顧客涉入就是指顧客投入於產品與服務相關資料獲取或實質了解的程度。
2. **學習與調適**：學習指的是在交易或顧客互動過程中，雙方的認知或知識累積的程度，例如顧客對於產品服務或是企業的了解增加、企業對顧客需求的了解增加等等。調適則是為了交易或互動順利進行，雙方在產品服務或流程方面的調整，例如賣方為了滿足顧客（買方）需求，修正產品規格。
3. **共同創造**：指的是買賣雙方透過預先設計好的機制，共同創造價值。

顧客互動方案當然就是指行銷、銷售、顧客服務與忠誠度方案四種。行銷方面的互動方案包含行銷研究、行銷策略與定位、產品、服務、體驗、定價、促銷、推廣、通路與介面等。銷售主要包含銷售環境的設計、銷售流程等，顧客服務則包含服務流程、技術支援及維修、抱怨處理。忠誠度計畫主要是長程、誘因導向的互動方案。

NEWS 報 2——Wondercise

因應疫情帶來的問題，Wondercise 將健身房搬進客廳，使用者僅需將手機結合穿戴裝置，就能透過線上直播或 On-Demand（隨選視訊）課程，即時進行個人和專業教練的動作比對。同時，Wondercise 還添加強大的社群與交友元素，提供多人同步連線和教練視訊指導，用戶可以一邊運動一邊與同儕、教練互動，還可以觀看即時排名，頗有 PK 較勁的意味。Wondercise 的穿戴裝置結合了 Live Motion Matching 科技，以動態感測技術，偵測使用者動作，達到即時動作比對，用戶只要透過線上隨選課程，在家就能享有極具臨場感的動作示範，能於螢幕上查看即時運動成績和即時心率，且 Wondercise 還隨時提醒訓練者的動作是否正確。其中，最有互動感的功能是螢幕上的「即時平測分數」，透過 Apple Watch、Gamin 手錶抓取方向、加速度等資料，演算法會將資料與教練的動作做即時比對，並把動作完成和精準度以分數的形式顯示在螢幕上。

資料來源：手機結合穿戴裝置 把客廳變成你的健身房，數位時代，2022.5

二、顧客價值的表現

衡量顧客價值表現的指標就是互動品質，互動品質可以從關係面以及顧客面來考量，關係面的互動品質是關係品質，顧客面的互動品質是滿意度，如果滿意度低，可能會產生顧客抱怨。

(一) 關係品質

關係品質是衡量顧客互動之後，雙方關係的程度，主要衡量指標包含信任、承諾、顧客契合、鏈結關係（Bonds）與轉換成本。

1. 信任

信任是相信另一方或互相相信的信念，也可以說是願意為對方冒險的程度，如果信任對方的能力，就要冒對方若未展現該能力的風險。Mayer et al.（1995）認為被信任之另一方所顯現出的信任有以下三項特徵：

(1) 能力（Ability）：指個人或組織所具備的技能或知識，此技能或知識是另一方所需要的，能使信任者感到高度滿意並信任之。

(2) 善意（Benevolence）：指被信任的另一方排除自我中心的利益考量後，對彼此進行具有意義且正面的行動，而此善意是指被信任者對信任者有某種特殊的情感或忠誠。

(3) 誠實（Integrity）：指信任者相信對方會遵守信任者能接受的一些原則，認為如果被信任的另一方無法遵守此原則，就不可能為了雙方的目標而努力。

2. 承諾

承諾意指夥伴雙方為維持穩定性或持久性，對關係的持續性做出的保證，這種保證可能是外顯或隱含的（Dwyer, et al., 1987）。Morgan and Hunt（1994）根據社會交換的觀點，認為「關係承諾」是指交換的一方，為維持與另一方的關係，所做的最大努力。因此，保證與付出努力是承諾的重要指標。

3. 顧客契合

顧客契合（Customer Engagement）指的是顧客與品牌在採購行為外的認知、情感與行為回應方面的聯結（So et al., 2021）。這種心理狀態的聯結可能包含涉入（Involvement）的程度，而且對消費者個人產生意義。顧客契合代表顧客角色從被動的接收者變成消費體驗的共創者，也是企業績效的貢獻者。

4. 鏈結關係（Bonds）與轉換成本

鏈結關係（Bonds）是各成員之間因為互動所產生的依附。Lovelock and Wirtz （2011）提出四種不同的聯結：

(1) 報酬為基礎的聯結（Reward-Based）：是公司提供的有形的效益，例如價格或禮物誘因，以提升顧客忠誠度。

(2) 社會聯結（Social）：與顧客建立社會關係，包含資訊取得、互動溝通等。

(3) 客製化聯結（Customization）：願意為對方修改產品、服務、流程等客製化活動的聯結方式。

(4) 結構聯結（Structural Bonds）：指提供其他公司無法提供的服務或相關配套措施，使得雙方關係更為緊密。

5. 轉換成本

轉換成本是指企業或消費者從原本的廠商轉換至其他廠商所耗費的成本，該成本可能包含實質的金錢、行動與努力或是心理上的付出。實務上可能透過一些提升轉換成本的做法維持與顧客的關係。

（二）滿意度

滿意度是一種客觀或主觀的情緒性反應，顧客滿意度一般是以服務品質為基礎，也就是顧客接受到良好品質的服務，而產生滿意的感覺。顧客客觀或主觀的情緒反應分別來自理性的認知或情感性的回應：

1. **理性的認知**：主要是由本身對產品或服務的期望與實際感受到的結果相比較，因為其差距很小而有了滿意的感覺。理性認知的滿意度主要對應的是期望的高低，源自於社會心理學及組織行為學的期望－失驗模式（Disconfirmation of Expectation Model），可以有效地解釋此種型態的滿意度。
2. **情感性的回應**：指的是消費者心中主觀的感覺，這種主觀的感覺乃是來自於消費者評估產品或服務對本身產生的效益多寡，而評估的準則可能來自於主觀的評判或是與其他公司的產品或服務相比較，甚至是與該公司的其他顧客做比較，效益越高，則滿意度越高。情感性回應的滿意度著重在對於利益的主觀感受，管理學上的公平理論（Equity Theory）及歸因理論（Attribution Theory）可以有效地解釋此種型態的滿意度。

顧客滿意度是指顧客接受互動服務之後，所產生的主觀滿意或不滿意的感受，然而顧客主觀感受的判斷標準仍然依據一些客觀的事實，衡量顧客滿意度的指標可能來自於下列各種向度的比較：

1. **事前的期望以及事後的感受**：基本上以互動前的期望以及互動之後的實際感受差距的大小來衡量顧客滿意度，例如顧客對於網路書店個人化服務的期望越高，則企業所應提供的個人化互動服務也需要越高，方能使顧客滿意。
2. **與競爭者相對的感受**：顧客對企業所提供的互動內容及品質，可能會與該企業的競爭者所提供的內容及品質相互比較，若該企業的內容及品質較佳，則其相對的滿意度也越高。

3. **整體滿意度的感受**：顧客會從整體角度來評判，所謂整體的角度便是綜合評判企業各項互動服務的內容與品質，以及企業整體的品牌、形象、口碑等因素，整體感受越佳，則其滿意度越高。

了解顧客是否滿意，需做滿意度追蹤，其方法主要包含滿意度調查、神秘訪客、顧客流失分析、顧客申訴等方式。

顧客滿意度只能描述顧客暫時的感受，對於後續行為的影響性可能不夠強烈。然而，顧客的再購意願、口碑相傳、推薦等後續行為才是顧客關係管理重要的訴求，而這些行為表現則稱為「顧客忠誠度」。

(三) 顧客抱怨

顧客抱怨往往與顧客的滿意度有關係，尤其是不滿意時，往往產生顧客抱怨。也就是說，顧客抱怨來自期望與事實的落差，感受到不愉快的經驗，或是自身權益受損，而產生的情緒或行為反應。這種反應可能只是情緒續性的抒發，也可能希望求得補償或討回公道；反應的方式可能是私下的或公開的。

Day 與 Landon（1977）提出抱怨行為兩階層模式，該模式將抱怨區分為「有抱怨」與「無抱怨」兩類行為反應，然後再將有抱怨區分為「公開行動」與「私下行動」兩類。公開行動包含向業者直接求償、向政府或私人機構抱怨、採取法律行動；而私下的行動則包含不再購買、抵制、告知親朋好友不要購買。值得注意的是，無抱怨並不代表沒事，許多顧客雖然感到不滿意，卻不會抱怨，選擇默默地離開，轉向另一家公司購買商品服務。因此，有效化解抱怨以及察覺未表達出來的抱怨，都是抱怨處理的重要課題。

3-3 忠誠度與顧客終身價值

一、顧客忠誠度的定義

忠誠度指的是顧客想要與企業維持某種關係所表現出來有助於維持關係的態度與行為，也就是說，忠誠度觀念可分為態度與行為兩個部分（Backman & Crompton, 1991）。「態度」指的是情感上的偏好程度，一般以品牌偏好、再度購買意願、口碑推薦意願、對價格或等待時間的容忍度等來衡量，影響態度忠誠之因素包含滿意度（尤其是高度滿意度）、情感連結以及信任等因素；「行為」則是指顧客參與特定交易活動、與接受服務的次數，表現顧客多次參與的一致性，一般以重複購買、交叉購買、口碑推薦等作為衡量指標。

就企業間關係而言，忠誠度最高的顧客可能會投資該企業，忠誠度次高者，可能會與企業合作開發新產品、合作市場規劃，而且對於價格的容忍度較高，可以拒絕競爭對手的誘惑，而且希望培養與企業之間的關係；忠誠度較低之顧客，則僅表現在願意採購企業的產品或服務，比較容易因為某些理由而離開企業。較高忠誠度者，交易過程的配合度較高，例如，對於即時交貨服務、假日及夜間交貨、臨時訂貨變更之配合等；對於企業客製化需求的配合度也較高，例如，客製化的產品生產與交貨程序、提供每週七天、每天二十四小時的顧客服務中心、網路交易系統等；同時，較高忠誠度者，願意提供較高品質的產品，物流與供應鏈也較為的完備。

就消費者關係而言，忠誠度是消費者事後的意願與行為，這種事後的意願與行為受到先前的信念、認知、態度等因素的影響，Oliver（1999）依據信念、態度、意圖模式，將忠誠度區分為四個階段，這四個階段描述了消費者由良好認知而產生忠誠的意圖與行為：

1. **認知忠誠（Cognitive Loyalty）**：消費者僅依據成本利益的考量，認為該產品或品牌為較佳的選擇，具有此種認知之忠誠表現稱為認知忠誠。
2. **情感忠誠（Affective Loyalty）**：消費者對於該產品或品牌產生認同感，因而產生偏好，也就是開始產生了喜歡的感覺或正面的態度，具有此種情感的表現稱為情感忠誠。
3. **行爲意圖忠誠（Conative Loyalty）**：消費者基於前述的情感認同與正面評價，而產生重複購買之意願，消費者對於該產品或品牌有更高的向心力，具有此種高向心力的購買意願稱為行為意圖忠誠。
4. **行動忠誠（Action Loyalty）**：消費者基於高向心力的購買意願，進而採取實際的購買行為，而且也適度地主動克服購買過程中的障礙（如其他廠商的低價誘因），具體表現出忠誠的行為。

上述忠誠度的定義可大略分為態度忠誠（Attitudinal Loyalty）與行為忠誠（Behevioral Loyalty），前三者屬於態度忠誠，後者屬於行為忠誠。態度忠誠是指顧客對特定產品或服務的認知與態度，行為忠誠是指顧客對特定的產品或服務重複購買的行為。

二、忠誠度的態度與行為

顧客忠誠度的態度或行為表現，主要的衡量指標包含口碑、倡導、再購、顧客回訪等，以下針對口碑與倡導說明之。

(一) 口碑

口碑（Words of Mouth, WOM）是透過口耳相傳的方式傳遞消費者對於企業、產品或服務、人員等相關的看法，屬於非正式的消費者溝通。如果是透過電子媒體來傳播（例如意見箱、社群媒體等），稱之為電子口碑（eWOM），包含線上意見、線上評論、評分、推薦等。

(二) 倡導

倡導（Advocacy）指的是顧客或消費者主動且願意對企業做出貢獻的程度，以口碑而言，若顧客主動且願意做出對企業有利的口碑宣傳，就有倡導的味道。倡導是最高層次的顧客契合（Shawky et al., 2020），此處將倡導列為忠誠度的行為。

三、顧客忠誠度的測量

若無法直接推算顧客終身價值，亦可以影響顧客終身價值的因素來定義顧客關係管理的子目標，包含顧客荷包佔有率、顧客維持率或流失率、顧客招攬率等。

顧客價值主要是經由交叉銷售、主動促銷或其他顧客互動方案，使得顧客產生認知效益而增加購買之額度。與顧客價值相關的指標包含顧客終身價值、顧客招攬、成本的效率化等指標。

顧客終身價值是考量顧客長期購買之價值，常見的衡量指標如下：

1. **顧客維持率**：計算顧客重複購買數，或是本期顧客中，下一期仍然維持為本公司顧客的比率。顧客維持率的另一個相對應的指標是顧客流失率。
2. **顧客荷包佔有率**：指的是顧客所購買的某項商品金額中，從本公司購買的比率。
3. **顧客喚醒率**：指的是在相當不活躍（例如久未購買或購買量稀少）的顧客中，透過某些互動方案，又變為活躍顧客者的比率。

在顧客招攬目標方面，常見的衡量指標如下：

1. **顧客招攬率**：指的是招攬新顧客或是潛在顧客成功的比率。
2. **介紹率**：經由顧客中的意見領袖或親近的顧客介紹之介紹率。衡量介紹率的指標之一是顧客淨推薦值（Net Promoter Score，NPS），了解顧客推薦本公司產品服務的意願有多高。
3. **贏回率**：已經流失的顧客，透過某些互動方案，又變為顧客的比率。
4. **荷包佔有率**：提升顧客的荷包佔有率。

NEWS 報 3——遠傳電信

2018 年 10 月底，遠傳順利拿到 ISO18925 客服中心管理認證，是全亞洲第一個取得此認證者。遠傳電信從 2017 年開始，放棄傳統的顧客滿意度調查，改採用「淨推薦值」（Net Promotor Score），該數值代表客戶將產品推薦給朋友或同事的意願，分數越高越好。

近來遠傳電信推出融合科技的「One Channel」專案，斥資千萬，將門市、客服、網路和 App 的資訊串聯起來，打造「千人千面」的服務體驗，期待成為「最了解客人的企業」。舉例來說，顧客走進店裡，門市人員能根據過去在客服和 App 諮詢或操作的狀況提供建議；消費者如果在月底打電話問帳號，系統也會根據使用者習慣，主動給出繳費建議；不同消費者使用 App 時，眼前出現的頁面也會因費率方案和偏好差異而不同。

資料來源：台式服務無懈可擊：遠傳電信／善用科技打造千面人服務：信義房屋／友鄰親善做好 業績自然來，遠見雜誌 2018.12，pp. 99-100

從財務的觀點，顧客關係管理的重要觀念之一是將獲取及維持顧客的成本由費用改變為資產，也就是說，為獲取及維持顧客投入的成本，可以獲得報酬，如同對於機器設備的投資可以產生收益一般。而投入顧客的成本可以因為顧客的忠誠度提升而增加購買的金額，因而有更多的利潤報酬。

顧客成本包括獲取、發展及維繫（ADR）客戶關係的成本。獲取成本（Acquisition Costs）是指吸引及評定合格客戶之投資，且包括獲取新客戶之行銷、廣告及銷售等費用。發展成本（Development Costs）是指增加及維持固有關係價值的花費；舉例來說，了解顧客其他的需求，增加他們購買的可能性，或是回應他們的需求及服務客戶。維繫成本（Retention Costs）涉及了增加關係的持續時間和費用，降低產品或服務上的缺失，或是重新與客戶建立關係（邱振儒譯，民 88，pp. 189）。

收益扣除成本便是顧客權益（Customer Equity），顧客權益常被用來描述顧客長期關係的資產價值（邱振儒譯，民 88，pp. 9）。顧客權益是各區隔顧客終身價值之總和。顧客權益包含（Wang et al., 2016）：

1. **價值權益（Value Equity）**：價值權益為顧客針對品牌效用的認知評估，包含品質、價格、便利三構面。
2. **品牌權益（Brand Equity）**：品牌權益為顧客對品牌意象與意義的認知。
3. **關係權益（Relationship Equity）**：關係權益為顧客如何認知顧客與企業提供產品服務之間的關係的品質。

如果可以估計各區隔顧客的成本及終身價值，便可以計算該區隔顧客的淨貢獻，稱為顧客獲利性（Customer Profitability）。顧客獲利性是顧客關係管理重要特質之一，也就是將顧客視為資產，有投資報酬的效果，而非只是視為行銷或銷售所耗的費用。隨著顧客獲利性的重要性提升，如何加以衡量也受到討論（Holm, Kumar & Rohde, 2012）。在理論模式方面，最近更有研究探討顧客權益與經營績效（如股東價值）之間的關係。例如，顧客權益與市場資本（Kumar & Shah, 2009）、顧客權益與股東價值（Schulge, Skiera & Wiesel, 2012），這些理論發展的趨勢某種程度代表顧客價值議題的重要性。

四、提升忠誠度的做法

值得注意的是，滿意度是否正向影響忠誠度，尚無定論。一般而言，相當高的滿意度加上再購意願與口碑推薦，才能構成忠誠度的條件。因此提高顧客忠誠度的方法主要是透過持續不斷的互動、更個人化或客製化的服務，以及具有獎勵較佳顧客的忠誠度方案等。欲提升顧客的再購意願、購買量以及口碑相傳，其主要的作法如下：

1. **顧客的再購意願**：運用更客製化、更持續的互動以及忠誠度方案，提升顧客的再購意願。
2. **提升顧客未來的購買額度**：運用升級銷售或交叉銷售等方式，增加顧客購買量。升級銷售（Up-Selling）指的是向顧客推薦更高檔或更新穎的同類產品，例如，發現顧客收入提高或消費金額提高，原來若購買中級品，可推薦購買高級品。交叉銷售（Cross-Selling）指的是向顧客推薦與原購買產品相關的產品或是產品配件，也就是提供更完整的套餐，例如，某顧客經常購買運動方面之書籍，則可推薦他（她）購買運動產品。
3. **透過推薦及口碑相傳提升其他顧客的購買意願及購買額度**：透過上述的客製化、持續互動及忠誠度方式等方式，使得顧客產生滿意、愉悅、驚喜等感受，以及建立信任感，而願意主動替企業做推薦或口碑相傳。
4. **顧客聯結（Customer Connection）**：與顧客建立關係聯結也是提升顧客忠誠度的方法，包含財務聯結、社會聯結、客製化聯結、結構化聯結等（Zeithaml & Binter, 2003）。
5. **服務復原（Service Recovery）**：提升顧客忠誠也需要防止顧客變心。顧客變心的主要原因包含服務失效、價值缺失與其他因素（Keaveney, 1995）。服務失誤指的是服務本身及服務介面的缺失，以及對缺失的不當回應；價值缺失指的是價格不當、便利性不足、競爭者替代等；其他因素包含欺騙、強迫推銷、不安全、利益衝突等道德議題，以及非自願性轉換，如顧客搬遷、店家歇業等。良好的服務復原方案有助於提升顧客忠誠度。

總之，顧客滿意、顧客聯結，再加上適當的補救措施以防顧客變心，才能提升顧客忠誠度。

五、顧客終身價值

(一) 顧客終身價值的定義

顧客終身價值（Life Time Value, LTV）指的是顧客一生中，支付該產品或服務的總費用（野口吉昭，民 90），追求顧客終身價值的極大化是顧客關係管理的終極目標。然而，必須注意的是，顧客的終身價值來自顧客目前及未來的購買量，或因該顧客的推薦而增加的購買量。易言之，顧客終身價值來自於顧客再購及推薦的意願，也就是前述的滿意度與忠誠度。

欲推算顧客的終身價值則相當複雜，一個原因是顧客未來的行為很難掌握，另一個原因是哪些因素真正影響顧客終身價值也是未定之數。縱然如此，仍有一些原則性的思考架構，協助我們來估計顧客的終身價值。

(二) 顧客終身價值的構面

Stahl et al.（2003）認為顧客終身價值可由下列四個構面來計算：

1. **基本價值**：依據目前核心產品或服務以及顧客維持之期間，所推算的顧客價值。
2. **顧客成長價值**：經由顧客的交叉銷售、向上（升級）銷售或是較高的荷包佔有率（Share of Wallet）所增加的交易金額。
3. **顧客網路價值**：經由顧客的口碑相傳、轉介、介紹等方式，所增加的顧客價值，包含銷售額的提升，或是顧客取得及廣告成本之降低。
4. **顧客學習價值**：經由顧客互動而產生的知識創造效果，包含競爭、通路、市場、技術、經營、未來趨勢等知識，這些知識可以擬定銷售預測或營運計畫，而產生價值。

(三) 顧客終身價值的計算

1. 基本運算

顧客價值主要是由顧客向本公司購買的金額或是所貢獻的利潤來計算，例如，某個顧客向本公司購買的金額是 100 元，而其利潤是 20 元，則該顧客的利潤價值是 20 元，若某個顧客區隔有十個顧客，其貢獻率均如此，則有 200 元的顧客價值。

影響顧客價值的主要變數是顧客的荷包大小與荷包佔有率，荷包的大小是指顧客對於某一品類的總消費金額，例如顧客在 A、B、C 三家零售商店購買咖啡，每個月總共花費 600 元，這就是該顧客的荷包大小。荷包占有率（Share of Wallet, SW）指的是顧客所購買的品類中，從某品牌或某企業購買所占的比率，例如上例顧客在 A 零售商購買的咖啡金額是 150 元，則對 A 零售商而言，該顧客的錢包占有率是 25%（$150÷$600）。顧客關係管理的策略之一是要提升顧客的荷包佔有率。

其次，顧客流失率也是重要變數之一，顧客流失率是本期在本公司購買產品的顧客中，下一期轉向其他公司購買商品的比率。例如，本期有 1,000 位顧客，其中 50 位顧客下一期轉向其他公司購買，則顧客流失率為 5%。顧客流失率的另一種表示方法是顧客保留率，顧客保留率是下一期維持向本公司購買的顧客比率，也就是 95%。顧客關係管理的策略之一是要提升顧客保留率或降低顧客流失率。

第三，顧客招攬率也是影響顧客價值的重要指標之一。顧客招攬率是經過一些顧客互動或是尋找新顧客的過程，本期新增加顧客的比率。顧客關係管理的策略之一是要提升顧客招攬率。

顧客終身價值的計算牽涉到顧客未來向本公司購買的機率與價值貢獻。所謂購買機率指的是顧客下一期向本公司購買的機率，這與顧客保留率有關。而價值貢獻則需要考量到時間價值，也就是所謂的折扣率（Discount Rate），例如，顧客明年對本公司的利潤價值是 20 元，則需要換算成現值，其公式是 $p=\frac{S}{(1+i)^n}$，其中 p 是現值，S 是價值，i 是折現率，n 是期數。上例中假設折現率 i=15%，則其現值為 17.39 元。

2. 顧客終身價值的計算範例

假設大華公司銷售洗髮精產品，目前使用洗髮精的顧客共有 10,000 人，大華公司的市場佔有率是 40%，則該公司顧客總數是 4,000 人。若該公司的顧客平均利潤價值是 80 元，則總顧客利潤價值為 80 × 4,000 = 320,000 元。

再假設該公司的顧客流失率是 25%，在上述的 15% 折扣率之下，該公司五年的總顧客價值（現值）為 705,614 元，如表 3-1 所示。

表 3-1 所有顧客五年終身價值之計算

年	顧客人數	平均利潤	總利潤	總利潤現值
1	4,000	80	320,000	278,261
2	3,000	80	240,000	181,474
3	2,250	80	180,000	118,353
4	1,688	80	135,000	77,187
5	1,266	80	101,250	50,339
合計				705,614

由於所有顧客的忠誠度是不同的，有些顧客傾向向本公司購買洗髮精，有些則可能轉向其他品牌或價格較低的洗髮精，因此顧客流失率有所不同。我們可以對顧客進行區隔，不同區隔的顧客其數量、價值貢獻、流失率等均有所不同。顧客關係管理的重點工作之一是要針對不同區隔的顧客採取不同的互動策略及利潤管理。

假設大華公司將顧客區分為 A、B、C 三級，A 級顧客是忠誠顧客，B 級顧客是核心顧客，C 級顧客是一般顧客。A、B、C 三級顧客總數分別為 500、1,000、2,500 人；流失率分別為 9%、12%、34%；利潤貢獻分別為 200、100、48 元。若依據此種區隔分法，分別算出 A、B、C 三級顧客的五年價值分別為 287,394、273,194、229,650 元，其總價值為 790,238 元，較未分級時的價值為高。A 級顧客的利潤貢獻計算方式，如表 3-2 所示。

表 3-2 A 級顧客五年終身價值之計算（流失率為 9%）

年	顧客人數	平均利潤	總利潤	總利潤現值
1	500	200	100,000	86,957
2	455	200	91,000	68,809
3	414	200	82,810	54,449
4	377	200	75,357	43,086
5	343	200	68,575	34,094
合計				287,394

接下來需要考量不同的顧客應該有不同的管理方式。例如，A 級顧客，其人數雖少，但貢獻頗高，須加以維持；B 級顧客則可以鼓勵成為 A 級顧客，C 級顧客則投入較少的心力即可。

顧客權益計算的結果如表 3-2，該企業若只有 A、B、C 三級顧客，其顧客權益為 705,614 元。顧客權益的概念越來越重要，已有人主張應該納入公司的財務報表中（Wiesel, Skiera & Villanueva, 2008）。

考量顧客價值時也需要考量成本，為了簡化說明，將上述發展及維繫成本合併為維持成本，亦即將顧客成本區分為招攬成本及維持成本。假設招攬成本為 100 元，此時顧客的增購金額為 50 元，往後每一年需分別投入 10、15、20、25、30 元的維持成本，方能使得該顧客的增購金額維持 50 元，此時可計算淨現值。五年的淨值為 55 元（單一顧客為例），其計算方式如表 3-3 所示。

表 3-3　考量成本的五年終身價值計算

年	成本	增購金額	折扣率	0.15
			利潤	利潤現值
0	100	50	-50	（50）
1	10	50	40	35
2	15	50	35	26
3	20	50	30	20
4	25	50	25	14
5	30	50	20	10
合計	200	300		55

另一種情況是假設往後每一年固定投入 15 元的維持成本，理論上，該顧客的增購金額應逐年減少，假設分別為 50、45、40、35、30 元，讀者可自行計算其淨現值。

顧客焦點

永慶房屋「先誠實．再成交」、「從成交．到成家」

儘管近年房市未見起色，房屋買賣移轉件數低迷，仲介業經營倍感辛苦，但是永慶房屋卻本著服務初衷，做好顧客服務，因而連年獲得「臺灣服務業大評鑑」冠軍。

2019 年 6 月 27 日蘋果日報的標題是「永慶房屋超狂！臺灣服務業大評鑑連續七年奪下冠軍」，而中國時報報導的標題則是「永慶房屋服務業大評鑑七連霸」。根據兩報的報導，永慶房產集團繼 4 月連續 3 年獲頒「創新商務獎」後，在昨日（6/26）「工商時報 2019 臺灣服務業大評鑑」頒獎典禮上成最大贏家，一口氣拿下四大獎項肯定，服務力跟創新力再獲大獎肯定。

首先，永慶房屋的服務力深獲消費者認同，已經連續 7 年勇奪「工商時報 2019 臺灣服務業大評鑑－連鎖房仲業」冠軍，是房仲第一且唯一。其次，在創新力上，斥資上億元打造全球唯一的《i+ 智慧創新體驗館》，則以世界級的 MR（混合實境）和 VR（虛擬實境）技術，翻轉消費者賞屋體驗，因而獲頒「科技創新服務」特別獎。第三，集團旗下的永慶不動產，連續三年拿下第二名佳績。第四，永慶房屋板橋新站店林睿緯的優質服務，也獲得「服務尖兵」的肯定，也代表永慶服務 DNA 確實深入第一線，並獲得消費者認同和肯定。

永慶房屋的居家服務包含全室設計裝修、局部空間裝修、全齡通用住宅、日式精工設計、居家清潔服務、優質搬家服務等。「永慶居家服務中心」專為永慶房屋客戶所成立，實現永慶房屋「從成交到成家，永遠相伴」的客戶經營理念，期望以「家」為核心，結合優質的居家業界廠商，提供永慶客戶以最合理的價格，獲得具有安心保障的居家服務，幫助所有永慶客戶安心圓滿成家！

針對這些優質服務，主辦單位工商時報進一步指出，永慶房屋服務再次獲獎的原因，來自於面面俱到的服務品質，從環境整潔、經紀人的熱情與禮貌態度，到洽談時詳細確認需求，搭配電腦篩選物件，並展示實景看屋功能。

帶看前，經紀人積極關心客戶的交通問題及如廁需求；帶看時，耐心聆聽、詳盡解說。最後在離開物件前更確實檢查，關閉門窗、電源，才親切送客，還不忘提供保障文件。永慶身為領導品牌更以身作則，運用完善制度保障消費者權益，如提供完整、無法刪除的實價登錄成交行情，以及六大安心保障等服務。這些創新及貼心的服務，都是在為顧客創造價值。

在創新力方面，永慶以創新為經營主軸，2014 年以全通路服務、i 智慧經紀人的人工智慧、加上雲端系統的智慧分析，提供精準配對，協助消費者省下約 20% 看屋時間。2015 年推出「社區行情導覽」服務，提供全臺重點社區大樓的基本資料、交通和生活資訊，日日更新房價行情，結合手機看屋功能，並推出「快售」服務，提供銷售物件周邊的行情資訊，幫屋主快速銷售。

2017 年斥資上億元，打造全球首座房仲服務體驗場域《i+ 智慧創新體驗館》！是民眾認識房地產的第一站，也是買賣屋的最佳決策平臺，可以透過混合實境（MR）技術，看見居住大環境的「立體生活圈」，實現以社區為核心的未來生活體驗，預見未來理想生活；2018 年推出「實境 Live 賞屋」服務，消費者透過手機、平板及電腦等載具，可多人異地同時上線賞屋，專業經紀人線上實境解說，體驗「看房無國界 · 解說零距離」全新服務。而永慶快搜 App 則是買屋快搜、行情快搜、門市快搜、個人化功能的完美結合。永慶房屋也推出「行動智能經紀人 App」，讓旗下加盟三品牌經紀人免費使用，串接經紀人最重要的作戰工具，如業務、行銷、客服等，協助提升服務品質和效率。

永慶房屋從創辦人暨董事長孫慶餘成立永慶房屋開始，就不斷透過制度與文化的建立，落實「先誠實．再成交」的信念；堅持不炒房、不賺差價，提供實實在在的資訊與服務，以實踐消費者心中最深切的期待，成為一個值得「信賴」的房仲品牌。永慶房產集團孫慶餘董長認為，說到永慶的開始，其實也是一個「圓滿」夢想的故事。看到三十年前的臺灣，市場上充斥著傳統仲介賺取差價與虛灌坪數等作法，造成許多買賣糾紛與消費者的不安。從那一刻起，我就問我自己：我能不能協助他們解決這些問題、甚至圓滿成家的夢想？因此秉持「滿意的消費者」、「合理的法制環境」、「上進的業者」這三個條件。帶領永慶的同仁不斷透過 e 化創新，推出網路跨同業物件搜尋、拖曳式地圖搜尋、公開成交行情、i 智慧經紀人、降價地圖等房仲雲端服務。從承諾「交易圓滿」，到實現「服務圓滿」，我們總是走在趨勢之先，創新價值也創造商機，打響「永慶」這塊金字招牌。從守護「生活圓滿」、到承擔「社會圓滿」。

資料來源：永慶房仲網，2022.8.16；中時電子報；蘋果新聞網

從上述永慶房屋得獎事蹟、經營理念以及善用科技推出良好的服務，請整理出永慶房屋提供給顧客的效益有哪些？分別屬於哪一種認知效益的類型？

本章習題

一、選擇題

(　　) 1. 下列有關顧客價值的定義何者正確？
(A) 顧客所獲得的認知效益　(B) 顧客所付出的成本或努力
(C) 上述兩者的比值　(D) 以上皆非

(　　) 2. 人類本能地追求舒適快樂，這應該是屬於哪一個層次的需求？
(A) 生理層次　(B) 情感層次
(C) 知識層次　(D) 精神層次

(　　) 3. 針對顧客心理方面的認知效益，下列哪一項敘述正確？
(A) 顧客產生自我成長的感覺　(B) 顧客可以增進人際關係
(C) 顧客產生歸屬感　(D) 顧客對於價格感覺合理

(　　) 4. 下列有關滿意度的敘述何者有誤？
(A) 在理性認知方面，滿意度通常衡量產品或服務屬性的品質
(B) 包含情感性的回應
(C) 只重視事後的感受而不重視事前的期望
(D) 包含與競爭者相對的感受

(　　) 5. 消費者對於某產品或品牌產生認同感是屬於下列哪一項的忠誠度階段？
(A) 認知　(B) 情感
(C) 行為意圖　(D) 行為

(　　) 6. 顧客或消費者主動且願意對企業做出貢獻的程度，屬於下列哪一項忠誠度的態度或行為表現？
(A) 口碑　(B) 倡導
(C) 再購　(D) 顧客回訪

(　　) 7. 經由口碑最能提升顧客終身價值的哪一個構面？
(A) 基本價值　(B) 顧客成長價值
(C) 顧客網絡價值　(D) 顧客學習價值

(　　) 8. 假設某顧客一生中，將於今年、明年、後年向企業分別購買 500、400、320（保留率為 80%）元，在折扣率為 15% 的情況之下，該顧客的終身價值為何？

(A)1,500 元　(B)1,220 元　(C)1,090 元　(D) 以上皆非

(　　) 9. 假設市場上有 C1、C2、C3 三家顧客，X、Y、Z 三個品牌，客戶對各個品牌的購買金額如下表，對於品牌 X 而言，C1 客戶的荷包佔有率為何？

(A)33%　(B)29%　(C)71%　(D)4.3%

品牌顧客	X	Y	Z
C1	50	60	40
C2	500	800	400
C3	600	100	150

二、問題與討論

1. 何謂價值？企業可能為顧客創造哪些價值？
2. 顧客價值程度如何衡量？
3. 顧客效益認知的定義為何？顧客如何對互動服務產生效益的認知？
4. 顧客滿意度與忠誠度之定義為何？應如何衡量？
5. 顧客終身價值定義為何？如何表達與計算？
6. 請就你所知道的企業，描述該企業顧客關係管理中有關的顧客需求、互動服務內容、認知效益、顧客滿意度以及顧客忠誠度等變數之間的關係。

三、實作習題

【公告管理】

說明：業務部主管指示希望能將上個月（2016.10）業務成交訊息公告至 CRM 系統一個月（2016.11），提振業務部士氣。本月成交訊息包含：CNC 車床一台，普通車床兩台。

1. 進入「入口網頁管理模組」，選擇「版面公告」。
2. 新增 / 維護「公告管理」內容及起迄時間。
3. 進行 CRM「版面設計」且將「公告管理」進行版面安排，編輯成入口網頁。

本章摘要

1. 顧客價值爲顧客所獲效益與付出之比值，欲創造顧客價值，需先了解顧客的需求，顧客的需求可以從產品、服務及顧客互動的程度而定義，了解顧客的需求方能提供滿足其各種需求之互動方案。
2. 顧客價值的來源是能夠滿足顧客需求的產品服務與顧客互動，這是創造顧客價值的機會點。
3. 顧客接受互動方案的服務，會有效益上的認知，這些效益認知包含功能的、經濟的、心理的、社會的效益，這些效益應與前述的各種顧客需求相對應。
4. 關係品質是衡量顧客互動之後，雙方關係的程度，主要衡量指標包含信任、承諾、顧客契合、鏈結關係（Bonds）與轉換成本。
5. 顧客由認知的效益而產生了滿意度及忠誠度的回應，這些回應引發顧客有購買、再購、推薦、宣傳等意願及行爲，這些意願和行爲綜合形成顧客價值。
6. 顧客忠誠度的態度或行爲表現，主要的衡量指標包含口碑、倡導、再購、顧客回訪等。
7. 顧客價值依據時間推演而累積形成顧客終身價值，顧客終身價值包含實體的交易金額，或無形的知識、資訊、品牌、形象的提升，顧客終身價值的極佳化爲顧客關係管理之最終目標。
8. 顧客關係管理視顧客爲資產，可從財務的角度針對不同顧客區隔，投入不同的成本，並預估顧客再購的金額，期望各區隔顧客的總金額（終身價值）最大。

參考文獻

1. 朱道凱譯（民 88），R.S. Kaplan, D.P. Norton 著，平衡計分卡：資訊時代的策略管理工具，初版，臺北市：臉譜文化出版：城邦文化發行。
2. 邱振儒譯（民 88），顧客關係管理：創造企業與客戶重複互動的客戶聯結技術，初版，臺北市：商業周刊出版；域邦文化發行。
3. 洪育忠、謝佳蓉譯（民 96），顧客關係管理：資料庫行銷方法之應用，初版，臺北市：華泰。

4. 陳秀玲譯（民 90），價值網，初版，臺北市：商周出版：城邦文化發行。
5. 野口吉昭編（民 90），顧客關係管理戰略執行手冊，遠擎。
6. Backman, S.J., Crompton, J.L. (1991), "Differentiation between High, Spurious, Latent and Low Loyalty Participants in Two Leisure Activities," Journal of Park and Recreation Administration,9 : 2, pp. 1-14.
7. Day, R. L. and E. L. Landon, (1977), "Toward A Theory of Consumer Complaining Behavior," in Consumer and Industrial Buying Behavior, A. Woodside，J. Sheth and P. Bennett, eds. Amsterdam : North Holl and,New York.
8. Dwyer, F. R. et al., (1987). Developing Buyer-Seller Relationship, Journal of Marketing, 51, pp. 11-27.
9. Gassenheimer , J.B. , Houston, F.S. & Davis , J.C. (1998), "The Role of Economic Value , Social Value, and Perceptions of Fairness in Interorganizational Relationship Retention Decisions" , Journal of the Academy of Marketing Science , 26 : 4 , pp. 322-337.
10. Gwinner, K.P., et al., (1998), "Relational Benefits in Services Industries：The Customer's Perspective," Journal of the Academy of Marketing Science, 26：2, pp. 101-114.
11. Holm, M., Kumar, V., and Rohde, C. (2012), "Measuring Customer Profitability in Complex Environment: An Interdisciplinary Contingency Framework." Journal of the Academy of Marketing Science, 40, pp. 387-401.
12. Keavenvy, S. M. (1995), "Customer Switching Behavior in Service Industries: An Exploratory Study," Journal of Marketing, 59(April), pp. 71-82.
13. Kumar, V. and Shah, D. (2009), "Expanding the Role of Marketing: From Customer Equity to Market Capitalization," Journal of Marketing, 73(Nov), pp. 119-136.
14. Lovelock, C., & Wirtz, J. (2011). Services marketing: People, technology, strategy. Boston: Pearson.
15. Mayer, R. C. et al., (1995). An Integrative Model of Organization Trust, Academy of Management Review, 20,pp. 709-734.

16. Morgan, R.M. and Hunt, S. D., (1994). The commitment-trust theory of relationship marketing, Journal of Marketing, 58(3), pp. 20-38.
17. Oliver, R. L. (1999), "Whence Consumer Loyalty?" Journal of Marketing, 63, pp. 33-44.
18. Saliba, M.T., et al., (2000), "Managing Customer Value：A Framework Allows Organizations to Achieve and Sustain Competitive Advantage," Quality Progress, Jun, pp. 63-69.
19. Schneider, B., Bowen, D. (1999), "Understanding Customer Delight and Outrage," Sloan Management Review, Fal, pp. 35-45.
20. Schulze, C., Skiera, B. and Wiesel, T. (2012), "Linking Customer and Financial Metrics to Shareholder Value: The Levtrage Effect in Customer-Based Valuation." Journal of Marketing, 76(Mar), pp. 17-32.
21. Shawky, S., (2020), A dynamic framework for managing customer engagement on social media, Journal of Business Research, 121, pp. 567-577
22. So, K. K. F., (2021), Understanding customer engagement and social media activities in tourism: A latent profile analysis and cross-validation, Journal of Business Research, 129. pp. 474-483
23. Stahl, H.K., et al., (2003), "Linking Customer Lifetime Value with Shareholder Value," Industrial Marketing Management, 32, pp. 267-279.
24. Sweeney, J.C., Soutar, G.N., (2001), "Customer Perceived Value: The Development of A Multiple Item Scale," Journal of Retailing, 77, pp. 203-220.
25. Voss, G.B., Voss, Z.G., (1997), "Implementing a Relationship Marketing Program: A Case Study and Managerial Implications," The Journal of Services Marketing, 11 : 4, pp. 278-298.
26. Wang et al., (2016), Relationship between service quality and customer equity in traditional markets, Journal of Business Research, 69, pp. 3827-3834
27. Wiesel, T., Skiera, B. and Villanueva, J. (2008), "Custome Fquity: An Integral Part of Financial Reporting." Journal of Marketing, 72(Mar), pp. 1-14.

28. Yoo, B., Donthu, N., & Lee, S. (2000). An examination of selected marketing mix elements and brand equity. Journal of the Academy of Marketing Science, 28(2), 195–211.

29. Zeithaml, V. A. and Mary Jo Binter (2003), Service Marketing : Integrating Customer Focus Across the Firm, 3rd. ed., Boston: McGraw-Hill, pp. 175.

Chapter 4

策略與資源

學習目標

- 了解顧客關係管理策略定義。
- 了解顧客關係管理的策略目標與顧客關係程度。
- 了解擬定顧客關係管理策略所需資源。

前言

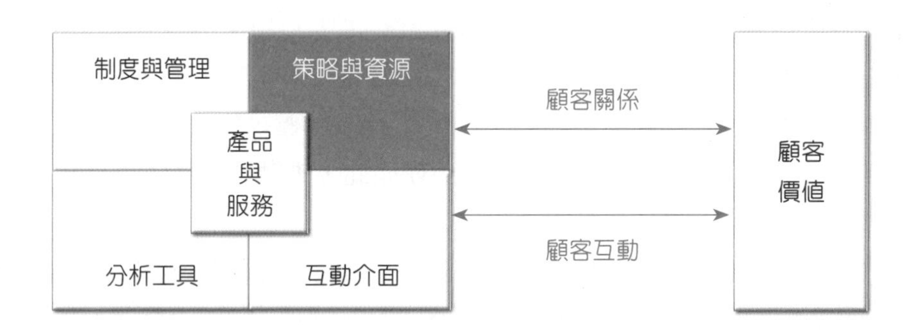

顧客關係管理的實施步驟是界定顧客、區隔顧客與顧客互動，就前兩個步驟而言，意味著針對不同的顧客群，應該有不同的關係。80／20法則告訴我們，20%的顧客可能掌握我們80%的營業額，針對這20%的顧客，提供更優惠的關係方案，或提供更佳的互動，應該是合理的作法。企業決定要與哪些顧客建立什麼樣的顧客關係，稱之為顧客關係策略，若沒有適當的顧客關係管理的策略與目標的導引，則顧客關係管理的執行便缺乏方向，執行成員也就缺乏共識，其執行績效也將大打折扣，顧客關係管理的策略與資源描述企業與顧客之間要建立何種程度之關係，以及決定投入多少資源，據以規劃具體行動。

企業觀測站

自 2020 年 3 月 19 日全面禁止旅行團出團起，臺灣入境人次重挫 93.88%，出境人次出現負成長，旅遊業龍頭雄獅集團每月的行銷費用高達 30 億元，怎麼活？

首先是產品創新，像是餐飲服務、雲端廚房、「雄獅嚴選」。雄獅於 2020 年 10 月，在臺北內湖開設首家「gonna EXPRESS」，看準疫後消費者重視健康的飲食趨勢，主打輕食、沙拉等少油、蔬食餐飲。雄獅早在 2017 年就進軍餐飲業，創立「欣食旅」，2020 年初，斥資千萬於內湖總部打造中央廚房，更在 2021 年 6 月成立雲端廚房，回應高速度成長的外送需求。

二是服務創新，與 KLOOK、豐趣科技結盟，設立旅遊服務化、數位化平臺「NEXT」，幫助旅遊服務商家數位化，節省電子票券結帳的核銷成本。KLOOK 和雄獅結合各自供應商的產品，重新包裝成獨家商品，再由豐趣技術串接起二家行程，顧客只要掃一個 QR Code 就能通行，現階段有逾 400 家供應商導入。

三是體驗創新，雄獅縮編全臺 85 家門市至 50 家，整併旅遊產品的銷售、諮詢、餐飲、伴手禮等服務，轉型為複合店型。不僅如此，雄獅也正評估元宇宙的虛擬體驗，思考另類的旅遊服務與產品。

疫情逐漸解封之下，雄獅的海外旅遊本業往國內發展，從分眾市場規劃多元體驗。以高端客群而言，2019 年 7 月推出的「Signature 雄師璽品」，聚焦五星級體驗，像是鳴日號東海岸，臺鐵鳴日號委託雄獅經營，整合五星級飯店、商務頭等艙、車服員等服務，打造頂級觀光列車之旅。對於中低端客群，由地方創生概念出發，強調在地深度旅遊，強化旅創經濟。例如與澎湖在地大學合作，推出潛水教學、遊艇服務。

再來是由服務延伸到產品與體驗價值，過去旅遊業屬於中介服務，以人力投資為主，雄獅發展出食品銷售、餐飲連鎖、雄獅嚴選等事業，重新定義企業價值與品牌定位，由觀光服務轉型為生活風格產業。從商業模式來看，雄獅原有的一條龍商業模式並未改變，而是有了全新定義。「在地一條龍」由委託經營爭取臺鐵、地方政府等長期收益來源，「虛實一條龍」則是線上旅遊、雲端廚房到元宇宙的跨業體驗。

資料來源：先快速開發新事業，拼生存；後深化旅遊體驗，求成長，經理人，2022.2

提示

雄獅集團的產品、服務、體驗創新以及分眾市場，到一條龍策略的重新定義，都是 CRM 策略的範疇，這樣的策略如何擬訂以及如何落實是本章的重點。

4-1 顧客關係管理策略

一、組織與環境

策略是組織因應或操控外界環境的方法，策略的定義是分配資源、培養能力，以達成與組織生存發展相關目標的決策與行動。

策略著重於關心與組織生存發展相關的議題，屬於較為長程的規劃，其不確定性較高，通常由高階主管負責。策略制定的過程主要包含環境偵測、衝擊分析、擬定因應方案等三個步驟。環境偵測乃是蒐集相關的議題與趨勢；衝擊分析乃是針對所蒐集的議題與趨勢進行機會與威脅之解釋；因應方案則是依據機會與威脅之解釋，擬定策略目標、內涵與相對應的行動方案。組織與環境的關係如圖 4-1 所示。

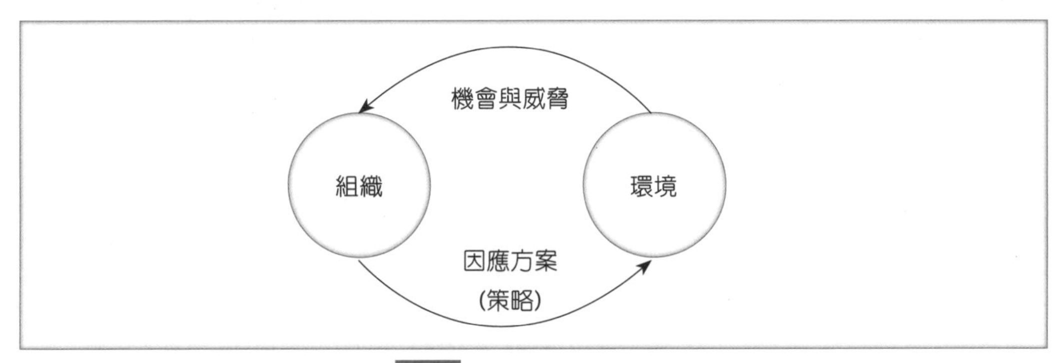

圖 4-1　組織與環境的關係

環境有總體環境與產業環境之分，「總體環境」指的是社會、科技、經濟、生態、政治等環境；「產業環境」指的是供應商、競爭者、顧客及合作夥伴。這些環境的因素，對於擬定企業的顧客關係管理策略，可能影響的層面如表 4-1：

表 4-1 總體環境及產業環境之影響層面

	影響層面	說明
總體環境	社會環境	有關社會文化、次文化、生活習慣等，對於顧客的心理、行為、信仰均有所影響，欲了解顧客的需求及動機，需了解其社會環境。
	科技環境	科技的進步，市場顧客較能接受新科技、新的行銷方式。「資訊技術或網際網路技術」對於顧客關係管理的推行，也有決定性之影響。有關資通訊領域的新科技包含大數據、人工智慧、物聯網、5G 行動通訊、區塊鏈等。
	經濟環境	經濟環境指的是該市場的所得與消費狀況，所得與消費情況也影響人們對於企業所提供的互動服務水準之要求。 共享經濟是一種以社群為基礎的線上服務，提供成員包含獲取、給予、分享、取得產品與服務、相互協調等活動。共享經濟往往以共享平臺方式運作，可以促進多邊市場中的消費方和服務提供者之間共同創造，例如：booking.com 及 TripAdvisor 協調商品提供者與旅行者的投入。 循環經濟（Circular Economy, CE）主要的目的是珍惜資源、減少浪費，其具體做法是從產品生命週期著手，透過產品零組件生命週期的擴充，改善資源效率，進而提升環境社會與經濟價值。最基本的 CE 聚焦於 3R 原則，也就是減少（Reduce）、重複使用（Reuse）與再生（Recycle）。循環經濟亦與生態環境有關。
	生態環境	對生態環境的重視，意味著企業所提供的產品、服務要符合生態之要求，而產出的廢棄物則要降到最低。生態環境是否受到重視當然與顧客的觀念、需求、期望有關。 2015 年聯合國宣布了「2030 永續發展目標」（Sustainable Development Goals, SDGs），SDGs 包含 17 項核心目標，其中又涵蓋了 169 項細項目標、230 項指標，指引全球共同努力、邁向永續。 ESG 指的是環境保護（E，Environment）、社會責任（S，Social）以及公司治理（G，Governance），ESG 是一種新型態評估企業的數據與指標，ESG 代表的是企業社會責任，許多企業或投資人會將 ESG 評分視為評估一間企業是否永續經營重要的指標及投資決策。
	政治環境	政治環境代表一個地區的安定性及穩定性。安定性指的是某種程度的投資安全環境；穩定性則指政策、法律等變動的頻率，不夠安定或穩定的環境，對於推行顧客關係管理亦有所影響。

	影響層面	說明
產業環境	供應商	供應商指的是原物料的供應者，企業與供應商之間的關係，也由交易關係逐漸轉為合作關係，近年來供應鏈管理受到許多重視，便是此種道理。與供應商維持良好關係便是一種資產，供應商亦可被視為合作夥伴。
	競爭者	競爭者乃是與本身相互爭奪市場大餅的企業，企業競爭分析的目的通常在於了解競爭者的產品 / 服務及其策略，一者做為學習的標竿，一者做為超越競爭者策略擬定之依據。就顧客關係管理而言，需思考的問題在於如何吸引競爭者顧客，而別讓本身的顧客被競爭者吸引。
	合作夥伴	合作夥伴包含研發生產的合作者、通路商、行銷廣告代理人、資訊系統外包商等，這些夥伴與本身的關係越密切，則能夠合作來滿足顧客需求的能力也越大。
	顧客	顧客是顧客關係管理的焦點，所有上述的環境及本身的能力因素，目的皆在於創造顧客、滿足顧客的需求。首先是在市場中界定顧客，其次區隔顧客，再針對各個顧客群去了解顧客的需求。

二、策略的型態

策略從組織層次的觀點可分為總體策略、事業單位策略與功能層級策略。

總體策略（Corporate Strategy）層次是指企業同時在多個市場及產業裡運作，公司所採取獲得競爭優勢的行動，包含：整合策略（區分為水平整合策略與垂直整合策略）、委外策略、多角化策略、高科技策略、國際化策略等。

事業單位策略（Business Unit Strategy）層次是指企業如何在某一產品線或產業中進行事業運作、面對產業內的競爭，如何制定經營策略以獲取競爭優勢之內涵。事業單位策略說明公司在產業中可以取得競爭優勢的方式，其主要目標便是提昇本身的競爭優勢，包含低成本、差異化、焦點市場、改變競爭領域等。

事業單位之下是企業功能，企業功能亦有其策略，例如行銷策略、財務策略等。策略牽涉具體之資源分配方向，上述的策略型態屬於策略的內涵，而擬定策略內容的方法或過程稱為策略程序，例如 SWOT 分析、五力分析等。策略之上有企業使命，為企業理念層次；策略之下有更具體之戰術、行動方案或專案。

我們歸納策略規劃的程序主要包含：

1. **決定使命與主要目標**：使命包含企業經營的範圍與理念，主要目標則是指企業長期的獲利力及其成長的目標。
2. **外部環境分析**：包含外在總體環境及產業的分析以辨識機會與威脅。
3. **內部營運分析**：運用價值鏈分析及資源分析的方式以辨識優勢與劣勢。
4. **選擇策略**：依據內外部分析來選擇適當的策略，策略的方向主要是差異化、低成本以及焦點策略。
5. **執行策略**：將策略轉為更具體的行動方案，加上組織在結構、誘因、流程等配套措施的建立，以便有效的執行策略，並形塑可行的商業模式。

三、顧客關係管理策略

就顧客關係管理而言，CRM 策略應視為企業策略的一種，也就是在企業使命、策略部分，著重於與顧客關係的那一部分，例如企業使命的敘述會強化企業為顧客而存在，或是運用顧客導向的理念來擬定策略，而策略部分則著重於與顧客建立及維持何種程度之關係。此處將顧客關係管理策略定義為：「針對某群顧客、設定目標擬定策略方案、分配資源，以建立及維持某種程度的關係，達成顧客終身價值最大化的目標」。易言之，顧客關係管理策略就是指公司所擬定的策略（主要是差異化、低成本以及焦點策略）中與顧客最有直接關係的策略。

顧客關係管理策略包含企業對顧客角色定義的改變。例如，從產品導向轉為顧客導向、由流程主導轉為顧客主導、將顧客視為資產等，代表企業對顧客的重視，而投入更多的資源於顧客關係管理，期望獲得更多的顧客價值。因此，顧客關係管理策略最主要的內容包含：

1. **理念**：企業的使命、願景，以及顧客導向的理念。
2. **策略目標**：在於顧客終身價值的最大化。
3. **策略選擇**：依據 CRM 策略的重點訴求給予命名，並描述企業與某群顧客之間的關係程度或對顧客所提供之價值，策略選擇已經包含資源分配的動作。CRM 策略選項偏重於商業模式及 CRM 系統投入：

(1) CRM 相關之商業模式選擇：電子商務與社群商務模式、加入或創立生態系統、全通路模式、訂閱模式或廣告贊助模式、價值定位模式等。

(2) CRM 資訊系統投入：CRM 資訊系統組合、支持商業模式之 IT 解案（如：電子商務）、社群 CRM 系統等。

4. 顧客區隔：顧客關係管理所指的顧客區隔，較偏向於顧客的價值或行為區隔。例如，以顧客的銷售金額、銷售成長潛力等變數進行顧客區隔。RFM 分析、錢包佔有率分析是常見的顧客區隔方法。

從策略程序的角度，顧客關係管理策略乃是針對所有顧客中，不同區隔的顧客予以不同的待遇，而使得所有顧客的總價值最大。而策略擬定時，偏重於與顧客之間的互動方向，例如提供低價或方便的產品、服務給顧客，或是提供更完整、更客製化的產品服務，甚至與顧客共同創造價值。

策略程序的運作請參見第九章。

4-2 企業理念與顧客導向

顧客關係管理是由理念、策略目標、關係程度與資源所組合而成，本節先討論理念的議題，下一節再討論策略與資源。

一、企業理念

(一) 使命

使命是企業存在的目的和理由，也就是對企業的經營範圍、市場目標的概括描述，它回答「我們的企業為什麼而存在？」「我們到底是什麼樣的企業？」「我們想要成為什麼要的企業？」「誰是我們的客戶？」「我們應該經營什麼？」表達企業使命的方法是運用使命宣言（Mission Statement）的方式，使命宣言可能從產品的貢獻、對經濟或是對社會的貢獻等方向著手。醫藥產業重視減輕病痛與延長壽命、保險業提供人們或家庭安心的保障、賈伯斯用電腦改變世界、UNIQLO 用服飾改變世界等都是使命的例子。

企業使命表達企業存在的理由，而且強調該存在的理由需要對社會有遠大的貢獻。為了要讓使命能夠達成，有三個條件需要加以考量，第一個是事業定義。第二個條件是遵循的價值原則：價值觀。第三是使命的傳達方式，也就是願景。這三個條件若能滿足，將有助於企業使命的達成。

(二) 事業定義

事業定義指的是定義事業的範圍，事業的範圍主要指的是企業的營運內容（例如產品與服務）能夠與市場或顧客相匹配。事業定義是定義目標市場、目標市場的需求、滿足該需求的產品與服務等內容，並考量其競爭性差異化，因此事業範圍就是其營運內容或策略定位。

目標市場方面，事業定義也需要定義顧客，例如佳能將顧客界定為最終使用者而非企業用戶，其產品、銷售、配銷策略也隨之調整；西南航空將市場區隔為短程顧客，也因而調整飛航模式、價格策略。目標市場不同其需求不同，經營的內涵也就不同，例如事業定義是「製造汽車」與「製造交通工具」會大大影響產品與服務的範圍，許多企業都因為因應環境的改變而改變其事業定義，例如全錄由影印業改為資料處理業。而星巴客不將自己的事業定義為咖啡連鎖事業，而定義為消費者體驗事業；蘋果電腦更將自己的事業定義為娛樂事業而非電腦事業。在這樣的定義中，定義為便利的事業及定義為消費者體驗事業偏向於策略定位，定義為娛樂業則兼重目標市場與策略定位（娛樂）。

又例如前述的 7-ELEVEn 的事業定義原來是由銷售「日用品」改變為銷售「便利」，兩種不同的事業定義對於 7-ELEVEn 的企業策略與產品策略均有不同，例如產品線策略，銷售「便利」的產品線顯然擴充了許多，包含快遞、代收費用、沖洗照片等。又例如 IBM 事業定義原來是由「銷售電腦」改變為「提供解案」，此時 IBM 的服務與解決問題方面便需要加強，而非僅有技術的提升。

就顧客關係管理的角度，我們建議事業定義的方式是要顧客導向而非生產導向，也就是策略規劃流程中，在使命階段就要將顧客納為經營的重點。

（三）價值觀

價值觀是深信不疑的信念，價值觀解釋事物對某人為何重要，也判斷是非善惡，一般而言，追求成就、和平、合作、公平和民主，是較受肯定的價值觀。

主導企業行為的價值觀包含：企業成員要如何對待彼此、企業如何對待顧客與供應商、企業會遵守哪些規範。一般企業的價值觀包含信賴、尊重、友善、誠信、謹慎、勇氣、效率、創新、活力、品質、高科技、國際性、現代感、專業、重承諾等。

這些價值觀區分為目的價值觀（Terminal Values）和工具價值觀（Instrumental Values）（Rokeach, 1973），目的價值觀是個人想達到的最終狀態或一生最想達到的目標，工具價值觀則是個人偏愛的行為表現方式或是為了要達到目的價值觀的手段。就企業組織的價值觀而言，目的價值觀是組織希望達成的目標，例如卓越、穩定性、收益、品質等，因此企業使命中所列出的遠大目標、存在意義、經營理念等均與目的價值觀有關係。例如惠普公司的核心價值觀是「尊重人性」，奇異公司（General Electric）的核心價值是以技術創新改善生活品質，美商默沙東藥廠符（MSD）的核心價值在於維持以及改善人類的生活，都屬於目的價值觀。企業的核心價值應該不是個別利益取向（例如以營業利潤為第一目標），而是為人類、社會的進步謀福利。

工具價值觀是組織希望其成員遵守的一種行為模式，例如勤奮工作、尊重傳統、誠實、勇於冒險、以及維持高道德標準等，其中倫理價值觀（道德價值觀）是形成企業文化的眾多價值觀中重要的一種。工具價值觀通常不是直接關係到產品的功能，而是對於使用者或是社會環境有所影響。例如誠信的價值觀，對於產品的開發以及與顧客的互動均有影響，這樣的企業會將誠實的信念看的比產品的銷售來的重要。例如迪士尼的核心價值觀是安全（禮貌第二、次為戲劇、高效能），因此對於遊樂設施的安全性、遊客體驗過程的安全性會特別注意，也就影響迪士尼對於設備、遊樂產品設計、遊客服務的資源投入。

(四) 願景

使命要落實，除了要有事業範圍的定義以及相關的策略加以落實之外，也需要採用適當的領導方式，以便將遠大但是相對抽象的概念（使命描述）有效地與組織成員溝通，甚至是顧客或其他利害關係者。願景式的領導（Visionary Leadership）是其中一種重要的方式。

願景（Vision）是公司全體對未來具體營運方向的共識，願景不在於具體描述實施的細節，而是凝聚全體的共識，朝同一個方向前進，一些著名公司願景的例子如下：

- 鐵達尼號的願景是成為有史以來最大、最豪華、最勇猛的蒸氣船。
- 微軟的願景是將資訊掌握於手掌之間。
- AT&T 的願景是完成全球電話服務網路。
- 3M 的願景是成為創新者，並使顧客滿意。
- 奇異公司的願景是成為每一種營業項目的第一名或第二名。

一個好的願景應該包含遠大的目標、明確的價值觀以及未來的影像（Blanchard & Stoner, 2001）。

1. **遠大的目標**：要能解釋出「我們為何存在」？以及「我們真正從事的工作是什麼」？例如，保險公司的偉大目標可能是要讓顧客能夠買到「對未來的安心感」；藥廠的偉大目標可能是要提供社會優質的產品與服務，保障並改善人類生命的品質；而學校的重大目標可能是促進學習，支持全人發展。
2. **明確的價值觀**：價值觀是一種深信不疑的信念或理想，是我們每個人界定出對錯及根本上很重要的東西。明確的價值觀是願景的要素之一。
3. **未來的影像**：明確刻畫出你想像中未來會發生的事。例如，瘦身者（目前身材較為豐腴）的未來影像是自己的苗條身材穿上美麗洋裝的模樣；又例如美國航太總署（NASA）的未來影像是希望在 1960 年代結束之前，將人類送上月球；而 CNN 則希望在未來全球各國人民能以英文和當地語言收看 CNN 新聞。

以前述鐵達尼號的願景為例，該願景中「有史以來最大、最豪華、最勇猛」的敘述便是遠大的目標；而鐵達尼號製作團隊的價值觀表現在冒險、征服（海洋或大自然）的雄心壯志之上；當鐵達尼號在規劃的階段，成員腦海中浮現了龐然大物在海上雄壯威武的樣子，那便是未來的影像。有了這些目標、價值觀、影像，便能夠潛移默化地引導團隊逐漸完成鐵達尼號。讀者不妨試試拆解微軟、奇異、3M 甚至其他公司的願景，是否都能夠如此解釋？是否達到願景應有的效果？

➲鐵達尼號的願景－有史以來最大、最豪華、最勇猛的蒸氣船。

二、顧客導向

顧客導向（Customer Orientation）是從顧客的觀點來檢視企業的相關活動，首先需要強調的觀念是顧客導向需要發自內心，而且要融入企業文化中。

從策略的思考來說，顧客導向希望企業將顧客關係視為資產，也就是說，顧客具有未來獲利能力。而從顧客互動的角度來說，顧客導向讓顧客具有主動權或控制權，而企業依據顧客的選擇（例如主控權、重視體驗、重視分享等）進行顧客互動。

檢視顧客導向信念可以從顧客導向與使命、願景、價值觀或事業定義之關係來著手。從企業理念的敘述中，顧客所占的份量或是顧客所扮演的角色，就是顧客導向。顧客導向是指企業以滿足顧客需求、增加顧客價值為企業經營出發點，也就是焦點著重於顧客價值的創造；相對應的觀念是競爭者導向，著重於將公司資源投注於競爭者；另一個相對應的是產品導向，著重於產品與服務之提供。顧客導向、競爭者導向、產品導向可視為不同的策略，也可能是公司的企業文化，畢竟顧客導向是要從內心的顧客至上觀念，落實為策略方案。例如，嘉信理財視顧客導向為核心價值，這些價值包含公平、負責、尊敬等，該公司經常舉辦各式各項的活動來強化此種核心價值，同時嘉信理財只雇用願意分享顧客價值的員工之例（黃彥達譯，民 91）。

依據上述定義，顧客導向具有幾個特色：

1. 顧客導向的觀念需要發自內心，融入企業文化中，方能有效推動。
2. 顧客導向意味著顧客具有主動權（控制權），企業依據顧客的選擇（例如主控權、重視體驗、重視分享等），進行顧客互動。
3. 顧客導向將顧客關係視為資產，認為顧客具有未來獲利能力。

以下舉一些例子來說明顧客導向在企業的使命、願景中所佔的角色，我們可以說，顧客角色越重要，則該企業越傾向於顧客導向。第一個例子是 IBM，IBM 的理念是「IBM 就是服務」，IBM 要針對顧客提出整體的解決方案，這是顧客導向之體現。嘉信理財的使命宣言是「提供顧客全球最有效、最合乎道德的金融服務」，也可以看出該公司對顧客的重視。貝爾實驗室使命是對用戶提供全新的資訊服務，此使命敘述亦相當強調對顧客的服務。感動是 7-ELEVEn 最大的價值觀，真誠是創造感動的充分必要條件，由此可以得知 7-ELEVEn 的感動、真誠等均為顧客而設。

4-3 顧客關係管理策略目標與選項

一、CRM 策略目標

顧客關係管理的目標亦有其階層性，依據本書之定義，顧客關係管理的最終極目標為顧客終身價值的最大化，再將這些目標分解為顧客保留率、顧客荷包佔有率、顧客招攬率等與顧客直接相關的指標。

顧客關係管理的目標也可以用定量與定性目標來加以區分：

1. **定量目標**：銷售額、利潤、市場占有率、顧客忠誠比率、重複購買率等。
2. **定性目標**：包含市場定位、品牌形象、核心競爭力、企業形象等。

不論是定性與定量的目標，都可區分為經營績效及市場相關指標。經營績效目標包含股東報酬（股利收入、股票市價價差）、獲利最大化、成本最小化等有關利潤的目標，以及營業額、生產力等績效目標。市場目標包含市場面的市場占有率目標以及顧客面的顧客招攬率、顧客回流率（忠誠度）、顧客滿意度等目標。經營績效目標、市場目標均有成長性的考量，也就是上述指標的成長率也是目標，例如，營業額提升 30% 是一項成長目標。目標是企業擬達到的標準，目標具有階層性，一般而言，企業在競爭的前提之下，對於經營績效均有設定目標，最高層次的績效目標區分為經濟績效與社會績效。其次，對於各種策略也會定義不同的目標，例如差異化策略，會定義差異化產品或服務的績效指標或是預期市場銷售或佔有率的目標。

目標具有階層性的概念，例如使命的目標描述企業長遠的目標，策略有策略目標，方案或專案有方案或專案的目標。

顧客關係管理相關的目標也包含策略面與顧客互動方案層面的目標。策略層面的目標是終身價值最大化，針對個別顧客而言，希望該顧客終身價值最大化，針對所有顧客而言，希望所有顧客終身價值之總和最大化。顧客互動方案層面的目標包含下列：

1. **滿意度**。
2. **忠誠度**：再購、口碑推薦。
3. **顧客終身價值**：顧客保留率、荷包佔有率。
4. **顧客獲利性**：利潤率、利潤貢獻率。
5. **顧客招攬目標**：顧客招攬率、贏回率、錢包佔有率。

二、顧客關係程度

顧客關係管理的策略選項已經包含顧客關係程度的定義，例如客製化模式代表與顧客的關係程度要比賣標準產品來的高，描述顧客關係程度可以讓我們更具體了解策略的內涵及做法。企業不論是否要導入顧客關係管理，均需將顧客依照區隔變數加以區隔，針對不同區隔群組或個人顧客，企業與他們之間的關係程度便不相同。未導入顧客關係管理的企業，其與顧客之間的關係可能只是最基本的交易，顧客價值也以當次的交易量或交易額來決定。反之，若導入顧客關係管理，而與顧客建立最密切的關係，則企業顧客雙方可能要分享共同的目標，建立長久的聯盟關係，顧客價值則以顧客的終身價值來衡量。顧客終身價值與顧客關係程度有關，決定了關係程度，也就決定了能為顧客創造多少價值，決定關係程度也就是進行價值定位。以下針對企業間關係、消費者關係、社群關係三者分別討論其關係程度。

1. 企業間關係的衡量

對企業顧客而言，組織所提供的產品或服務，可以替企業顧客創造價值，可能是滿足其流程或銷售上的需求。例如，所提供的產品可能是顧客生產流程所需的零組件。如果所提供的不只是產品或服務，而是可以滿足企業顧客價值鏈整體需求的方案，就形成整體解決方案，為顧客創造更大價值。

企業間顧客關係的深淺程度（也就是關係連帶的深淺程度），也可以用關係光譜圖（Day, 2000）來表示，如圖 4-2 所示。光譜的最左端關係最淺，稱為「交易關係」，光譜最右端關係最深，稱為「聯盟關係」，中間部分則為「加值關係」，關係的深淺程度可以由關係時間長短、關係的合約內容、資訊交換之內容等角度來衡量，交易關係及聯盟關係的特性分別說明如下：

(1) 交易關係：主要是短期的交易，甚至匿名交易的關係，交易兩方只有基本的產品或服務之往來，資訊也僅限於訂單及產品規格等相關的訊息。

(2) 聯盟關係：偏向長期的夥伴關係，除了長期的交易之外，仍包含雙方進一步的合作、參與、學習，甚至共同創造等關係。例如，參與企業的產品構想、規格製定、生產製造、通路選擇等活動，也可能有合作協定、專屬資產投資等承諾。

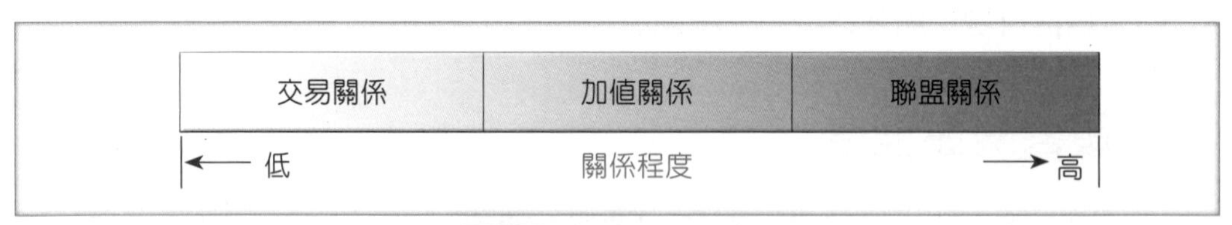

圖 4-2 顧客關係光譜圖

由關係行銷的層次也可以看出顧客關係的深入程度，Berry & Pasausaman（1991）將關係行銷區分為財務性、社會性、結構性等三個由淺而深的關係層次，分別說明如下：

(1) 財務層次之關係：主要是運用價格與顧客建立關係，包含優惠的價格、折扣等，亦即將折價等相關訊息提供給顧客，以吸引顧客的購買。由於這種方式並不一定完全能滿足顧客的需求（有些顧客不一定只在乎價格），而且容易為競爭者模仿，因此關係的維繫力較弱，能由此獲取競爭優勢之機會亦較少。

(2) 社會層次之關係：主要是透過與顧客之間的社會性互動（Social Interaction）來與顧客建立及強化關係，因此行銷人員較能與顧客進行持續的溝通，或是建立一個可以讓顧客有機會進行互動的社群，透過這種友誼的建立、社交的強化來提升顧客對企業的信心，顧客的忠誠度也相對提升。

(3) 結構層次之關係：針對顧客結構性的相關議題，提出創新的作法，使得顧客的轉換成本（Switching Cost）提高，稱為結構性的關係。「轉換成本」乃是指因為顧客轉換所交往的企業而造成的績效損失、不確定性提高、重新搜尋評估、設定成本以及沈沒成本之提升（Jones et al., 2002）。例如在客戶端裝置電腦設備或軟體程式，並傳輸及處理資料，或提供免費伺服器供顧客建置個人化網頁，均會使顧客需投入相當多的努力於該關係中，顧客欲轉換至其他企業，均需花費許多的成本，在此種情況之下，顧客關係是結構性的，較長期的、互動的，也因此較容易建立持續的競爭優勢。

2. 消費者關係的衡量

對消費者顧客而言，產品或服務的提供，可以滿足消費者在功能面或情感面的滿足，也可能擴展到消費者整體體驗的價值，也就是滿足消費者深入情感、精神層面或生活型態之滿足。整體體驗需考量消費者情境，也就是達成消費目的時的相關背景脈絡，例如，購買電視時的新婚、新居、汰換等就是情境。

由產品或服務的體驗程度可以用來衡量消費者關係程度，純粹提供產品給顧客，是最基本的關係，產品加上服務則可創造較多的價值，若能提供顧客有「體驗」的感受，則是更高層次的顧客價值。體驗指的是當一個人到達情緒、體力、智力、精神的某一水平時，意識中所產生的美好感覺（Pine & Gilmore, 1999），因此體驗是提供顧客一個親身參與的舞臺，讓顧客能夠深刻浸潤其中，而產生內心深處的美好感覺，這種感覺都是體驗事件與個人心智互動的結果，同樣的體驗設計，每個人的體驗都是不同的，這種體驗的感覺是個人化的，這種感覺與忠誠度有相當大的關聯。

企業也運用品牌與顧客建立關係，使得顧客對企業品牌產生熟悉、記憶、認同等感受。品牌是建立及維繫顧客關係的重要方法，其程度可能從品牌認知、喜歡、著迷到崇拜。

3. 社群關係的衡量

社群關係程度常以社群意識來衡量，社群意識就是社群成員對社群具有認同感、歸屬感及參與社群活動意願之共同意識。社群成員之間彼此享有共同的信念及需求，並能一起達成相互之承諾與義務。所謂「社群意識」無非是尋求一群人的歸屬感，但最終來看，這種歸屬感必然以自我確認與自我認同為依歸，也可以說社群意識是透過認同而形成，只有在認同的基礎上，社群意識才有可能獲得起碼的穩定性，也只有在基於認同的社群意識，它的「建構」才能對所有社群成員具有意義。

構成社群意識的元素有需求被滿足、融入、相互影響、分享心情等四個構面（Adler & Christopher, 1998），因此社群意識表現在對社群的歸屬、認同感、願意為社群付出貢獻的程度，以及成員之間相互扶持、協助或情感交流的程度。社群意識有賴於社群經營者對於社群的經營，使得社群成員經由社會化的過程而提升社群意識。同時也由於經營者對社群意識的有效運用，如善用社群知識或進行產品、品牌的延伸，提升商業價值。

三、策略選項

CRM 策略偏重於商業模式的選擇以及資訊技術的採用，CRM 相關之商業模式包含電子商務與社群商務模式、加入或創立生態系統、全通路模式、收益模式、價值定位模式等；CRM 資訊系統投入包含 CRM 資訊系統組合、支持商業模式之 IT 解案、社群 CRM 等，如表 4-2 所示。

表 4-2 CRM 策略模式與範例

類型	模式	說明或範例
CRM 相關之商業模式	電子商務與社群商務模式	例如電子商務網站、行動商務、社群商務、數位行銷（直播、網紅行銷、群眾募資、推薦行銷等）。
	加入或創立生態系統	例如加入或創立平臺生態系統、企業生態系統、知識生態系統、金融科技生態系統、創新生態系統
	全通路模式	例如採用多元通路、跨通路、線上到線下虛實整合、全通路策略等。
	收益模式	例如採用訂閱模式或廣告贊助模式。
	價值定位模式	決定顧客關係的關係程度，例如： 1. B2B：決定交易關係、加值關係或聯盟關係程度，或是決定財務性、社會性、結構性之關係程度。 2. B2C：決定產品服務在功能面、情感面、整體體驗的價值（滿足消費者深入情感、精神層面或生活型態之滿足）。 3. C2C：決定社群成員之間的社群意識，社群意識表現在對社群的歸屬、認同感、願意為社群付出貢獻的程度。
CRM 資訊系統投入	CRM 資訊系統組合	選擇採用 CRM 系統、App、銷售自動化系統等。
	支持商業模式之 IT 解案	例如電子商務網站、行動商務、數位行銷等。
	社群 CRM	採用社群媒體加上傳統的 CRM 系統。

NEWS 報 1——聯齊科技

聯齊科技的虛擬電廠（Virtual Power Plant）在臺灣的第一個示範場域為桃園龜山的文欣國小，該校安裝了 40kW 太陽能發電系統以及 15kW 的儲能系統。透過導入聯齊科技的能源物聯網管理平臺，能源閘道器連線整合能源設備、智慧電表與高功率電器（如冷氣），並且將採集到的電表數據上傳至雲端平臺，可做到即時監控與調控校內發電、用電與儲電的狀況。接著 AI 會分析數據，若預測校園的整體用電將在 15 分鐘後超標，便會發出警示，系統再根據用電規模，執行儲能放電或調整 12 台冷氣的溫度。經實測，最高曾協助學校降低約 30% 的用電量。

聯齊的能源物聯網管理平臺屬於訂閱制，除了提供用戶用電、發電、儲能圖像化的數據之外，能判斷用戶屬於哪種用電類型、為客戶設計合適的用電方案。實際上，系統會進一步做到智慧調控電力，包括「何時儲能要放電，以降低電費」、「什麼時候太陽光電有多，要先儲起來，都要算得剛剛好。」這些背後都牽涉到 AI 演算法，仰賴公司的數據科學家不斷優化改進，才能夠幫助用戶達到節省電費的成效。

資料來源：聯齊用 AI 打造「虛擬電廠」，幫學校降 3 成高峰用電量，數位時代，2021.7

NEWS 報 2——Clubhouse

Clubhouse 在 2020 年三月成立，至今員工只有十名左右。登入 Clubhouse 的 App，能幹嘛呢？閒聊，是的，這款 App 既不能傳送檔案、照片，也不能留言、寫文字，唯一的功能，就是在聊天室彼此以語言談天。其實，Clubhouse 爆紅的背後，隱藏一個關鍵商業模式的思考：網路的「第三空間」。其實，抓住實體世界第三空間商機，正是星巴克成功的秘訣。

在 Clubhouse 中，參與者聆聽網紅、意見領袖在聊天室裡或話家常、或討論新知，何嘗不像旁觀直播遊戲？這到底滿足了人們什麼需求？它的吸引力在於，提供了虛擬的第三空間，玩家在其中參與活動、進行社交，形成非正式的社群，共享了身分認同。人們日常生活不外乎工作與家庭，但依然需要在這兩大空間之外與人交流、喘口氣。這第三空間，讓人們可以跟沒有明顯利害關係的對象，輕鬆聚在一起，最典型的例子就是咖啡屋、酒吧與俱樂部。

資料來源：馬斯克、臺灣意見領袖都在瘋　新獨角獸 Clubhouse 解密，商業周刊，1734 期，2021.2，pp.77-79

四、資源

資源是指生產過程中任何的基本投入（Inputs），包括土地、廠房、設備、個別員工的技能、專利、品牌名稱、資金等，代表著由公司擁有或控制、且可由市場取得的生產要素。資源有其特性或品質，有些資源具有獨特性，有些沒有；有些資源能發揮很好的價值創造，有些則普通；有些資源是有形的，有些是無形的。此處將資源區分為基本資源與進階資源，基本資源包含勞力、土地、管理、工廠以及設備，進階資源則包含流程知識、組織架構、智慧財產等。

資源是企業競爭優勢的重要來源之一。資源基礎觀點主張，組織資源如果具備以下四種特性，則可藉以創造競爭優勢（Barney, 1991; Wernerfelt,1984）：(1) 這些資源必須對企業有正向的價值（Value）；(2) 資源在目前或潛在的競爭者中是獨特的（Distinct）或稀少的（Rarity）；(3) 資源難以模仿及移動（Inimitability）；(4) 資源有無很好的組織或利用方式以創造優勢（Organization），稱為 VRIO 架構，此架構用以描述資源的品質。一般而言，進階資源比基本資源有更佳的資源品質。

就顧客關係管理而言，所需的資源便是投入顧客關係管理系統的規劃、設計、導入與運作所需的資源。

有關資源的分類可以從幾個角度來說明。首先是策略性資源與一般性資源之分，策略性資源指的是企業用以建立持久性競爭優勢的資源，該類資源具有價值、稀少性、不完全模仿、不完全替代等特性；一般性資源則否。

資源亦可以區分為資產與能力，資產是靜態的資源，諸如人力、機器、設備、資金、品牌、商譽等。資產又可區分為有形資產與無形資產，人力、機器、設備、資金等屬於有形資產；品牌、商譽、智權等則為無形資產。資產也可以區分為實體資產與知識資產，乃是因應知識經濟時代其知識的重要性所做的分類，與有形資產、無形資產之分類有相似或重疊之處。知識資產亦延伸至智慧資本，智慧資本包含（宋偉航譯，民 87）：

1. **人力資本（Human Capital）**：員工及管理者的個人能力、知識、經驗、組織創新能力、團隊運作學習、公司文化及哲學。人力資本根植於員工身上，會隨著員工的移動而移動。
2. **結構資本（Structure Capital）**：組織透過系統性工具來增加知識在組織內流通的速度、知識供給和散佈管道的投資，以及組織系統化、組合整合的能力，包含組織資本、創新資本、流程資本等。
3. **顧客資本（Customer Capital）**：泛指與關鍵顧客的關係，包括顧客相關資料、顧客關係以及潛在顧客的價值。

能力代表資產的組合與運作機制，能夠發揮加值作用者。例如，生產能力是將物料轉換為產品的能力，這需要人力、生產線設備、生產流程等資產之組合；行銷能力則是將產品服務推至顧客的能力，這需要人力、品牌、商譽、行銷知識等資產之整合；資訊系統能力則需要將資訊技術資產、生產作業系統、激勵系統、人力資源系統的結合方能發揮。資產本身通常不具有生產力，需要將各種資源投入予以協調與整合，成為具有附加價值的能力。

顧客關係管理所需的資源，除了組織本身所具備的人力、資訊技術、組織流程等內部資產之外，也需要企業與外部關係或策略聯盟相關的資產，以便有效提供顧客客製化的產品與個人化的服務。

顧客關係管理的實施，也許牽涉到新的投資項目，也許是預算分配方式的改變。例如，實施顧客關係管理需要投入資訊技術（如 Data Mining 軟體），或是投入新的業務活動（如客服中心的設置或網站的設立），均屬於新的投資項目。而在舊有的資源分配項目，如產品推廣費用、顧客服務費用、教育訓練費用、各項人事費用等，可能因為顧客關係管理的實施改變其比重。因此，由企業目標、顧客關係管理的目標、顧客關係管理策略項目的擬定，便可分析出經費、設備的需求。

企業均需有一個資源分配或預算的機制，決定將經費運用到何種業務活動上，顧客關係管理的策略會影響到該決策，如果顧客關係管理策略重要性愈高，則整體資源或預算的投入也就越大。

4-4 顧客區隔

NEWS 報 3——特易購

特易購（Tesco）會根據顧客所購買的產品種類，來把顧客區分成不同的客群。總體來說，特易購發現其會員大致可分為 6 個主要的客群，每個客群涵蓋了不同比例的顧客：(1) 精緻飲食：19%；(2) 健康飲食：17%；(3) 傳統：15%；(4) 重方便性：9%；(5) 主流：24%；(6) 對價格敏感：16%。特易購進一步將其顧客細分成多達兩萬種客群，區分的標準不僅是一般性的人口和所在地，還細緻到能顯示該成員是否有嬰兒或寵物、常做飯或不曾下廚等程度。

資料來源：楊如玉譯，民 102

一、市場區隔與顧客區隔

依據 Kolter 的行銷學原理，進行目標市場的定位包含市場區隔、選擇目標市場與市場定位三個步驟（方世榮譯，民 91）。「市場區隔」（Market Segmentation）乃是確認市場區隔的變數並加以剖析，一群擁有共同特性或共同需求的消費者，便形成一個市場區隔，行銷者需選擇可以獲利的對象（例如，進行市場機會分析）作為市場區隔，區隔乃是依據一些變數加以劃分，諸如人口統計變數、心理特性、地理特性，以及對於產品或服務的相關行為等。選擇「目標市場」（Market Targeting）乃是衡量各區隔市場的吸引力，再加以選擇；「市場定位」（Marketing Positioning）則是針對目標市場加以定位並發展行銷組合。例如，賓士汽車的定位是「尊貴」，BMW 汽車的定位是「駕駛操控性」，富豪汽車的定位是「安全」。又例如牙膏產品的定位可能是清爽或是防蛀牙、顧問服務的定位可能是專業的形象、製造業的定位可能是品質等。

區隔變數可能是單一變數或多重變數，其決定的原則必須要滿足有意義及可行兩個條件，所謂「有意義」指的就是按此變數區隔之後，能夠有助於敘述和解釋顧客現在或未來的特定行為，對於後續進行顧客關係活動有所幫助。例如，以旅程目的之洽公或旅遊做為航空公司載客的區隔變數，對於顧客搭機前後的接送、候機室的安排、搭機中的餐飲、資訊服務及座艙的安排有相當大的幫助，可為不同顧客需求提供不同的服務，因此是一個有意義的區隔變數。

其次，所謂「可行」指的就是實務上，有能力按照該區隔變數區隔開來，也就是易於找到顧客區隔，並且區隔之後能夠與企業顧客關係管理的績效指標（如成長率、保留率）相關聯。例如，以顧客旅遊的目的做為區隔變數，可以從問卷調查的問卷題目中得知，便是一個可行的區隔變數。

就顧客關係管理而言，偏向於依據顧客的行為不同而進行顧客區隔，顧客區隔需要考量的變數除了前述的市場區隔變數之外，更重要的是依據顧客購買行為（如購買量、購買金額）以及其成長潛力來做為顧客區隔的變數。顧客區隔的精細程度影響行銷的方法以及成本的投入，顧客關係管理的終極目的之一是要能夠做到個人化行銷，此時可以與個別顧客建立良好的關係，但需投入較大的資源來了解顧客個別需求與制定個人化行銷方案。顧客區隔主要用以界定關鍵顧客與非關鍵顧客，如果關鍵顧客界定錯誤，則投入的資源可能得不到回報，因此如何定義關鍵顧客相當重要。

定義關鍵顧客的理念來自 80 / 20 法則，也就是 20% 的顧客貢獻了企業 80% 的營收。定義關鍵顧客第一個常用的準則是顧客購買金額，購買金額越高者，可能是越關鍵的顧客；再進一步分析顧客的購買頻率，最近購買時機是界定顧客價值的重要指標，這也就是我們常用的 RFM 分析（Recency, Frequency, Monetary）。

其次，除購買金額外，也需考量顧客的荷包佔有率，也就是企業對顧客的重要性，做為選擇關鍵顧客之基礎，當然顧客的規模、產業類別等均可以做為顧客區隔的變數。除了目前的貢獻及特性，未來潛力或成長也是決定關鍵顧客的重要考量，畢竟關鍵顧客要與我們建立的是策略關係，而非交易關係。

KKBOX的策略調適

KKBOX 是當前全球唯一賺錢的網路音樂訂閱平臺，這眞的是標準的臺灣之光。

KKBOX 創立於臺灣盜版滿天飛的時代，一成立就採用「訂閱模式」，該公司總裁李明哲認為，數位內容訂閱方式不外乎三種方式：獨家內容、低價、策展，商家幾乎都用這三種方式吸客，只是配比不同。

KKBOX 打不起價格戰，也沒有銀彈支付高授權金買獨家內容，因此選擇第三條路：在地化策展，在地就是要讓本地消費者很有感。企劃性歌單是展現在地化的重要舞臺，寶可夢風潮時，KKBOX 公布收錄了「忠孝東路走九遍」抓寶歌單，玩家被消遣之餘也大喊：超貼切的！每年雙十一淘寶光棍節，他則推出「單身萬歲」歌單，充分應景。精準的策展與推薦個人歌單，靠的是大量資料分析與行家的配合，由行家賦予專業深度，才能讓大數據發揮效用。

KKBOX 在 2011 年就成立資料科學團隊，更找來樂評人合作，將歌曲重新分類，把曲風和情境擴充到上百種。例如將歌詠愛情的曲子，進一步細分為熱戀、失戀、寂寞、結婚等不同階段，再利用大數據與人工智慧（AI）技術，進行客製化音樂推薦機制。

KKBOX 因為有兩百萬用戶，才能追蹤用戶生活習慣，他們發現用戶手機螢幕變大，網路變快，導致競爭者眾多，促使其觸角伸向影音；又發現訂戶與演唱會購票群族高度重疊，更發展出全新的演唱會票務與籌辦業務。

現在音樂市場分眾嚴重，難再有黃金及闔家觀賞的節目，能打歌到每個角落，人們往往在網路上第一次聽到新曲，聽得到旋律，卻聽不到靈魂，喚不起共鳴。因此 KKBOX 自 2017 年起免費提供網路廣播平臺，讓歌手直接與訂戶互動，更透過旗下網站，報導歌壇最新消息，盼扮演協助翻譯歌曲靈魂的角色。KKBOX 自 2018 年起開始做線下演唱會生意，整合原有票務系統 KKTIX，並率先與高雄市政府合作經營海洋流行音樂中心大鯨魚館。未來，用戶可先從聽歌平臺認識歌手，跟歌手線上互動，在曲演唱會聽真人演唱。

KKBOX 依據數據觀察，過去音樂串流總量是從傍晚起增加，午夜前越晚使用量越高，今年來卻改變了，高峰期變成上下班通勤時間，晚間流量曲線不再大幅拉高，黃金時段大落漆。分析之後發現，因網路頻寬變快、手機螢幕變大，用戶開始從聽歌改成追劇。人們在通勤時間網路慢、時間短，習慣聽歌，晚上在家裡沙發上偏好追劇。因此 KKBOX 策略轉型，推出：整合音樂與戲劇訂閱，於 2016 年中，KKTV 影音串流服務開台，而整合兩大服務的 KKBOX Prime，讓大家付費後，可以看劇與聽音樂，這如同把 Netflix 加上 Spotify 包裹起來的夢幻組合，收費只比純音樂方案的費用多三成。

因應環境變化，KKBOX 服務不斷推陳出新，例如 2019 年 11 月 KKBOX 推出全新串連機制「KK ID」及「KK Points」帶領用戶邁向音樂娛樂體驗的生活圈。2020 年 7 月結合聲音內容與社群互動，KKBOX Podcast 服務上線，同年 8 月，KKBOX 攜手中華電信 5G 推出《HyperLIVE 2020》，邀請 Bii 畢書盡、 Julia、Kimberley、Ching G Squad、韋禮安打造三場 VR 線上演唱會。2021 年 8 月 KKBOX 正式登陸 HomePod mini，成為全臺首家支援 Apple HomePod 的第三方音樂串流服務。2022 年 2 月 2022 KKBOX 潮流新聲首度在 Meta 元宇宙發聲，化身虛擬角色齊聚 Horizon Workrooms 即興創作。

資料來源：一張寶可夢歌單，讓 KKBOX 登全球第一，商業周刊 1610 期 2018.9，pp. 94-97；KKBOX 網站，2022.8.18

KKBOX 的在地策展與影音整合兩大策略各有哪些相對應的執行方案，這些執行方案真的能夠與策略相呼應嗎？

本章習題

一、選擇題

(　　) 1. 對於環境事件或趨勢給予機會或威脅的解釋，是屬於策略制定過程的哪一個步驟？

(A) 環境偵測　(B) 衝擊分析
(C) 擬定因應方案　(D) 以上皆非

(　　) 2. 下列何者不是顧客關係管理策略所重視的議題？

(A) 顧客導向的文化　(B) 顧客區隔的方法
(C) 顧客關係程度的定義　(D) 顧客互動方案的設計

(　　) 3. 下列哪一項不是顧客導向的主要特色？

(A) 融入企業文化　(B) 顧客具有主動權
(C) 將顧客視為資產　(D) 競爭者導向

(　　) 4. 下列何者最能代表顧客關係管理策略的目標？

(A) 總體顧客終身價值最大化
(B) 重要顧客終身價值最大化
(C) 總體行銷費用最大化
(D) 公司品牌權益最大化

(　　) 5. 企業間在資訊方面的互動，雙方只限於訂單及產品規格資訊，此時雙方屬於何種關係程度？

(A) 交易關係　(B) 加值關係
(C) 聯盟關係　(D) 以上皆非

(　　) 6. 下列何者是企業與消費者之間關係的衡量，最不需要考量的因素？

(A) 整體體驗　(B) 背景脈絡
(C) 價值鏈　(D) 生活型態

(　　) 7. 訂閱模式屬於哪一類商業模式？

(A) 電子商務　(B) 全通路模式
(C) 收益模式　(D) 價值定位模式

(　　) 8. 針對知識資產，團隊運作學習屬於下列哪一項資本？

(A) 人力資本　　(B) 結構資本

(C) 顧客資本　　(D) 以上皆非

(　　) 9. 強化顧客關係以增加交易，是屬於顧客關係生命週期哪一個階段的目標？

(A) 獲取　(B) 增強　(C) 維持　(D) 以上皆非

二、問題與討論

1. 顧客關係管理策略的定義為何？內涵為何？
2. 顧客區隔的區隔變數應滿足哪些條件？
3. 顧客關係的程度如何衡量？請分別依據企業間關係、消費者關係、社群關係分別說明之。
4. 顧客關係程度不同，如何影響策略方案及行動方案之擬定？
5. 與顧客關係管理相關的商業模式有哪些？
6. 顧客關係管理的願景、策略目標與行動方案之間如何整合？
7. 與顧客關係管理相關的資源有哪些？
8. 請自選某一家有推行顧客關係管理之企業，描述其顧客關係程度，並說明該關係程度與策略之間的關係。

三、實作習題

【競爭對手管理】

說明：競爭對手管理包含了解競爭者的各項相關資料，據以提出因應策略，此處以競爭對手活動資料為例，內容為：競爭對手將於下個月舉辦促銷活動。

1. 進入「客情維繫管理模組」，選擇「競爭對手」。
2. 在「競爭對手活動資料」中，建立競爭對手活動資料，包含競爭對手、活動主旨、日期、地點、內容等。
3. 請說明行銷人員、業務人員或決策者應該如何因應？

本章摘要

1. 顧客關係管理策略定義爲：「針對某群顧客、設定目標擬定策略方案、分配資源，以建立及維持某種程度的關係，達成顧客終身價值最大化的目標」。顧客關係管理策略就是指公司所擬定的策略（主要是差異化、低成本以及焦點策略）中與顧客最有直接關係的策略。
2. 顧客關係管理策略最主要的內容包含：理念、策略目標、策略選擇、顧客區隔。
3. 顧客關係管理的最終極目標爲顧客終身價值最大化，策略目標設定應依此總目標而展開，包含定性及定量目標，代表性目標爲顧客招攬率、顧客保留率、荷包占有率、滿意度等。
4. CRM 策略偏重於商業模式的選擇以及資訊技術的採用，CRM 相關之商業模式包含電子商務與社群商務模式、加入或創立生態系統、全通路模式、收益模式、價值定位模式等；CRM 資訊系統投入包含 CRM 資訊系統組合、支持商業模式之 IT 接案、社群 CRM 等。
5. 顧客關係管理的策略方案是由目標顧客對象所欲創造的顧客價值（關係程度），以及互動過程、互動介面、資源應用等各種變數的選項組合而成。
6. 顧客關係管理策略欲有效執行，需要分配適當的資源，包含人力資源、資訊技術資源、行銷資源等內部資源，以及與企業夥伴之間的關係資源。
7. 就顧客關係管理而言，偏向於依據顧客不同行爲進行顧客區隔，根據顧客購買行爲（如購買量、購買金額）以及其成長潛力做爲顧客區隔的變數。

參考文獻

1. 宋偉航譯（民 87），智慧資本—資訊時代的企業利益，臺北市：智庫。
2. 李青芬、李雅婷、趙慕芬譯（民 91），組織行爲學，臺北市：華泰文化。
3. 黃盈杉、楊景傳譯（民 93），策略管理，第六版，臺北市：華泰。
4. Adler, R. P. & Christopher, A. J. (1998). Internet Community Primer- Overview & Business Opportunity, [On-line], xx Available: http://www.digiplaces.com/pages/primer00toc.html.
5. Barney, J. (1991), Firm Resources and Sustained Competitive Advantage, Journal of Management, 17:1, pp. 99-120.

6. Berry, L.L., Parasuraman, A., (1991), Marketing Service—Competing through Quality, The Free Press, New York.
7. Blanchard, K. Stoner, J., (2001), Full Steam Ahead : Unleash the Power of Vision in Your Company and Your Life, Jesse Stoner and The Blanchard Family Partnership.
8. Bove, L.L., Johnson, L.W., (2001), "Customer Relationships with Service Personnel: Do We Measure Closeness, Quality or Strength?" Journal of Business Research, 54, pp. 189-197.
9. Day, G.S. (2000), "Managing Market Relationships," Journal of the Academy of Marketing Science, 28:1, pp. 24-30.
10. Jones M.A. et al. (2002), "Why Customer Stay: Measuring the Underlying Dimensions of Services Switching Costs and Managing Their Differential Strategic Outcomes," Journal of Business Research, 55, pp. 441-450.
11. Pine II, B. J., Gilmore, J. H. (1999), The Experience Economy, Havard Business School Press.
12. Rokeach, M.(1973), The Nature of Human Values. New York The Free Press.
13. Wernerfelt, B. (1984). A Resource-Based View of the Firm. Strategic Management Journal, 5(2), pp. 171-180.

NOTE

Chapter 5

顧客互動流程與介面

學習目標

- 了解企業與顧客之間接觸點的媒體型態。
- 了解企業與顧客接觸點的應考量因素。
- 了解各類型顧客互動媒體與互動介面的特性。

前言

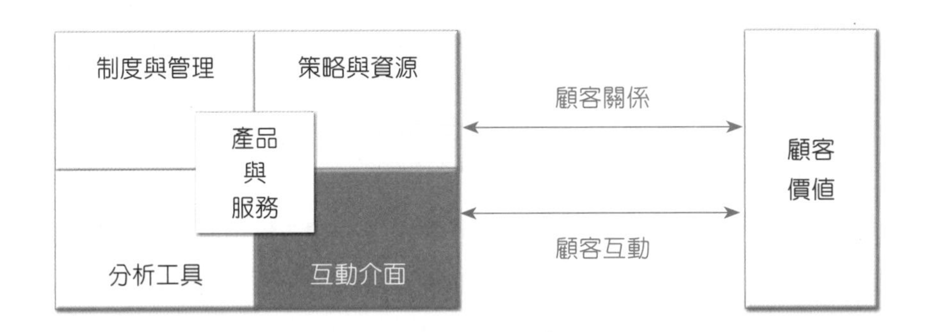

顧客關係描述企業與顧客之間相互的交易、服務、資訊交換等往來關係。易言之，顧客關係是企業與顧客之間一系列的互動關係，因而構成一個循環的流程，在流程進行的過程中，企業與顧客藉由面對面、電話、文件、自動化機器或網路等媒介進行接洽，稱為接觸點（Contact Point）。以交易過程為例，顧客看到電視或平面廣告，有了購買的意圖，然後進入店面，選購商品、結帳取貨之後，離開商店，這是一連串的互動關係，而廣告媒體、店面的門面、店內商品擺設以及櫃檯的結帳及服務人員皆為此交易流程的接觸點。

顧客關係管理的重要目標之一，便是要設計良好的互動流程，在流程之中的每一個接觸點均能夠提供顧客滿意的服務，而使其留下美好的印象。建立良好的顧客關係首要工作，便是要考慮如何建立良好的顧客接觸流程，然後再探討該流程如何為顧客創造價值。

企業觀測站

國內超商排行老二的全家便利商店以連鎖實體店面緊追在統一超商之後。全家便利商店董事長葉榮廷認為，以往超商的經營策略是想開發一個熱銷商品，希望一網打盡讓所有人埋單，但現在的策略，則是要對同一個人賣更多的商品。為了要達到這樣的目標，就必須更了解消費者的消費習性，利用會員或是行動支付工具可以達到這目的。因此，全家的重要策略之一是運用科技連結員工與顧客。在顧客部分，以下是一些做法。

全家採用會員經營，短短兩年七個月就歷經三個階段，首先第一階段是在 2016 年 4 月推出 App，將點數線上虛擬化，八個月會員就增加到一百五十萬，這是「會員 1.0」階段。其次，2017 年 7 月就在 App 上推出商品預售功能，以「咖啡」預售有效綁定社群需求，會員在八個月內急速上升為四百萬人。從 2017 年 7 月至 2018 年 8 月，創造十億元營收，其中現煮咖啡占八成，從營收來看，等於每四杯現煮咖啡，就有一杯是預售咖啡。這是「會員 2.0」階段。

第三階段是「會員 3.0」階段，主要作法是在 2017 年 10 月推出自有線上支付工具，迄今不斷強化點數、線上支付與商品預購功能。2018 年利用雙十一光棍節做測試，深化行動支付，利用手機綁定信用卡，在 App 上操作指紋辨識付款，省去顧客要走到門市並拿出手機結帳的麻煩。而為了瞭解更多非全家消費者或是全家消費者位在全家消費的消費習慣，全家更提出「共生會員」的概念，在符合個資法前提之下，與業者分享消費資料，以做更及時有效的導購。在 2019 年 3 月，將自有線上支付工具 My FamiPay（MFP）綁定國泰世華與台新銀行信用卡，消費者只要打開 App，就能上線預購商品。

目前，全家正在實驗一種虛實整合模式，這個模式舉例如下：實體店店長透過LINE群組銷售店裡沒有賣的商品，通過這個平臺告訴顧客，有個「好康的」，你若揪團就會得到好處。零售業將扮演時代O2O的關鍵角色，全家董事長葉榮廷認為，未來敵人不是小七，是冰箱。未來，當5G讓萬物都能連網，冰箱會知道哪些菜沒有了，自動下單生鮮電商買菜；或是音箱將和開口說話，詢問是否要補充如衛生紙等家用消耗品。

資料來源：瑞幸C2B暖心策略，打到星巴克大裁員，商業周刊1615期2018.10，pp. 88-90；全家新戰略催出爆買消費力，財訊雙周刊2019.1.10，pp. 102-105；全臺六百萬會員，手機裡有一間全家超商，商業周刊1637期2019.3，pp. 90-92；全家會長談零售未來式，店面越亂為何越賺？商業周刊1641期2019.4，pp44-46；從超商到銀行，五位大咖談產業新玩法，商業週刊1687期2020.3，pp. 58-63

提示

全家便利商店以實體零售店作為實體通路，卻運用更多的介面來接觸顧客，達成查詢、訂購、支付等主要業務，包含自助亭、網站、智慧型手機等，未來將要朝向全虛實整合甚至全通路的方向邁進。

5-1 傳播模式

互動介面主要的目的是要提供企業與顧客之間良好的管道，這可視為一個溝通或傳播（Communication）的過程，傳播理論可區分為兩大學派，一為過程學派，一為符號學派（張錦華等譯，民 84），兩個學派都在解釋傳播為何是透過訊息而產生的社會互動過程。過程學派強調傳播是「訊息之輸出與接收」；符號學派則認為傳播是「意義之產製與交換」。

一、過程學派

過程學派視傳播為訊息的傳遞，關注於傳送者和接收者如何進行譯碼和解碼，以及傳遞者如何使用傳播媒介和管道，所探討的議題是傳播效果和正確性。過程學派視傳播為某人影響他人行為或心理的過程，將傳播定義為一種行為。

過程學派的重要起源與典型代表是商楠與韋佛的傳播模式（Shannon & Weaver, 1949）。商楠與韋佛的傳播模式為一個簡單的線性過程，如圖 5-1 所示。傳播過程是由資訊來源開始，來源指的是傳送者決定傳送哪些訊息，並將訊息以譯碼（Encode）轉為文字、聲音或影像等形式。被選取的訊息透過傳輸器（Transmitter）轉化為訊號（Signal），再透過管道傳送到接收器上，由目的地的接收者加以接收及解碼（Decode），也就是解讀該訊息。訊號傳輸過程中，可能遭受到一些雜訊的干擾，而影響被接收的訊號品質。

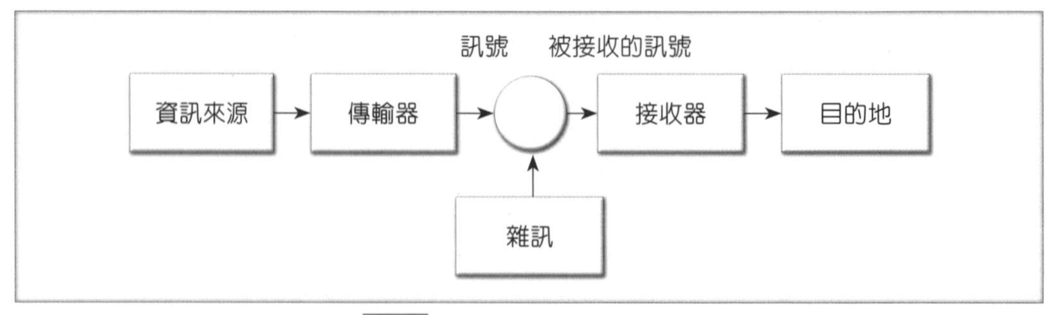

圖 5-1 商楠與韋佛的傳播模式

過程學派強調溝通（傳播）的企圖、溝通過程的效率，以及對接訊者之影響。典型的行銷傳播，便是將產品規格、促銷廣告等訊息（訊號）有效地傳送給顧客，傳送過程中，乃是透過傳輸器或接收器等媒體進行之，並存在一些傳輸效率方面之干擾（雜訊）。

二、符號學派

符號學派視傳播為意義的生產和交換，所關注的議題是訊息以及文本如何與人們互動並產生意義，亦即關注文本的文化角色。符號學派並不認為誤解必然是傳播失敗的證據，因為誤解可能來自傳送者與接收者文化上的差異。

符號學派並不刻意區分譯碼者（Encoder）與解碼者（Decoder）。對符號學派而言，訊息是符號的建構，並透過與接收者的互動而產生意義，強調的重點在於「文本」如何被解讀。解讀是發現意義的過程，當讀者以其文化經驗中的某些面向去理解文本中的符碼和符號時，也包含一些對此文本的既有理解。

易言之，在傳播的過程中，讀者藉由引進其自身經驗、態度和情緒，一起創造出文本的意義，也就是主客體之間對於意義的共同創造，意義是他們共同折衝協調的結果。

符號學派的傳播模式所使用的工具是符號學（Semiotics），依據索緒爾（Ferdinand de Saussure）的定義，符號是由符號具（Signifer，或稱符徵）和符號義（Signified，或稱符旨）所組成。符號具是符號的意象（Image），是具體可見的外在形體（如視覺符號、紙上的記號）、可聽聞的（空氣裡的聲音）、可觸及的、或是可以由感官感知的；符號義則是符號所指涉心理上的概念，符號具和符號義用以指意外在實體或意義（de Saussure, 1974）。因此，Fiske 認為符號學派的傳播模式相當重視意義的研究，每一個有關意義的研究都包含符號、符號指涉（指涉到它本身以外的某事物）、符號的使用者三大要素（張錦華等譯，民 84）。

符碼（Code）是連結符徵和符旨之間通路，也就是符徵和意義之間的規則。例如，一個人若不了解衣服的布料或剪裁和穿衣者之間的符碼是什麼的話，就表示他不懂這些布料或剪裁的意義，更不知道哪些人應該穿這類的衣服；同理，「牛」這個符號和文化之間的關係，就表示他不懂牛的意義，牛對臺灣人而言，可能是「辛勤耕耘」的意義，對美國人或印度人而言，意義就有不同。

就行銷傳播而言，有許多符號傳播的應用，例如針對一幅平面廣告，消費者可能依據本身的社會文化背景不同，而產生不同的解讀，「故事行銷」則是企業企圖以產品背後的故事來打動顧客，這牽涉到產品符號的深層意義。

在企業與顧客之間，其溝通的方式包含訊息傳播的過程，也可能包含共同建立意義。至於企業與顧客之間的溝通如何進行交集，應該由雙方的流程來考量。企業有企業的流程，企業流程中，直接與顧客接觸者，稱為互動流程，例如，銷售流程；顧客或是消費者有其決策過程（如採購的決策過程），兩者的交集稱之為接觸點，各個接觸點可以透過上述的傳播流程或意義的構建來溝通，企業據此設計互動介面。

5-2 顧客接觸點與互動內容

一、企業流程

企業透過一系列的企業功能或企業流程來運作，以便提供產品與服務，在這運作過程中，隨時有可能與顧客接觸或進行互動（尤其在網際網路時代更是如此）。

傳統的顧客關係是以企業為中心，當企業了解顧客的需求之後，便開始進行生產、製造、銷售、配送的工作，典型的顧客交易關係可以用一系列的步驟來表示，以實體產品的交易為例，說明如下：

1. **企業進行顧客需求分析**：企業運用市場調查、深入訪談、焦點團體等方式，了解顧客的需求，包含顧客對產品規格、特殊的需求或偏好，以及需求的時機數量，甚至是購買的方式與管道。
2. **企業進行生產流程的安排並進行生產**：企業了解顧客的需求之後，便規劃產品的生產流程。如果屬於新產品，則需討論新產品的規格，進行研究、開發的活動，再投入生產流程，當產品通過檢驗測試之後，便依據顧客的訂單或事先安排的銷售通路進行出貨。在此階段，顧客與企業之間的互動較少。

3. **企業與顧客的交貨互動**：當產品透過配銷體系出貨，便可能直接到達顧客手中，或是透過經銷商、零售店等管道到達顧客手中。這中間也包含驗貨、付款、開立收據等活動。
4. **顧客的使用與意見回饋**：當顧客驗收產品或取得商品之後開始使用，若發現任何問題，便可向企業反應，典型的問題包含交貨數量短缺、破損、品質不良、使用方式或產品內容有疑義等，甚至對於銷售人員或工程服務人員的服務不滿意等，均可能透過各種不同的方式表達出來，包含顧客抱怨以及善意的建議等。
5. **顧客服務**：產品使用過程中，若有發生故障現象或是週期性的維修，均可透過顧客服務的方式來進行，目前已有許多企業運用客服中心（Call Center）作為顧客服務的管道。

上述的顧客關係過程中，包含許多的企業運作流程，諸如需求調查流程、研究發展流程、生產製造流程、配送流程、銷售流程、顧客服務流程等。

目前關係行銷觀念逐漸轉變，使得企業與顧客之間的關係更為緊密。也就是顧客可以參與企業流程，企業可以更明確了解顧客的需求，而提供適當的產品與服務，顧客可以接受個人化的服務、客製化的產品，更可能產生參與感，而建立更好的友誼關係，或達成本身的成就感。

顧客參與企業流程方式，說明如下：

1. **研發流程**：研發活動在銷售之前便已進行，傳統的作法是當顧客需求輸入企業後，進行研發便成為企業封閉的體系，但目前顧客已經可以透過與企業研發人員對談或運用網路社群等方式，提供更為即時的產品或服務的構想，甚至具體的規格或是測試的方式，使得研發流程更為貼近市場。
2. **生產流程**：生產流程亦於銷售活動之前便已進行，向來生產亦被視為企業獨立的功能，但目前的顧客亦可透過共同生產、共同測試等方式，參與生產過程，同時，為了更能夠掌握交貨的時程，顧客亦可以查詢生產的進度以及零件或成品的庫存，使得企業與顧客的合作更為密切。
3. **交易流程**：交易過程中的關鍵要素便是價格與數量的決定，傳統的方式亦已存在拍賣與喊價的市場機制，目前由於網路技術的進步，使得拍賣與喊價的機制，更不受時空的限制，而且參與人數更多，流程越精密，在這過程中，顧客參與交易的程度也就越高了。

4. **服務流程**：當顧客產生服務需求，企業便進行相關的服務。以往此項服務對顧客而言，是全盤接受的一方，為了讓顧客參與服務，必須教育顧客對產品知識的了解，顧客知識越多，或是企業提供的服務設備越完善，則顧客自助服務的機會也越大，顧客自助服務不但為雙方帶來許多的成本減省與便利性，更可令顧客有自我掌握及工作成就的滿足感。

二、顧客流程與顧客旅程

顧客也依顧客流程而運作，消費者有其購買商品流程、使用商品的流程，甚至日常生活也是廣義的流程。企業顧客亦依據該企業的流程或價值鏈方式運作。

以顧客購買商品的流程而言，綜合主要學者的結論，將該流程區分為引起注意（Attention）、產生興趣（Interest）、激發渴望（Desire）、購買行動（Action）四個階段，也就是所謂的 AIDA 流程。

當然，顧客的流程不僅限於只有採購的決策過程一種，亦有學者提出顧客資源生命週期（Customer Resource Life Cycle, CRLC）的觀念，將企業產品視為顧客的資源，顧客從取得該資源、使用該資源、一直到廢棄該資源，便構成另一個顧客流程（Gonsalves, 1999）。此種 CRLC 的流程無疑地更加廣泛，也讓企業與顧客之間互動機會的掌握，提供更寬廣的思考空間。

顧客旅程（Customer Journey）指的是顧客在購買前、購買中及購買後，或是服務接觸前、中、後，各階段所採取的流程。接觸流程各個階段均可能有特定接觸點（Touchpoints）與顧客接觸。依據 Steinhoff & Zondag（2021），購買前接觸的主要目的是促進購買流程，也針對忠誠度計畫，強化會員的情感承諾及推薦。忠誠度計畫最重要的角色在購前階段，可與會員良好互動。購買中接觸主要的目的是強化購買價值，購買後接觸的主要目的則是購買再確認（Purchase Reassurance）。

三、顧客接觸點

互動介面指的是企業與顧客之間相互接觸的媒體，互動的內容可能包含資料、資訊、知識、符號等內涵；而溝通的介面則包含人員面對面、文件傳送、電話、傳真、網路等，這一類的互動稱為「訊息互動」（Message Interaction）。另一類的互動則是涉及實體的產品、空間設計，或是服務傳遞的過程，此時互動的重點不在訊息而在於實體的轉換，如交貨、維修、購物體驗等，這一類的互動屬於「實體互動」（Physical Interaction）。

互動介面基本上是由企業依據顧客的需求來設計。以顧客導向的互動為例，顧客導向乃是以顧客決策過程為基礎，針對顧客決策過程中的各個步驟考量其需求、行為及背後的動機，提出滿足感超越顧客需求的方案，再將各方案加以綜合考慮，設計為企業與顧客的互動流程。在這個過程中，第一個重要的步驟是了解顧客決策過程的各個步驟如何進行。企業在顧客決策過程中，可能與顧客接觸的媒介，稱為「接觸點」（Contact Point 或 Touchpoints）。依據傳播模式，企業透過接觸點與顧客互動，不同的互動有不同的傳播目的，可能是傳播訊息（過程模式），也可能是共同解釋意義（符號模式）。簡而言之，接觸點代表顧客與公司可能透過不同的通路（包含線上或線下）、不同的設備（包含行動的或固定的），在顧客旅程各個階段的互動。

接觸點有許多種媒介形式，例如，以實體或人員接觸的店面、活動場所、提款機，以平面或電子媒體與顧客接觸的有電話、客服中心、電子郵件、傳真、網站、電視廣告等，也可以透過商標、命名等服務，透過各種媒體與大眾接觸，甚至利用人員銷售、口碑傳遞等方式，均可形成接觸點。我們把接觸點歸為下面幾類：

1. **實體**：指的是產品的設計、包裝設計或是購物或體驗的店面或空間環境。
2. **人員**：指的是透過人員接觸進行行銷、銷售或顧客服務之互動。
3. **文件**：指的是運用書面資料傳播互動訊息，例如手冊、型錄等。
4. **電子媒體**：運用電話、網路等設備進行互動，這些設備中，顧客直接接觸使用的稱之為端點設備，例如電話的市內電話機、智慧型手機，電腦網路的個人電腦、筆記型電腦及平板電腦之鍵盤或觸控螢幕，其他資料讀取設備如攝影機、空拍機等。除了終端設備之外，能夠用機器讀取資料的介面也成為接觸點，例如條碼、QR Code、RFID 標籤。

與顧客接觸時，雙方互動的內容分為訊息、符號及實體三大類。訊息指的是資料、資訊、知識等內容之往來，例如交易互動，其訊息內容為訂單、線上調查，其接觸之訊息為顧客之需求或偏好，顧客查詢型錄，其接觸之訊息內容為產品型錄。符號的接觸指的是產品的外觀設計、企業形象設計或廣告意義等，經由顧客接收之後，所做出的意義解釋。實體互動內容指的是物流的往來或實際的示範或維修之操作，也包含產品本身的刻記及店面實體空間的設計。在每一次的接觸，其接觸內容很可能兼具訊息、符號及實體三大類。

上述接觸點的四大項要素，均為互動介面設計的重要設計變數，也是資訊分析工具及企業流程設計的重要依據。也就是說，由顧客的決策過程或資源生命週期來推導出可能的接觸點，再將各接觸點的對象、方式、時間、內容加以仔細的考量，便可以決定出採用何種（或數種）適當的介面。如果對象是經常上網的顧客，接觸的頻率又高，接觸的內容也相當大，則可採用網站的介面；如果接觸的內容包含許多隱性的知識，則可考慮專業人員的解說。此外，接觸的時間及內容也影響資料處理的能力，例如，接觸的時間不固定，而接觸內容包含許多的預測及推論，則需要考量採用資料採礦工具。相同的道理，接觸的時間、內容均與企業流程有相關，例如，自助服務，代表服務的內容可以數位化或由機器來執行。

總而言之，企業透過接觸點來將企業流程與顧客決策流程來做有效的連結，例如，顧客查詢的互動流程，可分為詢問、回覆、解答等步驟，可以透過電話、網路、面對面等接觸點，與顧客詢問流程的各階段與顧客接觸，如圖 5-2。

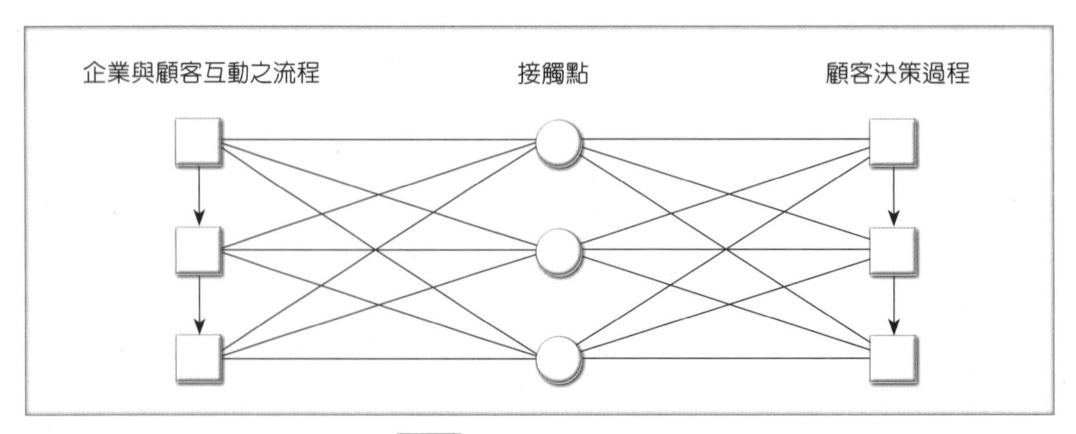

圖 5-2　顧客互動與接觸點

四、互動內容

(一) 訊息內容

顧客互動介面的資訊往來，牽涉到企業本身的資訊提供給顧客，也包含企業由顧客或市場（甚至總體環境）取得資訊，企業的資訊主要包含企業資訊及產品資訊：

1. **企業資訊**：包含公司的理念、形象、願景、目標、研發、生產、配銷等方面能力的資訊，也包含營業額、利潤、市場占有率等企業經營方面的資訊。
2. **產品資訊**：包含產品的規格、價格等型錄資訊，或是庫存量等生產資訊，也包含更進一步提供給顧客的產品建議資訊、促銷等。

而企業從顧客中取得的資訊，主要包含基本資料、交易資訊、興趣偏好、個性、人生觀等資料，或是進一步的顧客滿意調查、顧客行為模式等資訊。

上述的各種訊息內容，依據其價值的高低，可區分為資料、資訊與知識，資料與資訊已於前述章節加以描述，就知識而言，又因為知識本身的特質或是知識傳遞的難易程度不同，使得採用傳播媒體的考量方式亦有不同。

最常見的知識分類是將知識區分為外顯（Explicit）知識與內隱（Tacit）知識兩大類。「內隱知識」是指高度專業內涵、個人化、不容易用文字描述的經驗知識，因此該類知識是難以文件化或標準化的，在知識的溝通上較不容易，需要靠人際互動方能逐漸了解產生共識。「外顯知識」則是能夠以各種具體形式（如文字、圖表、程式等）表達的知識，因此，外顯知識較容易表達、複製與傳遞，傳遞過程中可與人（知識傳播者）分離，有利於運用網路或非面對面媒體來處理。

訊息內容特質不一，其傳遞過程也就有了差異，這意味著不同的訊息內容，應有較為有效的傳播媒介。

顧客互動訊息內容的資料、資訊、知識三個層次的例子以及 CRM 系統中所扮演之角色如表 5-1 所示：

表 5-1 顧客互動的訊息內容

訊息層次	例子	CRM 的角色
資料	顧客資料（基本資料、交易資料等）	顧客資料蒐集
資訊	公司簡介、產品資訊、庫存資訊	資訊查詢、產品建議
知識	顧客行為及需求預測等專業知識	資料採礦、學習關係

(二) 符號

依據第一節的定義，符號是由符號具（符徵）和符號義（符旨）所組成。符號具是符號的意象，符號義則是符號所指的外在實體或意義（de Saussure, 1974）。訊息也是一種符號，企業所傳達出來的訊息，包含產品規格、公司形象等，均可以讓顧客依據本身感官的感知，進行意義上的解釋，解釋的過程中，會受到個人先備的知識、生活背景、價值觀、文化素養等的影響，不同的顧客，對於相同的訊息，可能產生了不同的解釋。

除了訊息之外，企業還有許多的符號傳播給顧客，例如，企業形象識別符號、空間的裝潢擺設、氣氛的營造、廣告、文宣等，均可以提供給顧客不同的感受，也就產生不同的體驗。

(三) 實體互動

顧客互動內容除了資料、資訊、知識等訊息內容符號之外，也包含實體的互動，也就是電子商務領域所說的物流，在顧客互動的接觸點中，可能的實體互動內容舉例如下：

1. 顧客訂貨之後的交貨動作。
2. 交貨或促銷過程中的贈品或試用品。
3. 顧客付款。
4. 產品的維修活動，包含後送或現場維修。
5. 產品報廢的回收。
6. 面對面的服務所表現的服務態度、禮節等。

一般而言，每一個流程有多項的接觸點，而各個接觸點可能是訊息（含符號）互動、實體互動或二者之組合，設計互動方案時，應考慮上述的各種狀況。

其次，實體的互動也包含產品設計、包裝設計，甚至購物空間的設計，都是實體透過消費者感官所產生的互動。運用建築物、辦公室、工廠空間、零售與公共空間、商品攤位等，都可能提供消費或體驗的環境。一般而言，視覺感官幾乎佔了百分之七十的感覺，其餘聽覺、觸覺、味覺等均可產生感覺，進而產生愉悅、不愉悅等情感的感受，而影響消費者的行為。

5-3 媒體與互動介面

前節敘述媒體的特性，在實務運用上通常將媒體納入資訊系統或是互動流程的介面，本節從傳播媒體及通路介面的角度來談媒體與互動介面。

一、傳播媒體

(一) 訊息內容

透過傳播媒體可以將訊息由甲方傳至乙方，也可以共同解釋或建構意義，以媒體的形式來說，包含數據、聲音、影像、動畫等。傳播媒介可以一次傳播一種或多種形式的媒體，以面對面的交談而言，能傳播聲音以及肢體語言，最傳統的電話只能傳播聲音，而目前的網路技術，可以同時傳播各種形式的媒體，稱為「多媒體」。

影響傳播媒介績效的兩大指標稱為「資訊量」（Amount）與「豐富性」（Richness）。資訊量指的是單位時間內能夠傳播媒體內容的數量，所需資訊量的多寡乃是依據接收方的資訊不確定性程度而定。不確定性指的是完成某項任務所需的資訊與目前所擁有的資訊之間的落差（Galbraith, 1977），其差距越大，代表完成該項任務欠缺的資訊量越大，則任務的難度也相對較大，此時稱為「高度不確定性」，需要大量的資訊支援。例如，行銷人員欲完成定價之決策（任務），可能需要產品成本、市場需求量、競爭者相對價格，以及公司的產品品質及獲利目標等資訊，若這些訊息不具備，我們稱之為高度不確定性。最基本的資訊內容單位是位元（Bit），因此傳播資訊量的單位可以用位元或傳輸速度，即每秒位元（bps）來表示，如果資訊量或傳速度達到 1.544Mbps 以上，可稱之為寬頻網路，就資訊量的傳播能力而言，電腦網路較之人員或文件傳播的能力要高出許多，成本也低，是非常有效率的媒體，然而我們亦不能忽略，真正接收者是人，除了數量（資訊量）之外，訊息傳出後，能否馬上被接收、理解，也是重要的課題。

有關訊息如何被解釋的議題可以用豐富性來加以說明，豐富性的媒體主要的目的是為了克服訊息的模糊度。所謂「訊息模糊度」指的是針對該項訊息，可能做出不同或相互衝突解釋的程度，程度越高，則模糊度越大。對於要將某種環境事件做成不同的機會或威脅的解釋，通常有相當的模糊度。以鞋業為例，行銷人員至非洲調查的訊息是「非洲某些地區的人不穿鞋」，這是確定的訊息，其模糊度不高，但是這一句話，對我們是個機會，則見仁見智，有些人認為是拓展市場的好機會，有些人則認為既不穿鞋，何有市場？因此對機會的解釋具有相當程度的模糊度。平日我們對談的訊息，也有些模糊度，若說某甲有 180 公分高，該訊息幾乎沒有模糊度，但若說，某甲長得很帥，則有不少人不一定贊同，因此模糊度較高。

訊息可視為一種符號，產品外觀造型、品牌形象、廣告或其他影像，以及商標與識別系統也都是符號，這些符號均可以讓顧客建構或解釋其意義，因此也可以用模糊度的觀點來看待符號。

要克服訊息模糊度的問題，可以塑造一個討論的空間，讓大家可以針對該訊息做充分的討論，以便得到更好的共識。所謂具有討論功能的媒體，指的是豐富性較高的媒體，更具體而言，媒體豐富性的定義是具有立即回饋（Immediate Feedback）能力以及多重提示或暗示（Multiple Cues）能力的媒體。以面對面的溝通而言，雙方的溝通可以隨時互動，而且可以根據對方的反應給予各種提示，讓對方更能了解其意義，因此面對面媒體的豐富性相當的高。反之，以書信往來或郵寄 DM 給顧客的文件媒體，其豐富性相對便低得多了。網際網路媒體若經過良好的設計，不但能傳播大量資訊，其豐富性也相當高。

不同資訊的不確定性以及模糊度的需求，所需的媒體處理的能力也不同。就顧客關係的課題來講，與顧客之間進行不同的互動，其間有關訊息往來的部分，便存在不確定性及模糊度的需求，訊息的內容種類可能包含著資料、資訊或知識，這些訊息透過顧客互動相互傳遞。例如，採購建議系統，是企業（或企業的業務員）向顧客傳遞產品規格、選購要領等知識，或是產品價格之資訊。而顧客需求分析，則是由企業蒐集顧客的交易行為、偏好等訊息，可以視為顧客知識傳遞至企業。

(二) 互動媒體

各項互動依據訊息的不確定性、模糊度以及傳遞的對象之特質，可以採用不同的互動介面媒體，各項媒體的特性及考量要素說明如下：

1. **面對面**：主要是透過人員解說或是面對面的會議、討論等方式進行溝通，此種情況之下，具有快速的回饋，因此豐富性相當高。但面對面解說或討論，通常只能表達有限的訊息，所以能夠處理的資訊量相當有限，面對面的媒體溝通的效能也受限於溝通雙方的溝通技能以及專業知識的充分程度，此亦爲運用面對面做爲溝通媒介應考慮的事項。
2. **文件**：企業與顧客之間也可能利用文件傳遞公司訊息、產品規格（型錄）、DM等資料，這些文件無法獲得立即的回饋，因此文件的媒體豐富性偏低，至於資訊量則頗有彈性，能夠依內容來調整。目錄、小冊子、新聞稿、年報等均屬之。
3. **電子媒體**：主要包含電話與網路。使用電話做爲溝通媒介通常是透過客服中心來進行，可以克服溝通雙方距離的障礙，而且溝通時也具有快速回饋的特性，但是其多重提示的能力就受到影響，因此媒體豐富性稍減，能夠處理的資訊量亦有限。電話媒體亦受到雙方溝通技巧尤其語音表達以及專業知識的影響，目前客服中心已經逐漸專業化，配合與電腦資料庫之整合，使得客服人員能夠更快速而且專業地進行溝通。網路媒體可包含網際網路所提供的各項服務，諸如全球資訊網（WWW）、電子郵件（E-mail）等，以WWW爲技術主體的網站而言，其網頁功能如留言版、聊天室、搜尋引擎、購物車或是常見答問集（Frequently Asked Questions, FAQ）等，均可與顧客互動。E-mail則可傳輸訊息並帶來各種內容形式的檔案。透過良好的設計，網路具有能夠兼顧媒體豐富性及處理大量資訊的能力，以豐富性而言，網路可以提供互動性，給予查詢者立即的回饋，就資訊量而言，網路不但可以傳遞大量的多媒體內容，而且透過良好的介面設計，使得顧客的瀏覽更爲便利。

NEWS 報 1——新光三越

2018 年「今周刊」舉辦的「商務人士理想品牌大賽」特別增加了「百貨/outlet」類別，奪冠的正是近年來在實體空間布局不遺餘力的新光三越。

新光三越面向多元消費者，將品牌定位為「體驗美好生活的平臺」，希望各式各樣的人來到這裡，都可以實現理想生活的想像。因此行銷主軸也從過去百貨業的「促銷」思維，變成提醒消費者，百貨公司已經不一樣了，這裡不只購物，也提供新奇的體驗與感受，即使來悠閒逛一下，也能擁有美好的時光。因此做出三大行銷策略：

1. 空間設計創意：特別重視氛圍的營造。
2. 賣場配置邏輯：打破傳統的框架，例如將運動品牌搬到一樓。
3. 驚喜打卡活動：新光三越對於耶誕節布置與行銷要求是必須出現在每個人的 IG，新光三越打卡點的裝置都一定要具備「創新、有話題、對到網路世代的胃口」等三項特質。

資料來源：施展空間魔法，驚喜行銷要攻佔每個人的 IG，今周刊 2018.12.31，pp. 142-143

(三) 媒體整合

行銷傳播可能包含促銷及通路等行銷組合，運用傳播的方式與顧客溝通，以促銷為例，需要以人員與非人員銷售的方式來達成促銷目標。人員銷售是透過與人的接觸以及相互影響過程進行銷售，因此人便是主要的媒界；非人員銷售包括廣告、促銷方案、直效行銷、公共關係等方式，皆不需與顧客面對面接觸。以廣告為例，其媒體可能包含電視、網路、平面雜誌等媒體，各有其廣告效果與價格之考量；再以直銷為例，其媒體可能包含直接郵件、型錄、電話行銷、購物頻道等。

整合行銷傳播（Integrated Marketing Communication）是指公司運用結合傳播目標與企業目標來增進報酬的過程（戴至中、袁世珮譯，民 93），此種定義是從策略面的角度，強調企業目標的達成，需要整合所有傳播要素，而該傳播要素便包含各種傳播媒體。

若從行銷的角度來說，整合行銷傳播是協調所有行銷活動（包括：媒體廣告、郵件、人員銷售、促銷、公共關係與贊助等）以產生一致且具顧客導向的促銷訊息。其主要特色包含（林正智、方世榮編譯，民 98）：

1. 以顧客為核心，由顧客的需要與需求為出發點。
2. 銷售溝通擴大到涵蓋消費者與組織溝通的所有方式，不將促銷組合的各部分區隔來看。
3. 不僅只是發送訊息給目標群體，還需要蒐集目標群體的回應。

由上述可以得知，整合行銷傳播相當重視各種傳播媒體的整合與使用。

由體驗媒介的內容可以得知，顧客體驗過程包含許多有關符號的顧客互動，不論是廣告文集、產品外觀設計、空間環境設計、虛擬體驗等，均給予顧客許多創造意義的機會，對顧客的影響層面也相當深入。

有關行銷或體驗的媒介也可以透過展現（Presence）方式進行，展現是企業提供給顧客相關體驗的機會。McKenna 主張企業應該建立恆常展現（Persistent Presence），讓消費者隨時隨地都能夠從這個企業得到一貫而又可靠的經驗（黃秀媛譯，民 92）。展現包含具體的展場、店面、銷售點等，也包含分具體的資訊傳播、合作關係等。McKenna 將恆常展示的方式區分為：數位網路、實體展現（通路與地點）、內嵌式的展現（如 Intel 的晶片、微軟的軟體等，均嵌入於電腦相關設備中）、服務展現等。因此我們可以透過實體、嵌入、服務等展示方式，運用網路、空間設計、電子媒體、平面媒體等方式，來設計恆常展現。

NEWS 報 2——第一生命

第一生命是日本第三大壽險業者，它突破傳統做法，打出「拓展接點」，和壽險業以外有關的公司、地方自治的政府（辦健康講座，開發新顧客）等合作。

第一生命也和藥局合作，讓藥局成為當地居民健檢的據點。這不只是增加銷售據點，更是為了整合手機 App，未來以數據打開新商機。利用第一生命的手機 App 拍攝自己的健診結果，即可確認健康狀態，並判定未來罹患癌症、腦中風、心肌梗塞的疾病的風險。在整合日本調劑（藥局）手機 App 的功能，可以瀏覽自己的醫院處方簽紀錄與服藥狀況，等於一個手機 App，就能確認自己的健康狀態和服藥狀況，更全方位的管理自己的健康。

未來只要分析兩個 App 的大數據，可能可以開發出前所未有的保險商品。例如由服藥狀況和疾病風險的關係，設定醫療險的保障內容和保費，成為客製化的保險商品。

資料來源：賣保險，先當你的健康管家，商業周刊 1612 期 2018.10，pp. 74-76

二、通路介面

(一) 通路介面的一致性

企業透過中間媒介與顧客接觸，使得顧客關係更為複雜，除了最終消費者的接觸介面之外，也納入了一個或多個企業與企業（B2B）之間的關係，在此種介面關係之下，有兩個重要的議題需要加以考量：

1. **權力**：通路成員之間的權力關係影響通路的成效，甚至消費者的權力也包含在內，尤其網路技術引進之後，成員的權力便受到衝擊而改變。以消費者而言，其權力包含選擇廠商或產品的權力、選擇通路的權力，以及決定價格或議價的權力等。以零售商或批發商而言，其傳統的權力可能來自地理位置，但網路的興起，則逐漸打破此項限制。
2. **信任**：配銷通路可能包含數個或數種不同的成員，成員之間的合作無間，使得顧客介面能順利達成，合作的方式除了有良好的網路技術來傳達資訊之外，成員的合作基礎理念也相當的重要，包含有共同的目標、相互討論的意願，以及交換敏感資訊的可能性等，這便是成員之間的信任議題。

因此，企業與顧客之間的關係，由於通路成員的加入，而變得複雜，除了前一節敘述的溝通媒體的效能之外，還要考慮通路長度的決定、通路成員的選擇、以及通路成員之間的權力以及相互信任的問題，這對於顧客介面的設計，無疑又是一次重大的挑戰。

既然企業與顧客之間，有不同的媒體或不同的中間媒介，加上網路技術的發達，顧客可能同時由不同的介面與顧客接觸，因此，設計一致性的介面是一個重要的課題。所謂「介面的一致性」，指的便是由不同的介面與顧客接觸時，所提供給顧客的訊息或產品內容需有一致性。例如，顧客同時由店面及網路申請加入會員，或購買商品，則在店面及網路呈現出來的資訊需要一致性，不要讓顧客重複填寫相當的資料，或是資料不能共享，而造成顧客之不便。即使公司的訊息產品的品質、或品牌形象，也儘量在不同的介面給予顧客一致的感受。Kalakota & Robinson（2001）稱這種一致的通路關係為通路無關之解決方案（Channel Independent Solution）。

為了達到介面的一致性與介面的效能，整個顧客介面需要一個整體性的規劃與設計，其思考的方式是在不同的介面或不同的媒體之下，以最有效的方式，來傳遞實體及訊息給顧客，也就是說不同的介面、媒體，應該傳遞哪些項目的訊息及媒體，其傳遞的數量及頻率為何？傳遞的對象為哪些顧客群？均為重要的考量因素，欲達成此要求，則通路的成員選擇、通路的成員關係，以及整合性的資料庫為必要的條件，此為通路整合的重要議題。

(二) 全通路整合

通路由傳統的實體通路演進到電子化通路（E-Channel），電子化通路為網際網路設施的一種，例如行動設備，消費者能夠運用這些設備跟線上零售商互動及購買商品。

簡而言之，企業可以運用多元通路（Multi-Channel）與顧客溝通，如果各個通路之間能夠做到協調及整合，則構成通路整合（Channel Integration）。欲達成通路整合，需要針對行銷傳播的目標及流程進行規劃與設計，才能讓顧客獲得通路上的便利。線上線下通路整合（Online-Offline Channel Integration, OOCI）指的是能夠讓顧客在顧客旅程各階段，能夠自由地在線上與實體進行接觸點的流程設計。

線上線下通路整合若能達到顧客體驗及通路績效的最大化，稱為全通路策略（Omnichannel Strategy），全通路策略為針對多種可用的通路及接觸點的整合管理及綜效，使得跨通路的顧客體驗及通路績效最大化（Verhoef, Kannan, & Jeffrey Inman, 2015）。全通路針對所有通路有更廣的觀點，故可以無縫地在不同通路之間轉換，產品與服務供應商可以完全觀察所有通路並方便地與之互動（Verhoef, Kannan, & Inman, 2015），全通路零售（Omnichannel Retailing）是典型的全通路模式之一。

NEWS 報 3——遠東SOGO

2020 年，遠東 SOGO 靠加速「數位化」及「OMO（Online Merge Offline）虛實整合」策略穩住業績，順勢延伸虛擬電商平臺，業績逆勢成長。2021 年在疫情三級警戒封城下，遠東 SOGO 再升級 OMO 及得來速等更多便利服務。遠東 SOGO 自營的電商平臺 istore 上已經網羅了全臺遠東 SOGO 分店的專櫃商品，用多品牌、多品項的多元選擇吸引消費者目光，對於想要一次購足的人來說更為便利；同時也降低滿額促銷的門檻，例如滿 3,000 元再折 200 元的累贈活動。此外，每週 2 ～ 4 次的 FB 直播，透過直播導購，讓專櫃人員從櫃上「挑貨」，再推薦給粉絲，中間還搭配限時限量加贈、直播獨家價等驚喜，往往秒殺完購。遠東 SOGO 讓會員電子報和紙本 DM 進化成「通信販售」版本，顧客只要掃描上面附的 QR Code 或點選商品旁的「點我購買」按鈕，就能直接被引導到「SOGO istore 線上購」的商品頁面，快速完成購買。遠東 SOGO 將過往專櫃上的實體諮詢介紹與導購流程轉至線上，例用 LINE、FB 直播等社群媒體來接觸消費者，詳細解說商品特色及功能，在專櫃上享有的貼心服務一樣不打折，強化熟客黏著度。而顧客下單後能直接送貨到府或是指定其他地點，全程從選購、結帳、送貨都零接觸，更加安心。

資料來源：OMO 進攻心體驗 4 箭齊發顧客攬牢牢，能力雜誌，No.785，2021.6

NEWS 報 4——樂高

樂高（LEGO），運用行動裝置、AR 技術，補足傳統玩具之缺口。樂高運用資通訊產品與實體積木連結，打造出跨越虛實界線的積木娛樂。例如 LEGO BOOST 讓玩家透過 App 編寫程式操控樂高玩具、LEGO AR Studio 運用 AR 技術讓樂高動起來，透過應用程式與積木連結，讓積木變成一個互動性的產品，甚至建立卡關與積分機制，透過孩童的求生意志，提升孩童玩積木的次數。代表性的服務包含 LEGO BOOST、LEGO Life of George、LEGO Fusion 及 LEGO AR Studio。

資料來源：詹文男等合著（民 109），數位轉型力：最完整的企業數位化策略 *50 間成功企業案例解析，初版，臺北市：商周出版：家庭傳媒城邦分公司發行

顧客焦點

3M臺灣分公司善用通路與介面

3M 臺灣分公司是 3M 表現優異的單位之一，美商 3M 臺灣子公司總經理趙台生表示，在工業產品上，跟主要客戶發展比較深層的接觸、合作，共同去開發市場。其願景是要成爲最創新的公司，以及客戶最喜愛的供應商（The Most Preferred Supplier）。最重要的價值就是不妥協的誠實和誠信，即使生意上能夠讓 3M 賺大錢，但如果需要欺騙，這個生意千萬不能做。

3M 的創新是商業上很好的案例，他們會有一個適當的創新指標。例如以臺灣來說，3M 臺灣百分之 30 的營業額，要來自過去四年所研發的主要新產品。甚至於，第一年主要的新產品就要佔百分之十營業額。運用這樣的創新指標做爲開發新產品的指針。當然通路及行銷也是他們注重的議題。

就企業客戶而言，在臺灣成立一個主要客戶團隊，例如針對廣達，3M 有個團隊專門服務它。面對客戶，他們就是一個聲音；回過頭來對 3M 內部，由自己內部解決。再如營建業，新房子會需要 3M 的產品，舊房子在維護保養上，也可以利用 3M 的東西。所以這個市場是永遠不會停止的。3M 過去有很多事業部都賣產品給營建業，但每個部分都是一點點，在客戶那邊不是一個主角，人家根本不會理你。當你把所有東西全部收集在一起，對營建業來說就比較有影響力，人家才會注意你。3M 內部就是需要把所有東西組織在一起，針對營建產業的市場做一個整合。

其次，在通路的選擇上，3M 也有其一套做法。在農業社會時期，臺灣人習慣在住家附近的柑仔店、五金行購買民生用品，3M 進入臺灣市場之初，銷售百利菜瓜布這項民生用品採用的策略也相當「本土」。「最早菜瓜布的通路是大同磁器，菜瓜布是拿來塞碗的，避免磁器打破。」漸漸地隨著軍公教等聯社商店興起，3M 順勢進入這些新興通路。

3M 臺灣業務在萬客隆來臺的第一時間洽談產品合作，爲後來的銷售奠定很好的基礎。在合作中，3M 臺灣也摸索出在賣場內的「體驗行銷」及開設「店中店」的模式，例如 2001 年 6 月推出的博視燈，透過在賣場讓消費者現場體驗，增加購買意願，「體驗過實際的產品，高達九成的民眾有購買意願」。2006 年上市的淨水器則透過「店中店」的銷售模式，在賣場派駐專門銷售淨水器的專賣人員，上市的第一年便成爲通路的產品明星。

百貨公司設立專櫃銷售產品也是一種模式，3M 臺灣推出的新絲舒眠被系列，銷售的產品是棉被、枕頭等居家用品，藉由百貨通路讓消費者在逛街時，就能夠親自觸摸及感受它的質地，刺激購買欲。

二十世紀網路崛起，網路購物成爲民眾最喜愛的購物平臺之一，看好網路商機，3M 臺灣於 2004 年成立「3M 創意生活專賣店」（3M Innovation House），讓消費者不受限於時間、空間，在任何地方，只要能連上網路，就可購物。

3M 臺灣分公司也成立 3M 客服中心，針對消費者，解答特定消費性產品與應用領域的疑問；針對企業客戶，也可依據市場類型、產品分類提出詢問，由 3M 業務同仁或技術人員將盡快回應需求。

在智慧型手機的介面上，3M 也提供多款的 App，均可於 App Store 中下載，例如 Mac 的 Post-it®，以及 iPad 與 iPhone 多款有關醫藥、組裝工具、商業等 App。

資料來源：彭芃萱著，民 99；沒變成新臺幣，就不叫創新，EMBA 世界經理文摘 288 期，2010.8；3M 臺灣客服中心網站，2022.8.18；蘋果公司網站，2022.8.18

3M 通路以及使用者介面有哪些？這些多重接觸點是否能讓企業與顧客互動效果達到最佳？

本章習題

一、選擇題

(　　) 1. 從媒介的分類而言，下列哪一項敘述有誤？

(A) 表情是屬於現場媒介　(B) 攝影是現場媒介

(C) 機械媒介可以傳播表情　(D) 機械媒介可以傳遞攝影作品

(　　) 2. 下列哪一項敘述不是傳播學派中過程學派的特色？

(A) 著重傳送者如何進行編碼　(B) 著重接收者如何進行解碼

(C) 著重傳送者如何使用管道　(D) 著重意義的生產與交換

(　　) 3. 顧客在採購過程中，對商品做評估與比較，此時顧客位於購買流程的哪一個階段？

(A) 引起注意　(B) 產生興趣

(C) 激發渴望　(D) 購買行動

(　　) 4. 下列哪一項不是屬於訊息互動？

(A) 面對面討論規格　(B) 電話傳送訂單

(C) 傳真　(D) 交貨

(　　) 5. 下列哪一項不是規劃接觸點所需考量的因素？

(A) 接觸對象　(B) 接觸方式

(C) 接觸時間　(D) 以上皆是

(　　) 6. 下列有關資訊媒體的敘述何者有誤？

(A) 不確定性越高需要傳播大量的資訊

(B) 不確定性越高需要豐富性的媒體

(C) 具有立即回饋能力之媒體其豐富性較高

(D) 網際網路是相對能夠傳播大量資訊之媒體

(　　) 7. 某項資訊為：明年此時的降雨機率高。下列有關該資訊的敘述，何者正確？

(A) 不確定性高　(B) 模糊度高

(C) 需要豐富性較高之媒體傳播　(D) 以上皆非

(　　) 8. 下列有哪一項不是整合行銷傳播的特色？
(A) 以顧客為核心，由顧客需求出發　(B) 採用所有可能的溝通方式
(C) 強調目標群體的回應　(D) 以上皆非

(　　) 9. 下列有哪一項不是消費者權力的內容？
(A) 決定價格的權力　(B) 選擇產品的權力
(C) 選擇通路的權力　(D) 以上皆非

二、問題與討論

1. 過程學派與符號學派的傳播模式有何不同？
2. 何謂接觸點？接觸點的四大要素為何？
3. 何謂符號？企業可能有哪些符號可以傳播給顧客？
4. 何謂訊息模糊度？何謂媒體豐富性？兩者有何關係？
5. 請從資訊內容型態以及訊息量及模糊度的觀點，討論 FAQ 利用網站來做為互動介面是否適當？
6. 何謂全通路策略？
7. 請討論線上型錄應該具備有哪些條件才叫做「好的線上型錄」？並請舉例說明之。

三、實作習題

【訊息管理】

說明： 撰寫一則本公司即將舉辦特惠活動，而需通知客戶之訊息。通知相關客戶。

1. 活動通知：進入「訊息平台管理模組」，選擇「電郵快遞」及「郵寄名單」統整郵寄名單。發送 email 給客戶。
2. 簡訊發送：藉由「潛在客戶管理模組」，運用「潛客管理」的「聯絡人快速查詢」作業查詢「當月壽星客戶名單」，再運用「訊息平台管理模組」的「簡訊管理」、「簡訊名單管理」 整成簡訊名單。針對這些客戶名單寄送電子生日賀卡。
3. 電郵上傳：將業務與往來的 Mail 留存於 CRM 系統。開啟「Microsoft Outlook」程式並登入「CRM Outlook 整合套件」，選取郵件。運用「訊息平台管理模組」的「郵件管理」、「上傳郵件」完成郵件上傳動作。

本章摘要

1. 互動介面主要的目的是要提供企業與顧客之間良好的管道，這可視為一個傳播（Communication）的過程，傳播理論可區分為兩大學派，一為過程（Process）學派，一為符號學派。過程學派強調傳播是「訊息之輸出與接收」，符號學派則認為傳播是「意義之產製與交換」。企業與顧客間的傳播或溝通過程，可能包含兩者。
2. 顧客互動來自於企業對於互動流程的設計，企業流程設計有兩種不同的取向，企業導向指的是依顧客需求來設計流程，再找出與顧客互動的接觸點；顧客導向則是依據顧客行為或決策過程，找出接觸點，再設計流程與顧客進行互動。
3. 顧客旅程指的是顧客在購買前、購買中及購買後，或是服務接觸前、中、後，各階段所採取的流程。接觸流程各個階段均可能有特定接觸點與顧客接觸。
4. 接觸點分為實體、人員、文件、電子媒體等四類。與顧客接觸時，雙方互動的內容分為訊息、符號及實體三大類。
5. 訊息的互動指的是企業與顧客之間的資料、資訊、知識之往來；符號的互動指的是運用意象（Image）等方式提供顧客做意義的解釋；實體的互動則包含產品、贈品、回收、維修服務等實體的接觸，接觸點的互動往往是訊息與實體的組合。
6. 接觸點的接觸方式是透過媒體與顧客進行各種形式之互動，接觸媒體包含面對面、電話、網路、郵件、傳真等，接觸的形式則包含接觸的時間、頻率等。
7. 接觸點設計可以從資訊系統介面、體驗媒介、行銷傳播媒體、通路介面等角度來考量，包含媒體成本效益的評估、多重媒介的設計等。
8. 線上線下通路整合若能達到顧客體驗及通路績效的最大化，稱為全通路策略，全通路策略為針對多種可用的通路及接觸點的整合管理及綜效，使得跨通路的顧客體驗及通路績效最大化。

參考文獻

1. 張錦華等譯（民 84），傳播符號學理論，遠流。
2. 彭芃萱著（民 99），你不知道的 3M：透視永遠能把創意變黃金的企業傳奇，初版，臺北市：城邦文化發行。
3. 黃秀媛譯（民 92），完全通路行銷，第一版，臺北市：天下遠見。
4. 黃碧珍譯（民 94），卻斯特・道森著，LEXUS 傳奇：車壇最令人驚艷的成功，第一版，臺北市：天下雜誌。
5. 戴至中、袁世珮譯（民 93），IMC 整合行銷傳播：創造行銷價值、評估投資報酬的五大關鍵步驟，初版，臺北市：麥格羅希爾。
6. De Saussure, F., (1974), Course in General Linguistics, 1st ed., London: Fontana.
7. Galbraith, J. (1977), Organization Design, Addison-Wesley.
8. Gonsalves, G.C., et al., (1999), " A Customer Resource Life Cycle Interpretation of the Impact of the World Wide Web on Competitiveness: Expectations and Achievements," International Journal of Electronic Commerce, 4:1, pp. 103-120.
9. Kalakota, R., Robinson, M., (2001), e-Busrness : Roadmap for Success , 2nd Ed, Addison Wesley.
10. Schmitt, B.H. (1999), Experiential Marketing : How to Get Customer's to Sense, Feel, Think, Act, and Relate to Your Company and Brand, The Free Press.
11. Shannon, C and Weaver, W., (1949), The Mathematical Theory of Communication, Illinois: University of Illinois Press.
12. Steinhoff, L. and Zondag, M.M., (2021), Loyalty programs as travel companions: Complementary service features across customer journey stages, Journal of Business Research, 129, pp. 70-82
13. Verhoef, P. C., Kannan, P. K., & Jeffrey Inman, J. (2015). From multi-channel retailing to omni-channel retailing: Introduction to the special issue on multi-channel retailing. Journal of Retailing, 91(2), pp. 174–181.

NOTE

Chapter 6

顧客資料分析工具

學習目標

- 了解顧客關係管理軟體之特性與功能。
- 了解網際網路技術如何應用於顧客關係管理。
- 了解資料倉儲、資料採礦等工具如何支援顧客互動之進行。

前言

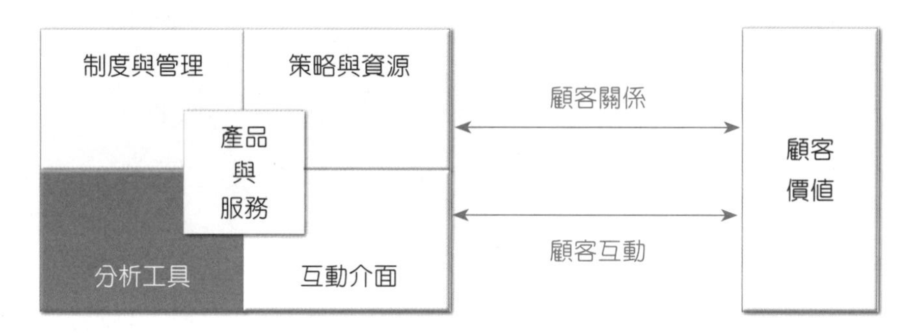

顧客互動的過程中，牽涉到大量資料的處理及傳遞。從顧客的角度來說，顧客查詢企業的產品型錄或查詢產品庫存，其中產品的規格、型錄或庫存等均為資料或資訊。查詢的過程包含搜尋或摘錄等動作稱為「資料處理」，資料或資訊存在於資料庫中，而資料處理乃是由應用程式來負責，資料傳輸則是由網路來負責之。同理，從企業的角度言之，企業需要顧客的交易頻率、金額等資訊，或是更進一步的需求偏好等資訊，以做為客製化服務或互動之依據，其資料之儲存稱為顧客資料庫或顧客知識庫，資料處理也透過統計分析、線上分析處理或是資料採礦等方式進行。

顧客與企業之間的互動越頻繁，個人化的程度越高，則所需儲存處理及傳輸的資料量就越大，也就是在固定筆數的資料記錄（即顧客人數）之下，記錄產品或顧客的資料越詳細，代表資料庫的欄位越多，或是各欄位的內容越多，資料量當然也就越大。這麼龐大的資料量，有賴先進的資訊科技來協助。資訊科技包含共通的技術平臺及各有應用目的的應用系統，技術平臺包含硬體、網路、作業系統等負責基本運算及傳輸的元件，並非本文所討論的範圍，本章僅針對支援顧客關係管理的相關應用系統及網路工具加以討論，主要的討論方向是儲存資料以及處理資料的應用程式，以及網際網路相關的技術應用。

企業觀測站

台灣積體電路製造股份有限公司成立於民國 76 年，在半導體產業中首創專業積體電路製造服務模式。台積公司為約 535 個客戶提供服務，生產超過 12,302 種不同的產品，被廣泛地運用在各種終端市場，例如智慧型手機、高效能運算、物聯網、車用電子與消費性電子產品等。民國 111 年，台積公司及其子公司所擁有及管理的年產能超過 1,300 萬片十二吋晶圓約當量。

台積公司在臺灣設有四座十二吋超大晶圓廠（GIGAFAB® Facilities）、四座八吋晶圓廠和一座六吋晶圓廠，並擁有一家百分之百持有之海外子公司—台積電（南京）有限公司之十二吋晶圓廠及二家百分之百持有之海外子公司—WaferTech 美國子公司、台積電（中國）有限公司之八吋晶圓廠產能支援。民國 111 年 12 月，台積公司於日本熊本縣設立一子公司（Japan Advanced Semiconductor Manufacturing, Inc., JASM）。JASM 將興建並營運一個十二吋晶圓廠，預計將於民國 113 年底前開始生產。同時，台積公司持續執行其於美國亞利桑那州設立先進晶圓廠的計劃，並將於民國 113 年開始生產。

要在晶圓專業製造服務業中取得優勢，除了製程技術、品質及產能外，服務水準尤為關鍵所在。因此，該公司提出成為客戶「虛擬晶圓廠」的願景，其目標就是提供客戶最好的服務，給予他們所有相當於擁有自己晶圓廠的便利與好處，而同時免除客戶自行設廠所需的大筆資金投入及管理上的問題。希望透過資訊技術與網路科技，打破地理與時間的限制，隨時能使用台積電的工廠，就像使用自己的工廠一樣方便、一樣能掌控生產製程狀況。透過為上、下游的客戶與供應商建構完整的資訊體系，強化彼此的經營效率、合作默契，與建立互助、互信的夥伴關係。

由於台積電的「虛擬晶圓廠」策略是由高階主管合力建構與主導，因此關於資訊系統建構的重責大任，並非單只交給資訊部門執行，而是由 IT 專業人員與業務功能單位人員，合組一個團隊。由業務功能單位的人員從應用需求及目標加以評估、選擇軟體及系統；再由 IT 專業人員根據系統運作的效率及建置的擴充彈性，選擇可導入的系統，並評估與現有系統的相容性；最後根據兩方面的評估、選擇，形成最後的決策。這種共同決策的方式，可以讓實際工作或作業流程與資訊系統，有緊密的結合。在虛擬晶圓廠的模式下，每個客戶都有專屬的服務工程師負責，顧客只要和單一窗口聯繫，就可獲致即時且專業的協助。

在晶圓製造服務上，台積電採用 e 化晶圓廠（eFoundry®）縮短產品上市時間，交貨時間和批量生產時間。台積電的 eFoundry® 服務是一套基於網絡的應用程序，可在設計、工程和物流方面發揮更積極的作用。設計師每週 7 天，每天 24 小時訪問關鍵信息，並能夠通過 eFoundry® 在線服務創建自定義報告。eFoundry® 服務提供「TSMC-Online™」及「TSMC-SUPPLY ONLINE 360」兩個與客戶及合作夥伴溝通的系統，可以讓台積電提供「無障礙服務空間」，提供客戶無所不在的服務。例如台積電客戶透過「TSMC-Online」資訊平臺，可以立刻追蹤到晶片的生產進度與良率的分析，協助客戶降低生產成本與縮短產品上市時程。

台積電也針對重大的客戶，拉一條專線到辦公室，提供客戶未來的投片規劃與生產進度諮詢，客戶透過網際網路，可以隨時隨地下單，任何的生產問題，台積電都能夠在第一時間內立即處理，節省下許多的時間。

此外，台積電也導入開放式創新平臺（The TSMC Open Innovation Platform®），該平臺是一個全面的設計技術基礎架構，涵蓋所有關鍵 IC 實施領域，以減少設計障礙並提高首次矽片成功率。台積電的開放式創新模式匯集了客戶和合作夥伴的創造性思維，其共同目標是縮短以下各項：設計時間，數量時間，上市時間以及最終的收入時間。該模型的特點：

1. 為最早、最全面的電子設計自動化認證計劃，提供及時且強而有力的設計工具，滿足新流程技術的需求。
2. 為最大，最嚴謹和最強大的矽驗證 IP（知識產權）和圖書館產品組合。
3. 為嚴謹的設計生態系統聯盟計劃，涵蓋市場領先的 EDA（電子設計自動化聯盟）、IP（智財聯盟）和設計服務合作夥伴。

資料來源：丁惠民，臺灣積體電路—打造以客戶為中心的「虛擬晶圓廠」，顧客關係管理企業典範，ABC 遠擎，pp. 41-52；江逸之，黃明堂，台積電「虛擬晶圓廠」，遠見雜誌 2004 年 2 月號第 212 期；台積電網站，2022.8.18

提示

台積電為了落實虛擬晶圓廠的策略，導入了許多與顧客互動相關的資訊系統，這些系統充分支援台積電與顧客的互動方案。

6-1 資料與資訊系統

資料處理是將代表事實的中性符號（資料）轉換為對使用者有用的訊息（資訊）的過程，轉換過程中，可能透過人員或透過電腦，一般資訊管理的文獻均指電腦資料處理，本書亦不例外。本節針對資料處理過程中的資料、資料庫、大數據、資訊系統等概念作一個簡單的介紹，往後章節，再介紹應用於顧客關係管理的資料處理工具，以及網際網路相關技術等。

一、資料庫與資料庫管理系統

資料是代表事實的符號，更具體言之，資料乃是對某個對象或事件的屬性，以特定的值描述之，因此資料可以下列公式表示之：

Data = < e，a，v >

其中 e 為個體（Entity），可能是一個人、事件或物件；a 為屬性（Attribute），為描述個體的構面或指標，例如，人的屬性可能為姓名、性別、年齡、職業、收入等；而 v 為值（Value），指的是屬性的特定值，包含數值或文字符號之描述，例如姓名之值為張得功，年齡之值為 50 等。

描述資料之間關係的模式稱為資料模式，常見的資料模式包含階層式、網路式及關聯式資料庫管理系統（Database Management Systems, DBMS）三類。

關聯式資料庫管理系統（Relational DBMS）是由一些相互關聯的資料表所構成，一個資料表乃是針對某個個體的各種屬性記載相關的數值。例如，以顧客為個體的資料表，其屬性包含顧客編號、姓名、住址、連絡電話等，這些屬性即為顧客資料表中的欄位名稱，而每一位顧客各個欄位所構成的值的集合即為一筆記錄，若顧客資料表中有一千個顧客的資料，代表該資料表有一千筆記錄。

資料庫中有數個資料表，而每個資料表中會有特定的欄位與其他資料表進行關聯，該特定欄位稱為鍵值（Key），與顧客關係管理相關的資料庫包含顧客資料表、產品資料表及交易資料表。

二、資料倉儲

隨著公司業務成長，各種新資訊系統陸續開發，造成新舊資料雜陳，既有應用程式無法全部讀取分析，以應付各階層管理者需要，因此，配合資訊科技的進步，以及顧客關係管理中個人化與客製化的需求，傳統的資料庫的功能已經逐漸被資料倉儲所取代。探討資料倉儲的內涵之前，先了解傳統資料庫功能上的缺點，這些缺點可以從技術、介面及資料三方面來說明。

1. **技術方面**：由於傳統資料庫與應用程式的格式及查詢方式較為固定，查詢時均需依據系統事先設定的格式來進行，額外的查詢則無法進行，或是需要相當高的技術專業方能達成。
2. **介面方面**：傳統資訊系統的介面設計較不友善，使用者需具備較高的技術專業方能使用，因此需要花費相當多的教育訓練的努力，否則使用者的使用率較低，系統的功效也就大打折扣。
3. **資料方面**：傳統的交易資料庫記錄著交易的流水帳，依日期、時間記錄交易事項，該資料庫每隔一段時間（如一年），即備份歸檔，因此應用程式分析時，便無法查詢歷史資料，或是要耗費相當大的技術努力方能達成，這對顧客關係管理的需求而言，是無法滿足的。

基於此，資料倉儲的技術便被應用至顧客關係管理的領域，資料倉儲乃是從多方面的資料庫當中，透過擷取、轉換及彙整等整理的過程，所建立的資料集合，該資料集合能夠有效而簡便地為使用者（如行銷或顧客關係管理決策者）來使用，資料倉儲的模式如圖 6-1 所示：

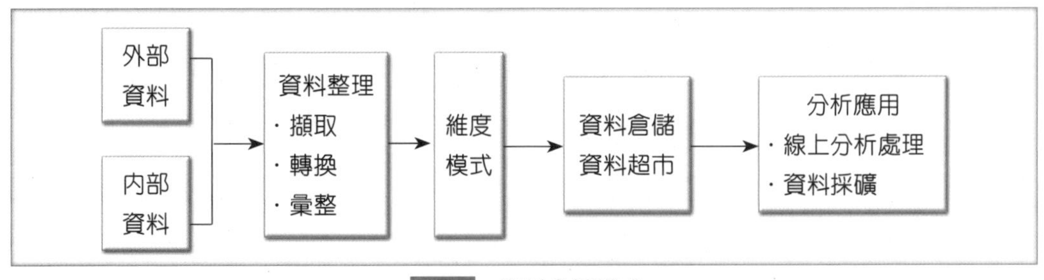

圖 6-1 資料倉儲模式

由圖 6-1 可以得知，資料倉儲乃是將企業內部及外部相關的資料庫加以整合，透過擷取、轉換及彙整等方式加以整理，整理過後的資料經過維度模式的建立，而形成資料倉儲或資料超市，以供使用者之應用。資料倉儲可以由 Oracle, Sybase 等資料庫管理系統來建置，以下分別說明資料倉儲的運作方式：

（一）資料整理

資料整理的過程包含擷取、轉換、彙整，分別說明如下：

1. **擷取**：將資料由資料庫中摘取至資料倉儲，其所需具備的技術條件便是可讀性，各個資料庫所使用的工具或 DBMS 可能不相同，擷取的過程便是將資料全部轉為資料倉儲軟體可讀的格式。
2. **轉換**：轉換指的是確保資料格式的相容性，例如，年度若為 04 可能需要轉為 2004，以免被誤解為 1904。性別有些是以 0 與 1 表示，有些以 F 與 M 表示，均需轉成一致，方能使資料倉儲能夠有效地辨識。
3. **彙整**：資料庫中的資料也可能需要進行某種程度的彙整，方能置於資料倉儲中，例如，在交易資料庫中，包含交易地點、交易日期及交易量，可能彙整為臺北市的交易量（輕度彙整）或北部地區的交易量（重度彙整），或是彙整為某週的交易量（輕度彙整）或某年度之交易量（重度彙整）。

（二）維度模式之建立

表達資料庫的邏輯是運用資料模式，如階層式模式、網路模式或關聯式資料庫模式。表達資料倉儲所採用的模式最常見者稱為多維度模式（Multidimensional Model）。由於資料倉儲的重要目的之一是要讓使用者能依據本身的需求做更簡易的分析，資料倉儲乃是以交易主體（如顧客、產品、業務員等）做為其儲存分類之依據。例如，以銷售作為主體，描述銷售的內容（資料欄位）包含以訂單編號為鍵值，其他欄位包含產品編號、顧客編號、銷售地區、日期等，以及衡量銷售狀況的指標，即銷售數量價格等。

上述的產品編號、顧客編號、銷售地區、日期等，便可定義為銷售主體的維度，分別說明如下：

1. **產品維度**：產品維度的資料欄位包含產品編號（連結至銷售主體）、產品描述、產品型態、產品規格指標（如顏色、尺寸、重量等）。
2. **顧客維度**：顧客維度的資料欄位包含顧客編號（連結至銷售主體）、顧客性別、姓名、年齡、住址、電話、E-mail 等。

3. **地區維度**：地區維度的資料欄位包含地區編號（連結至銷售主體）、地址、鄉鎮、縣市、國家等。

4. **日期維度**：日期維度的資料欄位包含日期（連結至銷售主體）、日、週、月、季、年等。

衡量銷售主體的維度資料均因分析層次的不同而有不同的解析度，稱為顆粒（Granularity）。例如，衡量產品的數量，產品維度中的產品可能指的是某一種、某一系列的產品或本公司的所有產品，顯而易見的，其解析度是由大而小的，而顆粒則是由小而大排列。又如描述某地區的銷售量，其解析度由大而小分別為某鄉鎮、某縣市、某地區、某國家的銷售量。由時間（日期）維度來描述銷售量也是同樣的道理，解析度由大而小分別為某日、某週、某月、某季或某年的銷售量。

依據維度模式所建立之資料儲存體便是資料倉儲。資料倉儲的資料包含公司內外部的資料，而且包含整個歷史資料，其資料量相當的龐大，建立資料倉儲的工程也頗為浩大。

三、大數據

所謂大數據（Big Data），其重要的特性之一是資料量很大，資料量大的原因除了傳統資料庫的資料蒐集的技術進步之外，也處理半結構或非結構化資料，包含電子郵件、文章、圖片、聲音、影像等。因此大數據來源包含：

1. **電子交易系統。**

2. **網站**：Web 流量、電子郵件資訊和資料爆炸社群媒體內容（推特、狀態資訊）。

3. **自動感測設備**：例如智能電錶、製造傳感器、電錶等。

大數據的第二個特性是資料分析的能力，因為牽涉數量龐大的非結構化資料的分析，因此需要軟硬體的配合，硬體方面，最主要的條件是要速度快；軟體方面則需要特殊功能的分析能力。

大數據的運用改變了傳統資訊系統的遊戲規則。例如相較於 ERP 與 CRM 系統，大數據更注重主動預測而非被動分析，而且能夠達到一對一行銷的效果，並提供大量方案由顧客選擇，而不是依據顧客需求提供方案，易言之，讓顧客主動對應到合適的促銷活動（顧客互動方案），而不是靠促銷活動去拉客人（陳傑豪，2015）。其次，大數據的使用讓 B2C 轉而變成 C2B 模式。也就是有消才有產，因消費者有需要才去生產產品與服務，供需緊密連結，這有賴於大數據強大的預測功能。

NEWS 報 1——優克美

2010 年優克美臺灣總部正式成立，致力於解決防黴問題。不用化學手段如何防黴？優克美微生物研究中心的團隊先拆解讓黴菌滲入的漏洞，接著，運用多年累積的經驗和大數據，如濕度、風向、對流、黴菌的生物特性等，輔以文獻，量身訂做最優的防黴套餐。以一家越南工廠為例，該廠房經常出現皮革進場之後，還沒生產就發霉的問題，即使在倉庫放置多台除濕機，也無濟於事。團隊拆解整個流程，發現皮革包裝方式不良，造成悶熱濕氣，於是，建議將皮革改成平放，再規劃除濕機最適擺放位置，問題果真迎刃而解。

在 2019 年，優克美跟交通大學電子研究所教授李鎮宜合作，藉此與美國史丹佛大學交流，打造全球首個 AI 黴菌辨識系統。在世界各個角落的工廠，只要傳回黴菌照片，優克美只需三秒鐘便可辨識完成，再運用防黴資料系統，快速地依客戶端各種條件，搭配最佳解決方案。

資料來源：大數據也能防黴！ 優克美還能做成生意，遠見雜誌，2022.5

四、資訊系統

(一) 資訊系統的定義

資料庫是儲存資料的場所，資料庫管理系統是管理資料庫的存取、更新、新增、刪除等功能的程式，從使用者的角度而言，資料處理的功能是要將讀入的資料或資料庫中的資料，轉換為對使用者有用的資訊，進行該資料轉換動作的元件，稱為應用程式，而將資料轉換為資訊的機制稱為「資訊系統」（Infornation Systems），典型的資訊系統結構包含輸入（資料）、轉換（應用程式）、輸出（資訊）資料庫及資料庫管理系統，如圖 6-2 所示：

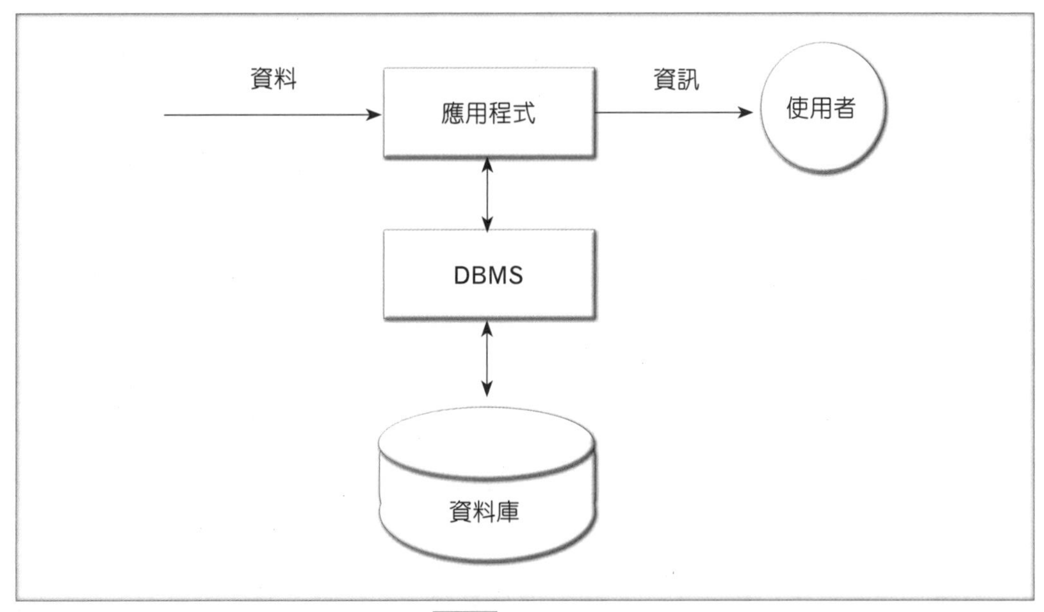

圖 6-2 資訊系統

由圖 6-2 可知，使用者依據本身業務上的目的，從系統中取得資訊，資訊的取得，乃是透過應用程式的運算、分析以及對 DBMS 的查詢而得。舉例而言，使用者可能為業務經理，為了了解某種產品五月的銷售金額，以便調整其促銷手法（業務目的），必須由系統中，取得某產品五月份的銷售金額，此時應用程式的主要功能如下：

1. 讀入產品名稱、時間（月份）及所欲運算之標的（銷售金額）。
2. 指揮 DBMS 至產品資料表中找出相對應產品的價格資料，至交易資料表中，調出日期為五月份的該產品的交易數量。
3. 將合乎條件（五月份）的各筆資料之價格與交易數量相乘後加總，即得到某產品五月份之交易額。
4. 列印結果於報表。

上述交易金額的計算只是應用程式將資料轉換資訊的方法之一，還有許多資料處理的方法。應用程式處理資料的方法包含篩選、計算、分析及判斷，分別說明如下：

1. **篩選**：主要的處理方式是從資料庫中，選取合乎某些條件的資料紀錄或資料紀錄的部分欄位。所謂合乎的條件稱為準則，準則包含欄位名稱及其條件值，例如，可從人事資料庫中，篩選職稱為經理的員工紀錄，其中職稱為欄位名稱，「=經理」則為該欄位之值，又如摘錄出年齡大於 50 歲的員工，年齡為欄位名稱，「>50」為欄位值。

2. **計算**：主要是運用數學公式或統計的計數等方式，計算所欲求得的結果，例如，欲計算利潤，乃是經由「（價格－成本）× 銷售量」這個公式計算而得。計算過程中的資料項目亦來自資料庫欄位或是使用者輸入之條件。

3. **分析**：乃是透過統計、管理科學或計量經濟等模式進行分析，例如，運用線性規劃模式來分析生產線之最適生產量或是運用迴歸模式與時間數列模式來做銷售預測。分析模式與計算公式主要的不同點在於前者的變數是不確定性的，例如，「銷售預測」這個變數值為 100，並非準確的數值，而是機率性的，也就是銷售預測值有某百分比（例如 95%）的機率介於（100-x）和（100+x）之間。

4. **判斷**：指的是應用程式仿如人腦一樣具有推論的功能。傳統的專家系統便是具有判斷能力的應用程式，將專家的知識加以表達，並儲存於知識庫中。應用程式仿如一個具有推論功能的引擎，稱為推論引擎，透過此種過程使得應用程式具有推論的功能。若推論過程中，又有自動累積處理的知識，而具有學習能力之應用程式，稱為「智慧系統」，智慧代理人（Intelligent Agent）為具有判斷及學習能力的智慧程式。

特別需強調的是，資料庫中各資料表的產品名稱、價格、交易日期、交易數量等欄位值稱為資料，而輸出結果「某產品五月份的交易額」稱為資訊。資料與資訊的差別在於資訊是對使用者（此處為業務經理）有價值的資料，可能會影響使用者的決策或調整其行為（例如，因銷售金額不佳而調整其廣告預算或提升其產品品質等）。而將資料轉換為資訊之機制稱為資訊系統，其主要元件為應用程式、DBMS 及資料庫。（註：其他元件尚包含硬體、作業系統、網路等，本書假設其存在，而不加以討論）

雖然資料與使用者並無直接相關，但是資訊卻都是由各項資料經由計算、分析、篩選而得到，使用者對於資訊的需求也就決定資料庫的欄位以及應用程式運算的方式，以前述計算某產品五月份銷售金額的例子來說，前述三個資料表的欄位是足夠的，但若要運算某產品五月份的利潤，我們可以得知運算公式如下：

$$利潤 = 銷售量 \times（價格 - 成本）$$

由於產品資料表（圖 6-2）中並沒有「成本」這個欄位，因此應用程式也就無法計算出利潤，若使用者有需要利潤這項資訊，則在資料庫設計時，必需在產品資料表中，加上「成本」欄位，並在應用程式中加上前述的利潤運算公式。

由前面的敘述，我們可以明瞭資料與資訊之間的關係，所有蒐集的資料，置於資料庫中，配合應用程式，產生使用者所需的資訊。而資訊需求，則是由使用者的業務需求而定，例如，業務經理為評估銷售績效，需要求取銷售量、利潤等資訊，為了預估市場需求，也是由歷史銷售量來推估，也就是說，與顧客建立或維持關係的活動，是由顧客關係管理成員所負責，該成員也就是系統的使用者，使用者依據顧客關係管理之活動，決定了資訊需求，而資訊需求決定了應用程式以及資料庫的形式，就邏輯的觀點，資料庫的形式最主要的便是資料庫中應該包含哪些資料表，而各個資料表所需的欄位有哪些？當然，所有的資料蒐集活動，也都是依據這些資料庫的欄位來蒐集。

(二) 顧客關係管理資訊系統

CRM 資訊系統是一種資訊系統，其使用的領域是行銷、銷售、顧客服務、忠誠度方案，其目標是協助提升建立與維持顧客關係，並提升顧客忠誠度。

CRM 資訊系統可分為以下三類（Khodakarami and Chan, 2014）：

1. **操作型系統（Operational Systems）**：負責自動化與支援 CRM 流程，例如客服系統（Call Center）、銷售自動化系統（SFA 或 POS）、行銷自動化（如 email、campaign）系統等，也包含顧客（自助）服務、行動銷售（Mobile Sales）、現場服務（Field Service）等活動之支援。
2. **分析型系統（Analytical Systems）**：用以分析顧客資料與知識，協助各項互動方案之進行，比較偏向商議智慧系統。分析工具包含資料採礦、資料倉儲、線上分析處理等，大數據資料分析也屬於此類。
3. **協同型系統（Collaborative Systems）**：用以管理及整合溝通管道及顧客互動的接觸點，包含企業網站、E-mail、顧客入口網站、網路會議系統、社交媒體（例如網站、虛擬社群、臉書紛絲專頁）等。

與顧客關係管理較有關係的資訊系統包含行銷資訊系統、資料庫行銷、銷售支援系統、產品建議系統、資料採礦系統等，只要該系統與建立及維持顧客關係有關，均為顧客關係管理資訊系統。目前市面上已經有許多名為顧客關係管理的軟體，這些軟體使用時，可能包含單機使用，於桌上型電腦使用或筆記型電腦中使用，或是網路版，提供不同時間不同地點做存取與處理。顧客關係管理軟體的主要功能如下：

1. **顧客聯繫**：由於企業相關人員（如銷售主管、業務代表等人員）需要與顧客不斷聯繫，這些聯繫可能是約定拜訪時間、內容、意見反應等，因此有充分的溝通管道是重要的。
2. **交易流程支援**：企業提供顧客一個方便可靠的交易流程也是重要的，例如，下單（購物車）、結帳、付款等，如果是數位化商品，還包含傳送過程。
3. **顧客服務**：有多的業務可以透過資訊系統來進行，例如查詢產品型錄、查詢業務流程、表單下載、問題解答等。
4. **機會分析**：透過對於顧客資料分析的結果，可以進行顧客區隔，並發現一些商機，例如，了解顧客購買偏好，可以用來規劃新產品及新服務、了解顧客交易內容，可以用來提出促銷方案等。

上述的軟體功能，需要建立相關的資料庫，包含產品資料庫、顧客資料庫等檔案，也需要建立交易資料檔，包含記錄交易資料、服務個案、顧客抱怨個案等，以便充分支援系統功能。有關機會分析的方式於後續資料倉儲與資料採礦章節中說明；各項資訊或知識的運用與累積，將於第 13 章知識管理中說明。

NEWS 報 2——王品

為了對消費者有更深入的瞭解，我們（王品）整合了四大顧客資料來源：顧客來店消費意見卡、0800 顧客來電意見、網路留言訊息，以及每日營業記錄，並進行分析，每年出版《顧客紅皮書》。《顧客紅皮書》記錄十一個品牌的消費者輪廓，最後提出「5K 指標」（Key Index）。新舊客看體質：觀察新舊顧客的意義在於，品牌在成長的同時，如果老客人不斷流失，代表產品沒有得到認同，這樣的成長是建立在流沙上。滿意度問題：主要觀察產品（菜色）、服務與整潔的滿意度。介紹率看未來：顧客願意幫餐廳介紹客人，代表顧客同品牌的所作業為。用餐頻率看忠誠：用餐頻率代表顧客的忠誠度，也是規劃行銷活動的重要參考指標。例如，顧客半年內平均來店用餐一次，所有的經營與行銷活動，就可以半年週期來思考。好吃度與價格合理度看成敗：消費者對好吃度與價格合理度的看法，會隨著高價品牌與平價品牌而不同。

資料來源：高端訓著，民 101，WOW，多品牌成就王品，初版，臺北市：遠流

NEWS 報 3——國泰世華銀行

依據信用卡數據分析，國泰世華銀行的客戶中，每年因額度不夠而放棄刷卡的金額高達上億。若透過客服最快也要超過數十分鐘的等待，才能調額成功，錯失消費者當下刷卡的時機。改變方案後，竟讓該行平均每筆刷卡消費金額較之前高出六成。

資料來源：王姿琳，額度低刷卡不過？大數據一鍵即刻救援，商業周刊 1624 期 2018.12，pp. 70-72

NEWS 報 4——Salesforce

貝尼奧夫（Marc Benioff）的願景是要讓「軟體更便於購買、易於使用、更為普及，無需面對繁複的安裝、維護與反覆更新。」因此召集三名軟體工程師，共同研發能滿足企業顧客關係管理（CRM）需求的解決方案，他們在 1999 年創立 Salesforce.com，雲端服務的先驅者就此誕生。提供 CRM 解案，是為了實現三個創新模式：

1. 透過科技，雲端服務的商業模式，不用購置與安裝軟體。
2. 定購制的商業模式，用多少付多少。
3. 一個新的 1-1-1 整合企業公益模式，百分之一的股權作為慈善捐贈、百分之一的產品與服務贈與非營利組織、百分之一的員工工時貢獻給社會大眾。

Salesforce.com 發跡於 SaaS，隨後向外延伸出一個平臺 PaaS 的基礎架構，其產品組合稱為「顧客成就平臺」（Customer Success Platform），提供銷售雲、服務雲、行銷雲、分析雲等產品。

資料來源：從痛點出發，待顧客走上雲端，EMBA 雜誌 2017.11，pp. 34-41

6-2 資料探勘與人工智慧

資料分析是將資料轉為對使用者有價值的資訊的過程。本節依據資料處理的程度說明資料分析的方法。

一、運算與模式分析

所謂運算主要是運用數學公式或統計的計數等方式，計算所欲求得的結果，例如，欲計算利潤，乃是經由「（價格－成本）× 銷售量」這個公式計算而得。計算過程中的資料項目亦來自資料庫欄位或是使用者輸入之條件。

分析乃是透過統計、管理科學或計量經濟等模式進行分析，例如，運用線性規劃模式來分析生產線之最適生產量或是運用迴歸模式與時間數列模式來做銷售預測。分析模式與計算公式主要的不同點在於前者的變數是不確定性的，例如，「銷售預測」這個變數值為 100，並非準確的數值，而是機率性的，也就是銷售預測值有某百分比（例如 95%）的機率介於（100-x）和（100+x）之間。

二、資料倉儲多維度分析

在資料倉儲之下，其分析的方式稱之為線上分析處理（OLAP）。透過資料倉儲，使用者很容易依據本身的業務需求進行分析，其原因是資料倉儲的維度模式乃是依據使用者的業務需求而建立，因此由具該模式的資料倉儲進行分析，頗為方便又能符合決策的需求。使用者只要按下維度與顆粒的按鈕，便迅速得到所需的結果，例如，銷售經理欲得知某類產品上個月在中部地區之銷售量，便是運用產品、時間、地區三個維度，其顆粒分別為「類別」、「月」、「地區」。不同使用者進行分析其所需維度與顆粒不同。高階主管不需要解析度太大的資料，而需要彙整性的資料。基層主管則需顆粒較細的分析。各項維度及其相關的資料欄位便為資料分析的變數，而每項的資料分析結果均為特定決策或業務需求而進行。

資料倉儲是有層次性的，一般而言，全公司整體的模式稱為資料倉儲，而為某個部門特定業務所建立的資料倉儲模式稱為資料超市（Data Mart,

Chen & Frolick, 2000）。不論層次如何，資料倉儲乃是依據決策者不同的決策分析的需求，將資料以特定主題方式加以儲存，由於資訊的價值在於支援決策，資料分析的結果均有其決策之目的。常見的分析模式稱為線上分析處理（On-Line Analytical Processing, OLAP），亦即使用者透過資訊系統軟體，可以在線上直接進行決策分析。資料倉儲的 OLAP 分析其概念仍與前一節的資料處理模式相仿，均是依據本身決策的需求，要求系統處理所需之資訊，只是透過資料倉儲的多維度模式，其分析過程更為簡便有效。例如，分析某個顧客在某個時段的交易量時，運用了顧客及時間兩個維度，而此項分析的目的是為了支援促銷方案的擬定，例如，某顧客平均每兩週購買一次商品，則可運用 10 日內有效的折價券做為促銷手法，以便提升其購買頻率（為了獲得折價，使其購買頻率由二週縮短為 10 天）。

我們可以用簡單的例子說明資料倉儲的概念，表 6-1 是一個簡化之交易資料表，該資料表理論上應該已經整合公司所有內外部資料。資料倉儲將可能分析的構面定義為維度，包含顧客、產品、時間等，將可能的分析均計算出來，例如，中區顧客（顧客維度）交易金額是 750+160+240=1,150 元，中區顧客的糕餅（產品維度）交易金額是 160+240=400 元，而中區顧客的糕餅在三月份（時間維度）交易金額是 160 元。這些可能的結果均儲存於資料倉儲中，透過分析處理工具，可以快速得到所需的結果。

表 6-1 簡化之交易資料表

銷售地區	顧客	產品類別	產品名稱	購買數量	價格	金額	購買日期
北區	甲	飲料	鮮奶	10	50	500	990101
中區	乙	飲料	鮮奶	15	50	750	990102
南區	丙	糕餅	餅乾	5	40	200	990205
北區	甲	飲料	鮮奶	8	50	400	990304
中區	丁	糕餅	蛋糕	2	80	160	990308
中區	乙	糕餅	蛋糕	3	80	240	990405

表 6-1 的資料轉為資料倉儲之後，可以快速進行分析利用。假設資料倉儲有日期、產品、銷售地區三個維度，資料倉儲的分析邏輯如圖 6-3 所示。圖 6-3(a) 是最粗顆粒的解析度，其銷售金額為 2,250 元；圖 6-3(b) 則是將日期維度進一步解析，得知 99 年 1、2、3、4 月之銷售金額分別為 1,250、200、560、240 元；圖 6-3(c) 則是三個維度解析的結果。由資料倉儲，我們可以依需要任選維度，分解成詳細資料或彙整該維度之資料。

另一種分析的方法則較無分析的格式可循，乃是由資料庫或資料倉儲中，尋找未知的規則或趨勢，做為決策及規劃顧客關係管理方案之用，稱為資料探勘（Data Mining，或稱資料挖掘、資料採礦），將於人工智慧小節說明之。

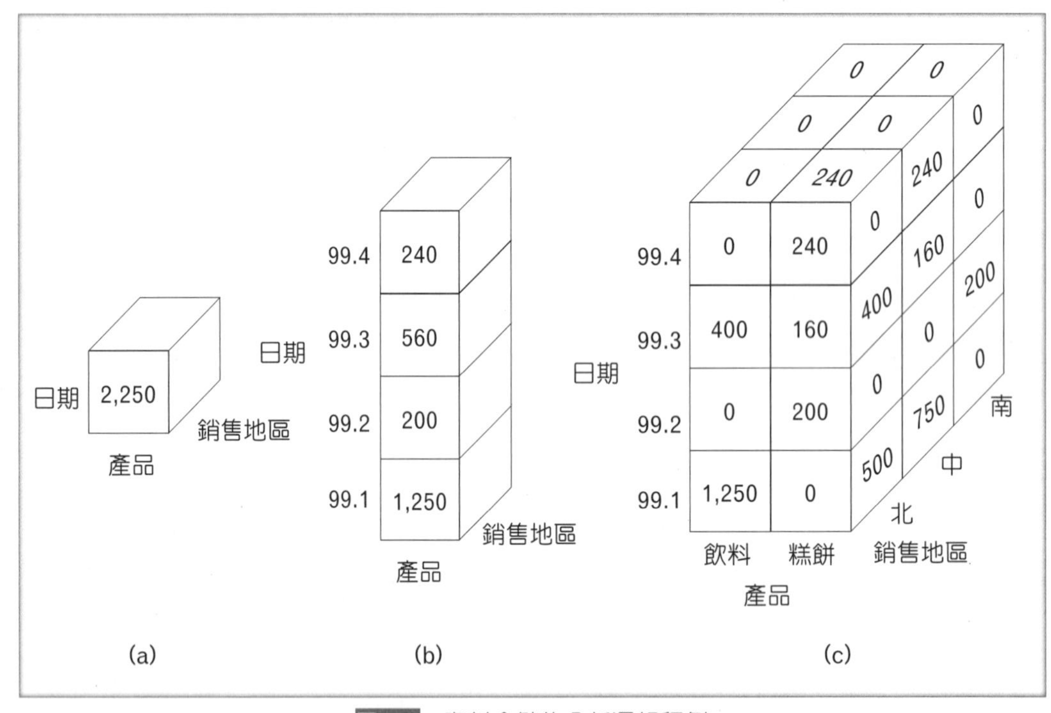

圖 6-3　資料倉儲的分析邏輯釋例

三、人工智慧

人工智慧顧名思義是用電腦來模擬人的智慧，電腦我們可以看成一組程式（但要在硬體上面跑），智慧的代表性能力是學習。因此人工智慧是運用機器學習的方式，模擬人類的智慧。

人工智慧的學習區分為兩種學派，法則學派（Rule Based Approach）與機器學習學派（Machine Learning Approach），法則學派運用邏輯推理的方式，根據人類學到的法則及環境變數的輸入而推理出判斷的結果，其重點在於「推理（Reasoning）」而非學習，其主要的應用是專家系統；機器學習學派則著重於由機器透過以往資料的學習，找到資料的特徵（Features，指一系列屬性的集合）規則後，建立數學統計模型，用以分析判斷或預測（林東清，2018）。

(一) 專家系統

專家系統主要是運用推論的方式進行知識處理，例如醫師看診，對於症狀、疾病、處方之間，會有多種可能的組合，哪幾個症狀出現會推論出是甚麼疾病，這種疾病有有哪幾種可能的處方，這就是規則。若將所有可能的規則建立起來，置於資訊系統的儲存單元中，稱為規則庫（Rule Base），而應用程式則是撰寫推論邏輯，稱為推論引擎（Reason Engine），此種專家系統也是知識管理系統的一種型態。

其他領域，例如推論一家公司是否會破產、一家大學是否會倒閉等等，也都可建立規則，設計專家系統。

(二) 機器學習

機器學習可分為監督式學習、非監督式學習及強化學習三類，分別說明之。

1. 監督式學習

機器學習時運用許多組的數據，去學習不同的特徵組合是屬於甚麼類別，在機器進行學習時，會有結果標籤存在，作為學習的依據。例如有 N 筆人類的健康的資料，這 N 筆資料是屬於健康、亞健康、生病等三個標籤的結果已知，再去學習尋找那些特徵組合會分別歸屬於這些標籤的結果」，因此稱為監督式學習，分類是監督式學習的主要概念。

2. 非監督式學習

非監督式學習，也就是在訓練機器時並不給任何標準答案，讓機器自行做特徵的選擇與抽取，並建立模式。非監督式學習主要應用領域包含分群與連結。

3. 強化學習

強化學習的概念來自心理學的增強理論。強化學習的程式從環境中獲取狀態（State），並決定自己要做出反應（Action），環境會依據所定義的反應給程式正向或負向的獎勵（Reward），程式再根據正向或負向的獎勵重新更新自身的演算法。

(三) 知識發現

知識發現流程包含資料篩選、資料預處理、資料轉換、資料挖掘及知識評估等步驟（王建堯等著，陳信希、郭大維、李傑主編，2019），其中最關鍵的步驟是資料探勘。資料探勘（Data Mining）主要的概念是要找出我們所需要的隱藏樣式（Hidden Pattern），或建立其他可以預測的模型，強調由龐大的資料裡頭尋未知的規則或趨勢。

分類分析的結果主要的目的是用來做預測，也就是由歷史資料所找出來的分類模式，來推論下一個可能所屬的類別（例如忠誠度高、低），以便進行適當的因應方案。例如，在信用的分析上，發卡公司會依據顧客的紀錄來加以分類成「好」、「中等」、「不好」等信用，舉例來說，假如顧客有一個好的信用的話，他的負債的比例會小於 10%，此即為資料採礦的規則之一，可據以管理顧客的付款狀況。分類模式主要應用於顧客分析（例如判斷信用程度決定貸款額度）、推薦系統（例如分析瀏覽紀錄以推薦商品）、財經決策（例如預測金融商品價格以決定是否購買）、電腦視覺（例如人臉辨識）。

分群指的是將一組資料分成數個群，由於資料沒有結果標籤存在，純粹由隨機的方式分群，找出每一群的重心，再計算每一個點與重心的距離，若該點的距離太大，則調整至另一群，調整之後再重複學習步驟，直到每一群的「群組間的距離最大、群組內距離最小」的原則達到，則完成分群。分群模式主要應用於顧客分群（以擬訂不同行銷策略）、社群網路成員分群、客服時段分群等。

連結規則（Association Rule）指的是找出特徵值彼此相關很高的項目，例如購買商品時，同時購買 A 與 B 的比率很高，稱為關聯規則探勘；或是此時購買 A 下次購買 B 的比率很高，稱為序列樣式探勘。

關聯規則探勘是找出資料庫或大數據中頻繁出現的項目組合，例如交易資料中，同時購買 A、B 兩種（當然也可以三種以上）產品的頻率若很高，就滿足關聯規則。關聯規則探勘常用於購買分析（用以提供商品組合）、疾病分析（用以提出診斷治療方案）、製造分析（用以擬定保修計畫）。序列樣式探勘用以了解依據時間變化的行為，仍以交易為例，此時購買 A 產品而下次購買 B 產品的頻率若很高，就滿足序列樣式。序列樣式探勘常用於購物預測（商品推薦）、網站推薦（預測消費者瀏覽之網頁而推薦之）、移動行為預測（例如運用 GPS 及打卡資料分析移動模式）、疾病診斷（提早預防）、用藥指南（用藥方式搭配之指令）。

(四) 神經網路

此處指的是運用神經網路來建置機器學習的邏輯，神經網路的設計是模仿人類的神經元，每個神經元都會有一個接收訊息的輸入層、數個負責學習的隱藏層、以及一個輸出訊號的輸出層。從訊息輸入、逐層傳遞、產生輸出，透過反覆的學習過程，得到學習的結果。如果隱藏層的層數越多，代表學習的過程越複雜，此時稱之為「深度學習」。近年來深度學習的應用有相當的進展，包含語音辨識、圖像識別、智能推薦系統、自然語言處理等。

以下介紹卷積神經網路（Convolutional Neural Network, CNN）及遞歸神經網路（Recurrent Neural Network, RNN）：

1. 卷積神經網路（CNN）

卷積神經網路透過篩選、過濾、壓縮的方式，減少層與層之間的訊息傳遞，因此其速度相當快。

卷積神經網路主要應用於電腦視覺（Computer Vision），電腦視覺指的是利用攝影機與電腦來對目標進行辨識（Recognition）、鑑別（Verification）與監控（Surveillance），並對擷取的圖像進行分析處理的一種人工智慧技術（林東清，2018）。其主要的應用技術包含圖像辨識、人臉辨識、物件偵測、物件追蹤、視訊監控、場景辨識等。

2. 遞歸神經網路（RNN）

遞歸神經網路有記憶的設計，也就是將上一層的輸入也納入這一層的輸入訊號中。這種有記憶的設計特別適合應用於處理時間序列的問題，其主要技術應用為語音辨識及自然語言處理。

語音識別是用機器模擬聲音，要用程式模擬聲音，就必須要將聲音的音量（dB）、音高（頻率）、音色（波形或振幅）用數學公式來表示。語音識別的應用包含語音對話（例如Siri、智慧音箱）、音樂檢索、語音識別（例如醫療的心音、心電圖音、情緒憂鬱之音；例如工廠設備、橋梁異音或社會上的事件）等。

自然語言處理指的是訓練機器，了解、處理及應用人類語言、文字的一種人工智慧技術（林東清，2018）。語言處理是用程式來模擬語句，這需要將一個句子做斷詞處理、標記詞性、語意消歧、語法剖析等處理。

自然語言處理的應用包含語音辨識、語音合成、機器翻譯和文本辨識（林東清，2018）。

NEWS 報 5——Walmart

進階分析及人工智慧使沃爾瑪已把線上體驗引進實體店，裝設攝影機與感應器、載入電腦視覺與深度學習軟體，實體店也能提供線上購物的便利體驗。就如同線上零售業者能夠追蹤顧客在網站上的旅程與點擊，沃爾瑪正在實驗如何記錄顧客在實體店中走動及行為的形態。這些資料彙總起來後，可以用來繪製呈現顧客型態的熱點圖（Heat Map），以呈現重要資訊。例如：顧客集中在哪些區域、哪些區域的人流很少。這些資訊有助於決定店內的供應品項、產品陳列、動線布局，甚至可以用來改善供應鏈及採購決策。沃爾瑪也致力於使用來自個人設備的即時資訊（例如定位資訊），將這些資訊拿來和以往線上互動資料整合，以識別顧客並提供個人化體驗。

資料來源：李芳齡譯（2021），領導者的數位轉型，第一版，臺北市：遠見天下文化出版股份有限公司

6-3 網際網路技術與應用

NEWS 報 6——91APP

91APP 是全臺灣幫最多零售業數位轉型的企業，他們幫客戶做 App 和官網，串連線上和門市會員資料做精準行銷，還可以直接替品牌代操線上生意。

明明產業裡還有國際管理顧問公司如 IBM，有老大哥精誠，為什麼服務最多品牌的人是 91APP？提供比同業更完整的服務，是它最直接的勝出點。相較於其他同業，91APP 是臺灣唯一橫跨網路、App 開店工具以及顧問和電商代營運服務的業者，解決了過去中大型零售業者找不到一站式數位轉型方案的痛點。91APP 的四大產品線如下：

1. 數據 × 電商服務：數據顧問服務、電商和行銷代營運。
2. 虛實融合雲：門市幫手、OMO 套件。
3. 行銷雲：會員管理、會員經營報表、會員分群溝通等行銷模組。
4. 商務雲：購物官網、購物 App、購物車系統、訂單管理、金流服務與物流系統整合。

資料來源：全聯、寶雅都找它！數位開店軍火商 91APP 拚掛牌，商業週刊 1746 期，2021.4

除了前述顧客關係管理軟體之外，可運用網際網路及全球資訊網等技術與顧客進行即時的聯繫。網際網路具有強大的傳輸能力與運算能力，傳輸能力方面，優越的頻寬可以快速傳輸多媒體資料，且具有強大連接能力（連接性）及雙向溝通能力（互動性）；運算能力方面，快速與自動化的運算與資料處理能力，包含計算、篩選、分析、判斷等，顧客關係管理系統宜善用網際網路強大的技術能力。

與顧客關係管理較有關係的網際網路技術，包含電子商務與網路行銷技術、社群媒體技術、雲端運算服務技術、物聯網、行動通訊技術、區塊鏈、延展實境技術等。

一、電子商務與網路行銷技術

(一) 電子商務

電子商務運用電子交易技術。電子交易技術包含運用超文字標記語言（Hyper Text Markup Language, HTML）、延伸標記語言（Extented Markup Language, XML）來製作網站，運用安全訂貨 / 付款系統（SSL/SET）來保證交易之安全性等方式製作電子交易網站。電子交易網站的主要功能包含購物車、拍賣軟體、訂單追蹤系統、資料隱私、顧客服務、國際送貨、產品搜尋、電子支付、交易安全等。

網站除了提供交易功能之外，還可以提供許多服務的功能，例如，查詢、諮詢、問題解答、產品建議或促銷等，這些功能若交由顧客自行操作，則稱為顧客自助技術（Customer Self-Service Technology）。除了網站上的 FAQ 查詢、自助下載等功能之外，顧客自助技術也包含非網際網路的自助提款機、資訊亭等技術服務。

電子商務執行時有許多特定的模式，以下針對 B2C 與 B2B 電子商務列舉幾個比較常見的經營模式。

B2C 電子商務經營模式之例如下：

1. **入口網站**：主要的功能是運用搜尋引擎供瀏覽者搜尋，以作為瀏覽者進入其他內容網站或目的網站的入口，其主要的收入是來自廣告費，例如 Yahoo!、Google 等。
2. **內容網站**：主要的功能是提供數位內容的網站，包含新聞、期刊、電影、音樂等，主要收益來自訂閱收入，例如 Netflix、Youtube 等。
3. **零售網站**：主要功能是透過網站來銷售實體產品，主要收益來自銷售收入，例如 Amazon 等。
4. **仲介網站**：主要功能是透過搜尋方式，尋找買賣雙方，並協助進行交易，主要收益來自佣金收入，例如 104 人力銀行、Trivago 等。
5. **拍賣網站**：主要功能是創造一個交易市場，並制定交易規則，也就是，主要收益來自佣金收入，例如 Alibaba 等。

B2B 電子商務經營模式之例如下：

1. **電子化採購（e-Procurement）**：大型買家建置自動化採購網站，匯集有合作關係的產品、目錄，並提供自動化採購流程、廠商搜尋、比價、訂單追蹤等功能。
2. **直接銷售（Direct Sell）**：大型買家建置銷售網站，供企業買家進行購買活動。
3. **電子批發商（e-Distributor）**：大型批發商建置交易平臺，匯集各家供應商多種產品，提供自動化客戶搜尋、比價、推薦、物流、金流等服務。
4. **電子交易市集（e-Exchange）**：由第三方中立單位，建立交易平臺，供多對多的買賣交易。

近年無線網路發達，行動商務也逐漸興起，主要是運用無線網路及手持裝置（如智慧型手機）進行相關的商務活動。

行動商務的發展讓電子商務也額外增加一些功能，包含運用定位系統提供偵測地理位置、接觸的人物或商家的資訊，稱為適地性服務；也包含行動支付、線上與線下整合（O2O）等功能，更包含情緒運算、擴增實境（Augmented Reality）等技術的運用。

行動商務主要的類型扼要說明如下（林東清，2018）：

1. **行動行銷**：包含行動網站、簡訊傳遞。行動網站主要是透過 App 或是手機直接瀏覽網站的方式上網，行銷方式包含行動是橫幅廣告、行動是搜尋引擎廣告等；簡訊傳遞則是透過簡訊傳遞服務（Simple Message Service, SMS）傳遞行銷訊息給潛在消費者。行動行銷也包含適地性服務行銷、行動社群網路行銷、行動搜尋行銷、情境感知行銷等應用類型。
2. **行動交易**：包含行動購物、QR Code、行動票券（利用手機下再有價票券）、行動付款等。
3. **行動服務**：諸如行動銀行、行動仲介等。

(二) 網路行銷

透過網站進行行銷活動也是普遍的活動，這可能搭配原有的 4P 行銷，在網路上進行廣告、促銷、比價等活動，或將網站視為銷售通路，甚至運用網站提供新產品活服務（包含數位產品）。

常見的網路行銷方式列舉如下：

1. **搜尋引擎行銷（Search Engine Marketing, SEM）**：主要包含關鍵字行銷及搜尋引擎最佳化（Search Engine Optimization, SEO）。關鍵字行銷指的是企業透過付費贊助（Paid Inclusion Policy）與競標方式，將自己的網站列入在搜尋引擎關鍵字的搜尋結果頁；搜尋引擎最佳化則是利用網頁不同的設計與撰寫技巧，將自己的網站列入搜尋結果的最前面，而吸引消費者點選（林東清，2018）。此時需要了解搜尋引擎排序的原則，其主要的指標包含普及率（例如流量、與其他網站鏈結、評論網站的排名等）、內容相關性（關鍵字與網頁關鍵字、標題、目錄等相關性）等。
2. **推薦引擎行銷（Recommendation Engine Marketing）**：運用類似搜尋引擎的技術，辨識消費者的消費行為，而適時推播給目標客群的行銷手法。推薦引擎主要包含內容導向篩選（Content-Based Filtering）、協同過濾（Collaboration Filtering）、知識導向篩選（Knowledge-Based Filtering）三種技術（林東清，2018）。其中協同過濾軟體乃是透過觀察及詢問使用者行為，自動提出忠告及建議之軟體，其推薦步驟是使用每位顧客歷史的行為紀錄，依其相似度分群，再從與受推薦目標顧客的相似分群中，尋找依該群顧客的消費偏好，推薦給目標顧客。
3. **網紅行銷（Key Opinion Leader, KOL）**：網紅指的是在網路上具有影響力的人，也就是對一定數量的網友具有感染力，而能夠影響這群人的想法或行動的人（林東清，2018）。網紅行銷就是在 IG、FB 等社群平臺，透過與網紅的合作，達到代言或業配等行銷效果的手法。
4. **聯盟式行銷（Association Marketing）**：網站透過聯盟計畫，將自己網站當成一個入口網站，引導自己的顧客點選到其他合作網站，彼此交叉銷售，並互相收取轉介佣金（林東清，2018）。
5. **智慧行銷（Intelligent Marketing）**：主要是透過人工智慧的機器學習或類神經網路之深度學習技術，協助網路行銷，包含更了解瀏覽者的瀏覽行為、做更具體的預測或是監測廣告績效等，以提升網路行銷之績效。例如聊天機器人的應用、預測消費模式、精準推薦等。
6. **其他**：包含行動行銷、部落格行銷、社群網路行銷等。

二、社群媒體技術

社群媒體技術主要是運用「社群運算」（Social Network Computing）技術來支援社群相關的活動。該技術是以 Web 為主，支援與他人溝通與互動、分享各種資訊、表達意見、相互聯絡、協同合作、結交新朋友等社群活動。社群媒體技術提供不同形式的溝通媒介，包括文字、圖片、聲音或影片。值得一提的是，社交的內容是由使用者提供與控制，而非網站提供者控制，而且使用的成本甚低或是免費。使用者可以建立自己網頁、撰寫部落格（網誌），可以張貼相片、影片或音樂，能分享意見，也能連結到其他網站。目前社交網站已經能夠提供行動服務，利用智慧型手機等裝置進行社交活動。常見的社群網站包含 MySpace、臉書（Facebook）、推特（Twitter）等。

就個人與企業而言，除了社交活動之外，也可以利用利社群媒體技術進行行銷活動，例如社交網站和維基廣告、病毒式（口碑式）行銷、媒體公關、紛絲團經營等。

三、雲端運算服務技術

雲端運算（Cloud Computing）指的是由雲端產業提供相關軟硬體的服務，具有自助服務、透過網路存取、依使用量計費等特色。美國 NIST（國家標準技術研究所）依據服務模式，將雲端服務區分為基礎架構即服務（Infrastructure as a Service, IaaS）、平臺即服務（Platform as a Service, PaaS）以及軟體即服務（Software as a Service, SaaS）三種類型：

1. **IaaS 服務**：提供運算、儲存及網路連結等服務，IaaS 多半借助虛擬化技術進行伺服器整合。例如亞馬遜的雲端運算服務平臺 AWS（Amazon Web Services），以及 Google 的 Google Drive 都提供 IaaS 服務，中華電信推出雲端運算營運中心也是 IaaS 服務。

2. **PaaS 服務**：是基於雲端基礎設施的資源提供運算平臺或解決方案服務，PaaS 服務除了提供資源管理服務外，同時提供使用者所需的作業環境，使用者將可以更便利部署應用程式。例如 Salesforce.com 的 Force.com 雲端運算平臺提供 PaaS 服務（該平臺也提供 SaaS 服務）；Google App Engine 及中華電信推出雲端服務創作平臺也是 PaaS 服務。

3. **SaaS 服務**：主要是提供各種雲端應用程式服務。應用程式除錯、更新或維護等作業都將由 SaaS 業者負責。軟體服務供應商，以租賃的概念提供客戶應用程式服務，而非購買，比較常見的模式是提供一組帳號密碼。例如：Adobe Creative Cloud，Microsoft CRM 與 Salesforce.com 都提供 SaaS 服務，中華電信雲市集平臺 Hicloud 也提供 SaaS 服務。

雲端運算可以讓公司最小化硬體和軟體投資，使用起來相當有彈性，但是缺點是資料安全考量、系統的可靠性、以及對雲端供應商所提供服務的依賴性。雲端運算之發展，對於顧客關係管理也產生重大的影響，包含租用硬體設備，或是在建置 CRM 資訊系統時，可以採用撰寫 CRM 資訊系統程式環境之服務或是直接租用 CRM 資訊系統。

NEWS 報 7——晶英酒店

2021 年 9 月，晶華國際酒店集團旗下的晶英酒店，與南部知名建商清景麟建築團隊簽署策略聯盟備忘錄，宣布把飯店服務導入豪宅內。

結合隨選服務和電商平臺的「飯店加值服務雲端平臺」，晶英把飯店原本就有、也擅長的餐廳宴會、活動規劃、居家清潔、休閒課程等，包裝成為「可加價購買的加值服務」，提供住戶方便取得的精緻生活。未來在這個雲端管家平臺上，晶英將提供四大類、八大種服務類型，包含美學、娛樂、教育、美食等客製化高質感居家生活服務。例如餐飲部分，除了許多其他飯店也都有的「大廚到你家」，晶英更著墨在「訂閱式料理包」。晶華有專業主廚，可以根據潮流、季節，設計應時的餐點，再透過中央廚房，把晶華名菜轉化為冷凍和常溫料理包。住戶下訂後，每週時間一到送達社區，例如一套五種湯品，總價 1,200 元左右，平均一包 200 多元。住戶下班回到家，不用思考太多，選一包想吃的打開覆熱，就能輕鬆享受飯店大餐。

資料來源：晶華端上雲端管家 瞄準中高端社區藍海，遠見雜誌，2022 年 5 月

四、物聯網

物聯網（Internet of Things, IoT）是將網際網路與普通物體實能夠互聯互通的網路。要達到這樣的目標，我們可以想像，在物體上裝設有類是標籤（Tag）的感測元件，經過讀取工具讀取之後透過網際網路（尤其是無線網路）傳輸，再加以處理，便可以得到網路與物體互聯的效果。也就是應用電子標籤將真實的物體上網聯結，而在 IoT 上都可以查出它們的具體位置。

從網路技術的角度，我們可以把物聯網區分為感測層、網路層及應用層等三層。

在物聯網之下，我們可以蒐集許多有關實體的資料，包含公司的設備、人員，家庭的家具裝置、汽車等，幾乎無所不包。蒐集資料的技術就是屬於感測層。

其次，所蒐集的資料會透過網路層加以傳輸。這些資料逐漸可累積成大數據，進行大數據分析或人工智慧的應用，產生許多的價值，這就是應用層，例如人員監控、家具遙控、防盜、治安與犯罪防治、交通規劃、疾病防治等。讀者可回顧本章第二節許多資料分析的應用，其中有些部分是跟物聯網有關。

五、5G 行動通訊技術

在很短的時間內，智慧型手機成了主要的搜尋工具，以相當高的比例取代了桌上型電腦。行動通訊發展的歷史，從 1980 年起，大約每十年出現一個新世代。

1G 採用移動蜂巢技術，能夠傳遞的訊息只有聲音，且保密性差，通話品質也不好。到了 1990 年，2G 技術開始出現了，2G 能夠數位傳輸，而且可以加密，但速度仍然嫌慢。到了 2000 年左右，高通公司研發出 3G 的重要技術 CDMA，但是直到 2008 年智慧型手機流行之後，3G 才算普及。3G 網路的傳輸速度對移動者而言（例如車上）是 144Kbps，固定者可達 2Mbps 以上，用在網路瀏覽或電子郵件傳輸，已經相當足夠。2010 年進入 4G 時代，4G 網路可提供 100Mbps 的下載速度以及 50Mbps 的上傳速度，用於影像傳輸已經足夠，使用者可以在手機上觀看高解析度的影片。

2020 年開始，5G 技術應用開始發展。5G 是第五代行動通訊技術（5th Generation Mobile Networks 或 5th Generation Wireless Systems，5G）的簡稱，是最新一代蜂窩行動通訊技術。5G 不但速度更快，而且能結合大數據運算，使得前景看好，許多軟硬體廠商都加入布局，例如提供 5G 無線硬體與系統的廠商有華為、三星、聯發科等。

5G 的特性就是速度快、低延遲、大容量：

1. **速度快**：4G 速度大約 100Mbps，5G 速度大約是 1G ～ 2GMbps，是 4G 的 10 ～ 20 倍。
2. **低延遲**：傳輸的低延遲對於應用面的影響也很大，例如戴 VR 眼鏡時，可在雲端做運算，然後高速傳輸，因此可以達到低延遲，就不會有頭暈的問題。4G 的端對端延遲大約在 10ms ～ 100ms（毫秒 = 千分之一秒）之間，5G 延遲大約是 1ms ～ 0.1ms 以下（幾乎可以比擬現有的光纖）。
3. **大容量**：大容量指的是可以同時連接很多的設備，4G 每平方公里可以連接 2,000 個設備，5G 每平方公里可以連接 100 萬個設備，就可支持萬物上網了。例如在體育館的演唱會中很多人要上網，容量不夠就有問題，即使手機可能滿格，但是就是進不去。

達文西機器人是醫療方面代表性的應用，結合 5G，使得訊息傳輸速度快、低延遲，進行遠端手術變得極為可能。

NEWS 報 8——花蓮慈濟

5G、疫情、健保開放給付，帶動 2021 年成為遠距醫療元年。花蓮慈濟透過 5G 診療平臺，讓偏鄉民眾能就近視訊看醫生，不但減少醫病溝通、轉診的時間成本，慢性病追蹤也有了新的可能。

金太太是糖尿病患者，每三個月要到醫院追蹤視網膜狀況。這次她來到鄰近的衛生所，衛生所醫生幫她拍攝眼底照片，此時電腦另一端正連線到花蓮慈濟醫學中心（距 15 公里，搭車 1.5 小時），慈濟醫生正在看她的醫學影像，並且可以和她對話，告訴她眼睛的注意事項。

花蓮慈濟在 2020 年 5 月就與遠傳、花蓮及臺東兩處衛生所合作，請遠傳設置 5G 遠距醫療平臺，提前導入 5G。醫療影像必須達到 4K、8K 高解析度，才能讓遠端醫師清楚判讀，5G 問世，克服速度、延遲等問題，遠距醫療才能落實。花蓮慈濟原來只開放腎臟、心臟等八個內科採用，會逐漸加入神經外科、泌尿科、中醫等科別。

資料來源：花蓮慈濟「隔空」診療 5G 讓偏鄉就醫零距離，天下雜誌，2021.7.28

六、區塊鏈

區塊鏈是一種「將資料寫錄的技術」，更狹義的說，是一種「記帳的技術」。區塊鏈（Blockchain）技術是一種不依賴第三方、通過自身分散式節點進行網路數據的存儲、驗證、傳遞和交流的技術方案（MBA 智庫，http://wiki.mbalib.com/zh-tw/ 區塊鏈），它依靠密碼學和數學巧妙的分散式演算法，在無法建立信任關係的互聯網上，無需藉助任何第三方中心的介入就可以使參與者達成共識，以極低的成本解決了信任與價值的可靠傳遞難題。簡言之，目前的記帳是由銀行記帳的，去中心化的記帳是由私人記帳的，而且完全公開於網路上，主要的運作方式包含公開記錄交易、形成區塊、上鏈等步驟。

區塊鏈技術已經運用於智慧型合約，也就是在區塊鏈上儲存一套規則（程式）並自動執行，該規則就是智慧型合約。例如定義公司債轉讓的條件，包括要支付的旅遊保險條款等。

區塊鏈的主要特性如下（MBA 智庫，http://wiki.mbalib.com/zh-tw/ 區塊鏈）：

1. **去中心化**：區塊鏈技術不依賴額外的第三方管理機構或硬體設施，而是透過分散式核算和存儲，各個節點實現了信息自我驗證、傳遞和管理。
2. **開放性**：除了交易各方的私有信息被加密外，區塊鏈的數據對所有人開放，整個系統信息高度透明。
3. **獨立性**：區塊鏈所有節點能夠在系統內自動安全地驗證、交換數據，不需要任何人為的干預。
4. **安全性**：只要不能掌控全部數據節點的 51%，就無法肆意操控修改網路數據，這使區塊鏈本身變得相對安全，避免了主觀人為的數據變更。

5. **匿名性**：除非有法律規範要求，單從技術上來講，各區塊節點的身份信息不需要公開或驗證，信息傳遞可以匿名進行。

在應用領域方面，金融保險領域牽涉許多的交易、認證活動，區塊鏈是這個領域 e 化的重要核心技術。但是其他領域，也有越來越多的應用，此處舉一些例子，分述如下：

1. **金融**：包含身份認證、交易清算、貿易融資等均可運用區塊鏈確保資料安全，提升運作效率。
2. **保險**：運用區塊鏈技術協助確認符合理賠條件，依約履行，並降低核賠成本。
3. **醫療**：透過區塊鏈技術，將醫院及各分院、健檢中心的資料整合，可以做資料權限的控管以及確保資料安全。
4. **農業**：結合物聯網裝置，將生產過程之相關資料（如施肥、噴藥、天候、收成等）記錄在區塊鏈上，增加生產履歷的可信度。例如生產履歷所有資料都會被寫入區塊鏈資料庫，消費者只要掃描包裝條碼，就能獲取最完整的食品生產履歷。
5 **旅遊娛樂**：在住宿方面，屋主直接在區塊鏈住宿平臺上刊登出租訊息，就可以找到房客，並透過智慧合約完成租賃手續，不需透過 Airbnb 等中介平臺，當然不需支付平臺任何費用；音樂產業方面，歌手不用再透過唱片公司，自己就可以在區塊鏈打造的音樂平臺上發行專輯，透過智慧合約自動化音樂授權和分潤；聽眾每聽一首歌，就可以直接付錢給創作團隊，不需透過 Spotify 等線上音樂中介平臺。

NEWS 報 9——靜心高中

從 2020 年底起，臺北市私立靜心高中的學生，就能將自己歷年來做志工、參加營隊的紀錄與證書，透過谷歌表單丟到區塊鏈上，累積到日後要申請大學時，就能一鍵生成學習履歷：教授可直接在區塊鏈上查驗學生申請文件的真偽，而用戶也也能隨時帶走所有資料，轉到另外一條區塊鏈上。這是台大「心互助時戴：時間銀行社區實踐計畫」的一部分，讓靜心高中的「臺青社」成為亞洲第一個導入區塊鏈的學生服務性社團。

資料來源：一鍵搞定區塊鏈 豫亨掀網路新革命，財訊雙周刊，2021.4.29

七、延展實境技術

延展實境技術（X-Reality, XR 或 Cross Reality, Extended Reality）指的是任何包含所有的現實與虛擬融合的技術，都可以視為 XR 的一部份，包含擴增實境技術（Augmented Reality, AR）、虛擬實境技術（Virtual Reality, VR）、混合實境技術（Mixed Reality, MR）等都是。

擴增實境技術指的是透過攝影機的即時影像畫面結合圖像辨識技術，讓螢幕中的現實場景擴增出虛擬的物件，並且可以進行互動的技術。透過 AR 技術，你會同時看到真實世界與虛擬同時並存的內容。其中所謂的螢幕就是可視的裝置（See Through），例如頭戴式顯示器、抬頭式顯示器、手機等，數位資訊顯示在這些裝置上，並透過視覺產生數位資訊與實境結合，寶可夢遊戲就是 AR 技術的例子。AR 常用領域之一是行銷領域的顧客互動與體驗，設計視覺化、互動性高的 AR 應用，有助於將品牌理念或商品訊息以簡單、有趣、豐富的方式傳達給大眾。其次，遊戲和娛樂業方面，AR 的生動效果提升不少樂趣。教育界或是企業的教育訓練也常常使用 AR 來提升學習的效果並降低成本。

虛擬實境是由電腦創造出 3D 的虛擬空間，一般會搭配頭戴顯示器，使用者不會看到現實環境，完全沉浸在這個虛擬世界中，當使用者移動或動作時，虛擬世界會有對應的視覺等感官的模擬回饋，有身歷其境的臨場感。

混合實境（MR）簡單來說是 AR 和 VR 的融合，一般也會搭配頭戴顯示器，但是使用者看到的是現實環境，額外再堆疊出虛擬的物件，雖然 MR 和 AR 很相似，但它更強調的是現實與虛擬的混合，其與 AR 主要差異就是虛實精準定位產生的虛實互動與匹配。

在虛擬實境的世界裡，如果每個人之間可以互相溝通，而且增加聲音、味道等實體世界的效果，仿如產生另一個虛擬的世界，人們可以體驗這個虛擬的世界，並進行實體世界可能的活動，例如發行虛擬貨幣，進行交易等，則這個世界被稱為元宇宙（Metaverse）。簡而言之，將現有的虛擬實境（VR）、擴增實境（AR）和混合實境（MR）技術加以改善，應用在更多領域，如工業、零售、教育、娛樂等，創造一個去中心化的虛擬世界，達到完全互聯、無所不在網際網路的境界。

NEWS報 10——IKEA

2017 年 9 月，IKEA 發布了一款結合 AR 科技實境互動的 APP「The IKEA Place」（現在 ios / Android 皆可下載）。用戶可以用此 APP 將 IKEA 的 3D 模擬家具，透過智慧手機螢幕「擺」在自己家中。在 APP 的選單上，除了可清楚看到價格，也能從「情境類別」下去篩選（廚房、臥室、客廳等），操作容易。這款 APP 是少數將 AR 活用於生活層面的品牌案例，也是十分值得實體零售商參考的全通路品牌行銷概念。「IKEA Place」讓使用者可以瀏覽並選擇感興趣的家具，透過相機功能即可將家具以 AR 的方式擺到所處的空間中，尤其此版 App 具備 True-to-Scale 的功能，亦即家俱能以貼近真實大小的規格放置在所處的實體空間中，讓用戶得以確認擺放於家中的效果，進而提高購買意願。

The IKEA Place 串起了了線上與線下的品牌體驗，透過簡單操作便能在購買前對商品有一定認知；過去只能站在實體店或家裡想像未來的家具陳設，現在透過手機便可解決這項問題。儘管並非 100% 正確，有時會錯誤偵測，但這項科技概念結合可謂對此產業帶來了突破性的發展。

資料來源：品牌視角 VIEWPOINTS branding，2019.5.21；詹文男等合著（民 109），數位轉型力：最完整的企業數位化策略 *50 間成功企業案例解析，初版，臺北市：商周出版：家庭傳媒城邦分公司發行

TutorABC的動態課程系統

TutorABC 是一家線上英語教育機構，擁有世界最大的英語線上學習平臺。總部位於臺北市古亭區，辦公室的樣子十足像一家科技公司。

TutorABC 幾乎把冰冷的教室變成遊樂場，當老師面對著螢幕與各地的學生互動，宛如時尚 DJ 般，吸引路人駐足，教室內部有巨大 LED 螢幕，周五下客戶變成小型電影院，辦公室則是以廣告公司創意空間為概念的設計，旋轉木馬、熱氣球、吧檯等都直接變成場景，還有大型溜滑梯。當然，免費餐點、免費按摩、健身房這些矽谷的配備，這裡也都有。TutorABC 認為：我們從來都不是英語補習班，而是一家以數據驅動的網路科技公司。創辦人楊正大認為自己是「個性化的網路教學平臺」。

2006 年創辦人楊正大以數據為基礎，AI 為核心，開發出「動態課程系統 DCGS（Dynamic Course Generation System）」，能精準配對學生、教師與教材，獲得專利。

透過 DCGS，累積超過十年的大數據和演算法優化，提供最佳「學生 * 老師 * 課程」配對。目前 TutorABC 針對每個客人、老師、學生，各下約 128

個標籤（Tag），做到詳細分類。凡有學員報名，在線上依序填完語言程度、興趣偏好、所在行業、所事職務、加強技能等資料，系統演算法就會針對這個客人所有標籤，交叉分析資料庫內容，媒合最適合的老師、教材與同學。這聽起來簡單，其實很難做到。

系統還可依據學生的程度、需求、個性，配對合適的老師，如果程度較差，老師的耐性、想像力、描述性，實體動作就要特別多，而程度高的，老師的文字運用能力就要非常好。

同學的分類除了程度、需求、能力、年齡、性別之外，還將心理學的 16 種性格分類，包含在 128 個標籤當中。以需求為例，學員可以設定本身在英文方面的聽力、口說及閱讀目標，在何種專業與職業（例如科技業、醫療業）領域的提升，以及本身的興趣與愛好，如音樂、登山等；再以能力分級為例，區分為入門、初級、中級、中高級及進階五個等級，再細分為 L1 ～ L12 等 12 個更細等級。

系統可以預測每一位學生的學習路徑，學員報名後，後臺立即能算出該生的「退費率」。例如一位「三線城市、23 歲、男性、分期付款」的學員，退費率可能高達 62%。如果學員報名後一個月內，上超過十堂課，那退費率就會驟降到 0.5%。因此，針對退費率高危險群，要緊密連結來支援與激勵他們，便能降低退費率。

資料來源：線上教育獨角獸 TutorABC，楊正大用 AI 幫你挑學伴，遠見雜誌 2018/12，pp. 68-71；TutorABC 網站，2022/8/18

TutorABC 導入動態課程系統 DCGS，該系統對於英語教學及行政有哪些具體的應用？

本章習題

一、選擇題

( ) 1. 利用迴歸模式進行銷售預測是運用了哪一種資料處理方法？

(A) 篩選　(B) 計算

(C) 分析　(D) 判斷

( ) 2. 下列有關資料處理的敘述何者有誤？

(A) 資料分析的需求決定了資料庫的欄位

(B) 使用者的需求決定了資料分析的需求

(C) 資料庫欄位越多越好

(D) 以上皆非

( ) 3. 下列何者不是資料倉儲的特性？

(A) 昂貴建置費用　(B) 分析使用時的方便性

(C) 限用於分析目前狀況　(D) 包含歷史資料與外部資料

( ) 4. 下列哪一項系統所處理的資料最接近大數據？

(A) ERP　(B) CRM

(C) WEB　(D) 以上皆是

( ) 5. 顧客關係管理軟體提供顧客查詢產品型錄，該軟體具有什麼功能？

(A) 顧客聯繫　(B) 交易流程支援

(C) 顧客服務　(D) 機會分析

( ) 6. 銷售自動化系統是屬於哪一類型的顧客關係管理系統？

(A) 操作型系統　(B) 分析型系統

(C) 協同型系統　(D) 以上皆非

( ) 7. 預測購物行為，以在購物之後做適當的商品推薦，可能應用人工技術的哪一種知識發現模式？

(A) 關聯規則　(B) 序列樣式

(C) 分類　(D) 分群

(　　) 8. 蜘蛛程式檔是屬於下列哪一項技術？

(A) 瀏覽紀錄　(B) 代理程式

(C) 協同過濾　(D) 資料採礦

(　　) 9. Salesforce.com 在網站上出租 CRM 給相關業者，請問該公司提供哪一種雲端運算服務？

(A) IaaS　(B) PaaS

(C) SaaS　(D) 以上皆非

二、問題與討論

1. 何謂資料處理？資料處理有哪些方法？其主要目的為何？
2. 顧客關係管理資訊系統軟體主要功能有哪些？
3. 與顧客關係管理較有關係的網際網路技術有哪些？
4. 何謂多維度模式？何謂資料倉儲？資料倉儲對顧客關係管理而言有何重要性？
5. 何謂資料採勘？何謂線上分析處理？兩者有何不同？
6. 人工智慧的電腦視覺及自然語言處理各有哪些應用？
7. 請就你所知之企業，描述其有關資料倉儲、資料採礦或其他人工智慧應用之具體作法。
8. 與顧客關係管理有關的網際網路技術有哪些？

三、實作習題

【名片建檔管理】

說明： 所蒐集到的名片，加以建檔，以便往後可能之聯絡或應用。以您手上任何一張名片為例。

1. 進入「潛在客戶管理模組」，選取「公司」程式。
2. 點選「新增」按鈕。
3. 於「公司簡稱」欄位鍵入公司名稱並按下一步按鈕。
4. 填入「基本資料」、「類別資料」、「聯絡資料」之內容。

5. 於「潛在客戶管理模組」下，選取「聯絡人」程式。
6. 點選「新增」按鈕。
7. 將相關資訊填入「主要資料」頁籤；並將聯絡資料填至「連絡資料」頁籤。

本章摘要

1. 廣義的資料儲存包含資料庫、資料倉儲與大數據。資料倉儲乃是將企業內部及外部相關的資料庫加以整合，透過擷取、轉換及彙整等方式加以整理，整理過後的資料經過維度模式的建立而形成。大數據也包含半結構或非結構化資料，例如電子郵件、文章、圖片、聲音、影像等。
2. 資料處理乃是將資料轉換為對使用者有價值之資訊的過程，其轉換方式包含篩選、計算、分析、判斷等，其目的在於對使用者有價值，亦即對於顧客關係管理人員進行互動方案相對決策、規劃以及進行互動具有支援的效果。將資料轉換為資訊的機制稱為「資訊系統」，典型的資訊系統結構包含輸入（資料）、轉換（應用程式）、輸出（資訊）資料庫及資料庫管理系統。
3. 與顧客關係管理較有關係的資訊系統包含行銷資訊系統、銷售支援系統、產品建議系統、資料採礦系統等，只要該系統與建立及維持顧客關係有關，均為顧客關係管理資訊系統。顧客關係管理軟體主要的功能包含顧客聯繫、交易流程支援、顧客服務、機會分析等。
4. 資料分析可依處理層次分為資料庫管理系統、運算與分析模式、多維度分析、人工智慧等。
5. 人工智慧的學習區分為法則學派與機器學習學派兩種學派。法則學派運用邏輯推理的方式，根據人類學到的法則及環境變數的輸入而推理出判斷的結果，其重點在於「推理」而非學習，其主要的應用是專家系統；機器學習學派則著重於由機器透過以往資料的學習，找到資料的特徵（Features，指一系列屬性的集合）規則後，建立數學統計模型，用以分析判斷或預測，機器學習可分為監督式學習、非監督式學習及強化學習三類。

6. 神經網路的設計是模仿人類的神經元，每個神經元都會有一個接收訊息的輸入層、數個負責學習的隱藏層、以及一個輸出訊號的輸出層。如果隱藏層的層數越多，代表學習的過程越複雜，此時稱之為「深度學習」。近年來深度學習的應用有相當的進展，包含語音辨識、圖像識別、智能推薦系統、自然語言處理等。
7. 與顧客關係管理較有關係的網際網路技術，包含電子商務與網路行銷技術、社群媒體技術、雲端運算服務技術、物聯網、行動通訊技術、區塊鏈、延展實境技術等。

參考文獻

1. 王建堯等著;陳信希、郭大維、李傑主編（2019），人工智慧導論，初版，新北市:全華圖書。
2. 林東清（2018），資訊管理：e化企業的核心競爭力，七版，臺北市：智勝文化。
3. 邱振儒譯（民88），客戶關係管理：創造企業與客戶重複互動的客戶聯結技術，初版，臺北市：商業周刊出版：城邦文化發行。
4. 財信出版編著（2012），雲端科技商業大商機，初版，臺北市：財信出版有限公司。
5. 高端訓著（民101），WOW!多品牌成就王品，初版，臺北市：遠流。
6. 陳秀玲譯（民90），價值網，初版，臺北市：商周出版：城邦文化發行。
7. 陳傑豪著（2015），大數據玩行銷，第一版，臺北市：30雜誌。
8. 胡世忠著（民102），雲端時代的殺手級應用：Big Data海量資料分析，第一版，臺北市：天下雜誌。
9. 梁定澎主編（民89），“資料管理與分析”，電子商務理論與實務，華泰，第六章。
10. MBA智庫 https://wiki.mbalib.com/zh-tw/ 區塊鏈
11. Campbell, A.J. (2003), “Creating Customer Knowledge Competence : Managing Customer Relationship Programs Strategically,” Industrial Marketing Management, 32, pp. 375-383.

12. Chen, L.D., et al., (2000), "Data Mining Methods, Applications, and Tools," Information Systems Management, Win , pp. 65-70.

13. Chen, L.D. & Frolick, M.N., (2000), "Web –Based Data Warehousing Fundamentals, Challenges, and Solutions," Information Systems Management, Spr, pp. 80-87.

14. Davenport, T.H., et al., (2001), "Data to Knowledge to Results: Building an Analytical Capability," California Management Review, Win, 43:2, pp. 117-137.

15. Khodakarami,F., Chan,Y.E. (2014), "Exploring the Role of Customer Relationship Management (CRM) Systems in Customer Knowledge Creation." Information & Management, 51, pp. 27-42.

Chapter 7

制度與管理

學習目標

- 了解CRM的策略、決策、溝通行為與組織結構與制度的關係。
- 了解企業文化如何影響CRM行為。
- 了解企業文化如何影響組織結構與制度。

前言

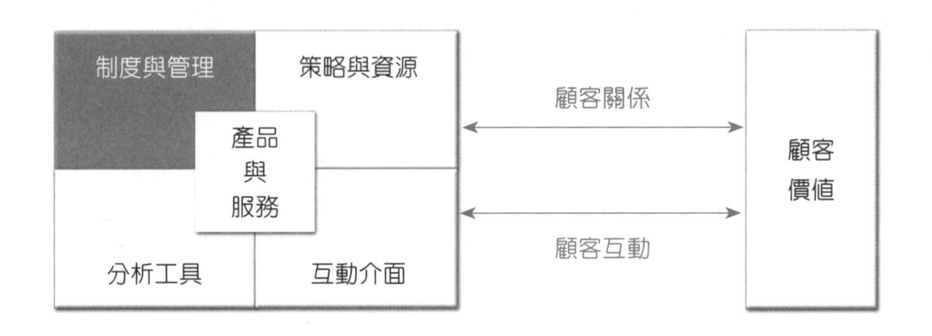

顧客關係管理的真正執行者為與顧客直接互動的業務行銷人員或顧客服務人員，這些人員除了需要資訊工具的支援之外，許多由組織所提供的支持也相當的重要。從預算的角度來說，所有的顧客關係管理相關投資，均需要經費；從人員的角度來說，人員的互動知識技能需來自於教育訓練，人員的互動意願可能來自於組織的績效評估與激勵制度，甚至組織的氣氛或企業文化，也都影響顧客關係管理實施的績效。也就是說，依據顧客關係管理的目標，若組織內部的激勵措施、績效指標以及預算資源之分配，未加以配合，則顧客關係管理便演變成業務、行銷或客服人員孤軍奮戰的局面，其成效也大受影響；企業內部的業務流程也可能隨著顧客關係管理的實施，而需要加以調整，顧客關係管理的實施會影響哪些流程，以及流程如何調整，是值得探討的課題。

企業觀測站

麗池卡登飯店（Ritz-Carlton）創辦人利茲（Caesar Ritz）和艾斯柯菲爾（August Escoffier）在一百多年前就已經訂定了顧客至上的標準，這是顧客導向的先驅之一，也是企業文化的表現。麗池卡登經常教育其員工有關公司的傳統與價值觀，該公司的「黃金標準」（Gold Standards）信條列出了這些傳統與價值觀，並印製於員工隨身攜帶的一張卡片上。黃金標準信條開宗明義：「我們是為女士與先生服務的女士與先生。」接著陳述與顧客互動的原則，例如，我隨時對我們的賓客所提出的或未提出的希望與需要作出回應、我不斷地尋找有助於創新及改善麗池卡登飯店體驗的機會，我立即解決賓客的問題等。

這樣的價值觀也落實到人力資源制度，麗池卡登的價值觀是所有員工訓練課程獎勵方案的基礎，在每位員工每天上班後的前十五分鐘「入列」（Lineup）會議中，經理人會再一次強調公司的價值觀，並溫習服務技巧。在人員挑選方面，麗池卡登測試每位應徵者與該公司文化的適配度，以及顧客服務相關的特質，包括該公司所謂與生俱來的「服務熱忱」。在面試過程中，應徵者和麗池卡登的現有員工一起執行當天的例行工作，這樣可以讓應徵者實際了解麗池卡登要求的表現標準，並鼓勵那些感到不安的應徵者退出。麗池卡登的員工平均每人每年接受二百三十二小時的訓練，是其他同業平均員工訓練時數的四倍。

在績效評估制度方面，麗池卡登採用它專有的「顧客情緒」（Customer Emotion）指標，以反映「情緒智商」的概念。該飯店也使用精心設計的方法，來確保對顧客與員工忠誠度、財務績效、持續改善方案等優先要務的督責。麗池卡登訂定業內的高薪資水準，並使用非財務性獎勵來表揚員工貢獻，藉此維持高度員工熱忱和低員工離職率

資料來源：建立服務文化頂級服務，贏得顧客心，EMBA 世界經理文摘 257 期，2008.1

提示

麗池卡登早就認為應該導入顧客關係管理，由該飯店的做法可以得知，顧客關係管理的推動需要有制度上的配合。這個案例讓我們思考，推動顧客關係管理在組織結構、文化、績效評估及人力資源方面應該如何搭配。

7-1 制度與管理相關議題

顧客關係管理在策略面有顧客關係管理策略目標引導，在執行面有互動流程持續與顧客進行互動，也就是說，顧客關係管理策略一經決定，許多的互動流程也跟著被擬定與提出，例如，銷售流程、抱怨處理流程、顧客諮詢服務流程等，這些流程會因為策略中與顧客關係的不同，而與顧客有不同深度與廣度的互動，如策略上對於 A 級顧客與 C 級顧客就有不同深度與廣度的互動。

其次，互動流程的實施，也需要互助介面與分析工具的支援，方能有效，例如，銷售流程就需要靠銷售員的面對面、電話銷售網站等介面的有效支援，同時，也需要透過資料分析工具來了解顧客的個別需求、進行銷售金額的試算、或進行銷售利潤分析，以便協助銷售流程之進行。

第三，顧客關係管理策略與互動流程的執行，也會影響整個組織的運作，只是顧客關係管理推動程度不同，組織受到影響的程度也有所不同，也就是說，造成不同程度的組織變革。

制度與管理的議題便是要掌握互動流程、引導互動流程的策略、支援互動流程的互動介面與分析工具，以及相關的組織變革。為了具體了解制度與管理的議題，將組織區分為行為、結構與制度、以及文化價值觀等三個層次。行為層次指的是策略及互動方案，結構與制度、以及文化價值觀則是對應組織架構中的組織結構、流程、績效評估與誘因系統、企業文化等向度，這些可稱為執行 CRM 策略及行動方案的配套措施。

一、行為層次

前述的策略擬定、互動流程等，均為組織外顯的行為，除了與顧客關係管理直接相關的策略與流程之外，組織的研發、生產等主要活動（亦可表達為策略與流程），以及財務、人力、採購等支援活動（亦可表達為策略與流程），也都是行為層次的議題。

二、結構與制度層次

行為層次的活動，直接受到組織結構與制度的影響，例如，顧客關係管理目標一經訂定，便需要加以評估是否達成，因此，績效指標與激勵制度便有必要加以配合。顧客關係管理在進行顧客區隔、資源分配等策略活動，以達成顧客招攬率、顧客保留率、顧客滿意度等均屬於行為層次的策略活動。而建立顧客關係管理資訊系統或是執行顧客互動方案等均屬於行為層次的戰術性活動。這些行為面的活動可能與制度相關聯，例如，建置資訊系統時，可能需要建立提升資訊系統使用率的規章制度，包含積極使用系統的獎勵或是不使用系統的輔導或懲罰措施；規劃或執行顧客互動方案時，針對達成各項目標的成員，也需建立獎勵措施。企業流程也需要依據顧客關係管理策略及互動方案而做適當的調整。至於顧客關係管理推動造成的組織變革是否能夠順利，則與組織的彈性與創新導向有關，組織的結構也是需要加以考量的事項（Amabile et al., 1996; Sundbo, 1996）。前述行為面的活動也可能與組織結構相關聯，例如，建置資訊系統時，需要調整組織結構或流程，以提升資訊系統效能，包含組織結構由部門結構修正為流程式的結構、部門的合併或精簡、任務編組的改變等；規劃或執行顧客互動方案時，也需要因應互動方案的需求增減人力、重新定義部門人力的職責，以便有效執行顧客關係管理方案。

就顧客關係管理的內涵來源，行為層次與結構／制度層次的關聯性如圖 7-1 所示。

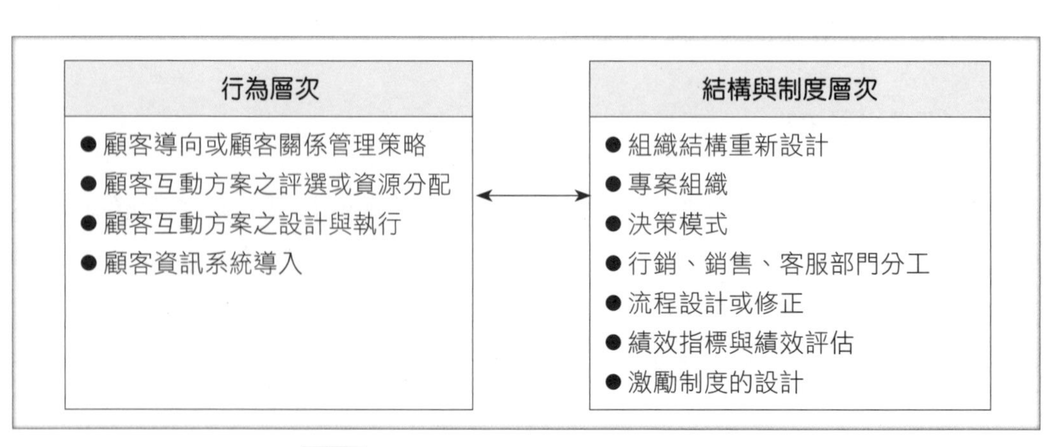

圖 7-1 行為層次與結構／制度層次之關係

三、文化價值觀層次

企業文化是組織成員共同的信念或價值觀，也是組織中不需經過驗證的假設，企業文化雖然包含許多無形的概念，卻深遠影響組織的制度、結構與外顯行為，例如，具有冒險價值觀的組織，較容易對顧客服務方案的創新，與顧客導向價值觀者，願投入較多資源了解顧客需求。行為層次、結構與制度層次、文化層次的關係如圖 7-2 所示。

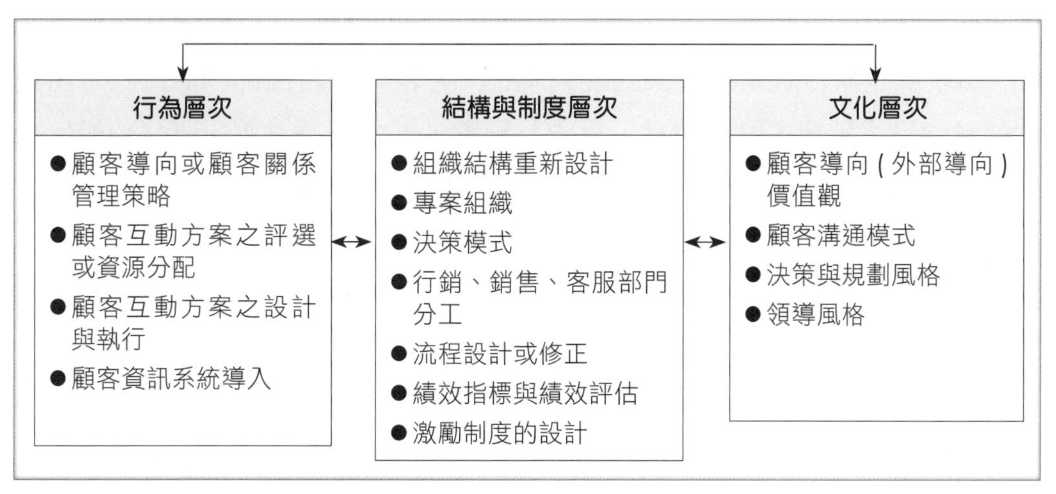

圖 7-2 行為制度、文化層次之關聯性

上述的二、三層次在本書的顧客關係管理架構元件而言，稱為制度與管理，本章所討論的制度與管理議題包含了績效評估與激勵、組織結構與企業文化等項目，本章後續各節，分別討論之。

7-2 組織結構

顧客關係管理策略也可能是組織重要的策略，策略會影響結構或結構會決定策略並無一定的定論，但此處我們假設顧客關係管理策略會影響組織結構，其影響程度視顧客關係管理策略重要性而定。若顧客關係管理重要性極高，則結構可能需與流程配合，進行組織再造。若顧客關係管理重要度不高，則在原有的組織結構之下，提供更個人化、更親切的互動，也無不可。

一、企業功能

顧客關係管理互動方案很明顯的會影響到企業功能，例如，建立一個完整的 FAQ 資料庫之後，對於客服中心的電話服務流程便有所影響。當然，顧客關係管理策略重要性也影響到企業流程的改變，如果完全顧客導向，全面推動顧客關係管理，則可能由顧客決策過程中推導出來的接觸點及流程，已經是全面的改變，而需進行企業流程再造。如果只是部分推動顧客關係管理，則可能只是造成流程小部分的調整，如部分活動的合併、改進、刪除等。

傳統的企業流程是以企業功能為單位，各自建立自己部門的流程，企業功能包含研發製造、財務會計、行銷及銷售、人力資源等等。研發功能包含一系列的創意構想、實驗、設計、測試、雛型製作等流程；製造功能包含採購、檢驗、庫存、組裝、出貨等流程；財務與會計包含會計報表編制、財務分析、資金調配、稽核等流程；銷售及行銷功能包含行銷組合、行銷規劃、訂單履行等流程；人力資源功能則包含人事、工時、薪資、生涯規劃、教育訓練、福利保障等流程。這些功能及流程各自運作，並相互協調，以期望在滿足顧客的前提之下，求得最佳的效率，傳統部門導向的企業功能如圖 7-3 所示。

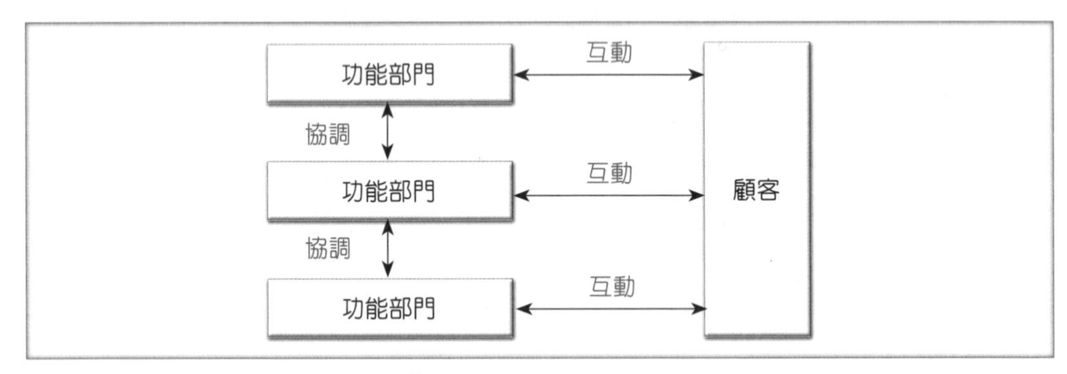

圖 7-3 部門導向的企業功能

顧客關係管理講究的是顧客導向，亦即以顧客的決策過程或顧客資源生命週期為核心，列出決策過程或生命週期各階段的顧客互動內容及接觸點，以便進行顧客互動，上述功能別的企業流程便無法滿足此種需求，而有重新設計流程的必要。

在顧客導向為基準的企業流程中，企業的各個功能部門成為支援單位，而以滿足顧客訂單、顧客參與、或顧客學習等互動內容為流程的核心。流程可能跨越企業功能部門的建制，以訂單履行的流程為例，當顧客下單之後，直到顧客收到貨品為止，便構成訂單履行的流程，包含銷售部門的接單動作、生產部門的排程生產、採購部門的零件訂購、品管部門的檢驗出貨，或查詢庫存、生產進度等，均為流程的一部分，這個流程已經跨越功能部門的阻隔，結合原有的各項細部流程，並使其間的連結更為緊密，流程導向的企業功能如圖 7-4 所示。

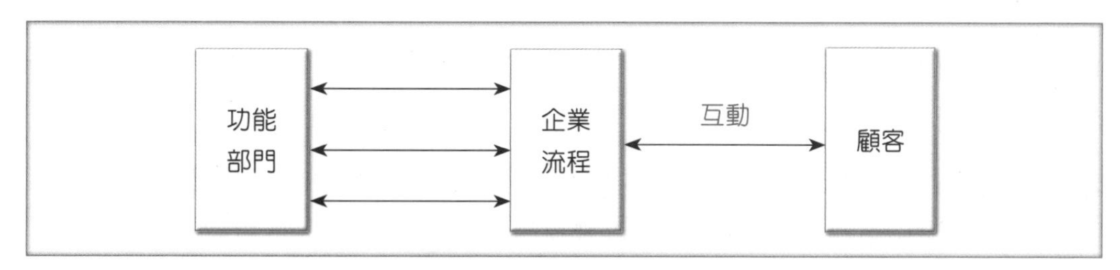

圖 7-4 流程導向的企業功能

實施顧客關係會牽涉企業流程的改變，依據顧客關係管理的規模以及與顧客互動的程度不同，流程改變的程度也有所差異，可能只是既有流程的些微改變或是相互聯結的小程度改變，也可能涉及企業流程的重新設計，也就是企業流程再造（Business Process Reengineering, BPR）。

企業流程設計有許多的工具或實施方法可以採用，以較為漸進式的流程改善為例，常被提起的有效方法為全面品質管理（Total Quality Management, TQM）以及六個標準差（Six Sigma）等。企業流程再造牽涉重大的流程變革，通常需要配合資訊技術的導入，顧客關係管理軟硬體系統的導入，的確可以支援企業流程再造，更重要的議題是顧客關係管理系統與企業其他系統（如 ERP、SCM、POS 等）的整合運用，將使資訊技術與企業流程再造的整合更加完備。

二、組織結構的考量

組織結構（Organizational Structure）指的是組織的部門職權安排與任務分工。組織結構要素（Robins, 2001）包含工作專業化、部門化、命令鏈、控制幅度、分權與集權、正式化等。

傳統的組織結構包含階層式的組織、矩陣式的組織等，新的組織結構包含了團隊結構（例如問題解決團隊、自我管理團隊、跨功能團隊、虛擬團隊）與虛擬組織。

顧客關係管理與組織結構的關係如下：

1. **顧客導向或顧客關係管理策略**：策略規劃與執行時，可能需要組織結構重新設計，例如寶僑鏡型組織。同時也需要考量資源分配決策模式。
2. **顧客互動方案擬定**：與顧客互動方案擬定較有關係的組織結構議題包含專案組織、行銷、銷售、客服分工，以及流程設計或修正。
3. **顧客互動**：與顧客互動方案執行較有關係的組織結構議題包含互動流程的設計以及顧客互動團隊。
4. **顧客資訊系統導入**：導入 CRM 資訊系統往往造成組織變革，與組織結構較有關係的變革包含組織結構改變（扁平化組織）、組織部門與分工改變、流程變革、人員接受等。

組織結構指的是組織的部門職權安排與任務分工，組織結構決定了個別任務、命令及決策、溝通方式。「職權安排」是指報告關係、權力、責任之分配，例如，階層式的組織指的是垂直的職權關係，而授權乃是將職責授與較低層級的管理者或員工，功能型的組織將組織依據生產、行銷、財務等功能部門加以部署，部門別組織則是一產品來劃分部門的形式；「任務分工」指的是組織成員的工作描述或工作定義。

組織結構中各部門欲有效整合，需要靠有效的溝通與協調，溝通指的是意見（如決策、資訊、知識、構想等）的交換，協調則是任務的調配，任務可能是標準化作業程序、專案計畫、或工作。

由於推動顧客關係管理可能牽涉到組織的變革，也就是上述任務、決策、溝通等變數可能受到改變，如果顧客關係管理策略重要性越大，則組織結構的變化可能也就越大。

其實組織結構最根本的議題在於彈性，也就是組織能夠因應外界環境變化的能力，因應外界環境變化的方案可能如下：

1. 提供新產品與新服務（創新）。
2. 縮短交期（快速回應）。
3. 與顧客建立聯盟關係。

顧客關係管理與上述的因應方案均有關係，而組織因應的能力表現在一個很有彈性的組織結構以及暢通的資訊系統。組織的結構包含階層式的組織、專案式的組織以及矩陣式的組織。專案式組織的彈性比階層式組織的彈性來的高，矩陣式組織則具有兩者之優點以及中度的彈性。而資訊系統則需要有環境掃描機制，偵測外界環境的變化，或是設置技術守門人（Gatekeeper），專門做為組織內外資訊及知識往來的橋樑，而內部的資訊處理配合決策過程，均影響了組織因應外界環境變化的能力。

NEWS 報 1——3M

美商 3M 臺灣子公司總經理趙台生表示，在工業產品上，我們跟主要客戶發展比較深層的接觸、合作，共同去開發市場。組織上，我們應該是以客戶或市場的需要，去組織我們的資源，而不應該根據我們內部的需要去組織資源。舉例來說，我們賣給筆記型電腦廠商很多東西。對 3M 而言，這些東西原本屬於不同的事業部；但是對客戶而言，這個東西要去找 3M 這個事業單位，那個東西要去找另一個事業單位，很複雜。因此，我們在臺灣成立一個主要客戶團隊，例如針對營建業，新房子會需要我們的產品，舊房子在維護保養上，也可以利用 3M 的東西。3M 過去有很多事業部都賣產品給營建業，但每個部份都是一點點，在客戶那邊不是一個主角，人家根本不會理你。當你把所有東西全部收集在一起，對營建業來說就比較有影響力，人家才會注意你。我們內部就是需要把所有東西組織在一起，針對營建產業的市場做一個整合。

資料來源：沒變成新臺幣，就不叫創新，EMBA 世界經理文摘 288 期，2010.8

NEWS報 2——發電機旅店

英國傳統的平價旅館發電機旅店（Generator）大變身，結合了設計與顧客體驗，數位與藝文活動，十足成為賣體驗與設計的飯店，它是平價時尚的新形態旅店的典範。

發電機旅店以千禧世代為目標客群，他們想接觸更多人，認識不同的文化，追求的是更完整的旅宿體驗，其標語是：「以設計為指南的旅店。」發電機旅店以具地方特色的設計、寬敞且風格時尚的交誼空間，成為一大特色（用餐、喝咖啡、上網、交誼）。並時常舉辦各種活動，從演唱會到畫展不等，儼然是個小型文化交流中心。發電機旅店訴求的是，告訴他們（年輕客群），我反映了你的自我認同，我的品牌彰顯了你的自我品牌。

發電機旅店每個據點都有設置專門人員負責規劃活動，負責將當地的音樂、藝術、時尚等帶入旅店當中。店內平日輪辦小型活動，週六壓軸好戲，顧客永遠不無聊。

為了使顧客能夠接觸真正的在地文化，發電機在挑選員工時，更特別篩選真正熟稔在地的人，他們對當地有熱忱、有使命感，都是城市的大使。

資料來源：賣體驗與設計的飯店，EMBA 雜誌 2016.7，pp. 40-47

7-3 績效評估與激勵

績效評估與激勵制度是相輔相成、一體兩面的管理技巧，績效評估的結果，可做為決定激勵對象與激勵方式的依據，同時，適切而有效的激勵制度，可以促使工作目標與內容朝正確的方向進行，而達到較佳的工作成效。例如，組織若鼓勵技術創新，則在技術創新方面優越的績效表現，應可獲得適當的鼓勵（包含實質的或無形的激勵）。另一方面，企業也因為要推動技術創新，而制定對創新有利的激勵制度，使得企業更能發揮技術創新的潛力，同理，推動顧客關係管理，也需要兩者相配合。

一、績效評估

企業有企業的績效，部門及個人也都有其績效指標。就企業而言，其績效通常區分為經濟績效與社會績效兩大類，「經濟績效」指的是企業營業額、市場占有率、獲利率等績效指標；「社會績效」指的是企業社會責任（Social Responsibility）的達成度或社會回應（Social Responsiveness）。企業的績效指標需分解為更具體的部門或個人績效指標。顧客關係管理策略的重要性，對於績效指標也有顯著的影響，例如，若將顧客關係管理視為組織重要策略，則其終極目標便是要由營業額改為顧客終身營業額（價值），此時，整個組織的績效指標（包含會計制度）也都受到影響。

績效評估指標是管理者掌握經營績效的重要手段，績效評估方式可能是評估財務績效、評估是否達成預設的目標，或是評估資源投入之後轉換的效率。以目標導向或財務指標而言，顧客關係管理的實施，目標不但是以顧客終身價值或顧客保留為重點，針對執行單位而言，也改變了顧客互動的流程或其他的業務流程，因此部門的績效指標，以及個人人員的績效指標，都可能需要調整，績效指標可能由拓展市場占有率，轉而兼顧市場占有率與顧客保留率。

依據顧客關係管理的基本定義，顧客關係管理推動的最主要目標是終身價值的最大化。也就是說，我們期望顧客招攬的比率、顧客保留的比率、顧客未來交易的金額，以及顧客推薦的數量均有所提升，相同的道理，我們期望顧客流失率能夠降低，也希望對往來越來越少的顧客採取適當的措施。其次，為了提升顧客服務的水準，創新的產品與服務，也是顧客關係管理重要的目標之一，諸如新產品 / 服務比率、附加價值、資本利潤率等，也都是顧客關係管理重要的績效指標。最後，顧客關係管理的推動，不只是與顧客維持良好的關係，進而提升顧客價值，無形的效益也是顧客關係管理的重要績效，其指標包含品牌形象、核心競爭力、企業形象等，也都可列為顧客關係管理的定性目標。這些目標均屬於策略面的目標，其主要的定義是為顧客創造多少價值，價值的多寡可以「關係程度」的策略目標表示之。

上述目標需要適切地分解為更詳細的目標。如資訊部門，為了支持顧客互動而達成顧客保留的目標，應該訂定資訊或知識管理的目標，諸如資料採礦的規則模式運用的效果等；行銷部門也應該以提出互動方案的數目、創新性、執行成果做為績效評估的指標；業務部門則承續顧客關係管理整體目標的顧客保留率、重複購買率等指標，更加具體、落實；背後支持的研發、生產、配送等部門，亦應考量有效支援顧客關係管理目標做為衡量本身部門的績效指標。

除了目標達成的衡量之外，績效評估也可以採用資源投入法加以評估，因為有些績效的目標達成較不明確或無法具體衡量。企業衡量其投入多少資源於客服中心的設置、行銷研究的投入等，均可視為採用資源投入法評估績效。

二、激勵

激勵是指激發、指引個人努力達成工作目標的力量，因此，激勵的目的是要刺激員工發揮其潛能，就顧客關係管理的激勵而言，激發潛能的目的便是要達成或超越顧客關係管理的目標，上述顧客關係管理績效指標的達成與否，便是激勵制度設計的重要依據。

既然激勵是要鼓勵人員發揮潛能，因此有需要了解員工的心理動機因素。員工的動機主要來自外在動機與內在動機（Amabile, 1998）：

1. **外在動機（Extrinsic Motivation）**：指的是來自外在的獎勵或處罰，例如，績效獎金、職位晉升等，均可能刺激員工的工作動機。
2. **內在動機（Intrinsic Motivation）**：指的是個人從事某項工作的慾望、熱情、興趣等，發自內心的意願所產生的工作動機。為了提升員工內在動機，組織並非提供外加的誘因，而是協助員工發掘內心的熱忱，企業有適當的願景，對員工有適當的生涯規劃，以及融洽的組織氣氛，常常是提升員工內在動機的良好方法。

常見的激勵方案包含（Robins, 2001）：

1. **目標管理**：採用目標管理，可以具有績效回饋、決策參與之激勵效果。

2. **認同員工方案**：認同員工有關符合公司方向或推行領域方面的優越表現，而給以適當的獎勵，例如創新獎。

3. **員工投入方案**：設計激發員工投入之活動或方案，例如參與管理、品管圈、員工認股等。

4. **薪酬與福利**：包含採用變動薪酬制（目標獎金、利潤分享等）、技能薪酬制、彈性福利制等，均能達成激勵之效果。

績效指標的改變意味著組織需要更新評估或設定一套新的激勵制度，包含激勵對象及激勵方法。激勵對象指的是針對不同的人或團隊，針對其不同的業務活動達成事項來加以獎勵，這些對象均可能因為實施顧客關係管理而有所改變。激勵方法包含有形及無形的獎金、職位、表揚、假期等方式，給予激勵的過程，激勵過程欲有效，則可參照前述激勵理論來設計激勵系統。例如，對惠普公司而言，以往高階主管的考核指標為財務目標達成及市場占有率，今則加上顧客滿意度、顧客經驗及顧客忠誠度。嘉信理財也透過顧客滿意度、顧客經驗，以及是否確實幫助顧客增加資產（提供顧客效益）等指標來獎勵員工，所有員工都依據其顧客滿意度來發放紅利。

CRM 行為與績效評估及激勵制度之關係如下：

1. **顧客導向或顧客關係管理策略**：最主要的關係在於績效評估的指標或激勵制度的目標，包含 CRM 策略目標，或是顧客終身價值指標。

2. **顧客互動方案擬定**：最主要的關係也在於 CRM 績效指標，以及目標管理之推動。

3. **顧客互動**：與顧客進行互動時牽涉到績效評估方法以及激勵制度的設計。

4. **顧客資訊系統導入**：與 CRM 資訊系統導入有關的制度議題包含 CRM 系統策略目標以及 CRM 系統導入的制度化。

NEWS報 3——串炸田中

串炸田中以平民美食起家，如今不但股票上市，也成業界龍頭，能在低價市場中持續擴張，顛覆產業的做法是致勝關鍵。串炸田中經營居酒屋，專攻親子客，顛覆一般居酒屋瞄準的目標群，也因此推出一連串以逗笑兒童的服務，例如章魚燒霜淇淋免費，和店員猜拳贏了，飲料也免費。

其中一個反常識的做法是把整個店交給新人經營，串炸田中大膽採用新人，建立「研習中心店」，既是研習中心又是營業店面。除了訓練新人，也可降低離職率，這是重要目標。

資料來源：居酒屋供親子客，反常識勝出！商業周刊 1610 期 2018.9，pp. 108-110

NEWS報 4——天藍小舖

天藍小舖執行長張曉婷說，有設計感的包包要價 1,200 元，在辦公商圈熱銷，2004 年上架到雅虎奇摩拍賣，短短幾年就被平價包包打趴。於是轉攻平價包包，但從商品設計和通路下手做差異。天藍小舖總經理邱致嘉為了抓緊流行，他會觀察路上女性的穿著，以此推想她適合搭配的包包。天藍小舖 2013 年更與 91APP 合作跨足行動電商。除了贈送折價券來推廣下載量，天藍小舖也會推出一元的限時搶購活動，增加互動，並讓會員累積紅利點數換贈品，以避免 App 被刪除，贈品必須要好，有錢也買不到的那種，才能達到飢餓行銷的效果，善用後臺數據，也能降低做優惠活動的成本，例如發現有會員「沉睡」一段時間，就要做分群、分區域的活動推播。

門市人員疑惑為何要推薦客人 App 而把業績給線上？張曉婷透過一次次的溝通，讓門市員工認知，唯有以會員的使用經驗為核心，建立線上線下合作，才能達成 O2O（Online to Offices）正向循環，共同提升回購率。經由門市人員推播，每個月 App 的下載量高達七千到一萬次，手機下單的業績也已經佔整體營收近三成。

資料來源：App、官網、門市，全面包圍 70 萬鐵粉，商業周刊 1605 期 2018.8，pp. 58-59

7-4 企業文化

文化是價值觀、信仰、意識、思想之集合，它是組織內部成員所認同的，並教導給新的成員，它代表組織內不成文規定及感受的部份。組織文化存在兩個層次，一為外顯的象徵，包含儀式、故事、標語、行為、穿著、物質環境等，一為內隱的象徵，包含潛在價值、假設、信念、態度、感受等。文化的一些典型觀念有：

1. **儀式及典禮**：包含通行、增強、革新、整合等儀式。
2. **故事**：包含英雄事蹟、傳奇軼聞、神話等。
3. **符號**：解釋文化的工具，也包含典禮、故事、標語與儀式。
4. **語言**：格言、標語、譬喻等。

文化或組織文化的根源來自於人類的一些基本假設，包含人們對於真理、時間、人性本質、人群關係、人與自然的關係、以及處世態度與原則等的看法。以下簡單介紹各種假設的內容（陳千玉譯，民 85，原著為 Schein, 1992）：

1. **關於眞理與眞相的假定**：有關於真理與真相的假定可以從兩個角度來談，一為文化的高度脈絡與低度脈絡（Hall, 1977），在低度脈絡裡，事件有清楚而唯一的意義；而高度脈絡中，事件有不同的意義與類別，必須擺在脈絡中被了解，因果認定模稜兩可，曖昧不明的。第二為道德主義與實用主義（England, 1975），道德主義是在哲學、道德系統或傳統中尋求效度與驗證，實用主義是在個人經驗中尋求效度與驗證。
2. **關於時間本質的假定**：關於時間本質的假定包含基本的時間傾向，即傾向過去、目前、或未來；其次，對於時間的假定也有單功能性與多功能性或計畫性時間與發展性時間的區別。單功能性或計畫性時間傾向的人在一個時間裡做一件事，需要高度一致行動的情境，有明確目標與里程碑，發展性時間的人則是靜觀其變，歸咎於自然與生物歷程；第三，為時間的調和與步調，有些認為時間足夠，事緩則圓，有些則認為時間不足，宜積極利用。
3. **關於空間本質的假定**：空間有很強的象徵意義，空間可能代表地盤，空間大小及位置與組織中的職位與地位直接有關，空間的意義包含物理性與社會性意義，距離與不同的位置也表示對地位，或成員身分的象徵。

4. **關於人性本質的假定**：指的是做為人類的意義，本性為何之假定，例如，性本善，性本惡等。

5. **關於人與自然關係的假定**：包含實踐主義與存在主義，實踐主義取向（The Doing Orientation）者認為自然可以被控制與操縱，相信人類可以趨向完美，此傾向者注重工作，效率及發現；存在主義取向（Being Orientation）者認為大自然不可抗拒，人類應順應自然，有宿命論的味道，接受命運，並樂在其中。

6. **關於人類關係本質的假定**：關於關係的假定所欲解決的問題是權力、影響力與階層，或是親密、愛與同事關係。人類關係的本質也許是攻擊性的，也許是合作的，相關的假定包含個人主義與團體主義、對於組織系統的參與和投入程度角色關係的特徵等。

研究文化或組織文化者，為了討論的方便性，也提出文化的構面因素，較典型的文化構面包含（張小海、尹甯寧譯，民93）：

1. **平等與階級**：平等指性別平等、角色靈活，可以挑戰權威，傾向自我發展；階級則偏向性別不平等、重視命令與權威，較無個人發展空間。

2. **直接與間接**：直接指表達的方式坦率、直接、主動，期望解決問題；間接則是迂迴而留下解釋空間，期望維持和諧關係。

3. **個人主義與群體主義**：個人主義者發揮個人主動與獨立，視個人於群體之上；群體主義者願意協同合作，並進行集體決策，個人表達對於群體的認同。

4. **理性與情感**：理性者以任務為導向，直接面對工作，人際關係擺在次要位置；情感者注重身分與人際的信任和諧關係，著重情感的表達，並且不希望工作影響生活。

5. **風險與謹慎**：冒風險者依據少數資訊快速做出決策，關注未來，嘗試新方法，接受不斷的變革；謹慎者則傾向蒐集足夠資訊，迴避風險，依賴過去經驗，不輕易改變計畫。

上述的基本假設與文化構面對於顧客關係管理均有相當的影響，包含顧客關係管理策略的擬定以及與顧客溝通的方式等。同時，推動顧客關係管理也會影響組織的內部制度與管理，因此也需要探討文化對於決策、規劃、組織、與領導等功能的影響。

一般而言，文化的轉變是緩慢的，有相當的持續與穩定性，此處不探究文化的形成過程，而探討文化對於顧客關係與組織行為的影響，組織所進行的決策、規劃、溝通、領導等活動，其目標或方法若與文化相衝突，則其阻力相當大。

一、企業文化影響 CRM 行為

(一) 企業文化與CRM策略

企業文化指的是企業內不易隨時間改變的共同信念，也就是說企業文化是深植在人們內心的信念。而且是組織共同的信念。企業文化可能受到顧客關係管理推動的影響，或是說，企業文化本身也可能影響是否推動顧客關係管理的決策。一般而言，企業保守或愛冒風險的傾向、有活力（創新）或官僚傾向、自主或獨裁傾向、封閉或傾聽顧客聲音的顧客導向、集權或充分授權的決策模式等，均可視為企業文化的表徵，這些表徵可能透過歷史、故事、英雄事蹟、儀式、建築、布置等方式呈現。例如，宏碁電腦的文化，是永續的文化、是競爭力的文化，表現在人性本善、顧客為尊、貢獻智慧、平實務本的基礎之上（資料來源：宏碁電腦網站）。實施顧客關係管理，意味著是以顧客導向為指針，若原本公司就傾向開放式的企業文化，則其衝擊較小，若組織為穩健保守的企業文化，則顧客關係管理的實施勢必衝擊到人們心中的信念，需要加以妥善的處理，畢竟改變或重新塑造企業文化是一個相當龐大的工程。

與顧客關係管理之推動較有關係的企業文化可稱為市場導向或顧客導向，具有顧客導向文化的企業，其觀念是較為開放的，也就是說，具有傾聽顧客聲音的特質。因此，企業員工普遍認為，顧客是企業獲利的來源，沒有顧客，也就沒有企業，企業所提供的產品與服務，均是為了滿足顧客的需求，甚至創造顧客的需求。

其次，在領導風格方面，管理者理性與情感、對事或對人、專制或民主等領導風格對於擬定 CRM 策略均有影響。對於人性本質的假設，例如，性本善，性本惡等，影響激勵制度的設計，包含內在激勵與外在激勵的方法使用，以及對於金錢、非金錢、直接、間接激勵等。

而在 CRM 策略規劃時，是著重長程或短期的規劃、重視績效或過程，以及資源分配決策是風險與謹慎、個人決策或群體決策等，都受企業文化的影響。顧客關係管理的推動及顧客關係管理資訊系統均需加以規劃。對於時間的假設影響規劃，例如，傾向於長程規劃或短程規劃有不同的考量，對於嚴謹的規劃或是依據執行狀況調整計畫的作法也不同。在工作的安排方面，企業文化的不同使得有些公司對工作的安排有不同考量，有些工作安排是序列性的，也就是一次進行一個任務，完成後再進行下一個任務，有些公司的任務則是多工安排，同時應付好幾個任務；任務負荷量的安排也需要考量員工是將工作視為第一重要的事，還是較重視生活與休閒。

最後，顧客關係管理典型的決策包含顧客區隔、資源分配、顧客互動方案的選擇等。決策過程牽涉到許多的訊息傳遞與資訊處理，低度脈絡的文化中或是較為保守的文化，決策過程也必須蒐集較充分的資訊，對於概念的定義也需要較為明確，否則無法被接受，高度脈絡的文化則反之。其次，採實證主義觀點的文化中，對於決策的依據或方案的評估，需要利基於可以驗證的科學資料，方能達成共識；採道德主義的文化，主管的決策則有更多的比例採用直覺或第六感。

(二) 文化對於顧客互動方案的影響

顧客互動方案設計時，是單功能或多功能、是重視目標還是重視過程，均與企業文化有關。在互動方案執行方面，主要是溝通的議題。

文化的高度脈絡與低度脈絡對於組織與顧客的溝通過程有相當的影響，因為溝通過程牽涉到許多的訊息傳遞與資訊處理，低度脈絡的文化中，溝通過程必須較為明確，決策過程也必須蒐集較充分的資訊，對於概念的定義也需要較為明確，否則無法被接受；高度脈絡的文化則反之。了解本身與顧客的文化脈絡是重要的。

其次，企業與顧客對於時間的觀點，也影響顧客的溝通效率，例如，對於工作任務的安排或對於工作步調的快速與緩慢，均影響溝通的時機與效率，如不加以注意，可能產生衝突而破壞顧客關係，顧客的文化背景對於時間的觀念，也包含時間是充足的、時間是不夠的假設與對於溝通過程中沉默的容忍度等。例如急診處，醫生可能採用單一任務方式安排診斷，或是對時間採區充裕的看法，造成苦等的病人很挫折，因為他希望趕緊就醫。

第三，空間的假設或是文化的「平等－階級」構面，對於顧客溝通有顯著的影響，因為此等文化特性影響顧客或企業顧客經理人的角色、階級觀念、人際親密度等。例如，與人交談時，需要了解溝通距離，身體與對方的接近程度便會影響對方的情緒，有些文化背景的人習慣與人相當接近，有些則傾向保持距離。

第四，人類關係的假設以及了文化構面的「直接－間接」構面或「理性—情感」構面，也影響顧客溝通，直接的構面指的是溝通的過程以任務為導向，以直接解決問題為原則，偏向任務或理性層面；間接的構面則是反應較為迂迴與保守，以便能夠維持和諧的人際關係，傾向於情感構面。與顧客的溝通，便需要注意溝通過程中，情感表達的比例，不宜過多或過少。

二、文化對於組織結構與制度的影響

在組織設計方面，關於人類關係的假定影響權力、影響力與階層，或是親密、愛與同事關係，平等－階級構面也影響了組織設計，例如，組織的扁平化或階級性，經理人的權威角色任務等。平等－階級構面也影響對於組織的參與和投入程度（包含獨裁專制式的、家長式的、民主的、權力分享的、授權的因素）與角色關係（包含情緒的、獨特性的、成就傾向、自我或集體取向等），進而影響個人發展。

文化的理性與情感則影響員工關係以及指揮與命令體系。在制度設計方面，對於人性本質的假設，例如性本善、性本惡，會影響激勵制度的設計。同時，企業對成果的重視程度，以及重視長程或短期績效，也影響激勵制度的設計。

NEWS報 5——捷步

全球最大的網路鞋店捷步（Zappos）相當重視企業文化，該公司的十大核心價值觀之一是「謙遜」。高階主管必須願意根據這套價值觀來僱用及解僱員工，在面試時，該公司面試人員可能會私下查訪面試途中與巴士司機或計程車司機，以評估面試者是否為謙遜的人。錄取者必須接受四週的訓練，包含兩週在電話客服中心工作。該公司的另一項價值觀為開放而坦誠的關係，據此，捷步要求所有經理人必須把 10% ～ 20% 的工作時間撥出來與員工在辦公室外溝通，並鼓勵員工使用社交媒體，捷步的確把文化落實於工作方式，這是它成功的重要原因之一。

資料來源：搞好文化就對了，EMBA 世界經理文摘 297 期，2011.5

NEWS報 6——新竹物流

新竹物流對於服務人才的重視，除薪資待遇是業界最高，還有多一層的保險。服務業重在人與人互動，人的改造才是關鍵，心態改變，行為才會改變；行為改變，結果才會改變。從教育訓練到人的關懷，新竹物流花了很多時間在這部分。新竹物流對於人員的重視，不只是教育訓練，也注意到態度與價值觀的改變，逐漸形成企業文化，新竹物流營運長李正義接受訪問時說：「之前一位學者講到，企業文化的轉變需要花八到十年的時間，我回過頭看，嚇了一跳，新竹物流的顧客導向文化落實花了八到十年。」

資料來源：不做貨運公司，做客戶的夥伴，EMBA 雜誌 2017.10，pp. 102109

寶僑的顧客關係改善之道－建立有效率的溝通模式

寶僑進行組織改革，是基於顧客導向的考慮。寶僑舊有組織架構的缺點是對外溝通的效率不佳。溝通過程中，制定規則的是財務、物流、業務、行銷等部門，然而只有業務去跟顧客接觸，做點對點的溝通。因此，經常發生談判的業務代表無法替財務、物流、行銷等部門下決定，一旦談判有變數時，業務必須回頭重新請示各部門主管。沒有效率的溝通方式，同樣也出現在寶僑客戶身上。寶僑經常要面對的狀況是，花好多時間談完一個案子，到最後竟然是對方不承認來談的人握有決定權，一切又要重新談過。

自 97 年開始，寶僑展開了組織變革。對外溝通的組織從金字塔型變成鏡狀，不再只有業務部接觸顧客，而是資訊部、顧客服務發展部、公關品牌、物流、品類管理部，共同組成一個小組，一起替顧客服務。

組織變革後，影響最大的部門之一是業務部門，不但名字換成客戶業務發展部，連工作的內容也重新定義。以前業務員要從顧客那裡抱幾箱的訂單回公司、要跟顧客討價還價，現在則是專心地跟顧客一起改善管理，討論提升效率以及創新服務的方法。寶僑公司針對關鍵客戶創造了一些工具，加強客戶互動與訂定客戶優先順序。寶僑亦組成了專門服務關鍵客戶的多功能團隊，且為了提升該服務團隊對客戶獲利率的重視，還制定了新的獎勵制度與評估指標。此外，寶僑調整了供應鏈與交易條件，以便能在服務關鍵客戶的同時獲取利潤。

資訊部門也受到影響，以前資訊部門的任務是提供資訊以及資訊系統，讓公司內部系統運轉順利，現在則是看哪裡還有發展業務的機會，資訊部門也要和顧客一起工作，不但能清楚顧客的想法，也能提供更客製化的服務。

整體而言，寶僑組織的部門角色調整，所造成的影響是各部門疆界將愈來愈模糊，權力決策結構也隨之改變。過去各部門的決策掌握在各部門的最高主管手上，現在則是移轉到每一個參加團隊的部屬身上；過去是最高主管負責決策、發號施令，現在團隊小組聽令專案領袖的指揮，小領袖再向全球的專案最高主管報告。未來部門的最高主管，將從發號施令的將軍，轉型為協助部屬作戰的軍師，提供部屬需要的訓練支持，考核部屬的專業能力。

為了培養組織變革後所需要的人才，寶僑教育訓練方式也開始進行調整，包含雙方合作人員，都要到寶僑企業大學一起上課，例如有效溝通的課程，目的是讓雙方的專業及合作共識更充分溝通。未來寶僑企業大學還會提供專業課程，讓有潛力的領導者培養更多專長。

在這些基礎之下，寶僑更運用所建立的溝通管道與關鍵客戶更深的夥伴關係，例如，寶僑的重要客戶之一是沃爾瑪百貨（Wal-Mart），寶僑將沃爾瑪百貨視為合作夥伴，這兩家公司建立了策略合作關係，包含文化方面的認知協同合作的價值的攻勢，策略上共同發掘與處理主要商機，戰術上更貫徹各階層主管的互動與執行，而非僅侷限高階主管之間，也因而建立相互信賴的關係。寶僑公司針對關鍵客戶創造了一些工具，加強客戶互動與訂定客戶優先順序。寶僑亦組成了專門服務關鍵客戶的多功能團隊，且為了提升該服務團隊對客戶獲利率的重視，還制定了新的獎勵制度與評估指標。此外，寶僑調整了供應鏈與交易條件，以便能在服務關鍵客戶的同時獲取利潤。

寶僑與沃爾瑪的合作關係，已從 1980 年不到四億美元的業務，達到如今的一百一十億美元；沃爾瑪目前已成了寶僑最大的客戶。這兩家公司使用共同的計分卡來監控進度，並且時常聯手進行各種計畫。舉例來說，在利用無線射頻系統來追蹤庫存的應用上，他們更聯手進行研究，以求了解重要顧客的特性，並學習如何提升這類顧客的購物次數和採購量。

資料來源：張素璇，寶僑家品「鏡型組織」服務利器，天下雜誌第 214 期 2012.6.25， pp.86-90；如何推動關鍵客戶管理，EMBA 世界經理文摘 290 期 2010.10

寶僑在實施顧客導向策略之後，在組織結構、運作流程、人力資源等方面有哪些變化？這些改變有無與其企業文化相衝突？顧客導向策略的效果為何？

本章習題

一、選擇題

(　　) 1. 組織進行某項投資決策，這是屬於哪一個組織層次的議題？

(A) 行為　(B) 結構與制度

(C) 文化與價值觀　(D) 以上皆非

(　　) 2. 組織正在考量如何針對執行顧客關係管理有功人員加以激勵，這是屬於哪一個組織層次的議題？

(A) 行為　(B) 結構與制度

(C) 文化與價值觀　(D) 以上皆非

(　　) 3. 某公司將顧客導向視為公司核心觀念，形成平日工作的習慣，這是屬於哪一個組織層次的議題？

(A) 行為　(B) 結構與制度

(C) 文化與價值觀　(D) 以上皆非

(　　) 4. 下列哪一項不是激勵理論應用於顧客關係管理的主要目的？

(A) 設計員工激勵制度　(B) 設計顧客激勵制度

(C) 員工績效評估　(D) 顧客互動流程設計

(　　) 5. 下列哪一項不是內在動機？

(A) 慾望　(B) 熱情

(C) 晉升　(D) 興趣

(　　) 6. 下列哪一項不是流程改善的技術？

(A) 企業流程再造　(B) 全面品質管理

(C) 六個標準差　(D) 以上皆非

(　　) 7. 下列哪一項不是組織結構設計的結果？

(A) 任務　(B) 命令及決策

(C) 溝通方式　(D) 以上皆非

(　　) 8. 企業提出創新獎以激勵創新，這是屬於哪一類型的激勵方案？
(A) 目標管理　(B) 認同員工方案
(C) 員工投入方案　(D) 薪酬與福利

(　　) 9. 某公司在與國外企業客戶溝通時，發現該企業非常重視溝通談判者的身分地位，此時應特別注意哪一個文化構面？
(A) 理性與情感　(B) 平等與階級
(C) 風險與謹慎　(D) 直接與間接

二、問題與討論

1. CRM 在組織的行為層次有哪些議題？
2. CRM 行為與組織結構有何關係？
3. CRM 行為與組織績效評估有何關係？
4. CRM 行為與組織激勵制度有何關係？
5. 企業文化如何影響 CRM 的行為？
6. 企業文化如何影響組織設計與制度設計？

三、實作習題

【報價管理】

說明：業務人員須針對 CNC 車床及一般車床兩項產品進行報價，其單位均為台，其價格分別為 1,000 萬及 300 萬。

1. 進入「銷售管理系統模組」，選擇「報價管理」。
2. 選取「報價單範本」。
3. 「檢視」適當的報價單範本編號，填入相關報價資料，包含「基本資料」、「報價單明細」、「詳細資料」、「類別資料」等。

本章摘要

1. 顧客關係管理的推動乃是由顧客關係管理策略目標指揮互動方案的進行，除了資訊技術分析工具及界面的支援之外，組織的制度與管理也是配合顧客關係管理不可或缺的條件。顧客關係管理的制度與管理包含了行爲層次的策略與流程、結構及制度層次的激勵與績效評估與文化層次的議題等。其影響程度均由顧客關係管理策略的重要性決定。
2. 績效評估的指標除了財務指標的評估之外，也包含目標達成法（是否達成顧客保留率、滿意度之目標）及資源投入法（是否投入適當資源俏有效運用資源）。目標達成法乃依據顧客關係管理策略不同，訂出不同的目標，組織的激勵方式也就隨之改變。
3. 組織的結構需考量的重要變數是彈性，因爲顧客關係管理與顧客高頻率、個人化的互動，組織應該要有很好的因應能力。
4. 文化是價值觀、信仰、意識、思想之集合，文化或組織文化的根源來自於人類的一些基本假設，包含人們對於眞理、時間、人性本質、人群關係、人與自然的關係、以及處世態度與原則等的看法。文化的構面包含平等與階級、直接與間接、個人主義與群體主義、理性與情感、風險與謹愼：冒風險者依據少數資訊快速做出決策，關注未來，嘗試新方法，接受不斷的變革。文化對於顧客關係管理有相當的影響，包含顧客關係管理策略的擬定以及與顧客溝通的方式等，推動顧客關係管理也會影響組織的內部制度與管理。

參考文獻

1. 張小海、尹甯寧譯（民 93），跨文化競爭力─文化智商教你輕鬆縱橫世界職場，良品文化。
2. 陳千玉譯（民 85），組織文化與領導（初版），五南。
3. Amabile, T.M., et al., (1996), “Assessing the Work Environment for Creativity,” Academy of Management Journal, 39：5, pp.1154-1184.
4. Amabile, T.M. (1998), “How to Kill Creativity,” Harvard Business Review, Sep/oct, 76:5, pp.130-143.

5. England, G. (1975), The Manager and His Values, New-York :Ballinger.
6. Hall, E.T. (1977), Beyond Culture, New York: Dowbleday.
7. Robins, S. P. (2001), Organizational Behavior, 9th ed., Pretice Hall.
8. Schein, E. H. (1992), Organizational Culture and Leadership, 2nded, San Franscisco Jossey-Bass Inc., Publishers.
9. Sundbo, J., (1996), "The Balancing of Empowerment," Technovation, 16：8, pp.397-409.

第 二 篇

發展

Chapter 8

實施團隊與規劃流程

學習目標

- 了解推動顧客關係管理的流程。
- 了解推動顧客關係管理的團隊與技能需求。
- 了解推動顧客關係管理所需的專案管理流程。

前言

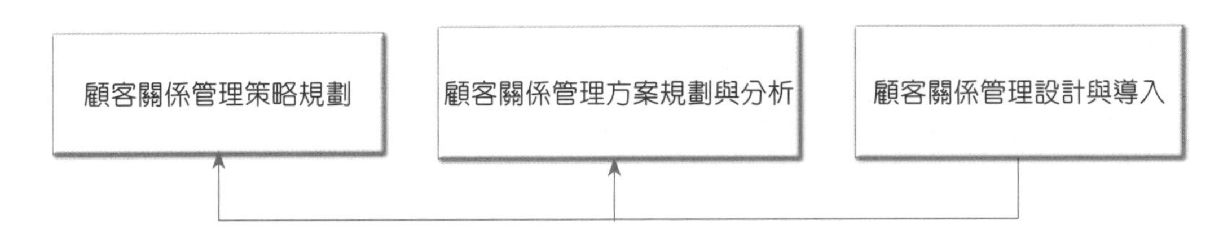

顧客關係管理的真正執行者乃是與顧客直接互動的業務行銷人員或顧客服務人員，這些人員如何推動顧客關係管理為本章的主題。

易言之，顧客關係管理的發展過程，是由顧客關係管理的團隊來完成的。顧客關係管理的發展過程包含規劃、需求分析、導入等階段，這些階段的工作欲順利達成，顧客關係管理的團隊應如何分工？團隊成員應該具備哪些專長與技能？均為值得考量的問題，當然各階段的工作內容以及其成功的關鍵因素也需要加以探討。

企業觀測站

臺北亞都麗緻大飯店（The Landis Taipei Hotel）為臺灣五星級飯店之一，於1979年開幕，舊名為亞都大飯店，1997年更名為亞都麗緻大飯店，由總裁兼前董事長嚴長壽主持經營。

亞都麗緻大飯店主要的客群是各國的商務旅客，飯店採用法國30年代雋永的裝置藝術（Art Deco）美學風格和內斂的優雅氣質，感動每個停駐於此的腳步。針對目標客群，提供商務與休憩的住房，提供旅客更甚於家的住宿體驗。承襲歐洲飯店精緻典雅的傳統，以獨創細膩服務與低調優雅風格，成為各國商務旅客住宿飯店首選。

總裁嚴長壽認為，每個客人的獨特性都應受到尊重，因此除了獨特的硬體風格之外，更注重的是要傳達、創造一種人性服務概念。在「各國商務客家的體驗」的理念及策略方針之下，列舉一些觀念與具體作法。

到底要如何向顧客傳遞他受重視的訊息？第一步就是要知道客人是誰－「我知道你是誰」，在極短時間內掌握到客人的姓名與身分。為了發揮更大的效果，亞都還要求每一層樓的領班，將所有客人的特殊需求一一記錄下來，不論是多麼細微瑣碎的要求。因此，嚴長壽總裁做了幾點突破性的規劃，首先，亞都首創旅館派專車至機場接客人的服務。每一個客人到了機場，亞都都會派有機場代表把客人送上專車，車一開，機場代表就要立刻打電話到旅館櫃檯，告知第幾號公務車已經往臺北去了，預計大約幾分鐘會抵達飯店，車上左邊坐的是Mr. Jones，右邊是Mr. Smith。等車一到門口，門房立刻迎上前去親切地叫出兩位先生的名字，並且歡迎他們。客人在大廳絕不會落單，大廳副理會全程陪伴他們登記住房、取鑰匙，並介紹飯店設施，再送他們到房間門口。

一進房間，客人更會開心且意外地發現幾個驚喜：桌上有一籃飯店送的時鮮水果，旁邊有一疊印好他姓名的專用信紙、信封，另外還有一疊名片，名片上清楚地註明了他在臺北的「家」的住址、電話及姓名，方便他洽公時的需求。當客人打電話至總機，總機也一定會先辨識電話上的房間號碼，接起電話叫出客人名字。

讓客人感受到每個員工都知道他是誰，只是傳達服務訊息的第一步。更卓越的服務是除了知道客人的名字，要真正讓客人感受到體貼的關懷。延伸這個概念，亞都飯店在每星期二、四的晚上六點至七點舉辦「RITZHOUR」亞都時間，我們會發出正式的邀請函給每一位商務客人，在「亞都時間」這個輕鬆的雞尾酒會上，住房客人在交誼廳享用免費的餐點，藉此讓這些商務旅客覺得來到臺灣，不是孤單的，他們在亞都就好像在一個大家庭中。在這個雞尾酒會中，總經理及各級主管也都會出席，與客人們聊天認識，同時也將他們介紹給其他客人，如此在員工與客人之間，以及客人與客人之間，都培養出一種友善的氣氛，也給予亞都最好的機會去了解客人、認識客人，雖然這需要相當大的耐力，投注相當的心血，可是也能得到全面的認同和回報。

亞都還設置商務客服中心，以掌握顧客需求，並提供即時回應。例如，有位客人是設計師，他特別需要一個明亮的燈光、一個桌面傾斜的設計桌；或是講究的女性客人，不習慣使用木頭衣架，而需要包了絲布的衣架，都會在電腦上記錄下來，當這位客人下一次再回到亞都飯店時，一開房門，他會發現設計桌已經準備好了，或所需要的軟質衣架已掛在衣櫥中了。客人受到員工親切的接待時，雖倍感溫馨，但總覺得這是為每一個客人做的，可是在那一剎那，他知道你是特別為他而做，他會感受到這家飯店是真的全心全意的為他準備「臺北的家」。

正是因為如此，十多年來亞都廣告很少，但住房率仍維持在令人滿意的程度，而這其中老客人就占了 65% 以上的比率。

資料來源：嚴長壽，總裁獅子心，平安文化，pp. 130-132.；維基百科亞都麗緻大飯店，2019.8.7；亞都麗緻大飯店官網，2022.8.18

提示

亞都麗緻大飯店的顧客關係管理推動，從經營理念、策略到具體的行動方案，有一系列的規劃，這是 CRM 落實的重要關鍵因素。

8-1 顧客關係管理發展流程

一、CRM 的實施範圍

雖然整個公司實施顧客關係管理是一個終極的目標，但這並非一朝一夕能夠執行，可能需要花上數年甚至數十年的努力，一再的嘗試，不斷的改善。在逐步進行的過程中，若能夠漸漸了解顧客所帶來的長期利益，就越有信心繼續實施，同時也越能獲得所需的資源，這是逐步演進式的導入過程。當然亦可以採用突破性創新（Radical Innovation）的方式來進行變革。一般而言，企業從單一部門開始實施顧客關係管理是一個可行的方式，Dyche（2000）便以行動電話公司為例，說明企業由話務中心、行銷部門、銷售部門、外勤服務等過程逐步實施，其實施範圍說明如下：

1. **話務中心**：由顧客支援部門為起始實施顧客關係管理是合理的，他們需要顧客的基本資料及各種故障單，他們所進行的任務包含訊息的查詢，並調查及追蹤顧客的滿意度，因此，話務中心的目標是利用調查追蹤顧客抱怨，並監控顧客的滿意度，以改善企業的產品和服務，話務中心同時也可能進一步追蹤自助服務的結果，並加速顧客問題解決。
2. **行銷部門**：話務中心原先是以被動的接收電話為業務範圍，但目前的話務中心，結合資訊系統，功能逐漸擴大，便有外撥的功能，諸如電話促銷等，因此便有行銷的功能。行銷部門顧客關係管理的主要包含顧客區隔、主動促銷、個人化推薦等項目，因此需要顧客的更進一步資料，以便使得顧客區隔更為明確，並依顧客區隔與顧客進行不同程度的互動。
3. **銷售部門**：當顧客資料逐漸累積整合之後，銷售單位亦可以加以運用，使之對顧客更加了解。同時，也在銷售過程中，透過與顧客的接觸，蒐集更多的資料，強化顧客資料庫，因此，銷售部門顧客關係管理主要目標便是透過自動化來精簡銷售流程，並改善與顧客互動的品質。
4. **外勤部門**：顧客的資料亦可協助負責設備配送、安裝、維修的外勤人員，除了使得外勤人員更能了解顧客特性、產品規格資料，及故障修護紀錄等資訊來提升維修品質之外，更能追蹤安裝及維修的紀錄，提供顧客更為主動而且貼心的服務。

上述顧客關係管理的實施範圍可以圖 8-1 來表示，顧客關係實施的範圍及所提供的功能便決定了系統的複雜度，範圍越大、功能越多，則系統便越複雜。例如，只針對單一部門實施某項的顧客互動服務，則系統相對簡單，只需該部門人員負責即可。若運用話務中心來實施顧客關係管理，則可能牽涉到查詢、促銷等多項功能，需要有部門的合作，系統便複雜了許多。當話務、行銷、銷售、外勤等部門均推行顧客關係管理時，其功能便相當多，範圍更是擴及整個企業，是非常複雜的顧客關係管理系統。

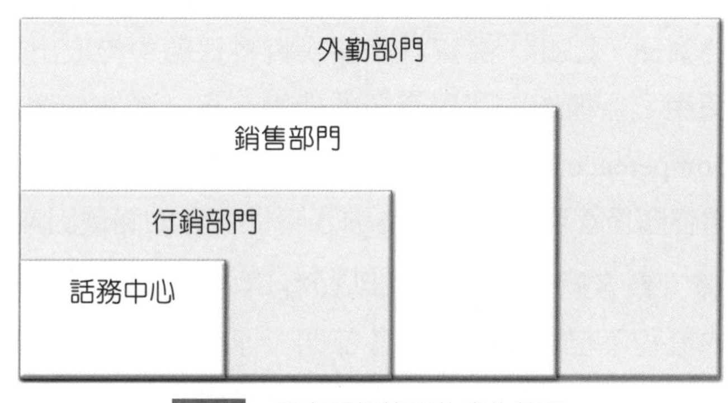

圖 8-1　顧客關係管理的實施範圍

二、顧客關係管理關鍵成功因素

顧客關係管理要能夠成功，有些條件必須加以考慮，這些條件稱為關鍵成功因素（Critical Success Factors, CSF），也就是說，關鍵成功因素是成功的少數幾個關鍵因素（Rockart, 1979），這些因素若未能具備，則顧客關係管理便不會成功。

此處依據許多的文獻或實務執行的經驗，所討論到顧客關係管理的關鍵成功因素歸納如下：

1. **高階主管支持與承諾**：實施顧客關係管理為企業的策略問題，為企業如何與顧客相處的指導方針，因此在心理及共識的建立上，高階主管的支持是重要的。其次，實施顧客關係管理可能牽涉到相當大的創新變革，因此所需的資源投入相當龐大，高階主管對於資源的需求，應有相當程度的承諾，否則恐怕淪為空談。

2. **顧客導向落實**：顧客導向是一個概念，是以顧客行為及動機為核心來設計本身的企業流程，從概念、流程的設計，甚至執行的細節，都需要顧客導向的實際表現，絕對不可以表面上打著顧客導向的口號，但實際上所做所為，根本違反顧客導向的原則。

3. **顧客知識能力**：現代的資訊科技可以建立龐大的資料庫或資料倉儲，資料量可能是以 Gigabytes 或 Terabytes 來計算的，而且一般企業也都將資料視為寶貴的資產。然而，資料要能產生價值，需要將資料轉為知識，所謂知識就是能夠與顧客關係管理的活動相結合，而且能夠協助顧客互動業務（如互動方案的提出）的資訊，因此，由資料倉儲或資料採礦中粹取出來的資訊，必須要能夠實際運用，這種有效運用資訊的能力，稱為顧客知識能力（Customer Knowledge Competence；Campbell, 2003）。這種能力關係著顧客互動的績效，也就是顧客關係管理的績效實為顧客關係管理的關鍵因素。

4. **策略夥伴關係**：顧客關係管理乃是以顧客導向為基礎，為了滿足顧客的需求，所設計的流程不但橫跨組織的各部門，而且需要策略夥伴之整合，包含供應商、配送單位、銷售夥伴等，與策略夥伴建立良好的關係，乃是顧客關係管理成功的關鍵。

由前面關鍵成功因素之敘述，可以得知本書顧客關係管理系統的結構能夠充分考量顧客關係管理之關鍵成功因素，而顧客關係管理發展的步驟又是依據顧客關係管理系統元件來進行，希望使得導入顧客關係管理的成功機率提升。

三、顧客關係管理的發展流程

顧客關係管理的實施範圍所定義的是顧客關係管理的互動流程，也就是企業與顧客直接互動的活動，這些範圍的互動流程受到顧客關係管理策略的指揮，也就是要為顧客創造多少的價值（顧客關係程度），以及資源分配決定顧客關係管理的實施範圍與互動內涵，各實施範圍典型的互動流程如表 8-1 所示。當然實施範圍也影響了企業流程的改變、制度與管理的改變，以及對於資料分析工具的需求。

表 8-1 顧客關係管理實施範圍與互動流程

顧客關係管理實施圍	代表性的互動流程
話務中心	1. 電話查詢、2. 電話客訴、3. 滿意度調查、4. 電話行銷
行銷部門	1. 顧客區隔、2. 服務設計、3. 促銷方案
銷售部門	1. 產品建議與銷售、2. 問題解決
外勤部門	1. 安裝、2. 維修與技術服務

顧客關係管理的實施範圍也與顧客關係管理策略重要性有關，實施的範圍越大，代表企業越是全面地實施顧客關係管理，顧客關係管理策略也就越接近公司的策略，實施的範圍越小，代表顧客關係管理策略是公司的子策略，但不論策略的重要性為何，都必須保持策略一致性的原則。

推動顧客關係管理是以策略為引導，此處將顧客關係管理發展流程區分為策略規劃、需求分析、系統導入三大階段，後兩個階段的主要內容為資訊系統與互動方案，如圖 8-2 所示，分別說明如下：

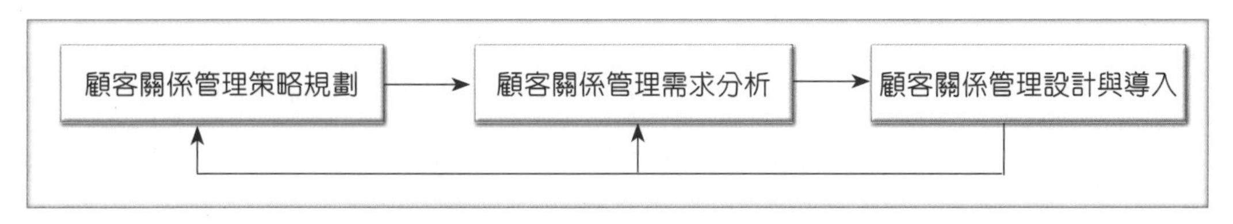

圖 8-2 顧客關係管理的發展流程

1. **策略規劃**：所有計畫的共通特性便是運用資源達成目標，因此目標便是計畫的前提，當然目標的設定，需要納入本身能力以及環境競爭因素的考量，有些目標是量化的，有些是質化的，有些是長程的，有些是短程的，而且目標必須配合實施的範圍。策略規劃的目的在於依據顧客區隔所定義的顧客群，設定顧客關係管理策略目標，並評選顧客互動方案、進行資源分配，以達成該目標。策略的產出是專案組合（核准的顧客互動方案），也就是每一個顧客互動方案構成一個專案。分別成立專案團隊執行需求分析、設計與導入。

2. **需求分析**：所謂需求分析乃是以顧客為基本需求，針對顧客關係管理的各項元件，來分析其需求，再加以整合。各項元件包含與資訊通訊技術有關的互動介面及分析工具元件、負責實施的顧客互動方案，以及負責後勤支援的制度與管理元件等，每項元件均有其需求。例如，資訊技術之資料採礦工具的資訊處理能力之需求，執行顧客互動人員之專業技能需求等，這些需求應具體列出，並加以整合提出顧客關係管理之需求。

3. **系統設計與導入**：乃是針對需求分析的結果，提出可以滿足該需求的方案。方案亦可以各元件個別提出，再加以整合，例如資訊技術的取得，採用了何種採礦軟體？制度與管理的設計，改變了哪些流程與績效指標？顧客接觸又採用那些介面等。系統的導入應著重其成本效益，成本方面可能包含導入過程中所需的實際成本耗費及預估的風險，效益方面則為顧客關係管理的預期成效，也包含具體的利潤、保留率等具體成效，或顧客滿意、品牌信譽等無形效益，當然效益也需要注意短期的成果或長期的成果，以及資源投入至產出之間會有時間延遲的效果，成本可能包含資金、設備、教育訓練等各方面之花費，這些項目應列為資源或預算之需求，再與效益做比較，做為方案採用與否之決策依據。

CRM 發展流程與關鍵成功因素應有相對的關係，CRM 策略規劃方面，高階主管的支持與承諾乃是針對顧客導向理念，而且對於 CRM 範圍的定義以及進行 CRM 策略規劃都有關係（策略目標、顧客區隔、關係程度、資源分配），因為主管的承諾是對於資源的承諾。此外，CRM 策略規劃也與策略夥伴關係有所關聯，因為夥伴關係牽涉到資源的互享與互助。

在 CRM 需求分析方面，當成立專案時，與策略夥伴關係有關聯，進行顧客需求分析時，顧客導向的落實這項關鍵因素就會提醒專案團隊執行深入的需求分析。

在 CRM 設計與導入方面，方案設計與導入與顧客導向的落實這項關鍵因素最有相關，CRM 資訊系統設計與導入則與顧客知識能力有關，因為這項關鍵因素提醒我們將系統所產生的資訊有效地運用。

針對需求分析、設計與導入階段，我們可以大略將顧客關係管理區分為資訊系統與顧客互動方案兩大類的專案，其發展均透過需求分析、設計、導入三大階段。資訊系統經由需求分析、採用而實施，互動方案亦經由需求、設計而實施，兩者在實施時均造成組織變革，包含流程、組織結構、制度等之改變。因此這些變革亦透過分析、設計、導入的過程進行之，如圖 8-3 所示。

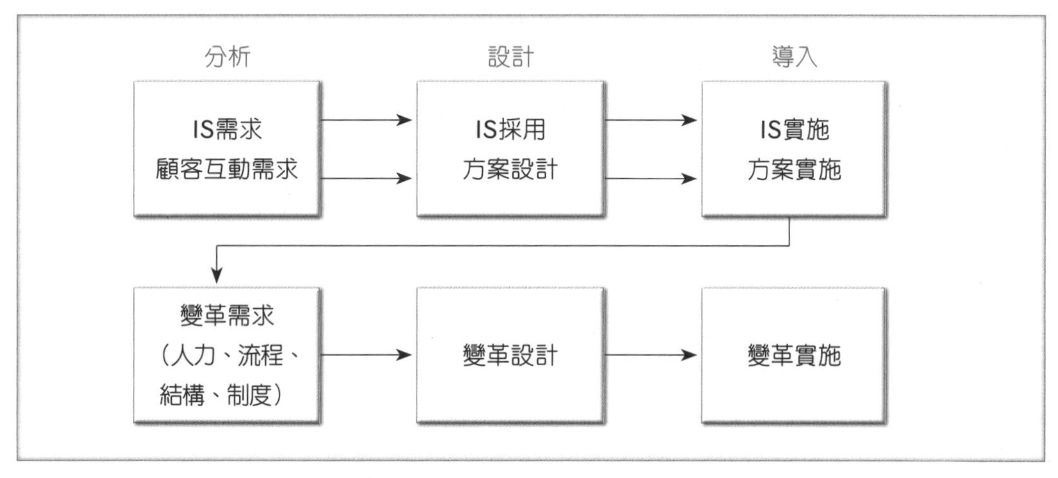

圖 8-3　顧客關係管理分析、設計與導入

顧客關係管理的規劃流程大體可依據策略規劃、需求分析、導入等步驟來進行，本書後續章節將對這些步驟內容做較為詳細的描述。

8-2 顧客關係管理專案與專案團隊

我們視顧客關係管理的實施為一個創新的專案，專案的團隊組織規模可依公司規模或顧客關係管理實施的程度來加以調整，而其一般性的成員任務分工以及所需的主要技能需求為本節討論的重點。

一、專案的定義與特性

專案（Project）是為達成特定的企業目標，所規劃一系列相關活動的集合。例如營建工程、資訊系統、新產品或技術研發、設計案均為典型專案。相對於一般的團隊而言，專案最重要的特色是專案具有目標性而且專案具特定的時間，也就是說，專案的形成是接受了特定的任務（例如開發新產品、淨山、舉辦婚禮等均有特殊性），而該專案具有明確的開始及完成時間。

二、CRM 專案

專案內容的組成可能包含技術、產品、服務、事件等，只要是回應組織、外部環境或顧客的需求，均可能成立專案。推動顧客關係管理的過程中，包含策略、系統導入、顧客互動方案之提出等內容，也就是說，策略面上的市場研究或區隔市場的需求調查、顧客關係管理系統發展與導入、顧客互動方案的規劃與執行等，只要有明確的起始與結束，均可以成立專案，而這些專案就構成企業的專案組合。

圖 8-4 為顧客關係管理專案管理的架構，典型的顧客關係管理專案類型，在策略方面包含顧客區隔、顧客調查專案；在互動方案方面，包含行銷、銷售、顧客服務方面的互動方案與忠誠度方案等，專案也包含 CRM 資訊系統的導入。

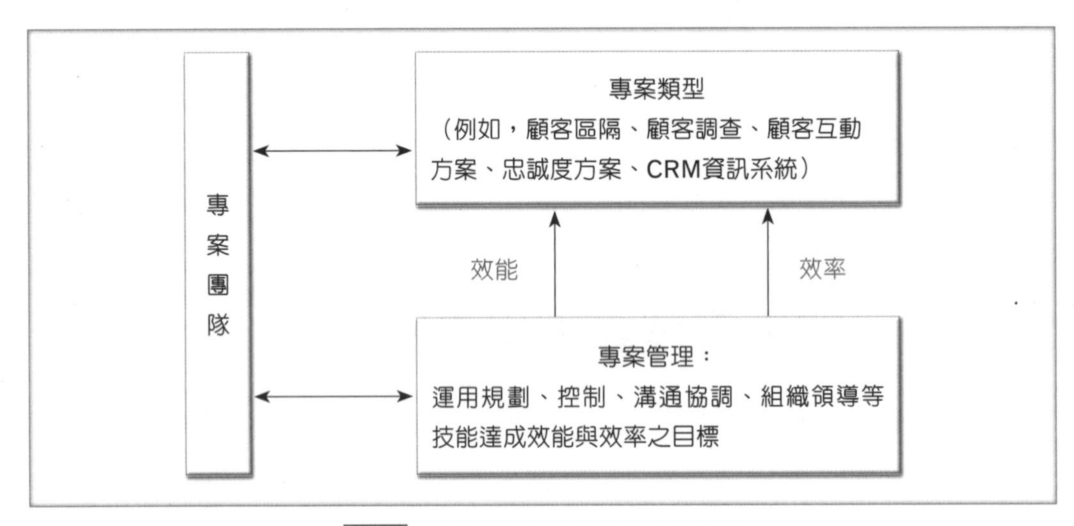

圖 8-4 顧客關係管理專案管理的架構

三、專案管理的目標

專案管理（Project Management）是應用知識、技巧、工具與技術在明確的預算與時間以達成特定的目標，也就是說，運用規劃、控制等管理功能，達成專案目標。專案管理主要是針對專案範圍、時間、成本、品質、風險等要素進行管理（宋文娟、宋美瑩譯，民 99）：

1. **範圍（Scope）**：專案範圍指的是為達成專案目標所需要產出的內容，這內容包含產品、半成品、以及專案執行過程中所需完成之文件等，例如資訊系統的程式碼、規格書、測試報告等。
2. **時間**：指整個專案進行的時間，以及各項工作內容完成的時間。
3. **成本**：指整個專案進行所需花費地成本，以及執行各項工作內所需的成本。成本項目可能包含人事費用、儀器設備費用、人力資源、維護費用等。
4. **品質**：指的是專案的產出、專案執行的過程均具有品質，產出品質指的是產出能夠滿足顧客的需求，專案執行過程的品質是專案執行時各項工作內容的品質以及專案流程是否順暢。
5. **風險**：風險是造成專案在上述四項指標受到影響的不確定性因素，例如技術風險可能造成時程延宕、或是品質不良；人員流動的風險可能造成時程延宕、或是成本提高；當然外在環境改變、顧客需求改變、公司政策改變等也都是風險的因素。

四、專案管理內容

欲達成專案範圍、時程、成本與品質等目標，需要有不同的知識技能，美國專案管理學會就定義專案管理的知識體，包含九大領域（熊培霖等譯，2009），分別說明如下：

1. **專案整合管理**：專案整合管理第一個主要的工作是啟動專案，啟動專案是利用專案章程，說明專案目標、目的、主要預算、時程等內容，並指定及授權專案經理。
2. **專案範疇管理**：專案範疇管理定義專案的範圍，該範圍主要是以專案需要完成的事項（主要包含產品與文件等內容），以及專案在進行過程中所需要經過客戶或上級核准的事項（主要也包含半成品與中間文件等內容）。將這些所需產出的成品、半成品、中間文件以及最終文件等，以工作分解結構（Work Breakdown Structure, WBS）來表達。工作分解結構也就是專案的範圍。
3. **專案時間管理**：專案時間管理主要是為專案排定工作時程，使得專案能順利進行。排定時程首先將工作分解結構的工作包加以分析，定義完成該工作包所需的活動，再將這些活動的先後順序予以以關聯，劃出網路圖或甘特圖；接下來再估計完成每項活動所需的時間，這樣就完成了專案的時程規劃。

4. **專案成本管理**：專案成本管理是依據 WBS 以及專案時程所需的資源、風險因應所需之資源、人力資源或是溝通管理所需之資源進行成本之估算。該成本之估算除了算出專案成本之結構外，也搭配專案時程表，定義出每項工作包（對應到數個活動）所需耗用之成本，也就是未來可以得知何時需要花費多少成本，以及控制成本是否超支。

5. **專案品質管理**：專案品質管理主要是管理交付標的的品質，以及專案流程的品質。管理交付標的的品質方面，首先依據交付標的之允收水準，擬定出專案或是產品服務之品質指標，並依據該指標來檢驗或測試專案執行成果是否達成品質要求。在專案流程的品質方面，需要設計一套機制並針對專案中各項流程，擬出分析流程的步驟，也就是制定流程改善計畫書，進行流程改善的動作。

6. **專案人力資源管理**：專案人力資源管理主要是定義執行專案所需要之人員技能需求，包含執行專案的技術專業以及專案管理團隊所需的規劃、控制、溝通、協調等能力。專案經理需要依據這些技能需求進行人員取得、定義人員的角色與責任、教育訓練、績效評估與激勵、專案人員解編的流程。

7. **專案溝通管理**：專案溝通管理主要管理專案對內與對外的溝通，溝通內容可能包含專案執行狀況、專案進度、專案績效、與專案相關的議題等。在對內溝通方面，主要是專案經理與專案成員之間，或是專案成員之間的專案目標、規格、進度、品質等內容之溝通。對外溝通主要是專案經理向客戶或上級報告專案進度及績效，也包含專案成員與外部利害關係者之間的溝通，例如記者會、與居民關切議題之討論等。

8. **專案風險管理**：造成專案失敗或是影響專案成效的風險包含環境改變、組織資源或政策改變、專案本身人員或技術上的風險等。專案風險管理主要的進興步驟便是辨識風險、評估這些風險的發生機率及造衝擊大小、擬定風險因應策略（例如規避、移轉、減輕、承擔等），最後在追蹤及控制這些風險方生與因應狀況。因應風險的策略及預備用的預備金均應於成本管理時加以考量。

9. **專案採購管理**：專案的某些交付標的或是工作包如果需要外包時，就需要進行專案採購管理。首先，要先將待外包的交付標的或是工作包的規格擬定清楚，接下來就徵求計畫，進行招標，專案依據事先擬定的外包廠商評估準則進行評選，最後決定外包商，簽定合約。站在外包商的角度，接到這筆生意等於自己成立了專案來執行，而採購廠商則依據與定的規格進行驗收，完成採購之程序。所有的採購程序必須全部完成之後，專案才可以結案。

五、專案團隊

一般來說，企業組織有其組織結構，執行其組織活動，該組織之中，可能有數個專案在進行，每一個專案構成一個團隊，而這些專案有可能各自獨立，也可能相互關連。

專案之所以會形成是透過提案及專案選擇的過程。專案提案的來源可能是公司營業項目（例如：新產品研發、忠誠度方案）、客戶要求或法規要求等。專案選擇是企業透過策略評估的方式，來決定專案，這種專案選擇是公司策略規劃項目之一。例如某家建設公司企業決定要興建別墅與樓房兩個專案（這意味著其他專案，如廠房，並未中選），這是一個策略活動，稱為專案選擇，如果已經決定要開發這兩棟房子，就會成立兩個專案。

企業可能同時有數個專案在進行，為了能夠協調與整合，組織可能成會成立整合性的專案管理單位，稱為計畫（Program），也就是說，計畫經理需要協調所有的專案經理，包含專案目標、執行進度與成本之管控，成果之績效評估等。簡言之，計劃管理是管理公司的專案組合。

因為專案執行的是特定而有時間性的任務，因此專案的團隊也可能是臨時性的組織。就組織結構而言，兩種極端的情況是功能型組織與專案型組織，功能型組織是傳統以部門為分工基礎的組織，若成立專案，則專案經理的權限較低，專案成員花費在專案上的時間也相對較少，甚至是非專職的成員。若是專案型組織，專案經理對資源分配就有很大的權限，專案成員也都投入主要的心力於專案上。

專案團隊一般是由專案經理來負責，其成員各有不同的任務及專長。顧客關係管理的最終目標在於提升顧客的終身價值，欲達成此目標，需有願景的制定，以建立共識；需有顧客關係管理的策略，以確立執行的方向；需有互動方案的判定與執行，以便持續與顧客互動，需有行銷分析人員以便了解顧客，利於擬定方案；需有分析的工具，以便有效支援行銷分析的工作。因此，依據本書所提出的顧客關係管理系統，我們將顧客關係管理專案團隊成員區分為專案經理、行銷分析、行銷活動、通路管理人員以及資訊技術人員，如圖 8-5 所示，其執掌及技能需求分別說明如下：

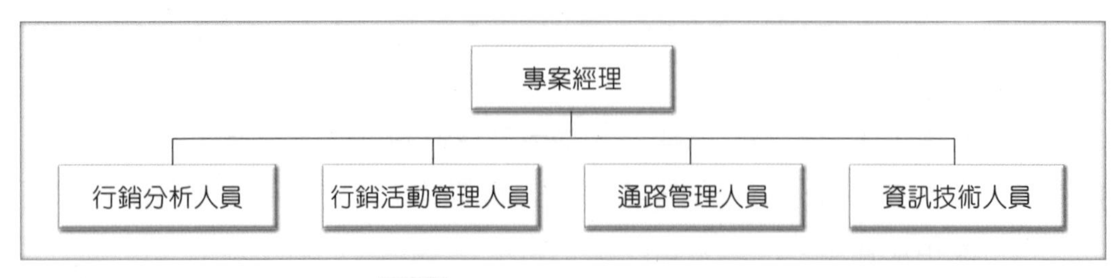

圖 8-5 顧客關係管理的團隊成員

(一) 專案經理

專案經理一般而言乃是負責計畫的規劃、督導執行及評估，專案經理對計畫需負成敗之責。顧客關係管理的專案經理需負責顧客關係管理策略目標的訂定，並規劃實施的流程，以及督導執行的成果，因此其主要的工作包含與上級（如總經理）溝通顧客關係管理的理念與策略，並獲得適當的資源支持與承諾。其次，顧客關係管理規劃的工作，則需分析環境，包含競爭者與顧客，以及了解本身資源，並與專案成員相互溝通，以使顧客關係管理規劃更為完整，執行更為順利。第三，在績效評估方面，除了評估顧客關係管理的執行績效之外，也許考量整個企業的激勵措施，此亦需要高階主管或其他部門相互協調。

就上述的任務而言，專案經理需要有策略規劃、溝通協調、專案管理，以及相關領域專案的技能，策略規劃技能用以訂定顧客關係管理的策略與目標，溝通協調技能用以溝通專案內外的相關事宜，專案管理技能包含專案規劃、執行與控制能力，相同領域專業技能則是需具有與顧客關係管理相關專業領域的基本概念，包含資訊科技、行銷專業、顧客行為以及流程管理等。

(二) 行銷分析人員

為了解市場、確認顧客以及了解顧客的個人化需求，需要有行銷分析的人員，也就是需具有顧客知識之基礎，顧客知識主要是由資訊技術加以處理，因此行銷分析人員需與資訊人員做很好的互動。

行銷分析人員主要任務在於界定、區隔顧客，也就是找出正確的顧客，並依據顧客知識加以分析，預測顧客的行為或市場的趨勢，其所採用的方法可能是行銷研究、市場調查等。在資料分析方面，對於統計或管理科學模式，應有了解，並配合線上分析處理或資料採礦等軟體工具，以便進行行銷分析之工具。

因此，行銷分析人員的專業技能需求便包含了行銷的專業、統計或數量分析的專業，以及分析軟體使用的能力。行銷的專業乃是對於基本的行銷環境、行銷策略、行銷組合、以及消費者行為等原理及實務的運作應有所了解；統計或數量分析的技能需求乃是為了對分析的結果做最適當的解釋；分析軟體的使用技能需求則是了解現有分析工具的能力，並妥善加以運用。

(三) 行銷活動管理人員

行銷活動管理人員乃是提出執行並推廣顧客互動方案的人員。首先，提出互動方案可能構想源自於行銷分析人員分析的結果或其預測，因此行銷活動人員需與行銷分析人員保持良好的溝通。其次，執行顧客互動方案，需要與顧客互相接觸，因此，對於顧客行為及顧客介面需要有相當的了解，包含顧客的隱私權，也應加以考慮。至於互動方案之推廣，可能包含廣告、公共關係等活動，亦可能需與顧客關係管理的企業夥伴，如廣告公司相互聯繫。

因此，除了顧客知識與行銷專業技能之外，溝通協調的能力也是行銷活動人員應具備的技能，此外，互動方案的擬定，除了資訊技術的分析工具使用技能之外，創意與創新亦為行銷活動人員之重要特質。

(四) 通路管理人員

顧客關係管理也需要管理通路關係，通路成員的關係可能是顧客關係，也可能是夥伴關係。通路管理人員需要負責將產品與服務有效地遞送到顧客手上，也就是將正確的產品與服務、在正確的時間、透過適當的管道、送到正確的顧客手上。

與通路相關的成員包含產品服務供應鏈體系的供應商、製造商、通路商等，也包含與這些通路成員互動的單位，諸如客服中心、網站、銷售部門等。通路管理人員需要具有溝通協調、價值鏈分析、顧客服務等技能，以便有效與通路成員互動。

(五) 資訊技術人員

顧客關係管理仰賴大量的資訊及知識分析，分析軟體的分析能力以及介面的使用方便性，均為重要的考量要素。因此，整個企業的資訊基礎建設，亦可能因顧客關係管理的實施而加以調整，了解顧客關係管理的資訊及知識需求，並以合乎成本效益的方式，採用適當的資訊工具，便成為資訊技術人員的首要任務，至於導入後，需進行教育訓練，以使大家認同並熟悉其操作環境，便是延伸而出的任務。

資訊技術人員對於資訊技術的投資評估能力應有一定的水準，對於顧客關係管理相關軟體的目前狀況及發展趨勢，應該熟悉，對於軟體的能力與需求之匹配、軟體供應商的素質與信譽，以及成本的預估，則是投資評估必備的工作。其次，資訊技術乃是支援各項顧客關係管理分析任務，因此，資訊技術人員亦應具有 IT 分析工具應用之能力以及基本的行銷知識。

由上面的敘述，表 8-2 整理了顧客關係管理專案團隊成員之主要任務及技能需求。

表 8-2 顧客關係管理團隊成員任務與技能需求

職稱	主要任務	技能需求
專案經理	顧客關係管理策略規劃 顧客關係管理專案管理 顧客關係管理績效評估	策略規劃 溝通協調 專案管理 相關領域專業
行銷分析人員	行銷研究 市場調查 顧客區隔	行銷專業 統計或數量分析 分析軟體應用
行銷活動管理人員	互動方案之擬定 互動方案之執行	顧客知識 行銷專業 溝通協調 創新能力
通路管理人員	產品服務之遞送 通路管理之建立與維護	溝通協調 價值鏈分析 顧客服務
資訊技術人員	顧客關係管理資訊系統之規劃 顧客關係管理分析工具之取得與使用	IT 策略規劃 IT 分析工具 行銷知識

NEWS 報 1———貿聯

連接器線束大廠貿聯 BizLink，成立於 1996 年，研發生產連接器、線材、光電子元件等產品，長期為消費性電子產品、工業機台、醫療設備、光通訊及太陽能領域，提供優異的互聯解決方案。

鑒於已購入的系統許多功能尚未發揮，各單位提案需求越來越多而有重疊，因此，2020 年初，貿聯在資訊部門之外，新設置「數位轉型辦公室」，直屬總經理鄧建華，並從 PwC 資誠挖來數位轉型顧問施智仁。目前數位轉型辦公室共有八位成員，運作方式類似分組型態的委員會，由不同部門的資深幹部組成，協助數位領域的大型專案推進，包括新概念調研、軟體設置建議、導入推廣計畫等，主要任務是「結合眾議、確定方向」。第一個專案是 CRM 系統改進計畫。

在智慧技術的發展之下，為加速轉型，辦公室將持續增員，規劃下轄兩個單位，分別是 AI & Big Data 與流程整合部。「AI 預測」將是最終目標。

資料來源：董座領軍轉型任務 貿聯力拼四小時報價，遠見雜誌，2021.8

8-3 專案管理流程

依據 PMBOK（熊培霖等譯，2009），專案流程區分為起始、規劃、執行、監視與控制、結束等五個階段：

一、起始階段

起始階段主要是專案的發起與成立，為了達成組織的某些特定目的（例如開發新產品），需要由發起人發起專案，專案發起人最主要是公司的主管。其次，起始階段也需要宣告專案的成立，並成立專案組織，由發起人指定並佈達專案經理。可能的做法是透過誓師大會（Kickoff Meeting）來佈達。大部分的專案組織均為弱矩陣組織，專案經理的權利不足，因而需要有組織章程，取得專案發起人授與之權力。組織章程是起始階段重要產出文件，該文件載明專案的目的、目標，並需要專案經理級專案發起人的簽名，以賦予專案經理的權利。

二、規劃階段

規劃乃是設定目標（包含設定整個專案目標及 CRM 專案流程各階段工作目標），以及分配資源以達成該目標的工作。依據 PMBOK（熊培霖等譯，2009），規劃流程群組包含執行一系列建立投入的總範疇、界定並精義化專案目標，且發展達成那些目標而需採取行動的流程。其中專案的範疇是指專案執行過程中重要的產出，這些產出必須要有一定的品質、時間、成本等水準，就是專案目標，為了達成這些目標，專案在時程、成本、品質、溝通等各方面均需要加以規劃，以付諸實行。

規劃的主要方法之一是工作分解（Work Breakdown）。專案規劃需要定義專案目標與專案範圍，再依據專案範圍進行專案活動規劃與排成，並擬定允收標準，作為專案控制及驗收之依據。專案目標是具體、可衡量、能夠有效分工及管制的指標；專案範圍是由一系列的交付標的（Deliveriables）所組成，交付標的產品或服務的半成果產出、最終產出及其所附屬的報告和文件，而經由專案之顧客核可者，例如，資訊系統發展專案中，程式是半成果產出，最後的系統是最終成果，可行性分析報告、系統分析規格、設計規格等式附屬報告或文件，這些交付標的均須明確定義，作為專案範圍。需特別注意的是交付標的是否適當，乃是依據需求分析而得，也就是交付標的的內容及品質水準，需要滿足顧客或利害相關人的需求。

專案範圍中的交付標的是專案發展過程中的產出概念，也就是專案的各階段執行一些活動，以產出這些交付標的。專案規劃需要依據這些產出來定義執行的活動（Activities），再將這些活動予以排序，決定執行時間、成本、負責人員以及所需的儀器設備等資源，構成專案規劃之內容，再依據規劃內容執行之。

此時顧客關係管理專案便是由活動所構成，每個活動均有其工作的內容及產出的目標，依據任務與目標，擬定人員（技能需求）、時間（時程需求）、工具與設備需求、資金的需求等，再將人、時、設備、工具、資金等資源加以妥善的分配以達成目標。

三、執行階段

依據 PMBOK（熊培霖等譯，2009），執行流程群組包含一系列用來完成專案管理計畫書中所定義的工作，以滿足專案規格的流程。這些工作包含專案範圍所定義的各項活動的執行、品質管理活動的執行、溝通活動的執行、以及專案團隊的成員取得與發展。

四、監視與控制階段

依據 PMBOK（熊培霖等譯，2009），監視與控制流程群組乃是執行追蹤、檢討並調整專案的進度與績效，辨識計畫內需要變更的任何部分，並啟動相對應之變更等所需的系列流程。監視包括偵測專案執行現況與進度，並做適當的績效報告以及提供相關的資訊，監視包含績效資訊的蒐集、衡量與發佈，並評估衡量值及趨勢，以利流程的改善。控制包含決定矯正或預防行動或重新規劃的後續行動計畫，並決定是否採取的行動化解了執行績效上的議題。監視與控制階段也需要進行各項變更的申請、核准以及變更後的執行狀況監控等工作。

當專案實施至某個階段或結束時，將實際施行的結果與預定目標相互比較採取適當修正行動的過程，稱為「控制」。具體言之，控制包含偵測、比較、修正三大步驟。「偵測」指的是在某時間點，檢驗進度及工作品質的實際狀況；「比較」是將上述實際狀況與目標作比較，看看是否有差距；「修正」則是修正工作內容以及所需資源，甚至修正目標，以便消除或縮減前述之差距。例如，網路花店之網站建置工作，在流程進行過程中或結束後，需偵測網站建置的進度或網站功能品質，若有必要，則採取修正措施。控制是修正計畫實施方向，以達目標的工作，規劃與控制相互配合是專案成功的最基本條件。以顧客關係管理資訊系統導入之專案為例，將專案整理成系統分析、系統設計與系統導入等三大活動，這些活動所需達成之目標均與交付標的的內容及品質有關，例如，系統分析需產生的交付標的是「系統分析規格書」，而且該規格書需在設定的時程及成本之下達到所需的品質。

五、結束階段

依據 PMBOK（熊培霖等譯，2009），結束流程群組包含執行一系列完成橫跨所有專案管理流程群組的活動，以正式結束專案、或階段、或合約義務所需的流程。一般而言，專案結束需要有兩個條件，第一個是專案對外採購的流程結束，第二個條件是專案所有的範圍均依據計畫書完成驗收或該專案決議中止（例如經評估成本效益不符）。結束階段及管理這些條件是否符合既定的流程。專案管理也強調經驗與學習效果，因此對於專案執行狀況需進行評估，紀錄評估結果。

專案管理也需要考量溝通與協調、組織與領導及決策制定等。

(一) 溝通與協調

溝通是成員之間訊息交流的管道，包含正式的溝通（如正式會議）或非正式的溝通（如非預定的會議、私下拜訪討論等）。協調指的是任務或工作流程的協商，在顧客關係管理專案組織架構內，有良好的溝通則越能建立共識，對於專案的進行更有向心力而全力投入。有良好的溝通也能夠分享意見及專業知識，對於任務的完成有顯著的影響，協調也是相同的道理，有了良好的任務協商與安排，對於權責之分配、時程之安排也都有所助益，專案的效率也隨之提升。

例如，網路花店的例子，與當地花店建立策略聯盟，花店本身相關成員需要進行溝通，以建立策略聯盟合約內容的共識，並進行協調與分工，同時也需要與聯盟夥伴進行溝通，以決定合約內容。網站的建置，也是相同的道理，無論是網站的預算、功能等，均需花店內部與外包商的充分溝通，其在分配任務時，更需要有效的協調。

(二) 組織與領導

專案組織牽涉組織的形式以及任務的安排，本節前半段描述顧客關係管理專案團隊，對於專案組織應有明確的指引作用。一般而言，專案組織較具彈性，但仍須考量專案經理的角色，例如，專案經理是否有控制資源的權利？成員是否完全像專案經理報告？抑或仍需向原單位主管負責等均須考量。任務分配也是主要議題，專案成員是否仍負責其他專案？分配於本專案的時間百分比多少等。

在領導方面，專案經理的領導風格，也會影響專案成員的工作態度，進而影響工作的績效。例如，專制式或民主式的領導風格，對專案成員是 X 理論或 Y 理論的假設等，均會影響專案成員的工作態度。

(三) 決策制定

決策是一個選擇最適方案（或可接受方案）的過程，在專案的進行過程中，包含一系列的決策，諸如目標值的設定便是一個決策；軟硬體工具的取得也是一個決策；資源投入的水準也是一個決策。決策過程主要是針對一系列的方案進行評估，評估的過程需要依循所蒐集的資訊，再進行判斷，以作出選擇的決定。決策進行過程中，是否依循理性的資訊分析，還是民主式的投票決定，或是主管的直覺判斷，是為不同的決策風格，會影響決策品質與時效。例如，軟硬體工具的取得，需要針對不同廠商的軟硬體方案進行評估，評估的嚴謹性、參與決策的成員以及達成共識的方式，均影響軟硬體取得的決策時效與品質。後續的專案發展流程均會納入決策的概念。

NEWS 報 2 —— KKday

旅宿平臺 KKday 遇到疫情，做的第一件事，就是打破既有的組織編制、職級，員工自組 10 個「微型組織」，各自設定目標、開發新服務，應對疫情帶來的超速變化。KKday 在宣布三級警戒後的一週內，就搶時效快速推出「臺南天團全明星備戰糧包」，這個糧包網羅許多臺南必吃、必買餐點的組合，規劃 600 組，一上架就飛快秒殺完售。當企業遭逢的衝擊愈大，就愈不能仰賴既有的營運服務，必須打破組織框架，快速集結新團隊、訂立新目標、構思新做法，才能回應變化。這樣的工作方式，其實白話來說，就是在「做專案」。由於專案具備快速回應趨勢、產出新服務與新產品的能力，專案創造的價值逐年升高。

資料來源：KKday 食尚玩家餐桌旅行趣 高 CP 值再掀囤糧潮，能力雜誌，No.786，2021.8；當今天的成功法則明天就失效 唯敏捷應變者存活，經理人，2022.4

玉山財富管理的全方位服務策略

20多年來，玉山始終決心經營一家最好的銀行，堅持提供顧客最好的服務。

玉山的經營理念「專業（Expertise）、服務（Service）、責任（Business）」同時表現在英文名稱E.SUN Bank的字首E.S.B上，並以「培育最專業的人才，提供顧客最好的服務，是玉山的責任」作為實踐經營理念的行動準則。

在此理念之下，玉山希望在人生的每個階段，一路伴隨且量身打造最完善的全方位金融規劃，以最專業貼心的理財團隊，使命必達完成顧客的託付，並贏得顧客最佳的信任，這是玉山財富管理與眾不同之處。人生有許多種財富，家人是財富、朋友是財富、健康是財富、知識是財富，玉山的卓越品牌與服務，可以讓人安心地把有形的財富託付給玉山，更多無價的財富留給自己，盡情享受充滿知性、理性與感性的精彩人生！

玉山財富管理除了提供有形的金融專業服務之外，更悉心照顧顧客人生的每一個階段，讓顧客享有生活中每段精彩時刻，增添生活樂趣。玉山財富管理所提供的全方位的服務，讓顧客安心地把有形的財富托給玉山，將更多無價的財富留給自己，盡情享受豐裕的精采人生。

為了更貼近顧客需求，提升顧客體驗，與山銀行把握住數位化浪潮，玉山銀行一系列的顧客服務項目逐步規劃而推出。首先，於2017年4月25日宣布與科技大廠IBM、社群領袖LINE，共同打造臺灣金融業首位AI金融顧問「玉山小i隨身金融顧問」，推出24小時、線上線下無斷點的一站式服務，是臺灣FinTech創新及AI應用的重要里程。「玉山小i隨身金融顧問」第一階段將導入外匯諮詢、房貸評估、信用卡推薦等金融諮詢服務。

線上交易服務方面，推出 e 指開戶服務；理財方面，基金 e 指選則是應用「大數據」、「人工智能演算法」等新興技術，了解顧客投資基金的偏好，找出適合你的基金；貸款方面，已推出 e 指信貸以及房屋貸款、留學貸款、青年創業貸款等服務。玉山未來的目標是，取消貸款額度限制，免費提供給任何顧客，甚至做到 3 分鐘就可以計算出適用的貸款利率。而場景金融策略的願景是讓金融服務像水電一樣便利，「玉山銀行要推動私人銀行平民化」，讓每一個人都可以享有客製化的服務。

此外，玉山目前也積極推動電子支付，舉例來說，玉山與統一超商、支付寶聯手出了一款電子支付 APP。玉山也計畫要整合電子支付所需的硬體和軟體，也會釋出 API 和 SDK 給廠商，讓每一種支付都能透過玉山的平臺來串聯，尤其要將電子支付服務，推廣到不用電子支付的店家。例如，玉山銀行就曾與支付寶合作，讓寧夏夜市攤販也能提供電子支付。

玉山也計畫投入行銷預測來輔助業務，像是顧客若上網瀏覽了信用卡所提供的機場貴賓室服務的資訊，結合相關分析數據，能推斷這位顧客即將出國，就能進一步主動提供匯率和保險的促銷方案。

為了推動數位金融業務，玉山銀行早在 10 年前就成立了大數據團隊，目前多達 70 人規模，成員來自不同領域，有新聞、設計、科技、金融等各個領域的人才。而且也讓各事業團隊相互交流，例如數位金融事業處團隊和金融科技新創團隊交流，這樣的交流可以激發出傳統金融產業的進步，甚至有助於讓玉山用新科技來創造新的商業模式，或是找出新的顧客互動方式。

資料來源：Ithome 新聞，2019.8.12；玉山財富管理網站，2022.8.18

針對玉山財富管理提出全方位服務策略，所推動的顧客互動方案有哪些？如何提出這些方案？其團隊如何搭配？

本章習題

一、選擇題

(　　) 1. 產品建議是屬於哪一項顧客關係管理的實施範圍？

(A) 話務中心　(B) 行銷部門

(C) 銷售部門　(D) 外勤部門

(　　) 2. 有效分析及運用知識能力是屬於哪一項顧客關係管理的關鍵因素？

(A) 高階主管支持與承諾　(B) 顧客導向落實

(C) 顧客知識能力　(D) 策略夥伴關係

(　　) 3. 有關顧客關係管理發展流程的分析、設計、導入階段的敘述何者有誤？

(A) 包含顧客關係管理資訊系統發展流程

(B) 包含組織變革流程

(C) 均需依據策略規劃的結果進行

(D) 是系列的發展過程

(　　) 4. 相對於組織管理而言，專案管理最重要的特質是什麼？

(A) 分配資源　(B) 達成目標

(C) 具時間性　(D) 溝通協調

(　　) 5. 下列何項不是專案起始階段的工作內容？

(A) 發起專案　(B) 界定專案範圍

(C) 布達專案經理　(D) 界定利害關係人

(　　) 6. 就顧客關係管理專案團隊成員而言，將產品與服務有效地傳送到顧客手上是屬於誰的責任？

(A) 專案經理　(B) 行銷分析人員

(C) 行銷活動管理人員　(D) 通路管理人員

(　　) 7. 決定專案範圍是屬於哪一項專案管理活動？

(A) 規劃　(B) 控制

(C) 執行　(D) 結束

(　　) 8. 下列有關交付標的的敘述何者有誤？

(A) 交付標的構成專案範圍

(B) 交付標的需要經過專案發起人或顧客之認可

(C) 交付標的不包含半成品

(D) 交付標的可能包含文件

(　　) 9. 下列哪一項最不能構成顧客關係管理相關的專案？

(A) 針對顧客某段時間是否滿意所做的顧客調查

(B) 顧客關係管理資訊系統導入

(C) 設計某項顧客忠誠度方案

(D) 產品解說

二、問題與討論

1. 顧客關係管理導入範圍如何界定？產業別、組織規模大小、顧客特性等因素會影響上述導入範圍嗎？
2. 顧客關係管理關鍵成功因素為何？以某企業實施顧客關係管理為例，分別討論並評估其四項 CSF。
3. 顧客關係管理發展流程為何？如何確保顧客關係管理發展流程順利成功？
4. CRM 有哪些可能的專案？
5. 顧客關係管理團隊成員的任務為何？請討論顧客關係管理計畫的各個步驟分別是由專案團隊的哪些成員負責的。

三、實作習題

【客戶服務歷程管理】

說明：客服與客戶往來服務記錄須加以整理，若該服務記錄尚未確認客戶案件，純屬一般客訴，則請歸屬在「一般服務記錄」。若該服務記錄跟某案件有關，請歸屬在「案件服務記錄」。如今收到某一客戶反映問題描述為：客戶認為服務人員服務態度不佳；工作描述為：將此問題歸類為服務態度問題，並反映至部門主管。請依據下列步驟進行：

1. 進入「客戶服務管理模組」，選取「案件管理」、「我的服務記錄」程式。
2. 點選「新增」按鈕。
3. 選取「記錄型態」。
4. 將客戶反映的問題及服務過程描述於「問題描述」及「工作描述欄位」。
5. 點擊「下一步」完成「案件服務記錄」建置。

本章摘要

1. 顧客關係管理的實施範圍可以由少數部門逐漸擴大，例如，由客服部門，擴大至行銷部門、銷售部門、外勤部門，顧客關係管理的實施範圍與顧客關係管理策略重要性有顯著相關，對於所造成的組織變革程度，也有影響。
2. 顧客關係管理的關鍵成功因素包含高階主管的支持與承諾、顧客導向的落實、顧客知識能力、策略夥伴關係等，了解這些關鍵成功因素，對於顧客關係管理的發展有決定性的影響。
3. 顧客關係管理的發展過程包含顧客關係管理策略規劃、需求分析、設計、導入等步驟，每一個步驟均有其評估的動作，以確保顧客關係管理發展之順利成功。
4. 顧客關係管理推動時可能有顧客調查、資訊系統導入、顧客互動或忠誠度方案等專案。
5. 顧客關係管理的團隊主要包含專案經理、行銷分析人員、行銷活動人員、資訊技術人員、通路管理人員等成員，各有其職責任務與技能需求，負責顧客關係管理的推動與管理工作。
6. 顧客關係管理的專案管理包含專案啟始、規劃、執行、監視與控制、結束等階段，透過專案管理，確保顧客關係管理專案的效能與效率。

參考文獻

1. 宋文娟、宋美瑩譯（2010），專案管理，初版，臺北市：新加坡商聖智學習出版，滄海總經銷。
2. 胡宗聖、陳如玲、盧美君（民 93），華南金融控股公司的顧客關係管理，華南金控月刊，2004 年第 16 期四月號。
3. 熊培霖等譯（2009），專案知識體指南（PMBOK Guide），第四版，博聖科技文化有限公司。
4. Campbell A.J. (2003), "Creating Customer Knowledge Competence: Managing Customer Relationship Management Programs Strategically, " Industrial Marketing Management, 32, pp. 375-383.
5. Dyche, J. (2000), The CRM Handbook：A Business Guide to Customer Relationship Management, Addison-Wesley.
6. Rockart, J.F(1979), "Chief Executive Define Their Own Data Need," Harvard Business Review, Mar-Apr, pp. 81-91.

NOTE

Chapter 9

顧客關係管理策略規劃

學習目標

- 了解顧客關係管理策略提案的方法。
- 了解顧客區隔的方法。
- 了解顧客互動方案評選的方法。

前言

顧客關係管理策略規劃	顧客關係管理方案規劃與分析	顧客關係管理設計與導入

顧客關係管理的實施是一個組織變革的過程，也就是組織創新，該創新可能是逐步進行的創新，可能由話務中心、銷售部門等逐漸導入顧客關係管理，也可能是全面的組織變革，形成一種組織再造的局面，儘管顧客關係管理導入的規模不同，其投入的資源亦異，不過創新的過程仍然大略依循一些步驟來進行。這些步驟概括區分為策略面與執行面，策略面指的是顧客關係管理策略體系的形成，包括策略目標、顧客區隔及顧客互動方案的評選；執行面則包含顧客互動方案之規劃、分析、導入、評估等流程，顧客關係管理導入之後，成為上線操作的系統。本章針對顧客關係管理的策略面問題，加以討論。

企業觀測站

據調查，自從 2017 年開始，臺灣人出國旅遊偏好自助旅遊的程度高於跟團。自助旅行的彈性高，加上網路查詢資料方便，因此希望採取自助旅行的人越來越多。

KKday 執行長陳明明表示，一個好的旅程，包含三個元素：機票、住宿、行程，機票有比價網站 Skyscanner，住宿有 Booking 等平臺，KKday 則專注行程，希望把旅程的三塊拼圖給補足。陳明明認為，市場需求無時無刻都在改變，唯有絕佳的消費者體驗，永遠不變。因此運用行程安排來提供極佳的消費者旅遊體驗就是 KKday 的重要策略主軸。

KKday 以販售各地的旅遊行程為主，網站自 2015 年開始上線，至 2018 年每月的早訪人次超過 500 萬，平臺提供約 80 個國家、500 座城市、一萬種以上的旅遊行程，全球會員數更突破 150 萬，每月平均服務超過 30 萬名旅客。

KKday 能站穩腳步的因素在於解決消費者的痛點，行程問題分為三類：

1. 旅遊時生活所需，是剛性需求：提供網路卡販售、機場接送、景點門票。
2. 到當地之後如何安排行程：直接販售如一日遊之行程規劃，提供包車，免去查詢比較，也解決景點到景點之間的障礙。
3. 顧客想去看二三線非主流景點：提供客製化商品。

KKday 為提供有創意的旅遊行程，成立事業開發部門（business development），成員由職業背包客、各國留學生、各國旅遊狂熱者組成，專門觀察網路聲量、尋覓私房景點，或由當地觀光局主動提案，推出更多元的商品。

「Travel Like Local」（深入當地的旅遊體驗）是 KKday 的宗旨，只有好的體驗才會留下消費者。這不僅僅是商品要獨特，服務的「質」也要提升，才能增加客戶黏著度。為達此目標，KKday 會請供應商安排專屬時段，專心服務 KKday 客人。KKday 和當地合作時，還會分專屬團與自組團，前者是要求商家在某個時間內只能服務他們的客戶。像是日本和服體驗，KKday 會要求配合的供應商，幫客人安排專屬的時段，控管人數，使用中文溝通，提升消費體驗。

KKday 在 2021 年宣布三級警戒後的一週內，就搶時效快速推出「臺南天團全明星備戰糧包」，這個糧包網羅許多臺南必吃、必買餐點的組合，規劃 600 組，一上架就飛快秒殺完售。從「臺南天團全明星備戰糧包」到後續各縣市的美食組合包，是無意間促成的新產品方向。

面對 2020 年的疫情， KKday 將業務重點轉為國旅，公司內部分為十組，各自推出親子、離島或是和航空公司合作的國旅專案。2021 年 5 月疫情三級警戒，許多國旅的餐飲夥伴接到大量退訂，消耗這些庫存就變得很重要。

美食組合包秒殺的關鍵有三：

1. 在地商家串聯主導，縮減前置準備時間，搶時效上架。
2. 結合旅遊體驗與排隊美食，創造行銷話題。
3. 依專案分工組成彈性調度團隊，整合商品開發與行銷。

例如 KKday 找到有冷凍宅配經驗的「錦霞樓」與「糯夫米糕」，作為美食包的主食和湯品，加上「蜷尾家」冰淇淋當甜點，又找了「Moonrock 酒吧」和「St. 1 Cafe」的無酒精調飲和咖啡，以完整一套組餐的概念組合進行販售。

KKday 身為提供旅遊體驗的線上平臺，美食包與旅遊體驗的關聯性最重要，對於消費者來說，這些商品必須與當地旅遊的印象密切結合。

資料來源：解決旅客痛點、專攻「行程安排」，KKday 找到自助旅行的市場藍海，經理人 2018.12，pp. 120-121；酷遊天 KKday。為自助新手撐腰，深度旅遊幫你「傳遍遍」！能力雜誌，2020.2，pp. 60-66；KKday 食尚玩家餐桌旅行趣 高 CP 值再掀囤糧潮，能力雜誌，No. 786，2021.8

提示

KKday 的做法，讓我們思考 CRM 策略擬定、顧客區隔以及落實到顧客互動方案的過程。

9-1 顧客關係管理策略規劃的步驟

一、策略規劃方法

策略規劃的首要工作便是「環境分析」。企業所面臨的環境有總體環境與產業環境的區別，「總體環境」是對企業有間接影響的事件或趨勢，諸如社會、科技、經濟、生態、政治等，雖然是間接的影響，並不代表總體環境對企業的影響較小，只是其影響可能是較不明顯的，較長程的，或是潛在的，需要針對環境事件、課題或趨勢進行衝擊分析（Impact Analysis），並做適當的解釋。

「產業環境」指的是與企業直接有關的環境，包含供應商、競爭者、合作夥伴、顧客等，就競爭的角度而言，企業實施顧客關係管理的目的，在於藉由與顧客的良好關係、提升本身的競爭優勢，適時地超越競爭者；就合作夥伴的角度而言，希望透過資源互賴（Resource Dependence）的方式（Pfeffer & Salancik, 1978），提升本身的顧客服務能力，進而提供有價值的顧客服務；就顧客的角度而言，最重要的便是依據企業本身的定義，來界定顧客、了解顧客、區隔顧客，與顧客進行最佳的互動。

策略可大略分為策略內容與策略程序，策略內容指的是所選擇出來的策略，例如公司層級的國際化策略、水平或垂直的整合策略、多角化策略等。策略程序說明得出策略內容的方法，也就是策略規劃的流程，例如，SWOT分析、五力分析、價值鏈分析等。以下我們以 SWOT 分析做為策略規劃的主軸，將策略規劃步驟做簡要的說明。

SWOT 為強處（Strength）、弱處（Weakness）、機會（Opportunity）、威脅（Threat）之縮寫，SWOT 概念與《孫子兵法》之知己知彼、百戰不殆頗有異曲同工之妙。知己者，了解本身（企業本身）之強處與弱處；知彼者，了解外界環境之機會與威脅。

SWOT 既為策略規劃之工具，故其最終應該會得出企業可以有效因應外界競爭環境的策略方案，該策略方案是由一系列的評估過程而來，評估的內容來自於對本身外界環境的了解，而了解本身及外界環境又是一個資訊蒐集與解釋的過程，因此，SWOT 分析可依據以下步驟進行之：

1. 列出外界環境之機會與威脅

包含兩部分，一是進行外部分析，一是針對外部環境所蒐集的資料做機會與威脅的解釋。

外部分析是觀察外界環境，列出對於本公司有影響或潛在有影響的事件、課題或趨勢，典型的外部分析方法為總體環境的 PEST 或 STEEP（社會環境、科技環境、經濟環境、生態環境、政治環境）分析，以及五力分析（進入障礙、替代品威脅、買方議價力、供應商議價力、業內競爭）等。

將外部分析所得的事件、課題或趨勢加以解釋，並討論其影響程度，解釋的目的乃是分辨該事件（課題或趨勢）是否對公司有利或有弊，有利者稱為機會，有弊者稱為威脅。影響程度分析則是分辨這些機會或威脅的重要性程度，較為重要者應優先處理。例如，外界環境的課題之一是國民旅遊行為的改變，此課題又受到總體環境中，政府週休二日制度之影響，就旅遊業而言，則觀察到此項訊息應該加以考慮是為機會或威脅，並評估其影響程度。

2. 列出本身企業之強處及弱處

針對企業價值鏈進行分析，再針對本身的資源或能力加以評估，具有競爭優勢者稱之為強處，資源能力較不足者稱為弱處，例如，有些企業具有強大功能的資訊系統，則成為該企業的強項，有些企業則是 R&D 能力很強，為其強處，或行銷通路順暢，亦成為其強處，反之則為弱處。

3. 提出策略方案

列出外界環境的機會、威脅項目以及本身的強處、弱處項目之後，則依據這 SWOT 的組合來提出策略方案。策略方案有四種不同的形式，以本身的強處來把握住環境的機會稱為「攻擊策略」；以本身的強處來因應外界環境的威脅稱為「保守策略」；以本身的弱處欲抓住外界環境的機會是一個不甚合理的「風險策略」；以本身的弱處來規避外界環境威脅為「規避策略」，各型的策略如圖 9-1 所示，企業透過高階主管的討論以及創意的激發，以便得出各種策略方案。例如，上述週休二日的例子，某旅遊公司若其強處在於服務的創新，則可藉此提出適合二日遊的套裝行程，抓住週休二日之機會，此為攻擊策略。

4. 評估策略方案

各種策略方案提出之後，需要加以評估，以便依其重要性或緊急程度排定執行的優先順序，做為資源分配及策略方案執行之依據。

	O	T
S	攻擊策略	保守策略
W	風險策略	規避策略

圖 9-1 SWOT 分析的策略型態

依據一般策略規劃的步驟，大約是進行環境分析以及內部分析之後擬出策略，該策略需要達成策略目標，策略進行篩選之後再執行，執行後則有策略評估的動作。顧客關係管理策略也大致依循此種流程，只是 CRM 領域有顧客區隔的步驟，而在策略提出之後，可能需要提出數種可能的顧客互動方案，將這些分案加以評選，並做資源分配亦屬於 CRM 策略規劃的範圍。在這策略規劃的步驟之下，仍需考量顧客關係生命週期的取得、增強，維持三階段。因此，與 CRM 策略規劃相關的事項包含 CRM 策略目標與策略選擇、顧客區隔兩部分，以下先介紹策略選擇，顧客區隔於下一節說明。

二、CRM 策略選擇

由 SWOT（圖 9-1）可得四種可能策略型態，提出策略並做策略選擇。策略中與顧客有相關者，就屬於 CRM 策略。

依據顧客關係管理策略定義，可將策略選擇區分為三個步驟，一為定義「策略目標」，二為提出「策略」，指的是要用什麼方式提供顧客什麼產品、服務或體驗；三為「策略評估」，針對各個策略進行評估，以選擇最適策略。

(一) 擬定策略目標

顧客關係管理的終極目標是顧客終身價值最大化，也就是說，針對不同區隔的顧客，均給予不同的投資，提供不同的互動方案，提升顧客終身價值與顧客獲利性，使得各顧客區隔的報酬加總最大化，也就是顧客權益的最大化。影響報酬加總的主要指標可能包含招攬新顧客的比率、顧客留住的比率等目標。招攬新顧客的比率稱為招攬率，招攬率為「取得顧客數」除以「鎖定的潛在顧客數」，策略目標可能是提升招攬率；其次，也可將招攬成本（取得成本）納入考量，招攬成本為「取得顧客之花費」除以「取得之顧客數」，策略目標可設定招攬成本，以評估招攬顧客之效率。留住顧客的比率則是針對現有顧客，設定顧客保留的目標。當然顧客關係管理的目標也可以從經營績效的角度來設定目標，諸如營業額的提升、利潤的提升，或是從市場或顧客的角度來設定，例如，提升各區隔市場的佔有率、提升顧客的荷包佔有率、提升顧客的滿意度等。最後，也可設定贏回率（Win-Back Rate）的目標，以衡量贏回早期所流失顧客的比率（洪育忠、謝佳蓉，民 96）。

目標乃是預先設定未來即將達成的標的，一般企業進行規劃的主要步驟便是設定目標以及擬出分配資源，以達成該目標的途徑。好的目標必須具備有以下的條件（Richards, 1986）：

1. 精確可衡量，提供經理人判斷績效的標準。這包含目標的明確性與可衡量，明確性是具體的，例如：要比 2013 年的銷售金額多 5%，市場占有率在 2014 年要達到 25%，利潤成長率要比 2013 年增加 10% 等。目標設定必須可以衡量，未來才能進行成效評估。為了要評估績效，須要將公司整體目標劃分給不同的策略事業單位或部門，部門則能將單位的目標再細分指派給部門內的小組或個人，以便評估其成效。例如某公司將下一個會計年度的目標，設定為要在市場上增加 5% 的成長率，這 5% 是可以衡量的，並且允許每一位經理去評估他的單位。
2. 為解決重要議題而存在，使焦點集中於少數幾個目標。
3. 必須具有挑戰性又可達成，以提升組織運作誘因又有激勵效果。目標設定應該使員工願意努力去完成，讓員工覺得達成目標會有成就感。
4. 必須明確指出目標達成的期間。

（二）提出策略

CRM 策略必須引導公司資源投入適當的顧客互動方案，該策略考量的要素包含顧客關係程度（商業模式與價值定位）、顧客區隔、接觸管道，以及所需運用的資源，分別說明如下：

1. 商業模式與價值定位

商業模式描述企業運作的方式，包含價值主張、資源與能力以及收益模式，選擇適當的商業模式是重要的策略選項之一。在價值主張部分，需決定不同客群的關係程度，再設定提供哪些價值。顧客關係程度是依據不同的顧客群，以及其相對應的顧客關係生命週期階段，訂出其價值定位（或稱價值主張），因此分為顧客區隔及生命週期兩部分，顧客區隔將於下一節介紹。

顧客關係生命週期指的是企業與顧客從接觸、成為顧客到熟客的過程。Kalakota 與 Robinson 將生命週期區分為獲取、增強、維持三個階段（Kalakota & Robinson, 2001，請參考圖 1-1），不同生命週期的階段，與顧客互動的方法或重點有所不同。以特易購（Tesco）為例，特易購將生命週期區分為顧客維繫、顧客活化、顧客成長（楊如玉譯，民 102）三個階段，特易購根據不同目標來提供具體的優惠。例如：在顧客維繫時，會對顧客常購買的產品發送優惠卷；在顧客活化階段，會對顧客曾經購買但最近沒買過的產品做出優惠；在顧客成長階段，則是利用交叉銷售的方法，來促銷顧客從未購買過但可能會喜歡的新產品。當然，針對不同生命週期階段的顧客，其價值定位也會有所不同。

價值定位其實就是關係程度，例如，針對企業顧客所提供的產品價值或提供整體解案的價值，針對消費者所提供的產品價值或提供體驗的價值等。其思考來自第三章的顧客認知效益，也來自第四章的顧客關係的策略模式（表 4-2）。

2. 接觸管道（互動介面）

互動介面包含與顧客溝通方式以及所採用的溝通媒體等，顧客接觸管道一般區分為面對面、電話、文件、郵件、機器自助服務以及網路等。其決策的考量是選擇最適當的介面媒體或結合數種媒體，以便充分支援上述的價值定位。

3. 資源運用

指的是如何應用資源，以便達成價值定位。資源包含資訊技術與關係資源。資訊技術包含網站、電子郵件以及其他的網際網路應用程式服務，而且與電話整合成為顧客服務中心的電腦電話整合解案；關係資產諸如與供應商、配銷商策略聯盟、外包等，如何尋求及選擇策略聯盟夥伴便為重要議題。

CRM 策略是由前述的價值、管道、資源應用等各項內容之組合，不同的組合產生不同的策略，例如，策略 A、B、C，如圖 9-2 所示。

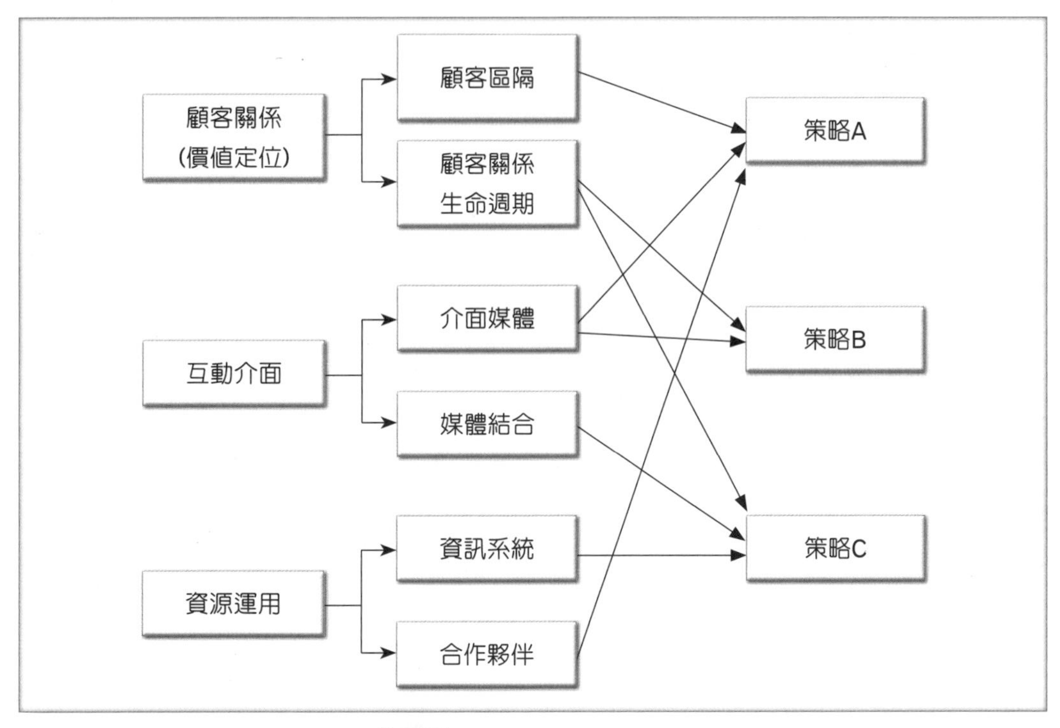

圖 9-2 策略方案提出之架構

舉例來說，星巴克咖啡的「完美咖啡體驗」是價值定位，運用了店面的人、產品與環境的互動，以及相關設備和文化資源，構成其「第三空間」的策略方案，偏向「社群商務」之商業模式（電子商務模式）。星巴克的網站則是「共同創造價值」的價值定位，運用了網路的媒體及資源，構成另一個策略方案。臺積電的「顧客夥伴關係」是價值定位，運用資訊系統，連結雙方的產品、品質、庫存等資訊，構成其虛擬晶圓廠的策略方案，偏向 B2B 價值定位。花旗銀行在多年前就建置客服中心（稱為空中分行），也是運用電腦電話整合提供顧客理財便利服務的策略，偏向 B2C 價值定位。

又例如，網路花店針對都會區高品味居民（顧客區隔），以一次購足的方式，提供增添生活色彩（價值定位）的服務，而其接觸管道採用電腦電話整合（接觸管道），而本身與當地優良花店相聯盟（互動介面）。這一連串的描述組合便形成了策略。當然，並不是每一個項目都是相等重要，其重要性依據各種產業不同而有不同，策略的考量，宜針對重要的項目加以考量。舉例而言，網路商店可能以接觸管道及資源應用較為重要，傳統產業則以顧客服務內容較為重要。

CRM 策略往往與企業的策略或是顧客關係管理的關鍵議題有關，除了前述的例子之外，另一種 CRM 策略的重點在資訊系統，也就是建立顧客關係管理資訊系統。第四章有列出可能的 CRM 系統選項，CRM 資訊系統往往結合前述的 CRM 策略一起進行，策略方案及資源分配也同時進行。例如台積電的虛擬晶圓廠策略是 B2B 的價值定位模式，也結合 B2B 的電子商務系統。

三、策略之評估

策略方案提出之後，便需要加以評估及選擇，評選主要是針對所列出的顧客關係管理策略加以評估。最重要的是要達成策略目標，準則可能是成本、效益、策略配合度、技術可行性等，野口吉昭認為評估準則主要為核心競爭力及顧客終身價值兩大項（野口吉昭，民 90），分別說明如下：

1. **核心競爭力**：亦即評估各個顧客關係管理策略方案是否可以形成或善用本身的核心能力，也就是說，要能夠滿足獨特性、延伸性、不易模仿性等特質，如果某策略方案越能滿足這些特質，則該方案應越被優先考慮。
2. **顧客終身價值**：亦即評估各個顧客關係管理策略方案是否可以創造最大的顧客終身價值，若終身價值越大，則該方案應該越優先考慮。終身價值主要來自於顧客購買、顧客再度購買、舊顧客所增加的購買量、因顧客推薦或口碑所增加的購買量等，將這些數值預估之後，換算為現值便成為顧客終身價值。

除了上述兩大評估準則之外，策略配合度也是重要的考慮因素，包含 CRM 策略與公司使命、顧客導向理念、公司各項策略是否相一致。例如在顧客導向的文化之下，企業建構願景時需要考量顧客在願景中所扮演的角色，例如，微軟的願景是將資訊掌握於手掌之間，此願景就是將顧客握在重要的位置。

假設前一個步驟所得的少數策略方案（如為 A，B，C）列表之後，再依據上述兩大原則，將評估結果列入表格中，例如，以○表最佳，△表中等，× 表最差，將結果填入如表 9-1 所示。

表 9-1　顧客關係管理策略方案之評估

評估準則／策略方案	核心競爭力	顧客終身價值	策略配合度	合計
A	○	×	△	
B	△	○	○	
C	△	△	○	

NEWS 報 1——雷諾瓦拼圖

雷諾瓦拼圖原本只是臺北市師大商圈的拼圖小店，經營三十年後，即使線上遊戲風起雲湧，營業額卻能逆勢成長，而且能進軍香港、上海等海外市場，更成為全臺拼圖龍頭，兩岸三地總共開出四十間店。

雷諾瓦拼圖總經理黃麗娟發現拼圖不只是個商品，更是個交流故事的好媒介，她開始把門市的好故事介紹給客人，客人聽了又再給更多的故事。在策略上，雷諾瓦拼圖就以「懷舊雜貨」臺灣柑仔店為主題，做客人的解憂雜貨店，把門市當作故事交流平臺。最大優勢在於集設計、生產、銷售於一身，產品的創新與品質，都能自己掌控。

資料來源：夜市起家「拼圖大王」，做客人的解憂雜貨店，商業周刊 1629 期 2019.1.31，pp. 56-58

NEWS 報 2——乾杯

臺灣最大的燒肉集團乾杯，在 2020 年 7 月打造生鮮電商平臺「乾杯超市」，販售和牛等冷凍品，甚至還有開發給寵物食用的高檔寵物產品。2021 年 6 月，它再推出月付 3,600 元以上的訂閱制「宅家乾杯」，在線上，他們天天開直播，還成立私密社團，由店員傳授烤肉技術，讓你在家也彷彿在燒肉店烤肉。

乾杯董事長平出莊司認為：燒肉店回不去了，過去的燒肉店模式，將走入歷史。乾杯的第一步是做電商生意，卻因為定位模糊，面臨平臺口碑及流量不足的問題。第二步則進入會員制，從 2020 年 9 月開始，運用會員制讓乾杯把更多人導入線上電商，甚至透過配套的集點方案，鼓勵消費者再嘗試集團內部的其他品牌，一舉多得，九個月內，會員累積到 27 萬人，進入了第三階段。第三階段是訂閱制「宅家乾杯」，他們不斷反思自己的價值，賣的不能只是產品，而是燒肉店的未來。消費者支付 3,600 元的「入社費」後，乾杯會再贈送 7,200 元的全套設備，接著，消費者若每月付 3,600 元以上，乾杯會定期寄送燒肉組合，同時，消費者可在臉書看直播節目，並在私密社團中，學到店員傳授的燒烤密技。

資料來源：乾杯開線上超市、推訂閱制 董事長：燒肉店回不去了！商業週刊 1755 期，2021.7

9-2 顧客區隔與會員經營

一、顧客區隔的方法

顧客區隔偏向於依據顧客行為進行區隔，再針對不同區隔的客群採取不同的互動方案。顧客行為是由顧客價值的高低以及顧客價值的成長潛力作為顧客區隔的基礎，包含顧客購買商品、接受服務的頻率，或是不同的服務型態都可用來區隔。

常見的區隔變數為 RFM 區隔、錢包大小與錢包占有率區隔、通路區隔與 4P 區隔等，分別說明如下：

1. **RFM 區隔**：RFM 代表近期性（Recency）、頻率（Frequency）以及購買金額（Monetary Value），Kumar & Reinartz 提供一種 RFM 區隔方法，其做法是先將所有顧客（例如有 10,000 名），依據近期性區分為等數目的五群（每群 2,000 名）、再分別依據購買頻率即購買金額性區分為等數目的五群，總共區分為 125 群（每群 80 名）。如此顧客共區分為 125 群，再分別統計這 125 群顧客所投入的回收價值及維持成本的比值（類似投資報酬的概念），可以發現某些群的顧客投資報酬較高，某些群的顧客投資報酬較低。如此便可依據 RFM 得知那些顧客較值得投資。
2. **依照錢包占有率與錢包大小來區隔顧客**：錢包的大小是指顧客對於某一品類的總消費金額，錢包占有率指的是顧客所購買的品類中，從某品牌或某企業購買所占的比率，假設有八位顧客（C1-C8）分別向 X、Y、Z 三家公司購買某類商品，其錢包大小及對 X 公司之錢包佔有率如表 9-2 所示，依據該資料，以 X 公司為例將八位顧客區隔如圖 9-3 所示。不同區隔的顧客將有不同的對待方式，Kumar & Reinartz 認為，若兩者皆低（C1、C3），不需要花費力氣於該顧客；若兩者皆高（C7、C8），需要維護並捍衛該顧客；若錢包占有率高而錢包小（C2、C5），可以繼續努力，因為顧客錢包（預算）可能變大；若錢包占有率低而錢包大（C4、C6），則可鎖定額外的銷售（洪育忠、謝佳蓉譯，民 96）。

3. **通路區隔**：指的是由消費者從甚麼樣的通路購買來做區隔，例如：線上瀏覽、線下購買，線下瀏覽、線上購買，或是在線上或線下完成瀏覽及購買。

4. **4P 區隔（高端訓，2019）**：所謂4P指的是依據消費者的購買週期（Cycle）、價格敏感度（Price Sensitive）、促銷敏感度（Promotion Sensitive）及獲利程度（Profitability）加以區隔。購買週期與產品使用週期相比對，例如：購買洗衣機可能是數年，購買洗衣粉則是數週，再與 RFM 中的購買頻率比對，可更了解顧客狀態；價格敏感度是消費者對於價格的重視程度，有些人重視品質，價格較不敏感，有些人則相對重視價格；促銷敏感度則是指消費者對於促銷活動的反應，若因促銷活動而購買，擇期敏感度較高；獲利程度則是指消費者所購買的商品，對公司而言獲利是否較高。

表 9-2　錢包大小及錢包佔有率資料示例

購買金額顧客	X	Y	Z	合計（錢包大小）	X 錢包佔有率
C1	300	200	200	700	0.43
C2	500	100	150	750	0.67
C3	200	100	500	800	0.25
C4	400	400	500	1,300	0.31
C5	700	100	100	900	0.78
C6	300	400	600	1,300	0.23
C7	1,000	150	150	1,300	0.77
C8	900	200	400	1,500	0.60

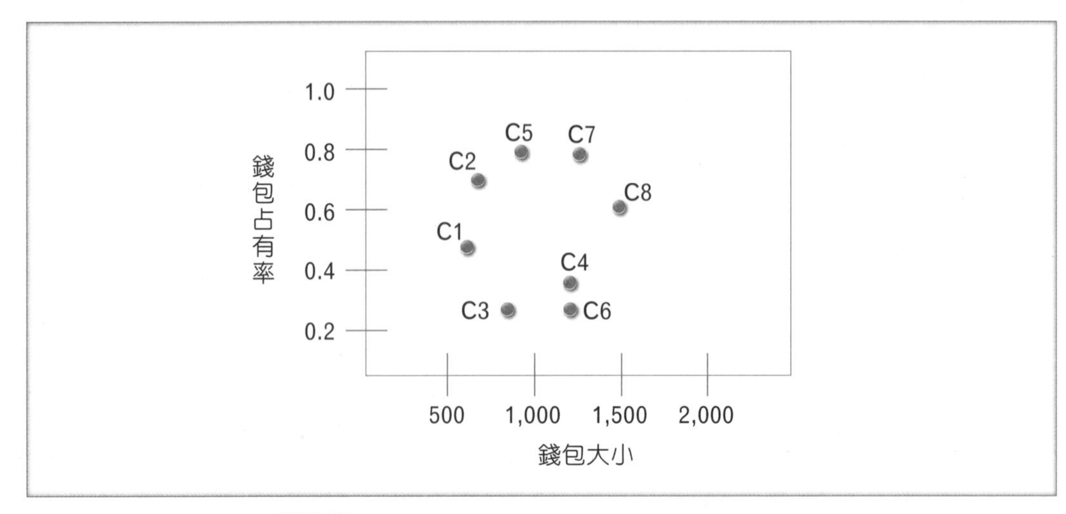

圖 9-3 錢包占有率與錢包大小進行顧客區隔之例

例如，美國滑雪公司為每一級客戶訂定了一項計畫。對最高頻率的滑雪客（還有那些不想老是到售票處購票的人），他們提供了全區通行證，讓這些持有通行證的人可以到該公司任何一處滑雪渡假中心滑雪。對那些無法達到全區通行證門檻的中等頻率的滑雪客，他們創造了一種名為「美好七日」的計畫，這項計畫讓滑雪客享有七天比一般票價明顯低廉的優惠。擁有「美好七日」卡的滑雪客，可以在購買這張優惠卡後的一年中，在任何一個美國滑雪公司旗下的滑雪渡假中心使用這張卡。對低頻率的滑雪客，該公司也提供了一項名為「邊緣」（The Edge）的計畫，讓滑雪者可以在五天的行程後，獲得一張免費的電纜升降梯搭乘券（邱振儒譯，民 88，pp. 120）。

NEWS 報 3——永豐銀行

永豐銀行推出全新尊榮理財會員分級制度，針對資產達新臺幣 3,000 萬以上的「永傳」會員，除提供日常交易優惠、免費機場接送、高鐵商務車廂免費升級等禮遇外，更攜手國際頂級禮遇團隊，提供貴賓們健康、生活、旅遊、美食等四大管家的頂級精緻服務，量身打造獨一無二的生活體驗。

永豐銀行也積極經營年輕世代，發展普惠金融。自 2019 年起發展智能理財「ibrAin」，以人工智慧（AI）運算提供客觀投資規劃建議，更首創客戶能自行透過個人電腦或智慧型手機等裝置於線上簽署投資顧問委任契約，享受完整投資顧問服務，逐步完成人生各階段財富目標。

資料來源：永豐銀行提供差異化服務 創新數位理財或肯定，卓越雜誌，2022.1

二、會員經營與會員區隔

會員經營能夠擁有顧客較完整的資料，而且能夠直接與會員溝通，這是目前顧客經營的重要方法。

會員經營第一個要考量的問題是決定會員類型，依據高端訓（2019），會員可分為五級，第一級是註冊即可成為會員，例如 Uber；第二級是消費達到一定金額才能成為會員，例如星巴克隨行卡；第三級是繳交年費而成為會員，例如 Cosco；第四級是聯名卡會員，例如王品集團與花旗銀行推出的「饗樂生活卡」；第五級則是受邀尊寵會員，是消費很高金額才會受到邀請，具有「高貴」、「尊榮」的象徵。

其次，針對不同會員要採去不同的獎勵措施，不同會員包含新會員、首購會員、活耀度很高會員、沉睡會員等，也就是顧客區隔。對不同區隔的顧客可採取不同的獎勵或是提醒措施，也就是忠誠度方案。

最後，會員經營會依據顧客區隔將會員區為為數個等級，然後為每個等級會員設計不同的獎勵方案或稱忠誠度方案。獎勵方案必須要有區隔性，而且要能夠有效吸引會員往最高等級會員前進，例如一開始加入會員時，就告知最高等級會員有多大的吸引力。當然獎勵計畫既要有吸引會員的效果，也要考慮成本因素，不能因為獎勵會員而虧本。而在會員經營過程中，也須隨時監控各級會員的比率，鼓勵會員往更高等級前進，這就需要一些促銷的手法了！

由資料庫行銷或是大數據技術的進步，顧客區隔已經朝向個人化區隔的方向，也就是將顧客按照其行為區分為個人，每個人都是一個區隔，其需求不同、顧客互動方案也不同。在大數據的技術逐漸發展之際，個人化顧客區隔更趨熱絡。例如 NES 模型，其中 N 是新顧客，E 是既有顧客，又區分為主力顧客（E0）、瞌睡顧客（S1）、半睡顧客（S2），S3 則是沉睡顧客（陳傑豪，2015）。該模型乃是運用大數據（巨量資料）分析，及時掌握顧客變動性，例如顧客沉睡度愈深，則能有效喚醒的機率越低，也就是採用顧客互動方案喚醒顧客的成本越高。

NEWS報 4———華南銀行

華南銀行擁有百年歷史，數十年來累積龐大的中小企業業主客戶，是發展財富管理業務最重要的基礎。

華南銀行依據客戶個人需求，打造客製化理財建議，例如一位企業主想將它手上超過億元的現金價值股票，及其父母的資產贈與下一代，華南銀行得知此需求，結合稅務及信託專家的專業規劃，以「本金自益、孳息他益」的方式進行固票信託，並結合隔代贈與，為顧客完成妥善的理財配置。

要贏得客戶信任，華南銀行的做法是輔導理專考取 CFP 證照，光是培訓課程每年就有五十堂。

目前華南銀行財富管理領航會員分為三種級別：

1.「獨享家」會員：客戶近三個月與華銀往來，資產總平均達三千萬以上。

2.「理享家」會員：客戶近三個月與華銀往來，資產總平均達一欠萬至三千萬。

3.「夢享家」會員：客戶近三個月與華銀往來，資產總平均達三百萬至一千萬。

資料來源：守富˙智能˙暖心，銀行三傑再進化，今周刊 2018.7，pp. 100-103

NEWS報 5———星巴克

星巴克自 2009 年便領先市場，在美國西雅圖和海灣地區的 16 家門店推出行動支付服務，會員只需出示專屬的一維條碼給店家的 POS 機掃描，即完成結帳。2014 年 12 月，星巴克再推出自家的「Mobile Order & Pay」App。會員透過此 App 點餐並預付款，到店時只要向咖啡店員取餐即可，而不需要排隊點餐，進一步改善結帳速度。

當會員使用星巴克行動支付 App 後，星巴克便能了解會員的點餐偏好，進而讓會員在未到店時，能直接重複點餐。同時星巴克還能根據會員到店消費的頻率、地點、喜好，提供會員下次到店的優惠及專屬服務，提高顧客對星巴克的品牌忠誠度。

而星巴克行動支付在美國能領先其他業者的關鍵，在於星巴克結合了會員獎勵制。星巴克會員獎勵制包含消費累積「星星」換取飲料，生日時的免費飲品兌換券以及偶爾的會員專屬優惠。

同時星巴克還與 Lyft、Spotify、New York Times 等異業夥伴合作，讓星巴克會員在使用夥伴企業的服務時，也能享有雙方企業的顧客優惠，並加速累積星星。相較於純粹提供會員獎勵，星巴克將會員獎勵機制直接結合行動支付 App，有效讓會員願意主動使用行動支付累積星星兌換獎勵。

星巴克的「Mobile Order & Pay」App，是會員獎勵機制結合行動支付與大數據分析的典範。

資料來源：詹文男等合著（民 109），數位轉型力：最完整的企業數位化策略 *50 間成功企業案例解析，初版，臺北市：商周出版：家庭傳媒城邦分公司發行

9-3 CRM策略執行

策略欲有效執行包含兩大構面，一個是組織配套措施，為行動方案。

(一) 組織的配套措施

組織配套措施，包含組織結構、文化、誘因（激勵）系統、企業流程等搭配，以下敘述其內容（朱文儀、陳建男譯，2017）。

組織結構包含垂直分化（Vertical Differentiation）、水平分化（Horizontal Differentiation）及整合機制（Integrating Mechanisms）。垂直分化指的是結構內決策制定責任的位置（即集權或分權）以及層級結構裡的階層數（即組織結構是高狹或扁平）；水平分化（Horizontal Differentiation）是組織裡各單位的正式分工；整合機制（Integrating Mechanisms）用以協調各單位的流程與程序。組織結構搭配策略執行所考量的因素包含資源控制的程度及環境變化的程度（越需要有彈性的策略），可能的組織結構變數敘述如下：

1. **組織結構形式的改變**：組織結構形式可能包含功能型組織、多事業部組織、專案型組織、矩陣型組織等，策略可能需要調整組織結構加以配合，例如環境變化大需要很有彈性的策略時（例如新產品策略），結構要更有彈性，例如矩陣式結構。

2. **溝通協調與整合**：如果策略層級較高或是需要跨部門的溝通協調時（如新產品策略），整合機制需要更高整合、跨部門協調之機制，例如跨功能團隊，並採用非正式整合機制（例如知識網絡）；穩定環境之策略則採用較低整合程度的直接接觸或聯絡人即可。

3. **流程改變**：策略也有可能促成流程改變或是新的流程設計，如果需要將整個公司的流程做很大的改變，稱為流程再造，否則稱為流程改良。流程改變一方面跟 CRM 資訊系統導入有關，另一方面也有可能因應顧客互動方案而啟動。

在誘因制度設計方面，主要是運用控制的方式來評估績效，據以做為激勵的基礎。

策略的執行也需要控制與誘因的搭配，例如整合程度較低時，適合採用官僚控制來分配財務給各功能，用產出控制控制各部門績效，各部門依其任務擬定績效目標，也可適當對各功能主管採取個人控制，而且誘因必須與產出目標相連結，也適當地採用團隊基礎的獎勵。而整合程度較較高時，仍適合採用官僚控制來分配財務給各功能，在不同功能採用產出控制，再搭配運用跨功能的產品開發團隊。

在文化方面，也就是策略要與文化相互調適，塑造及修正企業文化可能要要花許多時間。而目前可做的就是運用文化控制，也就是運用文化來要求成員做出某些被期待的行為，減少個人控制及官僚控制的需要。

（二）行動方案

1. 策略調準

策略的落實，乃是將策略分解成更細、更具體的行動方案，甚至任務或工作細目，成為階層性的結構，以利確實的執行，但需要特別注意各階層項目之間的連結關係。也就是說，所有的策略選項，應能充分支援願景的達成，所有的顧客互動方案，應能充分支援其相對應的策略選項，而所有的任務或工作目標，也要能確保與行動方案的要求一致。行動方案亦可能是專案的形式，專案管理請參考第八章。

策略調準就是顧客關係管理策略方向需要與組織策略方向一致，否則策略方案的執行，會有抵消的可能。例如，企業的策略是要開發新產品，以差異化作為競爭策略，則顧客關係管理的策略上就應該較偏重運用顧客知識來產生新的產品構想，以便支援新產品的創新策略。若組織的策略在於聚焦策略（Focus），則顧客關係管理的市場區隔以及針對目標群顧客的深度互動較能有效支援該策略。

當然組織策略必須與願景調準，以網路花店為例，其願景可能在於以便利的方式提升居民的生活素養。因此，顧客關係管理團隊應隨時注意環境趨勢之變化，檢驗願景是否合理，並注意其「都會區高品味花卉」的策略是否能有效支持該願景，至於其花店聯盟、網站、網路社群、主題活動等方案，也都需隨時評估是否可以達成其策略。

運動球鞋的廠商也是相同的道理，「與身體融合，以創造美好的運動體驗，提升人民健康」可能是運動鞋企業的願景，這個願景需檢驗是否與現有及未來環境趨勢相符。而「便利地提供個人化的產品與服務，以提升品牌忠誠度」可視為企業之顧客關係管理策略，這個策略是否能達成上述願景呢？進一步的方案可能是透過網路，讓顧客可以訂定各種鞋子、在其上製作個人標識符號，並舉辦會員活動（此類方法可參考 Nike 公司日本或美國網站），以便滿足其策略之要求。

2. 互動方案之展開

經過策略的選擇及調準之後，就需要建立有效的行動方案。我們回顧前面章節，顧客關係管理的策略選項可能有 CRM 相關之商業模式選擇（例如電子商務與社群商務模式、加入或創立生態系統、全通路模式、訂閱模式或廣告贊助模式、價值定位模式等），也包含 CRM 資訊系統投入。依據策略選擇，以及不同的顧客區隔，提出能滿足目標的顧客互動方案。顧客互動方案可能是客製化的行銷、銷售、客服方案，也可能是忠誠度方案，或是建構 CRM 資訊系統或知識管理系統。

以下是一些顧客互動方案之例。星巴克的 CRM 策略是第三空間，其價值定位著重於完美的咖啡體驗，其顧客互動方案包含咖啡隨行、咖啡講座等。台積電的 CRM 策略是虛擬晶圓廠，其價值定位著重於顧客夥伴關係，其主要的顧客互動方案乃是建置網站。亞都麗緻大飯店的 CRM 策略是打造顧客（國外商務客）另一個家，其價值定位著重於回到家的感覺，其顧客互動方案包含亞都時間、臺北的家等。

如果，所定義的策略是要與 A 群顧客建立策略聯盟的夥伴關係，此時便需要進一步訂定顧客維持率、交易額成長率等目標。以網路花店的「都會區高品味花卉」策略定位來說，其顧客互動方案可能包含與當地花店建立策略聯盟、開設具當地文化背景的網站、運用網路社群來談論花的品味、以及舉辦一些以提升花的品味為主題的活動等。

策略方案必須化為具體的行動，做為執行的依據，前述的顧客互動方案，若經選定的話，便可再細分為活動或任務，例如，策略若是提供都會區高品味花卉服務，以爭取顧客之忠誠度，其顧客互動方案可包含建立具地方特色的產品線、建立重視當地色彩的網站、建立客服中心的完整資料庫等。而其中建立重視當地色彩的網站這項方案，可再分解為提供當地文化資訊、建立網頁專欄、設計便利之介面等具體的任務（如圖 9-4）。

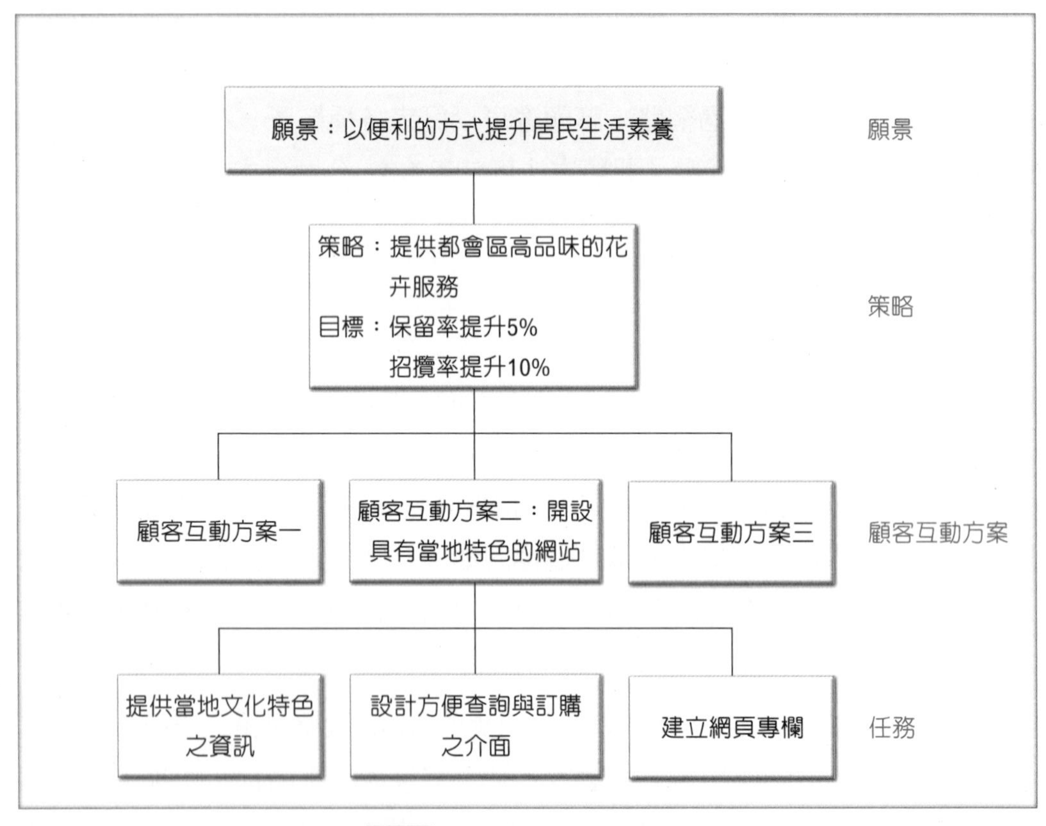

圖 9-4 網路花店的階層展開圖

3. 互動方案之評選

在 CRM 策略之下，顧客互動方案的提案來源主要是互動方案的需求，包含經濟需求、心理需求、社會需求等，甚至考量價值觀與信念，提案來源也包含互動媒體。提案也需創意，創意的方法指的是協助個人或團隊進行創意思考，而產生新構想的技巧，包含腦力激盪法、聯想、逆向思考（後藤國彥著，張仲良譯，民 91）及水平思考（Kolter & Trias De Bes, 2004）等。顧客互動方案的形式包含：

(1) 行銷：個人化行銷、客製化行銷、社群行銷。

(2) 銷售：交叉銷售、升級銷售、人員銷售、電子商務網站銷售。

(3) 顧客服務：售後服務、技術支援、維修、抱怨處理。

(4) 忠誠度方案。

方案提出之後，需要加以評估。評估的準則主要是成本與效益。效益可以從功能及介面媒體來說明，功能包含效益與回收，介面媒體則包含使用者友善介面、互動能力、彈性等。

前述提案階段，當顧客互動方案提出時，其目標、內容、時程、預算等均已經初步定出。資源分配決策乃是依據總預算以及各項顧客互動方案的優先順序來決定。決定方案的優先順序就是重要的決策問題。常見資源分配決策模式如下：

(1) 計分模型：設定方案評估的準則及權重，採用加權平均的方式針對受評方案予以評分，分數越高則列為越優先之方案。

(2) 分析層級法：採用目標的樹狀分解的方式，列出目標與子目標的關係作為準則，邀請專家協助擬定其權重，用以評估受評方案。

(3) 投資組合分析：採用兩個構面作為準則來評估方案，例如風險 vs. 效益、新舊產品 vs. 新舊市場等，風險低而效益高的方案將被優先選擇。

(4) 數學模式：採用作業研究、統計回歸等方式進行方案評估，例如線性規劃、整數規劃、動態規劃等。

(5) 財務模式：將方案之成本效益均化為金額，並考慮其現值，以評估方案之優先序，例如：淨現值法（NPV）、投資報酬率（ROI）等。此類方法較為客觀，但難以考量隱性成本或無形效益。

以財務模式為例，顧客互動方案的目的之一是招攬新顧客，採用的方法包含直接銷售、促銷等方式。招攬新顧客的互動方案重要的指標是顧客回應率，也就是針對潛在客戶中，估算可能回應的比率。回應率越高表示會購買的比率也相對高。假設平均招攬成本為 $100，每年平均利潤為 $40。此招攬方案的成本為 $100，利潤現值為 $134（15% 折現率），投資報酬率為 34%，如表 9-3 所示。可依據此值來決定是否需要執行此方案。

表 9-3　顧客招攬方案的財務評估

年	成本	利潤	利潤現值
0	100		0
1		40	35
2		40	30
3		40	26
4		40	23
5		40	20
	100	200	134
		ROI	34%

其次是顧客保留的互動方案，採用的方法包含交叉銷售、升級銷售等等方式。首先假設有交叉銷售方案 A 與升級銷售方案 B，基於預算限制，這兩個方案只能選擇其一進行。交叉銷售方案 A 投入成本 $500，第一年利潤為 $240，往後利潤以 $30 逐年遞減，共五年。升級銷售方案 B 投入成本 $750，第一年利潤為 $320，往後利潤以 $10 逐年遞減，共五年。兩方案評估結果如表 9-4 所示。由表 9-4 得知，A、B 方案的淨利潤分別為 $131 與 $265（15% 折現率），投資報酬率分別為 26% 與 35%，B 方案為較佳方案。

表 9-4 顧客互動方案之評估

	交叉銷售方案 A			升級銷售方案 B		
年	成本	利潤	利潤現值	成本	利潤	利潤現值
0	500			750		
1		240	209		320	278
2		210	159		310	234
3		180	118		300	197
4		150	86		290	166
5		120	60		280	139
合計	500	900	631	750		1,015
		ROI	26%		ROI	35%

互動方案也可以設計成組合式的方案。假設前述 A、B 均可執行，而且假設 B 方案於 A 方案之後一年再投入。此組合方案評估結果如表 9-5 所示。由表 9-5 得知，組合方案的淨利潤為 $241（15% 折現率），投資報酬率為 21%。可依據此值來決定是否需要執行此組合方案。

表 9-5 顧客互動組合方案之評估

年	成本	方案 A 利潤	方案 B 利潤	利潤總和	成本現值	利潤現值
0	500				500	
1	750	240	0	240	652	209
2	0	210	320	530	0	401
3	0	180	310	490	0	322
4	0	150	300	450	0	257
5	0	120	290	410	0	204
6	0	0	280	280	0	121
合計					1,152	1,393
					ROI	21%

顧客焦點

統一星巴克－量身訂作浪漫咖啡香

統一星巴克股份有限公司於 1998 年 1 月 1 日正式成立，由美國 Starbucks Coffee International 公司與臺灣統一企業及統一超商合資成立，共同在臺灣開設經營 Starbucks Coffee 門市。1998 年 3 月 28 日，臺灣第一家門市於臺北市天母開幕，2016 年已有 400 分店。2017 年 3 月 18 日，第 410 間門市「澎湖喜來登門市」開幕，是星巴克事隔近 9 年後再度到澎湖開設門市。同年 12 月 26 日，第 424 間門市「馬祖門市」開幕，至此星巴克完成臺灣各縣市都有開設門市。

星巴克致力於塑造咖啡體驗，營造「第三空間」，也就是除了家及辦公室之外的首選。爲了達成這樣的策略，以下有一些具體作法及例子。

利用中午的休息時間，在電腦公司上班的 Kevin 卻選擇到星巴克咖啡，坐在小吧臺和店裡的咖啡大師交換喝咖啡的心得，順便品嚐來自世界各地不同風味的咖啡豆，一個多小時下來，他沒花半分錢，卻擁有完美的咖啡體驗。2004 年 3 月底，統一星巴克咖啡在環亞門市首度開闢了「咖啡專區」，由去年選出的十位咖啡大師輪番上陣，爲客人介紹咖啡豆，並提供包括試飲、沖泡以及推廣咖啡相關周邊商品的服務。統一星巴克的咖啡大師們自己還組成咖啡俱樂部，每月舉辦主題式的活動，如出遊或其他交流等，並經常將自己的咖啡體驗寫成 E-mail 與其他員工分享。

行之有年的星巴克「咖啡講座」是一個讓顧客創造屬於自己咖啡體驗的方式。有興趣的個人或團體，可以針對不同的主題向星巴克總部或門市申請提供「咖啡講座」，星巴克本身也不定期舉辦咖啡講座。講座進行時，星巴克的教育訓練中心準備了香氣實驗室，用香料粉、花瓣和水果來協助顧客聯想並分辨肯亞、巴西、蘇門達臘和新幾內亞的咖啡豆口感有何不同。咖啡講座十分受到顧客歡迎，還有人遠從花蓮跑來臺北上課。爲了維持講座品質，每場次參加人數以 12 人爲上限。

星巴克針對「咖啡隨行」的主軸，和旅行社合作推出「咖啡深度之旅」，由星巴克的工作人員帶領報名參加的遊客，到惠蓀農場參觀咖啡的生長過程，並由沿路的星巴克咖啡門市提供咖啡課程，讓遊客在一般的旅行的吃喝玩樂之外，還能獲得咖啡的專業知識。

星巴克也推出「咖啡裡的心靈花園」，除了提供高品質的咖啡，也讓人靜下心來獲得片刻的休息與養份，在城市擁擠的街道與人潮裡，有著一方角落等您駐足停留。在這個角落裡，您可以看到多元的巧思創意，體會不同的生活觀點，用短暫的時間，Refresh 一下。

目前，星巴克更進一步推動其「第四生活空間」，在生活的每個角落，透過一杯咖啡，一個互動，給消費者最美好的體驗，致力於延伸第四生活空間，就是從線上到門市，讓你有一致溫暖熱情的感受。主要的服務項目包含：

1. **星巴克行動 APP**：可以讓你輕鬆享受行動支付、星禮程回饋、尋找鄰近門市跟更多便利功能，美好咖啡生活，與你隨行。
2. **星巴克社群服務**：不論在家、在辦公室、在門市，或是在前往目的地的路上，透過社群網路與通訊 APP，隨時隨地與你分享星巴克咖啡體驗。
3. **星巴克咖啡訂閱服務**：有每日星巴克與季節分享組合等咖啡訂閱服務。

此外，也包含咖啡護照、星聞室、星巴克線上護照、同好會臉書粉絲團、StarbucksTW IG、數位音樂、電子報等服務。

顧客區隔方面，星巴克搭配星禮程方案，註冊成爲會員就成爲「新星級」，可享有老饕黑咖啡好友分享乙次，指定商品 9 折優惠乙次。累積 66 顆星星就成爲「綠星級」，享有免費中杯飲料乙杯、生日慶賀禮、新品飲料嚐鮮優惠等。累積 168 顆星星就成爲「金星級」，享有專屬客製化金卡乙張、每累積 35 顆星獲贈中杯飲料乙杯、更多金星級會員專屬驚喜、生日慶賀禮、新品飲料嚐鮮優惠等。

資料來源：伍淑芳，統一星巴克量身訂作浪漫咖啡香，遠見雜誌，2004.5.1，pp. 276-277；維基百科 https://zh.wikipedia.org/zh/ 星巴克；星巴克臺灣網站，2022.8.18

統一星巴克採取哪些顧客互動方案？這些方案能充分支援「第三空間」及「第四生活」的策略嗎？

本章習題

一、選擇題

( ) 1. 下列哪一項總體策略與通路夥伴關係的關係最為密切？

(A) 整合策略 (B) 委外策略

(C) 多角化策略 (D) 高科技策略

( ) 2. 下列哪一項不是顧客回應的內容？

(A) 速度 (B) 產品設計

(C) 售後服務 (D) 客製化

( ) 3. 下列哪一項是顧客關係管理的策略目標？

(A) 顧客招攬率 (B) 顧客招攬成本

(C) 顧客保留率 (D) 以上皆是

( ) 4. 下列哪一項顧客關係管理的策略目標不能用來計算顧客終身價值？

(A) 顧客招攬率 (B) 顧客維持成本

(C) 顧客保留率 (D) 顧客流失率

( ) 5. 下列針對顧客關係管理策略目標的設定的原則何者有誤？

(A) 需與公司願景策略方性一致

(B) 需依顧客區隔不同而有不同

(C) 須注重可衡量

(D) 只需設定定量目標

( ) 6. 下列哪一項不是顧客區隔的主要特色？

(A) 市場區隔 (B) 界定關鍵顧客

(C) 由顧客購買行為區隔 (D) 以上皆非

( ) 7. RFM 區隔中的 R 指的是下列哪一項變數？

(A) 錢包大小 (B) 近期性

(C) 購買頻率 (D) 購買金額

( ) 8. 區隔過程中，若顧客錢包大小很高而錢包占有率低，應該對該群顧客採取何種措施？

(A) 不作為 (B) 維護並捍衛

(C) 努力維持 (D) 鎖定額外的銷售

( ) 9. 有關欲求區隔的敘述何者有誤？

(A) 針對忠誠的顧客需滿足其欲求

(B) 針對忠誠的顧客只需滿足其需求

(C) 針對忠誠的顧客需特別注意其價值觀

(D) 針對忠誠的顧客需特別注意其生活風格

二、問題與討論

1. SWOT 分析的進行步驟為何？
2. CRM 策略規劃的步驟為何？
3. 何謂顧客關係管理願景？一個好的顧客關係管理願景應該滿足哪些條件？
4. 顧客關係管理策略目標有哪些？
5. 顧客關係管理策略提出時應考量哪些因素？
6. 請舉一家有實施顧客關係管理的企業，描述該公司的顧客關係管理願景與策略，並評估其合理性。

三、實作習題

【銷售百科】

說明：銷售人員欲將 CNC 車床產品之產品規格（文件類別代號為 001）上傳至銷售百科，以供後續查詢應用。

1. 進入「銷售管理系統模組」，選擇「銷售百科」、「銷售百科文件」。
2. 按「新增」定義 / 建立「產品型錄」類別，上傳產品型錄。

本章摘要

1. CRM 策略規劃的流程包含策略分析、擬定 CRM 目標、擬定 CRM 策略、顧客區隔、選擇顧客互動分案、執行顧客互動方案、策略績效評估等七個步驟。
2. 提出 CRM 策略的思考方向包含顧客關係（價值定位）、互動介面及資源運用三項。價值定位需考量顧客區隔與顧客關係生命週期，互動介面包含介面媒體與媒體結合，資源運用包含資訊系統與合作夥伴。
3. 顧客關係管理的策略目標是以顧客終身價值最大化爲前提，分解爲顧客招攬率、顧客保留率、顧客滿意度等目標。
4. CRM 策略必須引導公司資源投入適當的顧客互動方案，該策略考量的要素包含顧客關係程度（商業模式與價值定位）、顧客區隔、接觸管道，以及所需運用的資源。
5. 常見顧客區隔的方法包含 RFM 區隔、錢包大小與錢包占有率區隔、通路區隔與 4P 區隔等。
6. 會員經營能夠擁有顧客較完整的資料，而且能夠直接與會員溝通，這是目前顧客經營的重要方法。
7. 策略欲有效執行包含兩大構面，一個是組織配套措施，爲行動方案。組織配套措施包含組織結構、文化、誘因（激勵）系統、企業流程等搭配；行動方案則包含策略調準與互動方案之評選。

參考文獻

1. 方世榮譯（民 91），行銷學原理（四版），臺北市：東華書局。
2. 朱文儀、陳建男譯（2017），策略管理，四版，臺北市：新加坡商聖智學習（華泰文化總經銷）。
3. 朱道凱譯（民 88），R.S. Kaplan, D.P. Norton 著，平衡計分卡：資訊時代的策略管理工具，初版，臺北市：臉譜文化出版：城邦文化發行。
4. 邱如美譯（民 92），下一個經濟盛世，第一版，臺北市：天下雜誌。

5. 邱振儒譯（民 88），客戶關係管理：創造企業與客戶重複互動的客戶聯結技術，初版，臺北市：商業周刊出版：城邦文化發行。
6. 洪育忠、謝佳蓉譯（民 96），顧客關係管理：資料庫行銷方法之應用，初版，臺北市：華泰。
7. 胡宗聖、楊秉杰（民 98），淺談「高價值客戶管理機制」的觀念與運作，華南金控月刊，2009 年第 74 期二月號。
8. 陳傑豪著（2015），大數據玩行銷，第一版，臺北市：30 雜誌。
9. 高端訓著（2019），大數據預測行銷：翻轉品牌 X 會員經營 X 精準行銷，初版，臺北市：時報文化。
10. 野口吉昭編（民 90），顧客關係管理戰略執行手冊，遠擎。
11. Blanchard, K. & Stoner, J., (2001), Full Steam Ahead : Unleash the Power of Vision in Your Company and Your Life, Jesse Stoner and The Blanchard Family Partnership.
12. Boyd, B.K., Fulk, J., (1996), "Executive Scanning and Perceived Uncertainty： A Multidimensional Model," Journal of Management, 22：1, pp. 1-21.
13. Elenkov, D.S., (1997), "Strategic Uncertainty and Environmental Scanning： the Case for Institutional Influences on Scanning Behavior," Strategic Management Journal, 18：4, pp. 287-302.
14. Gutman, J. (1982), "A Means-end Chain Model Based on Consumer Categorization Processes," Journal of Marketing, 46:1, pp. 60-72.
15. Kim, W.C., Maugorgne, R.A.(1999), "Creating New Market Space, " Harvard Business Review, Jan-Feb, 77:1, pp. 83-93.
16. Pfeffer J., Salancik, G.R. (1978), The External Control of Organizations: A Resource Dependence Perspetive, Harper & Row, Publishers, Inc. NY.
17. Richards,M.D. (1986), Setting Strategic Goods and Objectives, St. Paul, Minn.:West.

Chapter 10

顧客關係管理方案規劃與分析

學習目標

- 了解如何描述顧客的決策過程，找出該過程中可能與企業的接觸點。
- 了解如何蒐集需求並分析各個接觸點的接觸內容及接觸方式。
- 了解如何依據接觸點分析顧客關係管理的互動方案需求、資訊系統需求、管理與制度之需求。

前言

顧客關係管理策略規劃	→	顧客關係管理方案規劃與分析	→	顧客關係管理設計與導入

由策略、顧客互動方案以及任務的逐步分解，可以導出顧客關係管理系統的需求。為了說明簡便，此處依據本書的架構，顧客關係管理系統包含介面、分析工具、顧客互動方案、制度與管理等子系統，也就是顧客關係管理由這些子系統以及子系統之間的關係所組成。本章也以顧客互動方案、介面、資訊系統、制度與管理等做為需求分析的單位。例如蒐集當地民俗情報這項任務，所需要蒐集的資料內容（例如節慶時間、地點、緣由、意義等），便成為資訊系統的資訊需求。處理、儲存這些資訊是分析工具子系統的職責。而資訊接受查詢時的形式（如文字、表格、動畫等），則為互動介面子系統的一部分。本章顧客關係管理的需求分析便是依據這些子系統分別進行之。

企業觀測站

隨手科技 2010 年成立，從一款記帳 App 起家，已成為中國最大的個人理財平臺，旗下擁有隨手記、隨管家等多款知名理財應用產品，服務用戶超過 2 億。隨手科技仍在不斷探索個人理財和個人金融的結合點，為個體經營者和個人消費者提供全面的財務服務。

隨手科技
SUISHOU TECHNOLOGY

隨手科技是以用戶為核心的思維建立服務模式，他們的要訣之一是「找破口，往最大需求去挖」。

隨手科技提出記帳 APP「隨手記」。需求分析重點是鑽研人性找到痛點，其「記一筆」這功能，已經成為其他記帳工具 UI（使用者介面）設計標準之一，最主要是要克服對於記帳覺得很麻煩，而要鼓勵行動，動手記地一筆帳。例如，我們觀察到大部分的婆婆媽媽是在購物間隙記帳的，一手拿著菜籃、購物袋，只剩下單手能記帳，因此「隨手記」的選單、拉頁、按鈕的設計與位置，都要考量使用者在單手操作情境下是否方便，在設計上，隨手記的選單、按鈕基本上只占半頁。

又例如，因為老闆晚上要看帳本，因此需要有「帳本共用」的功能，免得大家都要把帳本傳回。而發現顧客經常同時要記不同類型的帳，例如家裡帳、生意帳，因此開發出市面首創的「情境帳本」，一個帳戶可以開無限個帳本，還推出一百多個常用帳本模板，例如出差、旅行、生意、裝修、養車等。

做了十多年工程師的隨手科技創辦人谷風，選擇做了一件事，那就是推行「全員客服制」，自己與所有的員工都跳下來，輪流當客服，聽客戶是怎麼想的。

要靠記帳留住客戶太難了，從記帳走到後端的理財投資服務，才是隨手科技關鍵的一步。

資料來源：鑽研人性找痛點，一款記帳 App 變 3 億人理財夥伴，商業周刊 1594 期 2018.5，pp. 80-84

提示

隨手科技開發記帳 APP，是要滿足記帳者的最大需求，因此深入觀察記帳者的行為，本個案可以看出其需求分析的方法與流程。

10-1 方案規劃

規劃乃是設定目標，以及分配資源以達成該目標的工作。依據對象不同，有不同層次的規劃。公司的整體規劃是由組織的使命與目標開始，進行策略規劃，並加以執行及評估；部門有部門的計畫，專案也有專案規劃，甚至個人的工作都有其規劃。其次，依據規劃期程，有長期規劃、中程規劃、短程規劃之分，原則上，越是高層次的計畫越偏向於長程規劃。

無論如何，規劃都包含設定目標、執行內容與資源分配等工作。

一、目標

目標需要具有明確、具體可衡量、達成期程、具有挑戰性等特性。CRM 互動方案的目標的設定亦如此。例如互動方案是個人化促銷，可能的目標就是銷售金額、利潤或滿意度，這些目標都需要滿足上述的特性。又例如互動方案是要做粉絲經營，那目標可能就是吸引粉絲（例如按讚數、追蹤數等）、增加粉絲黏度（例如互動次數、內容轉載等）、提升品牌知名度（例如觸及人數）、促成交易（交易訂單）、蒐集名單等。

二、執行內容

列出欲達成前述目標所需的工作項目，例如要導入 CRM 資訊系統，其工作內容包含系統分析、設計、導入等工作；又例如粉絲頁經營，可能的工作包含建立粉絲頁（例如命名、輸入基本資料、註冊帳號等）、發布貼文、粉絲互動、舉辦活動等。

執行內容之間的關聯性也很重要。首先，這些工作可能是可以平行執行的，也就是可以同時間進行；也可能是序列的，也就是完成 A 工作之後才能執行 B 工作。其次，這些工作項目必須有利於管理者分工及績效評估，例如工作項目盡量互斥，不要有相重疊的內容；而且每個工作項目的期程不要太長，大約是兩周可以完成，如果工作項目期程太長，就可以再加以細分。這樣對於後續安排時間、人員、機器設備等資源都有幫助。

三、資源分配

資源包含時間、人員、金錢、機器設備等，需妥善納入前述的工作項目中。如果依據工作的平行、序列特性，加上時間的考量，就形成時程規劃，甘特圖、要徑圖（CPM）、計畫評核術（PERT）都是常用的時程規劃工作。當然也可以加上人力配置、成本需求、機器設備的安排等，構成完整的計畫書。

規劃之後便是執行、控制的工作，執行就是按照計畫書進行所有的工作，控制就是將執行的結果（可能是計畫中或計畫完成後）與所設定的目標加以比較，若有顯著差距，就需要加以調整。

10-2 搜集需求

一、需求的來源

(一) 消費者的行為與顧客旅程

依據消費者行為理論，「顧客行為」指的是顧客的決策行動及其背後的動機，為了分析方便，我們仍以消費者的決策過程為中心，再考量其背後動機，動機的考量主要的目的是要了解顧客的深層需求，以便進行更有效的互動。

顧客的行為到底有哪些呢？這要依不同企業特性而有所不同，有些銷售業需注意顧客的採購決策過程，有些因產品的特性需了解顧客的使用及報廢回收過程，有些資訊服務業，需要了解顧客的學習過程，有些創意設計的公司則需要觀察消費者的日常行為。

顧客採購的決策過程主要區分引起注意（Attention）、產生興趣（Interest）、激發渴望（Desire）、購買行動（Action）四個階段，也就是所謂的AIDA流程。當然，亦可從銷售的前、中、後的階段來區分顧客活動週期。Vandermerwe（2000）並以醫療服務為例，在銷售（服務）之前，可能提供線上資訊、儘早及快速之診斷，銷售中包含設備之安裝、24小時看護等工作，銷售後則有下次處方之提示等可供創造價值之機會。

針對服務業而言，可描述其顧客服務生命週期，該生命週期區分為需求（Requirement）、取得（Acquisition）、擁有（Ownership）、修正（Refinement）等四個階段（Ives & Mason,1990）。從服務的流程，了解顧客接受服務或體驗的行為，有利於企業尋找為顧客創造價值之機會。

顧客資源生命週期乃是從顧客的角度，將企業售出之產品視為顧客本身的資源，從資源的取得、擁有、使用、報廢形成顧客資源的生命週期（Gonsalves, et al., 1999）。顧客資源生命週期除了著重購買決策之外，也著重於產品使用及報廢過 程，這對於需要維護或使用期間較長產品之分析，更為適用。

有些企業為了提供更有創意的產品或服務，需要很密切地觀察消費者的日常生活，例如，觀察兒童刷牙的動作而設計出適合兒童用的牙刷柄、觀察跑步動作而設計出適合的跑帶等。

總而言之，為了與顧客做更好的互動，提供更好的產品、服務與體驗，與顧客接觸的範圍已經打破時空的限制，而將顧客需求的來源涵蓋整個顧客所有可能的體驗稱之為「顧客旅程」。也就是包含了體驗或服務之前、其過程、體驗與服務之後的所有過程，這就可能橫跨很多管道和包含很多接觸點，在時間上，也可能持續多天或好幾週。

NEWS 報 1——天泉草本

2015 年創辦「天泉草本」保健飲品，2017 年成立「淨淨克菌液」抗菌產品，天泉草本用社群行銷代表客服。專業的醫療知識並不適合天泉草本，顧客會直覺認為有導購目的。因此天泉草本以「使用情境」、「產品優勢」、「口碑分享」三種內容，用「資訊滿足」、「情感傳遞」、「故事累積」等方式互動。

天泉草本顧客服務旅程扼要敘述如下：

1. 前段：觸及、觀察。主要活動包含：民視消費高手介紹、部落客分享、臉書粉絲頁內容經營及廣告曝光等。

2. 中段：購買。主要活動包含運用臉書粉絲頁溝通產品使用情境和優勢、LINE@ 經營舊顧客、臉書互動及電話客服一對一回應。
3. 後段：到貨、使用。主要包含提供消費者主動分享的園地、製作內容清楚的使用說明卡及產品 DM、LINE@ 舊顧客優惠活動、手寫感謝卡以及令人驚豔的漂亮外盒設計等。

資料來源：「泉閣」領軍天泉草本，客服到位，客單價提高兩成，看雜誌，191 期 2017.7，pp. 50-54

(二) 企業顧客的行為

從企業客戶的角度，需求分析也來自企業顧客的目標、流程或價值鏈，例如，顧客希望達成低於 1% 不良率的目標，其需求便是如何達成此目標；顧客流程可能是生產、測試、服務等流程，其需求便是如何順利運作這些流程。以 HP 為例，HP 針對企業顧客部門歸納出八大生命週期：認知、選擇、購買、安裝與運送、學習、使用、支援、購買更多或升級（黃彥達譯，民 91）。

二、蒐集需求的方法

常見的資料蒐集的方法包含訪談、觀察、資料庫及電子媒體。訪談可能針對各代表性的顧客進行，或是針對較為專業的小群顧客進行焦點團體（Focus Group）訪談。觀察指的是觀察使用者使用產品的過程，將其使用產品的動作給記錄下來，觀察可能是以旁觀者的角度進行觀察，也可能參與使用者的使用過程進行參與觀察。訪談或觀察的結果可以用錄音、筆記、錄影、照片、速寫等方式將原始資料記錄下來。以新力公司為例，該公司的設計中心就經常進行市場調查、焦點團體或用戶研究，以了解目標客群的想法與需要，充分理解其生活方式；無印良品則透過觀察來店客的行為做為了解客戶的方式之一。寶鹼（P&G）的研究人員，甚至會花整天在受訪者家中，深入了解他們使用產品的狀況。資料庫可能記載交易及互動的過程，甚至電子媒體（例如社群媒體）都可能是蒐集資料的方法。

NEWS 報 2——恆隆行

恆隆行成立於 1960 年，主要業務是代理 Dyson 吸塵器和空氣清淨機等 24 個品牌。恆隆行在兩年前成立資料科學團隊，第一階段的目標是，將過去散落在不同部門、電商、百貨公司櫃位及連鎖通路的數據整合，打通數據孤島（Data Silos），並依此拆解出至少四種顧客模型，如最重視價格、生活品質、新科技等。而針對不同客群，還得更細緻描述其生活型態。例如重視生活品質的顧客，這些描述從職業、穿衣風格、喜歡旅遊、重視飯店備品、甚至常在百貨公司停車等，詳細到彷彿這人就在你眼前。掌握顧客樣貌，更容易理解顧客消費動機，便能用不同的方式、語言和管道，和不同的顧客群互動。從行銷活動上，已可見明顯成效，如電子報開箱率提升約四成。

恆隆行去年砸上千萬元，投資開了間「不販售、只介紹」的概念店，根據顧客的生活型態，專人一對一建議該買哪些商品。門市人員的 KPI，不是銷量，而是想辦法藉由聊天蒐集「質性數據」，例如客人心情看起來如何、跟誰一起來逛街等，並在聊天選物的過程中，更了解顧客生活習慣。

資料來源：打造 Dyson 窟紅奇蹟的恆隆行 為何開店只聊天、不賣貨？商業週刊，1795 期，2022.4

此外，我們再列舉兩種蒐集需求的方法。

(一) 人物誌（Persona）

人物誌（Persona）是一種描繪目標用戶的方法，經常有多種組合，方便規劃者用來分析並設定其針對不同用戶類型所開展的策略（維基百科 https://zh.wikipedia.org/wiki/ 人物誌 _（用戶體驗））。

人物誌當中，可能描述角色的年紀、職業等基本敘述，也可能描述態度、使用物品、喜好、渴望與操作行為等等具體描繪的事物（Matt, Dickman, 2008）。若從劇本的角度來說，人物角色主要包含其生理特徵、人格特質、情感態度、社會背景。一張人物誌的人物名稱，多半都是虛構的，且名字簡短，可讀，容易記憶。

人物誌的運作方式包含創造角色、分析該角色相關的資訊、建立角色模型、並為該角色說故事。針對某項顧客互動方案，也可能要塑造數個角色。

NEWS報 3——全聯

全聯將消費者分為「銅、銀、金、鑽石」四個單位，為分析這四種區間的消費者輪廓，全聯將近 800 萬名用戶劃分成七級，從 PX1 ～ PX7，數字愈大代表在全聯的消費貢獻愈低，並以此為依據，找出現階段全聯要攻占的主要客群。PX1 ～ PX2 大多為商業客戶，PX3 ～ PX5 則以家庭、熟齡者居多，也就是消費金額落在 6,000 至萬元的主力族群。PX6 則是全聯正瞄準的潛力消費者，大多為購買力還不高的輕人，一個月約進出全聯 6 次，頻率高但消費金額不穩定。因此全聯設下 2,000 元的門檻，希望透過點數紅利回饋，培養這群未來客戶。

資料來源：讓會員邊買邊升級 定時提醒消費創造雙贏，數位時代，2022.5

（二）同理心地圖（Empathy Map）

同理心地圖是一個幫助團隊深度了解顧客的工具。同理心地圖是由 Dave Gray 所創造，且迅速的在各種需要快速開發的團隊中流行（Bland, 2016）。

基本上同理心地圖包含六大區塊，分別描述目標族群的各種感受（Bland, 2016）：

1. 想法和感覺（Think & Feel）
2. 聽到了什麼（Hear）
3. 看到了什麼（See）
4. 說了什麼、做了什麼（Say & Do）
5. 痛苦（Pain）
6. 獲得（Gain）

繪製同理心地圖的第一步是角色定義，此時我們也可以運用上述人物誌的方式來定義目標顧客的角色，通常會有數個角色。第二步是定義場景，如果你銷售產品，那就為該產品訂出數個使用的情境。第三步則是針對每一個角色與場景，分別繪製一張同理心地圖，每張圖都包含上述的六大區塊，參與團隊中的每個成員，都依據六大區塊的問題盡可能回答，再加以討論及分類，此時可以用大張海報紙繪製地圖，而用便利貼寫出每個答案以利歸類。

三、需求的內容

顧客需求來源可能包含顧客行為的步驟及內容（任務、交易、使用），以及顧客資料庫。針對這些來源進行需求的資料蒐集。需求包含正向的需求與負向的需求。正向的需求是可以滿足顧客的需求，包含：

1. **功能的**：可以滿足顧客完成某些任務，解決顧客的工作或日常生活的問題或滿足其需求，或是交易的過程中所需的協助。
2. **經濟的**：指的是成本的簡省，或是帶來方便性等。
3. **心理的**：指的是滿足顧客心理層面的需求，例如情緒的愉悅、精神的富足等。
4. **社會的**：指的是滿足顧客社會層面的需求，例如人際關係、社會階級等。

負向的需求指的是顧客極力避免的，可能是避免的痛點、負面效果、障礙、風險，協助顧客避免這些負向需求也對顧客產生價值。

表 10-1　顧客需求之蒐集與描述

顧客行為與背景脈絡		顧客生命週期（取得、增強與維持）之考量			
		功能需求	經濟需求（便利、成本等）	心理需求	社會需求
背景脈絡之考量	知曉	▶ 產品性能在解決駕駛方面的需求 ▶ 汽車如何影響其生活、家庭生活	經濟方面的吸引力	產品性能在心理方面的吸引力	產品性能在社會方面的吸引力
	評估	▶ 客觀的產品比較（包含測試報告） ▶ 能夠有試乘體驗	汽車如何影響其生活、便利性、工作收入	▶ 親切而又有耐心的解說 ▶ 符合公平的價值觀	汽車如何影響其生活－社群生活
	購買行動	▶ 交易成功	▶ 付款方式便利可靠 ▶ 操作方式示範 ▶ 交車方便	▶ 令人安心的交易	
	使用	▶ 經常忘記定期保養 ▶ 保養時影響上班通勤 ▶ 行駛中路況、停車問題	▶ 行車省油 ▶ 保養方便、價格合理	▶ 擔心行駛中故障 ▶ 考量安全感 ▶ 工作與生活的平衡 ▶ 生活型態與品味	▶ 駕車的身份地位彰顯
	報廢	▶ 車牌回收 ▶ 汽車報廢手續	▶ 報廢程序明確簡便	▶ 對物質的情感與珍惜	

表 10-1 是描述顧客需求的架構，並以顧客購車與維修為例。其中顧客行為即前述的購買、使用等過程，甚至是日常生活。描述該行為時須考量背景脈絡，也就是進行該行為的情境，例如第一次購車或換車、因成家而購車或贈送而購車等是購車的背景脈絡；因上班或出遊而開車、一人或家人親友同行等是開車的背景脈絡。

其次，另一個構面是顧客需求的構面，包含功能、經濟、心理及社會之需求，蒐集這些需求時亦須要考量顧客生命週期，及顧客取得、增強與維持。

NEWS 報 4——聿信醫療器材科技

聽診器已經有兩百年歷史了，到如今卻有了新的需求，就是能夠遠距、非接觸看診。聿信醫療器材科技成立於 2018 年，他們就是在做這件事。三年前，公司掌握相關技術，推出 AI 及時呼吸聽診監測儀。

聿信研發抗噪貼片，取代傳統聽診器，將貼片貼在病患的胸口，系統能持續監測，並記錄病患呼吸聲音，傳送回手機等裝置。除了傳遞聲音之外，也以視覺波紋的方式呈現呼吸狀況。這讓醫生就算不在病患房內，也能及時了解他的呼吸狀況，再據以調整醫療方式。

資料來源：聿信醫療器材科技　用 AI 科技，打破聽診限制，EMBA 雜誌 418 期，2021.6

10-3 需求分析

一、需求分析架構

需求分析由顧客行為開始，由該行為中蒐集需求，整理成初步互動方案或資訊系統，再進行接觸點分析，以便確認需求，包含互動方案需求、資訊系統需求、制度與管理需求。

進行需求分析可依據下列步驟進行之，如圖 10-1 所示：

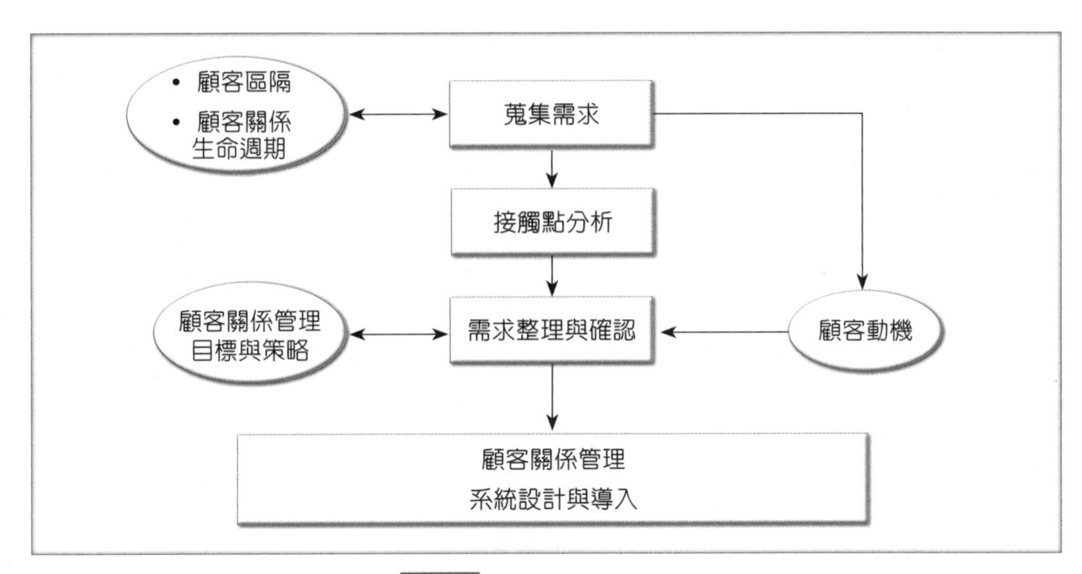

圖 10-1 顧客需求分析步驟

1. **蒐集需求**：描述顧客的行為或顧客價值鏈，並依此描述蒐集需求。
2. **進行接觸點分析。**
3. **需求整理與確認**：進行資訊系統、互動方案、企業運作流程等顧客關係管理需求分析。

由圖 10-1 也可以得知顧客需求分析的步驟及需求分析與顧客關係管理策略的關係。由顧客區隔、顧客關係生命週期（獲取、增強、維持）與顧客關係管理策略目標，可以了解公司需與哪些顧客，建立或維持何種關係。針對各個區隔群的顧客，我們需描述其行為（如購買流程、使用流程、生活習慣等）。在顧客行為中，找出可能與企業接觸點，接觸點包括接觸的內容、時機及媒體（如面對面、電話、網路）。列出接觸點之後，需要依據與顧客互動的程度或關係程度，來分析接觸點的內容、時機及媒體，進而得出顧客關係管理的需求，以下分別依這些步驟說明之。

二、接觸點分析

蒐集需求讓我們得知顧客的行為或流程，以及相關的需求，並擬出初步的互動方案。下一步就是依據互動方案，找出該行為或流程中，那些時機可以用何種媒體與顧客接觸，也就是接觸點。接觸點分析是找出接觸點並分析各接觸點的需求。以顧客保養維修為例，可將該方案整理出顧客流程、接觸點及企業流程之間的關係圖，如圖 10-2 所示。

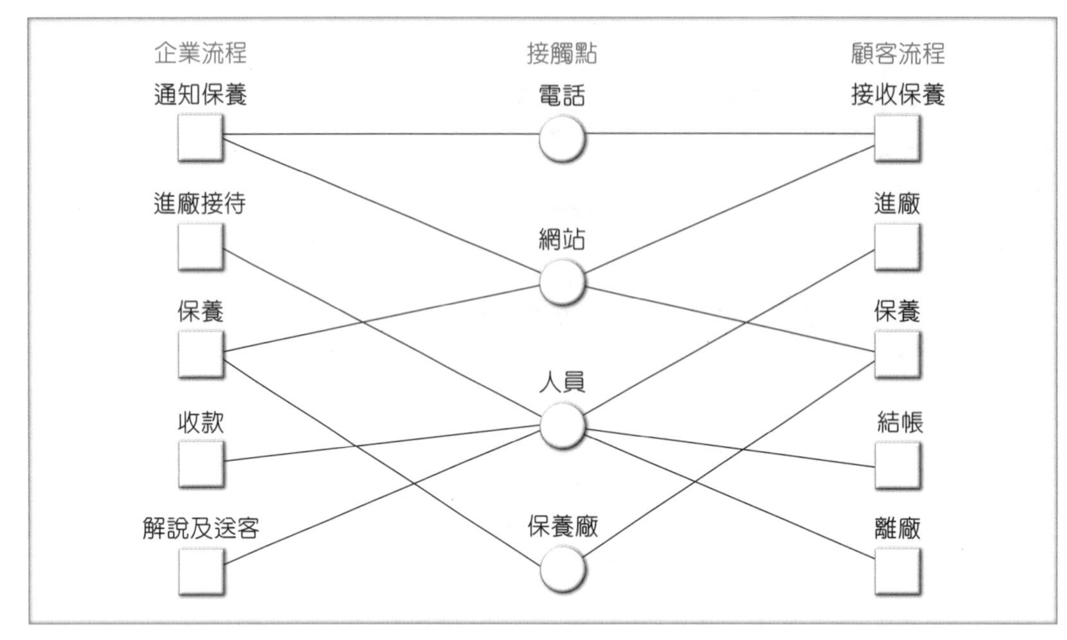

圖 10-2 接觸點分析的架構

在圖 10-2 的架構之下，接觸點分析包含下列三大步驟。

(一) 列出顧客的可能接觸點並將需求納入各接觸點

經由前述的顧客行為，我們可以了解到顧客的各項決策活動，接下來要思考的是，這些決策點是否有需要企業的介入？如何介入？而介入所採用的媒體即為接觸點。此時要將前小節所蒐集的需求分別納入各接觸點中。

例如在顧客採購的決策過程中，顧客需要引發興趣，此時企業便可思考，如何可以協助顧客引發其興趣，例如，適時的電話說明，或在網路上刊登促銷廣告等，均是可能的接觸點；又例如，在顧客資源生命週期中，使用雷射印表機碳粉匣的顧客，有報廢碳粉匣之行為，提供一個方便的回收管道，便是接觸點。圖 10-2 中，在通知階段，可透過電話或網站通知顧客；在保養階段，由保養廠進行保養，並用網站協助了解保養狀況。

(二) 分析接觸點的接觸廣度與深度

顧客導向的觀念告訴我們依據顧客行為的流程（如採購決策過程或顧客資源生命週期），來建立企業流程，企業流程是由一系列的活動所構成的，而每個活動均可能包含一個或數個與顧客互動的接觸點。在建立企業前，應先了解接觸點的互動特性。一般而言，提升與顧客的互動，會正向地增進顧客關係，而顧客互動的提升，可以從廣度及深度兩個方向來考慮：

1. **互動廣度**：是流程中各項活動及接觸點的範圍及週延性。如果企業流程越能夠涵蓋顧客流程的需求，則該流程越周延，互動的廣度也就越高。從另一個角度而言，企業流程中的每一個活動，若能提供越多的接觸點，表示與顧客互動的機會越大，其互動廣度也越高。舉例來說，如果企業流程中，若能提供顧客報廢回收的服務，相對於只做到售後維修服務的流程而言，其服務範圍便越大越周延，其互動廣度便越高。而針對「回收」這項活動而言，如果提供較多的回收點（接觸點）如人員回收、定點回收、便利商店回收等，相對於只有固定週期的人員回收而言，其互動的機會便增加了，也就是互動廣度提升。由圖 10-2，讀者可考量各維修階段用了四種媒體是否夠周延。
2. **互動深度**：是企業流程中的各項活動及接觸點的服務深度或服務品質。例如互動頻率，便是互動深度的一種形式，各接觸點的互動頻率越高，代表雙方接觸越深入，對服務內涵越熟悉。與顧客討論解說的詳細程度也是互動深度的指標，對服務人員越信任，雙方溝通便越深入，其互動深度便越高（當然需注意的是成本也越高）。服務的程度或服務的品質是一個相當複雜的概念，其品質的指標有需要針對各項活動內容及接觸方式做出定義。一般而言，我們有必要儘量去了解互動程度的高低，例如產品解說是企業流程中的一項活動，以面對面的人員解說為例，解說人員的專業素養、解說的專業知識與態度、解說的表達技巧及解說的時間，均會影響解說的品質，而該品質便是互動深度的重要指標。

上述對於接觸點廣度與深度的分析架構，提供我們許多提升顧客互動的思考空間。在思考的過程中，不斷地對照顧客流程（需求面），來反思本身的企業流程（供給面），反覆思考，如何增加顧客互動的機會，包含是否有新的活動項目、是否有新的接觸點、是否有新的服務方法，這便是互動廣度的思考。若不斷思考如何與顧客接觸，如何提升服務品質，才會令顧客產生更多的價值、更加滿意，則是互動深度的思考。

(三) 接觸媒介之考量

接觸點的媒體如何決定有賴於介面需求分析。所謂介面需求便是與顧客互動過程中，與顧客接觸的方式，從資訊系統的角度來說，這些接觸的方式包含面對面、電話、文件、自助服務的機器設備、郵件、電子郵件、網站等方式。就互動方案的角度來說，可能包含行銷傳播媒體、體驗媒介，以及企業間關係的通路介面。介面需求分析的目的便是了解與顧客互動過程中，適合何種接觸方式？例如，顧客採購決策的型錄查詢，企業需要將型錄、商品比較、商品建議等資訊傳遞給顧客，可能的方式包含口頭說明、文件寄發、電子郵件、網站型錄查詢等方式。又例如，顧客交易的付款活動，可以至櫃台付款、委託 7-ELEVEn 收款、快遞員收款、網站付款等方式。

介面的需求應考量使用者友善介面及使用者與機制互動的能力。友善介面的目的是使用者能方便使用，並有效地傳播訊息；互動能力以使用者與機制之間的交談頻率表示，頻率越高越能處理軟性資訊或模糊度高的資訊，該資訊需要再加以判斷、討論或進行分析。互動能力包含有效傳播訊息，以及使用者對於訊息或符號的解釋。

介面分析亦需注意彈性，亦即可以被選用、可以被修改，甚至可以依需要而建立新的模式，以因應不同使用者的需求。

三、需求分類與評估

需求可以依據產品服務體驗、互動方案、資訊系統、制度與管理需求來加以分類。產品服務體驗、互動方案、資訊系統說明如下：

1. **產品服務體驗的需求**：區分為功能需求（產品功能與績效、安全性等）、介面需求（容易使用、容易維修等）、美學需求（美感、造型時尚、新奇、形象等）。
2. **互動方案的需求**：區分為經濟需求、心理需求（含價值觀與信念）、社會需求、互動媒體需求等。
3. **資訊系統的資訊需求**：區分為內容、格式與時機的需求。內容需求是系統所產出的資訊內容與使用者的任務相關，或協助做決策；格式（介面）需求為系統所產出的資訊是以適當的格式出現，例如文字、數字、統計圖表等；時機需求則是系統所產出資訊的時間點或頻率。

4. 制度與管理需求：為延伸的需求，包含流程、教育訓練、制度改變等需求。

需求分類之後，也需要進行需求的重要性評估，包含正向與負向、程度與分類、重要性等。正向與負向方面，正向需求是正面效益，負向需求是避免痛點，如負面效果、障礙、風險等；程度與分類方面，包含必要的、預期的、渴求的、意外的獲益，其程度有所不同，或是針對外顯行為與內在價值觀加以評估；重要性程度方面，就是直接針對各項需求分析其重要性。

NEWS 報 5——阿瘦皮鞋

2016 年阿瘦成立跨部門數位小組，決定加速數位轉型。阿瘦的數位轉型重點之一是重建消費體驗，推足測試，帶動四階段旅程。門市人員遞出一雙特製的休閒鞋；穿上它，只要在店內來回步行 6 公尺，幾秒內就能知道自己的雙腳受力和走路的型態，可以用來推測雙腳的健康風險，像是拇趾外翻的風險，甚至來推估對腰椎、骨盆和膝蓋關節的可能影響，讓顧客參考。阿瘦找來工研院與廠商，歷時 2 年，打造了一雙布滿上百個晶片的特製鞋墊，可以在短短數秒內，取得準確步態足壓數據。有了它，阿瘦不只用來幫忙賣鞋子，更靠它蒐集了更多顧客雙腳的情報，成了開發創新應用的關鍵，迎戰新零售。阿瘦的顧客體驗旅程如下：

1. 線上預約：消費者預約足壓測試。
2. 來店體驗：由實體店面提供報告，提供個人化選鞋建議。
3. 追蹤滿意度：半年後，追蹤顧客消費滿意度。
4. 再次回購：鼓勵顧客再來測試，再度回購。

資料來源：阿瘦用一套數位體驗之旅，逆轉 65 年首虧損，商業週刊 1634 期，2019.3，pp. 82-84

10-4 需求整理與確認

由第一節蒐集需求可以得出初步的互動方案以及相對應的流程，再由第二節的接觸點分析所得出的介面考量，就可以進行需求確認的工作，包含互動方案、資訊系統以及相對應的制度與管理的需求。

一、互動方案需求

互動方案需求分析主要任務便是考量哪些方案可以滿足顧客需求，例如，顧客有自己掌控或自己嘗試的需求，便可提供顧客自助方案；為了留住顧客或刺激再度購買，便可提供集點式的忠誠度方案等。原則上，不同的顧客區隔可能會有不同的互動方案需求，對於越重要的顧客，企業可能要滿足他們更深入的需求。互動方案可能以流程方式表達其實施步驟，此時需要列出互動流程每一個步驟的工作內涵。以銷售流程為例，企業描述出顧客採購的決策過程，依據決策過程的接觸點，再依據該接觸點來進行銷售流程分析。互動流程分析主要列出流程的每一個動作的投入、工作內容、資源需求及產出，分別說明如下：

1. **投入**：完成該項活動內容所需的前置條件（先前需具備的條件）。如欲進行銷售拜訪之排程（活動），需先了解顧客數目、地點、職稱及拜訪內容。
2. **工作內容**：指完成該項活動的具體程序或步驟，例如，排程活動，其主要工作內容便是按照投入的條件，運用作業研究的排程模式（如甘特圖、計畫評核術、要徑法等），而排出適當可行的拜訪時程。
3. **資源需求**：指完成該項工作內容所需耗用之資源，資源主要包含人力（如專長、技能、人數等）、機器設備、工具、儀器、時間等。上述排程之例，主要資源除人力之外，可能需有排程的軟體工具。
4. **產出**：指完成該項活動的具體產出成果，可能是實體或資訊，例如，排程（Scheduling）活動的產出為正確的時程表，該產出為資訊。

上述銷售流程需求分析可以圖 10-3 所示。

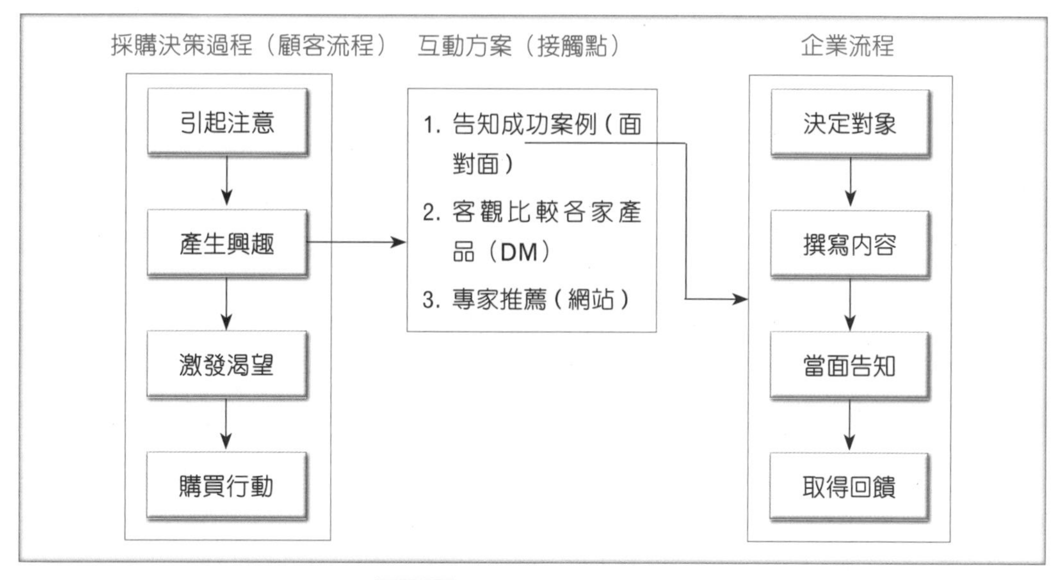

圖 10-3　銷售流程之需求分析

由圖 10-3 可以得知（以引發顧客之興趣為例），其互動方案可能包含面對面告知成功案例、客觀比較各家產品、專家推薦等。接觸點的接觸媒介可為面對面、郵寄、網站等。就「告知成功案例」這個互動方案而言，其流程步驟可能包含決定對象、撰寫內容、當面告知、取得回饋等四大步驟。就「當面告知」這個步驟的需求來說，其投入為顧客名單及其基本偏好資料，內容主要是要能夠擬出具有刺激顧客興趣的文宣或方案，所需資源主要是銷售人員，產出則為告知成功案例的成果。

圖 10-2 中的顧客離廠流程，其相對應的企業流程可能包含解說及送客，採用人員做為接觸點，進行保養狀況之解說以及下次預約等內容。

二、資訊系統需求

資訊系統可區分為應用系統與技術平臺兩大部份。針對應用系統，分析其內容與處理需求，作為系統發展或購買之依據，技術平臺則了解其購買之決策準則，作為平臺需求之依據。

(一) 資訊內容與處理需求

所謂「資訊需求」指的是某人（使用者）完成某項任務、活動或決策所需具備的資訊。因而，資訊需求分析始於界定使用者，以及進行使用者的活動或任務分析，進而得出資訊產出需求與資訊處理需求。就 CRM 資訊系統而言，使用者與使用者任務均於前述的接觸點廣度及深度分析而得。以下分別說明資訊產出需求與資訊處理需求分析。

「資訊產出需求」包含內容、格式及時機等三部分，例如，在網路書店以關鍵字查詢相關的書籍，其使用者即線上顧客，其目的是搜尋書籍型錄（作為是否購買的依據），也就是其任務是購書決策，該決策欲順利完成，需比較相關書籍的書名、作者、價格、摘要等內容，此為資訊內容的需求。顧客（使用者）期望這些資訊內容以何種格式呈現，稱為資訊格式的需求。顧客可以查詢到或接收到的適當時間點，稱為時機。內容及時機需求決定了資訊是否能適時滿足其任務或決策之所需，格式需求則影響使用者是否很容易地接收、了解該資訊內涵，三者缺一不可。

資訊處理需求的目的就是要回答「資訊系統如何能夠產出前述的資訊產生需求？」這個問題，也就是要將所產出的資訊加以分解成資料項目以及運算公式，再運用資料庫及應用程式加以整合。例如，上述的書籍比較資訊，實際上是由書籍的名稱、作者、摘要、價格、書評等資料所構成，意味著未來的資料庫至少應包含這些資料欄位。這些資料並沒有運算的過程，而是運用篩選的方式，也就是由應用程式從資料庫中選取相關記錄的相關欄位，依所要求的格式列印在螢幕上。又例如，產出的資訊內容如果是銷售金額，因為銷售金額是由各地區各產品的銷售量乘以價格而得，該乘法即為運算之處理，而地區別、銷售量、價格則為所需的資料。

除此之外，資訊處理需求仍需考慮集合程度、預測的時程長短及精確度等因素。

前述（圖 10-2）告知客戶案例，若進行資訊需求分析，其使用者是客戶，客戶的「業務」購買商品，所需的資訊（資訊產出需求）是成功的案例（引發客戶之興趣），該資訊需要進行案例分類整理或統計等資訊處理，該資訊的整合或精確程度則依據不同需求而有所不同。

(二) 技術平臺的需求分析

「技術平臺」為資訊技術的基礎設施，可能由硬體、作業系統、通訊網路所構成，其主要的決策準則包含擴充性、頻寬、連通性、可靠性、記憶容量、相容性等。

顧客數、顧客資料處理的深度均影響技術平臺頻寬、CPU 速度、記憶容量之需求，顧客上網的比率可能影響系統對於連通性的需求。

三、制度與管理之需求分析

制度與管理子系統包含了資源分配、績效評估、激勵制度、企業文化等項目，就需求分析的工作內容而言，本節主要討論內部流程的需求、教育訓練的需求，以及激勵制度的需求。

(一) 內部流程需求分析

由前述的互動流程需求分析，我們得知與顧客互動的流程內涵，諸如銷售流程、抱怨流程等。欲有效執行這些流程，組織內部流程是否需要修正，以及如何修正，此即為內部流程需求分析。

此處不打算詳細討論組織再造與流程變革的議題，讀者可參考相關書籍，只舉一些例子，說明內部流程如何因顧客互動流程調整。

1. 提供一個自動化的客服流程，則企業內部的研發技術服務流程可能隨之改變。
2. 建立與顧客共同測試的互動方案，則組織的生產、測試等內容流程可能隨之改變。
3. 提供一個虛擬社群的互動機制，企業可能要建立一個管理社群的流程。

(二) 教育訓練的需求分析

由前述的顧客關係管理策略目標以及顧客流程分析，得知顧客關係管理系統運作的關係，在運作過程中，不同人員有不同的技能需求，將各項工作所需的技能條列出來，便為教育訓練的需求分析，以便作為後續人員招募或教育訓練課程設計之依據。

教育訓練的需求分析可以從不同職務的人員來著手，每個人員的知識技能需求包含專業技能、管理技能、工作意願三項。專業技能包含行銷、資訊、技術等技能；管理技能包含策略規劃、溝通協調、專案管理、創新等技能；工作意願則指的是透過顧客關係管理願景分享、生涯規劃等方法，提升成員對顧客關係管理的共識，以強化其工作意願。需求分析架構可由表 10-2 來表示。

表 10-2　教育訓練需求分析表

人員	專業技能			一般技能				工作意願	
	行銷	資訊	技術	策略規劃	溝通協調	專案管理	創新	願景分享	生涯規劃
高階主管	M	M	M	H	H	H	M	H	M
行銷業務	H	M	M	M	H	H	H	M	L
資訊人員	M	H	L	M	M	M	H	M	L
研發製造	L	L	H	M	M	L	H	M	M
幕僚人員	M	M	L	M	M	H	H	M	M
註：H 高度需求；M 中等需求；L 低度需求。									

由表 10-2 可以大致了解各相關人員對於各項技能的需求程度，其中 H、M、L 代表高、中、低度之需求，這些需求乃做為教育訓練課程規劃與設計之重要依據，表中 H、M、L 之結果僅供參考，各公司應依其實際需要定義之。

以較為常見的顧客關係管理技術「資料採礦」為例，在教育訓練方面需要有分析能力，亦即經由透徹地了解顧客的行為，有創意地擬定有效的促銷或顧客關係方案，才是顧客關係管理運用資料倉儲及資料採礦技術的最根本目的。要將資料轉化為有用的資訊或知識，除了需要對資訊技術之軟體工具之功能有所熟悉之外，也需要有能將資訊或知識轉為與顧客互動方案的能力，依據 Davenport et al.（2001），這些能力總稱為分析能力，包含下列五項技能或知識：

1. **技術技能**：指的是將資料萃取、操弄、分析及表達所需的軟體操作能力。
2. **統計模式及分析技能**：指的是進行資料分析所需的統計模式知識，例如分析銷售趨勢需要時間數列模式或迴歸模式，計算未來市場占有率可能運用的馬可夫鏈模式等。

3. **有關資料之知識**：指的是了解資料庫欄位所代表的意義、儲存的方式、更新的方式，例如，經由顧客資料庫中住址變更欄位，我們必須了解該顧客是現有顧客還是已被刪除的顧客。

4. **有關企業經營之知識**：不同產業、不同企業的不同業務，有不同的使用資料的目的，亦即由資料轉成的資訊或知識，必須與業務相匹配，使用者對本身業務不了解，便無法提出對知識或資訊之需求，對於所產出的資訊或知識亦無法解釋。

5. **溝通技能**：在整個資料處理過程中，使用者可能需與技術人員（如資料庫管理師、系統分析師）相互溝通，也可能與其他使用者因業務往來而需要溝通或進行資訊之傳遞，為使得資訊或知識充分發揮效能，溝通技能是相當重要的。

(三) 激勵制度需求分析

激勵的目的是要選對適當的對象、採用適當的激勵方法，以便有效地激發動機，而有利於顧客關係管理的進行。因此，激勵制度的需求分析，主要區分為激勵對象與激勵方式兩大部分。

1. **激勵對象**：由顧客關係管理的績效評估指標（別忘了該指標是由顧客關係管理策略目標而來），可以了解激勵的對象。激勵的對象包含人（或部門）與事，只要是人與事能夠達成目標或有助於達成目標者均應成為激勵的對象。對於顧客關係管理運作而言，激勵的對象為能夠有效執行或達成顧客關係管理的策略與行動方案之目的。例如，業務部門或業務員的顧客保留率為績效指標，則該部門或人員若是能夠達成目標者，均可給予適當的獎勵。

2. **激勵方式**：激勵的方式包含實質的金錢、休假、職位晉升、提供良好工作環境等方式，也包含心理層面的獎狀、獎牌、表揚等方式，由前述的績效指標達成的對象分析，同時也針對不同的事項（績效項目），以及不同的人員（部門）特質，而採用不同的激勵方式。

激勵制度需求分析主要的工作便是依據顧客關係管理策略目標、互動方案的績效評估指標，考量如何納入公司的規章制度中。例如，制度規定依據顧客滿意度來發放紅利、依據顧客體驗予以表揚、依據顧客保留率發給獎金等。

綜合上述，激勵制度的需求分析包含激勵對象與激勵方式，其分析架構及一些例子如表 10-3 所示。

由表 10-3 可以得知，激勵對象乃是針對某部門、團隊或個人對於顧客關係管理之實施所訂立之相關績效指標有所貢獻，而其激勵方式，則需要考慮實質及心理效果，能夠對得獎人員有正面之鼓勵，並對於目前未受到獎勵者有刺激的效果。激勵需求分析乃是考量那些對象，其過程或成果需要受到獎勵，進而以表 10-3 分析架構考量有效激勵方式，建立激勵制度。

表 10-3　激勵需求分析架構

激勵方式 ＼ 激勵對象	實質層面獎勵	心理層面獎勵
研發團隊開發新穎產品	獎金、晉升	表揚、獎盃、列入公司事蹟
某人提案改善顧客流程	獎金	獎狀
某部門達成顧客關係管理目標	獎金	獎狀、表揚
某業務員之顧客保留率高	紅利	獎狀

顧客焦點

設計，從顧客回家開始

美國英圖特（Intuit）軟體公司的主要產品包含 Quicken 理財軟體、Quickbooks 會計軟體、TurboTax 報稅軟體，其顧客群除了個人用戶之外，便是小型企業與會計專業人士。

intuit®

英圖特和競爭者比較起來，差異來自兩個核心能力，第一是顧客導向的創新，也就是打造能為顧客解決問題的產品，第二個能力則是愉悅設計，講求產品除了功能之外，更要打動顧客，與對方產生情感上的連結。

面對科技與環境快速變動的挑戰，英圖特應該要加快進入雲端的速度，使顧客能夠更隨時隨地使用其產品與服務。據此，英圖特的策略有三大要點，首先是在這個行動裝置普及的世界裡，設計出最易流的使用者體驗；其次是打造眾人皆能貢獻內容的開放性平臺；最後是應用顧客的資料，來為顧客設計出更令人滿意的產品。

為了解決顧客問題，英圖特從創辦之初，就研發一個叫做「跟我回家」（Follow Me Home）的方法，也就是前訪消費者家中或造訪中小企業，近身觀察顧客一整天，包含工作或日常生活，試圖挖掘出，哪些事情造成了他們的困擾，然後再尋找解決方案。每年該公司都會用上一萬個小時跟顧客回家，其中六小時就是由史密斯（英圖特董事長及執行長）所負責的。這樣方法，讓英圖特觀察到許多顧客細微的需求，例如顧客使用軟體到第一次回報的時間、在泡澡時報稅的行為等。

愉悅設計則是以設計思考（Design Thinking）為基礎而提出的概念。愉悅設計成功的三大策略：

1. 組織內部的人親身體驗好的設計是什麼。在舉辦領導會議的時候，請大家各自將他們感到愉悅的產品帶來，並討論哪些要素取悅了他們。
2. 讓設計人員、工程師與產品主管一同工作。英圖特讓設計師從設計流程的最初階段就有發言權。
3. 聘用更多設計人才。將設計思考融入組織當中，就需要有更多的人才，英圖特也因此而聘用了更多設計人才。

英圖特認為，除了便利性之外，產品也要在設計上能與顧客形成情感連結，讓顧客覺得喜悅，才能提升市占率。

資料來源：設計，從顧客回家開始，EMBA 雜 2015.5，pp. 32-39

英圖特在設計具顧客導向及愉悅使用的軟體時，需求分析的方法爲何？需求分析的結果如何融入設計？

本章習題

一、選擇題

(　　) 1. 廠商試圖讓消費者知道消費者想要購買的產品，此時應是顧客採購決策過程的哪一個階段？

(A) 引起注意　(B) 產生興趣
(C) 激發渴望　(D) 購買行動

(　　) 2. 下列哪一項不是顧客資源生命週期的階段內容？

(A) 需求　(B) 取得
(C) 擁有　(D) 報廢

(　　) 3. 協助顧客完成某項任務是屬於哪一個需求構面？

(A) 功能的　(B) 經濟的
(C) 心理的　(D) 社會的

(　　) 4. 下列哪一項不是資訊產出需求的內容？

(A) 資訊內容　(B) 處理
(C) 格式　(D) 時機

(　　) 5. 下列哪一項不是資訊技術平臺選購的決策準則？

(A) 介面友善性　(B) 連通性
(C) 可靠性　(D) 擴充性

(　　) 6. 在不中斷使用的情形之下，系統平臺可以執行升級，指的是資訊技術平臺的哪一項特性？

(A) 相容性　(B) 連通性
(C) 可靠性　(D) 擴充性

(　　) 7. 下列哪一項是顧客關係管理應用系統選購時最重要的決策準則？

(A) 相容性　(B) 滿足 CRM 資訊處理需求
(C) 可靠性　(D) 擴充性

(　　) 8. 下列哪一項是資訊或知識的分析能力的內容？
(A) 企業經營　(B) 溝通技能
(C) 資料庫　(D) 以上皆是

(　　) 9. 下列哪一項不是實質的激勵方式？
(A) 休假　(B) 獎狀
(C) 晉升　(D) 良好工作環境

二、問題與討論

1. 何謂接觸點？請舉數例說明之。
2. 蒐集需求的方法有哪些？需求分析的步驟為何？
3. 接觸點分析過程中，分析接觸之深度及廣度，其主要目的為何？
4. 資訊需求分析的步驟為何？
5. 介面需求分析應考量哪些要素？
6. 請以某項企業流程為例（如銷售流程），說明其流程之步驟，並反推其接觸點及相對應的顧客決策過程，以便評估該流程是否充分與適當。

三、實作習題

【系統導入】

說明：假設您是一家製藥公司的資訊部門主管，考慮要導入 CRM 系統。

1. 列表比較本 CRM 系統與市面上任一 CRM 系統，比較的準則包含價格、系統功能（包含資料庫）、操作方便性、系統可靠度、售後服務、公司信譽等項目。
2. 做出購買決策。
3. 列出導入該系統之後的配套措施，包含流程調整、教育訓練、組織結構、制度改變等。

本章摘要

1. 規劃乃是設定目標，以及分配資源以達成該目標的工作，也就是說，規劃包含設定目標、執行內容與資源分配等工作。
2. 需求的內容包含功能的、經濟的、心理的及社會的需求，這些需求可以從顧客行爲及其背景脈絡考量之。
3. 接觸點分析乃是依據接觸點列出互動過程所需的介面媒體及資訊表達的形式。介面媒體包含面對面、電話、網站等，表達形式指的是資訊表格的格式、時機、頻率等。
4. 互動方案需求分析仍由接觸點而來，需表達出所進行活動之投入、工作內容、資源需求及產出，企業內部流程也可能因此而調整。
5. 資訊需求分析乃是依據接觸點列出互動過程中所的資訊內容，並分析應該如何處理，才能產出該資訊內容。
6. 與顧客關係管理系統有關的企業內部流程、教育訓練、激勵方式等，亦都需進行需求分析，以利後續的導入工作。

參考文獻

1. 黃彥達譯（民 91），顧客說了就算：決定企業未來的六大成功模式／ Patricia B. Seybold 著，初版，臺北市：藍鯨出版：城邦文化發行。
2. 黃碧珍譯（民 94），Lexus 傳奇：車壇最令人驚豔的成功／ Chester Dawson 著，第一版，臺北市：天下雜誌。
3. 楊如玉譯（民 102），標靶行銷：中！緊貼目標顧客省下 99% 的亂槍打鳥，初版，臺北市：日月文化。
4. 戴至中、袁世珮譯（民 93），唐．舖爾茨 (Don E Schultz)、海蒂．舖爾茨 (Deidi Schultz) 原著，IMC 整合行銷傳播：創造行銷價值、評估投資報酬的五大關鍵步驟，初版，臺北市：麥格羅希爾。
5. Daverport, T.H. et al., (2001), “Data to knowledge to Results : Building an Analytic Capability,” California Management Review, Win, 43 : 2, pp. 117-137.

6. Dickman, M.,(2008), Developing personas for marketing strategy, Tuesday, April 08, 2008, https://technomarketer.typepad.com/technomarketer/2008/04/developing-pers.html
7. Gonsalves, G.C., et al., (1999), "A Customer Resource Life Cycle Interpretation of the Impact of the World Wide Web on Competitiveness： Expectations and Achievements," International Journal of Electronic Commerce, 4：1, pp. 103-120.
8. Ives B., Mason O. R., (1990), "Can Information Technology Revitalize Your Customer Service?" Academy of Management Executive, 4：4, pp. 52-69.
9. Vandermerwe, S., (2000), "How Increasing Value to Customers Improves Business Results," Sloan Management Review, Fal, pp. 27-37.

NOTE

Chapter 11

顧客關係管理系統設計與導入

學習目標

- 了解如何設計顧客互動方案，以滿足顧客關係管理需求。
- 了解如何導入顧客關係管理資訊系統，使得顧客關係管理能夠充分發揮效果。
- 了解如何設計或改善組織的制度，以滿足顧客關係管理需求。

前言

顧客關係管理策略規劃	顧客關係管理方案規劃與分析	顧客關係管理設計與導入

系統需求分析指的是了解及表達使用者需求，系統導入指的是提供能夠滿足需求的解案並有效實施。顧客關係管理的元件包含顧客互動方案、資訊系統、互動介面、制度與管理等，是一個相當複雜的系統，要能夠得到最適方案，不是一件很容易的事。本章的目的，乃是依據上述元件的需求，再考量元件之間的關係，盡量視顧客關係管理為一個完整的系統。因此本章的元件內容標題，大約與第10章相同，只是內容偏重於方案的導入。例如顧客關係管理軟體工具，基本上是選擇顧客關係管理軟體（包含選擇廠商），再加以導入，即將設計元件加以安裝並確保能夠充分運用發揮其效能的過程。

企業觀測站

服飾零售商湯美巴哈馬（Tommy Bahama）是由三位人士，在九十年代的十年內將他們對沙灘的熱愛轉換成一個價值上億美元的品牌。三位創辦人分別是任職事務董事的 Bob Emfield、設計師 Lucio Dalla Gasperina 和前總裁及行政總裁 Tony Margolis。三人成立了 Tommy Bahama 集團前身的 Viewpoint 國際公司，Tommy Bahama 是公司所創造的一個虛擬品牌人物，該公司以販售休閒服飾為主，是美國重要的優閒生活服裝品牌之一。

Tommy Bahama 於 2012 年七月宣布，公司未來將加重發展其在全球的電子商務業務，並且計劃在全球 100 多個國家銷售其運動服裝及飾品。在 2012 年一口氣分別在澳門、新加坡和香港開設大型旗艦店，而 2013 年四月在日本銀座的旗艦店和酒吧餐廳亦已開幕。

Tommy Bahama 深知需要調整產品與服務，改善顧客體驗，藉此換取顧客的忠誠。顧客忠誠來自美好體驗，除了要了解顧客、具同理心之外，也要不停地創新。

該公司在分析顧客留言之後發現，民眾認為，光顧該公司店面時，若能邊啜飲一杯熱帶水果飲，那麼整個購物體驗將更完整。該公司從善如流，先小規模在某些店面設置吧檯，測試顧客反應。等確認沒問題後，就近一部推廣到其他店面。到 2017 年，該公司十分之一的店面皆設有吧檯。

Tommy Bahama 對於網頁的設計也是因應消費者的需求。公司網頁上的主要視覺是：三三兩兩穿著時尚輕便的男女，於熱帶島嶼的碧海藍天下漫步沙灘。這樣的設計就是要反映公司服飾的特色以及消費者的風格。

資料來源：打造美好體驗，讓顧客留更久，EMBA 雜誌 2017.5，pp. 84-92；太陽報，Tommy Bahama 蓄勢攻華，2013.5.27

提示

服飾零售商湯美巴哈馬吧檯設計及網頁設計，讓我們思考如何由需求分析的結果，轉為具體可行的設計。

11-1 顧客互動方案設計

一、設計的定義與特色

依據國際工業設計社團協會（International Council of Societies of Industrial Design, ICSID）將服務、運作流程與系統也納入設計的範疇，而對設計（Design）作如下的定義：「設計是創意活動，目標在於建立物品、運作流程、服務極其系統在整個產品生命週期的多面向特質（呂奕欣譯，民100）。」設計包含藝術、工藝與科學等領域，一般對於設計的分類可能包含平面設計（例如字型、編排、包裝）、流行設計（例如織品）、產品設計（例如傢俱、陶瓷、工業設計）、環境設計（例如展示、室內設計）、工程設計（例如機械、電機、結構）等。就管理領域而言，Peter Gorb 定義出產品設計、環境設計、資訊設計、企業識別設計等四個主要領域（游萬來，宋同正譯，民 87，P27-28）。流程或服務設計應該具有以下之特質：

1. **創造性思維**：設計需要具有創造性的思維，方能夠洞察問題，找出設計方案。從設計的流程來說，設計包含創意的行為，設計過程中，不論是概念性的構想、具體的功能、生產的方法，都需要創造力。
2. **溝通與問題解決**：設計具有設計者與使用者溝通的效果，不管是功能或是象徵意義，都是兩者溝通的過程。設計與一般的產品或服務一樣，都是要提出滿足顧客需求或解決顧客問題的方案，要能夠提出此種方案，需要克服創意、技術、生產等議題，因而是一個問題解決的過程。設計的目的往往是為了解決人們的某些問題或是滿足人們的某些需求。
3. **跨領域的活動**：設計能將消費者的需求與公司創造產品及服務的目標結合在一起，而這些產品及服務能適切的表現出來，是一種具有某些複雜性的跨領域活動，包含設計（設計即多種專業的族群）、行銷、研發、生產、甚至藝術等領域結合方能成功。
4. **社會文化之展現**：設計的產品或其他系統往往反映該時代的趨勢與特性，顧客互動方案的設計亦然。

二、顧客互動方案的設計流程

NEWS報 1——萬豪國際酒店集團

萬豪國際酒店集團（Marriott International）一直為世界各地遊客提供優質服務。一旦公司接受了顧客的預訂，一位專門負責旅行路線設計的員工就會根據顧客留下的資訊，以及酒店以前所記錄的該顧客喜好，為其量身設計一個完美的度假計劃。當顧客到達目的地時，午茶時間已經排定了、住處也已經訂好了、甚至連觀光路線和娛樂節目也設計妥當了。萬豪集團發現，選擇「個性化設計服務」的顧客，其滿意程度明顯高於其他顧客。在支付相同客房服務費的前提下，他們願意在服務方面支付比曾通客戶更多的費用。同時，顧客也非常樂意舊地重遊，因為他們從萬豪集團那裡獲得了一次很棒的度假體驗。

資料來源：王成、龍潛譯，民 93，pp. 119

顧客互動方案的設計不純粹屬於產品設計、工業設計，而是流程設計。以下是一些顧客互動方案的例子：

1. **虛擬社群**：企業提供虛擬社群讓顧客之間相互討論或讓顧客與組織成員相互溝通便是典型的互動方案。
2. **耐吉的 Nike+ 計畫**：耐吉與蘋果電腦合作推出了 Nike+ 計畫，讓跑步者可以了解自己跑步狀況，並與其他跑步者分享，形成共同創造價值的經驗。
3. **顧客里程計畫**：例如航空公司定義忠誠度方案可能是針對顧客搭乘哩數越多者給予越多的優惠，包含貴賓禮遇、旅館優惠等措施。

顧客互動方案的設計是流程設計，其中可能包含上述的各種類別，例如耐吉的 Nike+ 計畫可能包含產品設計（贈品）、環境設計（展示空間）、資訊設計（識別符號）等。

設計既然是問題解決的過程，也是溝通的要項，因此流程設計一般而言也包含擬定目標、提出創意構想、篩選構想、方案的設計等步驟。

(一) 擬定目標

顧客互動方案的目標與績效獲顧客終身價值有關，因此有關經營方面的營業額或利潤之提升，有關行銷方面的市場佔有率、顧客滿意度、品牌形象之提升，或是有關顧客終身價值之忠誠度、顧客保留率等，均可能是方案的目標。

(二) 提出創意構想

提出創意構想的三個重要條件是專業知識、提案的動機、創意的技巧。專業知識是領域的知識，是提出該領域創意解案的基礎，提案的動機是個人有創意的動機，或是組織有激勵創新的措施，讓大家願意提出方案，創意的技巧則是指創意的方法。常見的創意方法包含腦力激盪法、聯想、逆向思考、水平思考等。

(三) 構想的篩選

創意的提案越多越好，但創意的提案若要實施，需要加以篩選，因為實際執行需要話費較大的成本。主要的構想篩選準則包含技術上、資金上、設備上以及人力方面的可行性，以及成本效益的問題，包含經濟上的可行性，以及是否能夠有效達成方案的目標。

(四) 方案的設計

互動方案經過篩選之後，就是待執行的方案，此時需要整理出更具體地步驟。其內容包含：

1. **目標**：滿足所定義的 CRM 目標。
2. **定義方案的內容與流程**：定義互動方案的內容與執行的流程，並進行資源分配以及分工。該流程的要素包含投入（Input）、產出（Output）、品質、資源、限制條件等。

以人員銷售流程為例，乃是依據流程分析的結果來設計，流程分析的結果若是需要對顧客進行產品的解說與建議，則產品解說與建議便是銷售流程的一項活動。針對此項活動的流程設計定義產品建議的內容、負責人員、所需的資源以及產出的結果。產品建議內容包含解說的步驟、解說內容以及解說介面。解說的步驟乃是依據流程需求分析的結果而得；解說內容依據資訊需求分析的結果；而解說介面則需滿足介面需求分析的條件。負責人員（如業務人員），需指派足夠數量而具有充分專長技能的人員，其考慮均來自流程需求分析中的人力資源需求，所需的工具設備及產出水準亦需要滿足需求分析的條件。因此流程設計可能來自資訊需求、介面需求以及流程需求分析的結果，而產品解說（建議）只是銷售流程的一部分，整個銷售流程包含銷售前準備、銷售開場、產品解說、締結契約等步驟（活動）。銷售流程之產品建議活動設計方式如圖 11-1 所示，而整體銷售流程如圖 11-2 所示，其中產品解說為銷售流程的活動之一。

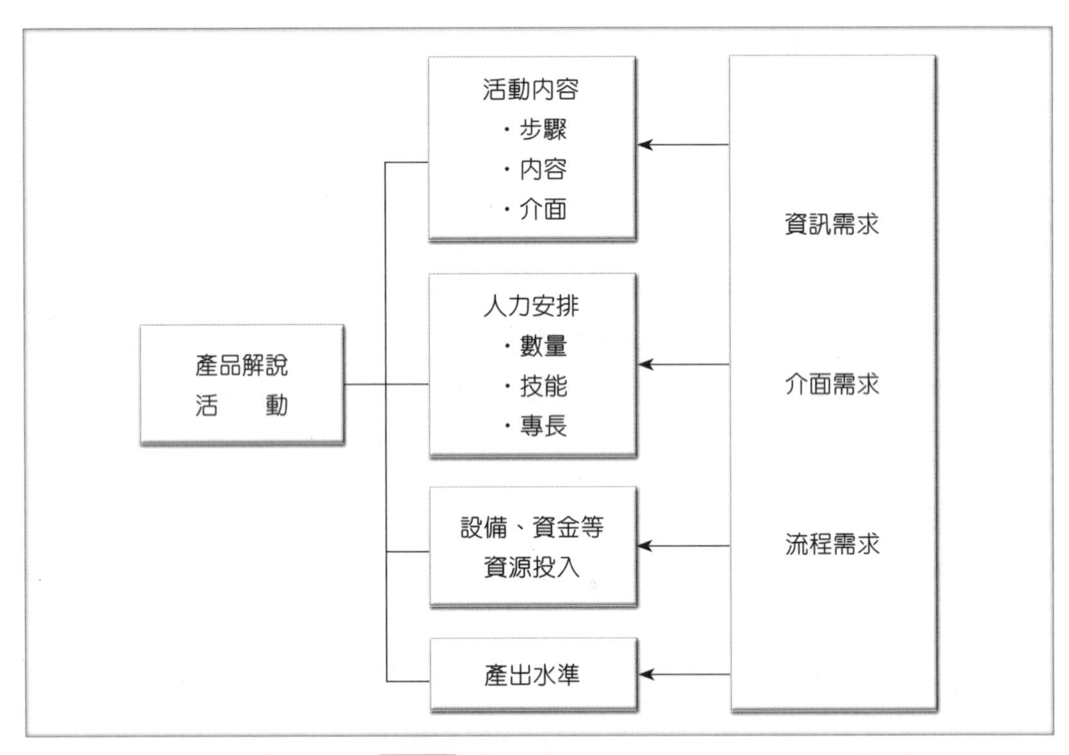

圖 11-1　產品解說活動之設計

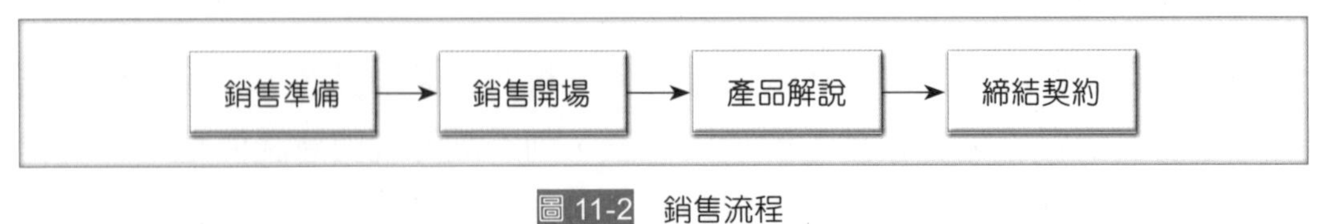

圖 11-2　銷售流程

三、忠誠度方案設計的原則

除了上述的顧客服務、行銷與銷售等互動流程的設計之外，顧客互動還包含忠誠度方案的設計。忠誠度方案（Loyalty Program）指的是根據顧客重複購買的行為來酬謝顧客的一種行銷流程（洪育忠、謝佳蓉譯，民 96，pp. 222）。典型的忠誠度方案是美國航空公司（American Airlines）所導入的飛航常客計畫（即 AAdvantage），可能是針對顧客搭乘哩數越多者給予越多的優惠，包含貴賓禮遇、旅館優惠等措施，此時需要針對此項方案定義執行流程、資源分配以及分工。星巴克公司的星巴克卡也是忠誠度方案。企業推行忠誠度方案的主要目的當然是希望獲得顧客在態度及行為上的忠誠，這也就是顧客關係管理的重要目標。

忠誠度方案設計時需要依據不同的顧客區隔來進行，假設將顧客區分為 A、B、C 三級，與各級顧客互動的原則如下：

1. **A 級顧客**：採取客製化方案，極力爭取與保留，並依據其進一步需求提供誘因或激勵。
2. **B 級顧客**：設法引發其購買動機，例如運用忠誠度方案，或是讓他們了解貴賓的待遇。
3. **C 級顧客**：不需要特別關照或鼓勵，如有行銷活動，採取一般大眾行銷方式即可。

忠誠度方案設計時需要考量報酬的結構與贊助的關係兩大要素，報酬的結構包含財務面或心靈面的報酬、產品對該計畫的支援、報酬的比率與報酬的時間等；贊助的關係指的是考量是否需要與夥伴或跨領域夥伴共同進行忠誠度計畫，也考慮雙方的合作關係與計畫的所有權（洪育忠、謝佳蓉譯，民 96，pp. 222）。

以下是兩個忠誠度方案設計與執行的例子：

NEWS 報 2——赫茲（Hertz）的「黃金計畫」（Gold program）

赫茲租車公司將所有經常用戶的資料都載入系統中，亦將其簽名加以歸檔，讓赫茲的服務代表能更迅速地完成預定手續，也讓其他工作人員能預先備妥車輛。「黃金」顧客到了領車地點後，便能略過租車櫃臺，直接進入停車場，公司也會事先準備好大型的明顯辨識牌，標示駕駛人姓名與汽車停放位置的停車場編號。租車契約已經置於車內，鑰匙插在點火開關上，而感覺獨享待遇、心存感激的顧客馬上便可啟程出發。至於還車，「黃金」會員要還車時，可以直接把車子開到赫茲的停車場，不過這次不用找尋特定的停車區域，公司員工會在那邊等待，將資料（還車日期、車行里程等）載入手持電腦，列印收據，然後顧客便可離去了。

資料來源：陸劍豪譯，民91

NEWS 報 3——布魯明岱爾百貨（Bloomingdales）的酬賓計畫個案

布魯明岱爾百貨的優惠酬賓計畫可分為三層，能根據顧客每年的消費水準提供許多的報酬水準給顧客。所有布魯明岱爾百貨信用卡的會員都收到「自家人優惠」（Premier Insider）計畫的好處。能收到特有的旅遊與娛樂產品、產品銷售前的審閱期，以及在會員有效期間使用其卡片能獲得額外的節省。第二層是保留給每年消費超過1,000美元的會員，在布魯明岱爾百貨的所有採購可以獲得3%的回報率，用信用卡在其他地方採購則能賺得1%的回報率，每年享有十二次的免費禮物包裝，以及免費的布魯明岱爾百貨的B生活型態雜誌。三層會員消費超過2,500美元的人，包含無限次的禮物包裝與免費送貨。

資料來源：洪育忠、謝佳蓉譯，民96，pp. 240

四、設計的結果表達

我們可採用服務藍圖（Service Blueprinting）來表達設計的結果。服務藍圖在 1984 年由 Shostack 提出（Shostack, 1984），用來檢視服務產出過程，也就是說，服務藍圖把服務過程的每個部分細節都按步驟地畫出流程圖。目前服務藍圖已經成為服務流程分析的重要工具之一。

服務藍圖包括有形展示、顧客行為、前臺員工行為、後臺員工行為和支持過程。繪製服務藍圖基本步驟如下（MBA 智庫百科，https://wiki.mbalib.com/zh-tw/ 服務藍圖）：

1. **決定服務過程的範圍**：例如可以決定繪製「顧客服務」的服務藍圖，也可以針對其服務的子項如「顧客諮詢」、「顧客自助服務」分別繪製更詳細的服務藍圖。
2. **確認顧客群**：針對某個顧客群來繪製服務藍圖，顧客分群的原則是同一群的顧客盡量維持有共同的需求。
3. **描述顧客行爲**：從顧客的角度描繪顧客在購物、消費和評價服務的選擇和行為，盡量包含顧客行為的整個歷程。
4. **描述前臺與後臺服務人員之行爲**：首先畫上互動線和可視線，然後從顧客和服務人員的觀點出發繪製過程、辨別出前臺服務和後臺服務。
5. **連結顧客行爲、前後臺服務人員行爲與支持功能**：畫出內部互動線，即可識別出服務人員行為與內部支持職能部門的聯繫關係。
6. **於各顧客行爲的步驟加上有形展示**：在藍圖上添加有形展示，說明顧客看到的東西以及顧客經歷中每個步驟所得到的有形物質，包括服務過程的照片、幻燈片或影像等。

NEWS 報 4——元大銀行

新興科技重新翻轉了銀行面貌，元大銀行也與時俱進主動出擊。2017 年元大銀行首創「金融結合文創」的空間新概念，將原本旗下的大眾銀行新生分行搖身一變，成為國內第一家「金融文創分行」，把過去較嚴肅單調的分行營業大廳，變成文創展覽、藝文表演及金融科技服務的場地，一下子就拉近了財務客戶和銀行的關係。

元大銀行在理專人員外出拜訪客戶時，藉由 iPad 及時提供優質服務，進行線上保單健診和資產狀況分析，且為貫徹線上一條龍服務，已整合網路銀行、行動銀行、元大 e 櫃臺及電話銀行等平臺，其中元大 e 櫃臺持續優化，讓線上申辦流程更順暢，不但協助理專人員提供服務，也讓客戶在任何通路皆能快速上手，因而在今年《今周刊》財管評鑑獲得「最佳資訊服務獎」。

由此個案可看出元大銀行有兩大方向的設計，一個是為創銀行的空間與軟體設計，一是理財專員的 e 化服務方案設計。

資料來源：守富・智能・暖心，銀行三傑再進化，今周刊 2018.7，pp. 100-103

11-2 顧客關係管理資訊系統導入流程

一、資訊系統導入的流程

顧客關係管理系統的核心是技術，包含資訊系統、資料庫、網站、技術平臺等。CRM 資訊系統的可能選項包含：

1. **CRM 資訊系統組合**：包含有關 CRM 的各類型應用系統，例如 CRM 系統、行銷或銷售自動化系統、與顧客互動或銷售有關的智慧型手機系統（App）等。
2. **支持商業模式之 IT 解案**：包含電子商務與網路行銷相關方案，例如關鍵字行銷、全通路零售網站、跨境電商等。
3. **社群 CRM 系統**：運用社群媒體經營顧客關係的方案，例如直播、網紅行銷、社團或粉絲頁經營等。

技術採用之後，互動流程、企業內部流程、制度等均可能隨之改變。導入乃是為了採用及有效運用某項創新的一種行為，該行為包含了組織為了此項創新所採取的所有活動，顧客關係管理系統導入可視為資訊系統或是技術創新的採用，也是組織變革的程序。

二、資訊系統的採用決策

(一) 採用的步驟

一般的決策要素包含決策目標、方案及準則。決策目標便是要能滿足需求分析的結果；決策方案是能夠滿足需求的各種可能方案，需要經過創意思考、討論等方式提出；準則便是決定方案優劣的條件，當然不同的決策有不同的目標、方案及準則。例如，顧客關係管理的軟體工具，目標是要支援顧客關係管理資料分析，其方案便是市面上的顧客關係管理套裝軟體或自行開發的軟體；其評估準則可能包含功能、安全性、價格等。如果要建立一套激勵制度，其目標、方案及準則又有不同。此處我們可以將該顧客關係管理的採用決策區分為提案、評估、選擇三個步驟，依據這三個步驟，針對顧客關係管理系統的各項元件進行設計的工作。

1. **提案**：依據需求分析的結果，提出可能滿足該需求的方案，作為評估的依據。提案乃依據需求分析的結果，由對象、接觸內容、介面管道三個變數中思考可能的方案，因此提案需要由需求分析作為標的，而以創意作為基礎。
2. **評估**：針對第 1 點所提出之方案，加以評估，首先需列出適當的準則及權重，再依據該準則蒐集資訊，以評估各項方案。評估的依據是評估的準則及權重，準則及權重不可隨意定義，必須同時滿足需求分析的結果。
3. **選擇**：依據評估的結果選擇最適方案，其理性的依據是各個方案評估的結果，此階段主要的目的只是將評估的結果，加上執行建議交由決策者做最終的確認。

顧客關係管理系統採用的決策過程如圖 11-3 所示。

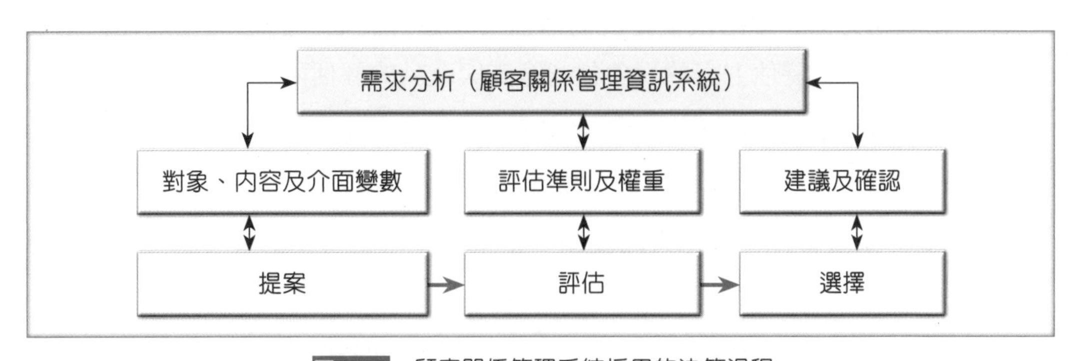

圖 11-3 顧客關係管理系統採用的決策過程

(二) 顧客關係管理軟硬體的採用

需求分析的結果為設計解案的依據，而顧客關係管理軟硬體是解案的一部分，顧客關係管理軟硬體的規格，應該滿足需求分析的結果，例如，資訊需求分析的結果，其資料量對於儲存媒體（硬體）有影響，資料處理的方式以及資料型態，對於資料庫管理系統及應用程式（軟體）有影響，而資料傳輸的媒體形式與資料量，則對於網路頻寬有影響。這些軟硬體的取得，可依前述提案、評估、選擇之階段進行之。

1. 提案階段

在提案階段，資訊系統設計意味著將資訊需求加以整理成為可實施的設計規格，據以進行撰寫程式、測試等工作。一般而言，顧客關係管理的軟體並不一定由企業的資訊部門撰寫，而是購買現成的套裝軟體，甚至採用外包方式將整個系統委由專業顧問辦理。不管是自行設計、採購或外包，其最根本的原則是在成本效益的前提下，能夠滿足前述的資訊需求，也就是軟體、硬體的選擇，需要適當的評估。

軟硬體方案的提案，其主要方式便是依據需求分析的結果，尋找市面上可能滿足該需求分析的軟硬體解案。常見的顧客關係管理相關的軟硬體方案包含顧客關係管理套裝軟硬體、知識管理系統、人工智慧解決方案、個人化網站軟體、電腦電話整合系統等。需注意的是資訊技術的發展趨勢及演進相當快速，本書無意嚴謹地分類各項資訊系統，而是著重在如何引導大家如何搜尋這些技術項目。

2. 評估階段

第二階段為評估的階段，透過上述對各項軟硬體元件的調查，列出可能的產品，便成為方案。本階段便是針對這些方案進行評估，評估的重點在於準則與權重的決定，評估方案的對象包含廠商與產品的評估兩部分。

就廠商的評估而言，主要包含企業形象信譽、專業能力、對產品的支援能力等。

(1) 企業形象信譽：包含企業的實績、企業的財務健全、企業的歷史、品牌與形象等。

(2) 專業能力：包含技術專業能力、工作特質（如幹勁、誠實、以及對業務的了解等）。

(3) 對產品的支援能力：對於產品的售後服務、教育訓練、技術支援等的支援承諾以及態度。

由上述，我們將評估廠商的活動以表格加以整理，「列」的部分為方案（廠商），「欄」的部分為準則及權重，包含企業形象信譽、專業能力，支援能力等。實務、進行評估時，準則宜依據貴公司的需求及所選的廠商特性，而加以適當的調整，評估表如表 11-1 所示。

表 11-1　軟硬體廠商選擇評估表

準則（權重） 廠商	企業形象信譽（30%）	專業能力（40%）	支援能力（30%）	合計（100%）
A 廠商	H	H	M	H
B 廠商	H	M	H	H
C 廠商	H	M	M	M
註：H、M、L 分別表示各項準則之表現爲高、中或低，均爲假設值。				

就軟體產品的評估而言，其準則主要為成本與效益，成本包含軟體價格、維護成本、教育訓練、顧問費用等；效益主要是以功能的滿足及介面為考量的重點。功能面的準則指的是軟體的分析能力能夠滿足使用者的需求，或客製化的要求，當然軟體的維護方便性或彈性、相容性等也是需要考慮的準則。

在介面評估方面，介面媒體包含面對面、文件、網站、電話等可能與顧客接觸的方式，當然介面也包含了溝通、視覺口語的辨識、產品呈現、共同建立品牌、空間環境等體驗媒體（Schmitt, 1999，請參考第 5 章）。介面媒體選擇時需考慮的因素如下：

(1) 訊息內容數量：某些媒體可處理大量資訊，如網路；某些媒體則無法傳輸大量的資訊，如電話。（資訊量的議題請參考第 5 章）

(2) 訊息內容專業性：具有特定專業的知識或具模糊度的資訊，需要互動程度較高的媒體，如採用面對面解說等，此項因素可參考第四章對於媒體豐富性的解說。

(3) 介面媒體的一致性：設計多重媒體時，需注意一致性，不可讓顧客有面對不同媒體如同面對不同公司的感覺，或是一再詢問同樣問題，填寫同樣資料。

接觸的形式可能包含的考量事項如下：

(1) 內容的表達格式：如文字、圖表、動畫等，均為可能的格式，採用何種格式可能與顧客的專業素養、對該媒體的熟悉程度、以及資訊內容數量與專業程度等因素有關。

(2) 內容的接觸難易程度：不同的介面媒體，顧客使用的難易程度不同，即使相同的媒體，其不同的介面設計，顧客接觸的難易程度便有不同。例如，網站上的購物車，若設計不佳，顧客往往按了許多按鈕，仍無法了解是否完成下單的動作，而亞馬遜的 One-Click 完成購物，則為良好的設計，並已申請專利。

(3) 顧客接觸的時間與頻率：該介面與顧客接觸的時間與頻率是一個重要的課題，這與顧客互動的深度及互動的成果有相當的關係。有些媒體是 24 小時皆可接觸的，如網站，其頻率也無限制。電話接觸可能受限於上班時間（當然目前行動電話已克服此限制），接觸頻率則可能受限於交換機容量及客服員人數。

上述軟體評估的過程，也可以運用表 11-2 的軟體選擇評估表來表示：

表 11-2　軟體產品評估表

準則（權重）／廠商	成本（20%）	分析能力（30%）	客製化（20%）	使用介面（15%）	維護能力（15%）	合計（100%）
X 產品	M	H	H	H	H	H
Y 產品	H	H	M	H	M	H
Z 產品	H	M	M	M	H	M
註：H、M、L 分別表示各項準則之表現爲高、中或低，均爲假設值。						

此外，評估硬體及作業系統也是相當重要的事，因為平臺在系統中所佔的成本比率亦相當高，其評估的準則包含容量、速度、擴充性與可靠性等。讀者可仿照表 11-1 及表 11-2 建立平臺廠商及平臺（主機、作業系統、資料庫管理系統等）的評估表。

3. 選擇階段

第三個階段的工作便是選擇，乃是依據上述的評估表，做一個綜合的評估，以決定最適的方案。

前述的決策過程，其實是一個互動的過程。以評估表進行評估時，評估表內各個欄位均需填上適當的資訊，例如，欲評估 A 公司的信譽準則，則需蒐集 A 公司有關信譽的資訊，可能是由廠商做簡報，可能由買方直接詢問 A 公司，也可能蒐集外部的次級資料，或詢問 A 公司的顧客，詢問他們對 A 公司的看法，資訊若是不正確，評估也就錯誤，決策當然也就受到影響。企業（顧客關係管理團隊）內部與廠商之間不斷互動過程的一般程序如下：

(1) 整理需求分析的結果。

(2) 廠商及相關產品列述。

(3) 邀請軟體廠商，對軟體廠商做需求簡報。

(4) 軟體廠商依需求提供軟體方案，並做說明會。

(5) 由前步驟篩選出 2~3 家，再進一步評估。

(6) 決定廠商及產品。

上述的程序隨著時間進行，則所得資訊也越來越完備，直至可以做最後的決策為止。

（三）系統安裝與轉換

顧客關係管理系統包含顧客關係管理軟硬體工具與顧客關係管理互動介面，顧客關係管理系統在設計完成後，要進行系統的安裝與轉換的工作。

所謂「轉換」指的是由舊系統轉換成為新系統的過程，一般而言轉換的策略包含如下（周宣光譯，民 100）：

1. **平行策略**：指的是舊系統與新系統並行作一段時間，直到新系統確認無誤為止，再切換為新系統作業，此種方式最為保險，但成本耗費頗大。
2. **完全切換策略**：指的是將新系統在指定時間內完全取代舊系統，此種方式較為經濟，但風險較大。
3. **先導性研究策略**：將新系統於組織內某個單位先上線，當該部門運作正常順暢時，再全面更新於組織內其他單位，同時更換或逐步更換均可。

4. **階段性策略**：將新系統依其功能別逐漸轉換的過程。

當然，若組織內並無舊系統，則顧客關係管理之軟硬體工具直接安裝即可，安裝的工作包含軟體的安裝、硬體的購得與建置，以及適當的測試等。而測試主要包含系統測試與接受度測試兩大部分。系統測試主要是由系統開發單位進行；接受度測試則由組織內外部的使用者進行之。

(四) 使用者接受系統

導入過程中，「接受」階段主要強調的是組織成員接受系統，並承諾使用該系統。不論是資訊技術的導入或是制度的改變，都是組織的變革，組織的變革可能造成人員的抗拒，人員抗拒對於系統的導入以及運用均產生重大影響，因此需要讓使用者能夠接受新系統。

人員抗拒的原因可能來自於對未來未知的恐懼、失去控制的權力、更大的曝光或組織文化的衝突。因為這些原因，使得組織成員表現出抗拒的行為，包含減少工作上的努力、不支持、鼓吹對抗、暗中破壞或離職等。因此，在導入顧客關係管理過程中，應觀察抗拒的行為，分析其抗拒的原因，並採取降低抗拒的作法，以下是一些有效的方法：

1. 導入顧客關係管理需取得高階主管的支持與承諾。
2. 讓使用者參與顧客關係管理系統的發展及導入過程。
3. 進行教育訓練，使得使用者或相關人員對顧客關係管理系統的價值及操作方式有所了解。
4. 注意組織的權力結構。

NEWS 報 5——天下雜誌

天下雜誌從 2017 年啟動數位轉型，2021 年導入 Salesforce 系統，天下雜誌群會員營運部副總經理王櫻憓指出，天下雜誌群擁有天下、親子天下、康健、Cheers 等多元產品，每項產品又有各自社群、通路經營，每天後臺累計高達上億筆數據，急需工具整合散落在各社群、渠道的顧客數據，才能完整拼湊出會員的真實樣貌。

王櫻憓接著表示，「我們最大的轉型，就是從產品經營思維，轉變為以會員為核心的營運策略，運用Salesforce洞察龐雜的交易資料，從購買商品、線上行為、站外行為，發現熱愛管理領域知識的族群，與親子天下的訂戶有高度重疊，我們開始對這群人進行實驗，找出他們暗藏的需求，提供適合的學習內容，讓我們轉型為媒體事業、學習事業兩軌並進模式。」

資料來源：韌性企業如何有效打造數位總部？從強化顧客歷程體驗展開第一步，Salesforce.com 廣告

三、自行開發應用程式

若是自行開發應用程式，一般的流程是規劃、分析、設計、導入、維護。規劃是設定應用程式開發的目標與時程；分析是了解使用者的需求並轉換為具體的需求規格；設計是依據需求規格轉為技術性的設計規格（例如程式模組、介面設計等）並撰寫程式，同時也包含測試的工作；導入是安裝程式並調整工作流程、組織結構及人員技能等以搭配新系統的運作；維護則是針對系統程式、資料等進行必要的修正。

NEWS 報 6——玉山銀行

玉山銀行耗時近一年的時間，開發出一套「BSM 作業管理平臺」（Bank Statement Manager），不只能將顧客在銀行內使用的服務，自動整理成一份綜合對帳單，還能自動化追蹤成效、蒐集數據，是內部轉型的關鍵武器。

BSM 作業管理平臺於 2022 年 1 月正式上線，簡單來說，BSM 平臺要做的事情，就是把每位客戶的交易資料，彙整成一份綜合對帳單，一次呈現所有資產負債、交易記錄等資訊，並依照客戶喜歡的方式寄出。玉山銀行在 BSM 平臺中加入了「自動化寄送追蹤功能」，可以自動追蹤客戶是否有收到對帳單，如果被退件或沒有收到，系統會改以其他方式（紙本、Email、簡訊、電話客服）寄送或聯繫客戶。

截至目前，玉山銀行綜合對帳單整合了包括理財、保險、存款、支票存款、語音 / 網路轉帳、臺 / 外幣等七大板塊內容，涵蓋全行 900 萬名顧客。原本每月 150 萬份對帳單經過整合後，濃縮成 110 萬份，且當中有 82% 都

是電子對帳單（含簡訊、Email）。在減碳方面，原本一份紙本對帳單含信封，需要用掉三張紙，整合後數量從27萬份濃縮成20萬份，減少約16萬噸碳排，加上自動化通知顧客退件功能，內部省下每月1,000人小時的人力成本。

資料來源：1張對帳單搞定所有資訊 減碳又省人力，數位時代，2022.5

以下以智慧型手機應用系統（App）說明自行開發應用程式的流程。傳統的應用程式可以簡稱為AP（Application Package），至今，無論手機或電腦上的軟體，都可以叫做「App」，是「Application」的縮寫，一般將智慧型手機上的應用程式稱為「App」，也就是說，App是因為智慧型手機的普及所衍生出來的產品。App應用程式主要的目的之一是在滿足日常生活之所需，例如遊戲、影音娛樂、運動、交通、飲食、旅遊、天氣等，當然企業或各種機構也可以用App來提供服務或做為行銷的工具。App在行銷與銷售方面的功能，包含會員管理、活動管理、社群運作、訂位訂房、精準行銷與推薦、電子型錄、實境展示、店址展示、互動及抽獎等等。

App應用程式開發階段與原有的應用程式開發大同小異。比較特別的地方是，App需要考量智慧手機平臺，需求分析及測試也都需要在智慧手機上進行，而系統完成之後，需要有上架及行銷的動作。App系統發展流程如下：

1. 規劃階段

規劃階段主要的工作是決定作業平臺及開發方法、設定目標與時程。目前常見的作業平臺包括Android、iOS、Windows Phone等，決定時需要考量本身的目標受眾使用哪一個平臺最為普遍，再進行平臺的選擇。

設定目標與時程是主要的規劃內容。目標設定之後，需要列出系統發展的主要階段或工作項目（也就是分析、設計、測試等），排出系統發展的時程。

2. 分析階段

分析階段主要的工作是了解需求，並表達為邏輯規格，依據前述的系統目標，採用觀察、焦點訪談、調查、表單或工作流程蒐集的方式，瞭解使用者的需求，並將需求轉化為系統的功能需求與介面需求，據以進行系統設計。

3. 設計及測試

系統設計之後進行程式撰寫，可能的程式語言諸如 Android 平臺 APP 以 Java 程式語言（可使用 Eclipse）搭配 Android SDK 進行開發。iOS 平臺則使用 iOS 專屬的 Xcode 工具以 Objective-C 語言開發。

測試工作需要依據不同的開發環境測試。測試的重點在於確保 App 可順利被使用者操作，包含每個功能選項、介面操作、按鈕的回饋都要符合預期。

4. 安裝與維護階段

一般的應用系統是採用安裝（Install）的方式，App 則是上傳至平臺，稱為發佈，發佈是指上架到平臺供用戶下載。此時建議在開發階段就就直接申請符合需求的帳號，而且註冊需要費用，Google Play 與 Apple 的收費方式不同。

App 完成之後需有上傳的動作，上傳至商店後就會進入軟體審查階段，審查通過即可上線。

NEWS 報 7 —— 誠品

2020 新版誠品人「全通路導購 App」上線，提供專櫃人員透過線上工具招呼老客戶，導引客戶線上購買。不過，一開始使用率並不好，因為專櫃人員忙著做實體銷售，並不太想運用數位工具，且擔心使用了 App，會與其他的實體通路業績產生競爭，專櫃人員一時之間都難以接受。但疫情期間，人都不來了，專櫃人員開始樂於使用 App，而且後來也理解業績能與實體通路整併，因此積極使用。藉由「全通路導購 App」，誠品同仁也力邀全臺各店專櫃品牌進駐合作，甚至不少品牌將誠品線上視為他們的網路旗艦店，例如加拿大休閒服飾 ROOTS、雷諾瓦拼圖文化坊。同時，此 App 能協助廠商分析客戶偏好品牌，進而導流客戶給廠商。

資料來源：推動電商、社區展店 誠品啟動全通路布局，遠見雜誌，2021.7

11-3 制度與內部流程設計

一、流程設計

互動流程完成後，企業內部流程也應隨之調整。如銷售、服務流程需要運用資料庫或知識庫，因此，組織內部的知識管理或資料蒐集與運用之流程也需隨之改變。如果組織要提供客製化的產品，則組織內部的新產品研發流程、生產、物料管理流程，也需要隨之改變。而與顧客互動的顧客抱怨流程一經確立，則組織的研發、生產、技術服務等的部門功能或運作流程也應隨之配合。

二、制度設計

顧客關係管理系統導入之後，欲能發揮效果，除了前述的人員接受之外，組織的制度均要隨之配合。例如，充足的預算、將顧客關係管理系統的推展理念納入企業願景策略中、將顧客關係管理系統的作業細節納入工作手冊中、將顧客關係管理推展的績效與企業績效制度相結合等。總而言之，就是將本書所提顧客關係管理架構中的各個元件，予以充分的結合。

制度的設計也是依據需求分析的結果，以及顧客關係管理的策略目標與方案來進行。顧客關係管理的實施，需要改善或重新建立的制度項目主要包含教育訓練制度、績效指標的建立以及預算制度等。

(一) 教育訓練

教育訓練是企業例行而且被視為重要的議題，但是經由流程需求分析的結果，可能為了提升顧客互動的成效，而需對人員的銷售技巧、專業知識、資訊技術的能力要求更多，此時教育訓練的對象、課程內容、教學方法，均可能隨之調整。教育訓練課程之設計及調整均依據教育訓練需求分析的結果。（請參考第 10 章，表 10-2）

教育訓練制度化的結果，可使教育訓練成為常態，組織成員視學習為重要且持續的行為，並透過學習新的觀念、知識、技能來改變本身的工作，甚至挑戰組織的慣例，使得組織逐漸趨向學習型組織。

(二) 績效指標

在公司績效指標的改變方面，由於顧客關係管理的實施，績效指標可能是以顧客終身價值的最大化為目標。相對的，其具體目標可能較重視顧客保留率、顧客滿意度、顧客忠誠度等。因此對於各部門的績效考核指標，也需有所調整，例如，業務部門的績效指標除了業績之外，便需重視顧客保留率、忠誠度等指標，而且需將業務人員是否配合顧客關係管理的推動考慮在內，例如，參與教育訓練、妥善運用所導入的顧客關係管理工具等。其他部門的績效考核也需考量是否充分支援業務部門的顧客關係活動而做調整。績效指標制度化的結果，使得組織的激勵制度與績效評估，依據顧客關係管理調整後，逐漸穩定下來。

(三) 預算制度

顧客關係管理實施過程中，所需的資產設備（主要為資訊技術及客服設備）、人員的教育訓練、顧客關係管理的規劃分析、互動方案之運作，均需要經費，這有賴於公司預算上的提供，公司的預算制度可能隨之改變。組織資源、預算之支援、工作流程的標示等，也都是配合顧客關係管理實施的重要依歸。

制度的建立需要透過組織的決策過程，也就是經過提案、審查、執行三個階段，分別說明如下：

1. **提案**：由相當部門提供草案或修正草案，提案的來源乃是來自顧客關係管理策略目標及需求分析的結果。例如，預算可能由會計部門提案，提案的依據是顧客關係管理經費的需求，績效評估指標及激勵方案，可能由人力資源部門提出，提案的依據也是前述顧客關係管理策略目標及需求分析的結果。
2. **審查**：提案的審查依各個公司的權責不同，其審查流程亦有所不同，但審查的原則乃是制度的實施對公司有助益，因此，顧客關係管理的預期效益，應為必備的資料。
3. **執行**：經過評審通過，由最高權責主管檢核，依預定日期加以實施。

NEWS 報 8——創兆生物科技

創兆生物科技提供的服務包含診所選址、內部設備系統的架設、行銷獲客、提升服務品質等。希望讓醫生只做最重要的事。

創兆將 Beacon（低功率藍芽發信器），結合診所的 Line@，從病患靠近診所開始，一直到離開診所的過程中，診所都能夠推播客製化的訊息。例如牙醫矯正患者等候看診超過一定的時間，系統就會推播矯正的衛教資訊、相關的產品資訊、或是傳簡單的問卷給他。在看診前後，系統也能自動推播注意訊息，進而改善服務流程與顧客體驗。

資料來源：創兆生物科技公司 用數據打造更好的醫療體驗，EMBA 雜誌 420 期，2021.8

NEWS 報 9——君品酒店

2021 年 6 月，雲品國際旗下的君品酒店與長期合作的程加婚禮顧問公司，推出全臺首創的線上婚禮服務。已有超過五對新人透過網路完成終身大事。

將婚禮移到線上，部份可以靠科技解決，例如用視訊軟體讓賓客與新人同框、禮金也能掃描轉帳，困難的就是還原婚禮現場的用餐體驗及氛圍。君品特別量身打造「個人外燴」，能依據個人喜好選擇餐點，例如不吃海鮮的顧慮、要吃生酮的要求，都可以，還能選擇白酒、香檳和果汁，附贈與飯店相同的瓷器碗盤和玻璃杯，在自家餐桌還原宴會廳的體驗。外送也要求最高規格，一場線上婚禮多達二十幾名賓客，需要在婚禮開始前半小時送達各自住處。君品配備 25 輛車、每輛車配備穿著君品制服的兩名服務人員配送。

這樣的婚禮，雖相隔兩地，互動卻更緊密，也打破許多限制，例如新人不想穿婚紗，便舉辦睡衣派對。

資料來源：穿睡衣、吃生酮餐 君品線上婚禮更好玩，天下雜誌，2021.7.28

顧客焦點

優化搜尋幫用戶省時省力 愛料理付費會員數成長40%

不少人煮菜前，會在臺灣最大食譜網站 iCook 愛料理找食譜，動動手指，就有上百道佳餚做法呈現在眼前。

2021 年，是愛料理成立第十年，也是數據驅動看見成效的一年。媒體報導，iCook 在疫情期間突破用戶數「天花板」，不重複訪客流量成長將近五成，每月達 800 萬人次，付費會員也拉抬 40%。目前註冊會員數達 330 萬人，付費會員近 2 萬，占總營收比例 1/3，跟廣告、電商占比一樣多。因此重要的經營目標是讓一般會員順利轉換爲付費會員。

爲了挖掘更多機會，他們展開多場訪談，了解消費者爲什麼使用或離開愛料理。訪談發現，使用者用與不用的原因，與生活型態轉變有關。結婚、組成家庭的人會開始下廚，生完小孩減少煮飯次數，等小孩長大後，又回頭使用愛料理，還有出國留學、打工度假等因素。

他們建立第一個假設：既然用戶經歷生活模式改變，不能推出「花時間」的產品，像是觀看影片、複雜的料理食譜等，必須把自己定位在協助用戶「省時」，才能呼應消費者需求。

接著，根據站內搜尋關鍵字，觀察用戶在一組關鍵字前後，會搭配哪些字、看了幾頁，發現使用者在搜尋時經常會附註不同情境，譬如「素食」年菜、「涼拌」雞胸肉、「簡易」家常菜。

因此，他們建立第二個假設，會員搜尋動機強烈，提供完整的關鍵字搜尋功能，可以提升會員成爲付費會員的轉換率。VIP 會員可以設定要在多少時間內完成一道料理、使用何種調味醬料、要吃全素、蛋奶素或五辛素；他們也從數據中發現，許多健身的人會使用愛料理，因此直接幫用戶計算每道料理的卡路里。

另外，數據顯示，有一定比例的用戶還是搜尋很廣泛的關鍵字，像是早餐、午餐、家常菜，意味著這些人的困擾是不知道要煮什麼。於是愛料理推出一週食譜功能，還整理好超市採買清單，每餐不重複菜色，讓用戶不必傷腦筋想該吃什麼，呼應省時省力的定位。新功能在 2017 年 7 月上線，上線半年後 VIP 人數翻倍，月成長 12%。

資料來源：優化搜尋幫用戶省時省力 愛料理付費會員數成長 40%，經理人，2022.3

iCook 愛料理的關鍵字搜尋系統的設計過程及內容為何？

本章習題

一、選擇題

(　　) 1. 所謂顧客互動方案指的是下列哪一項？
(A) 顧客服務　(B) 銷售互動
(C) 忠誠度方案　(D) 以上皆是

(　　) 2. 忠誠度方案設計時，針對最重要的 A 級顧客應採取哪一種互動原則？
(A) 極力爭取與保留　(B) 設法引發購買動機
(C) 不須特別關心與照顧　(D) 以上皆非

(　　) 3. 下列哪一項不是忠誠度方案設計時所考量的報酬的結構因素？
(A) 跨領域夥伴　(B) 財務報酬
(C) 心靈報酬　(D) 產品對方案之支援

(　　) 4. 下列哪一項是 CRM 資訊系統導入的選項？
(A) CRM 資訊系統組合　(B) 支援 CRM 商業模式之 IT 解案
(C) 社群 CRM 系統　(D) 以上皆是

(　　) 5. 下列哪一項不是提升人員對於顧客關係管理系統導入接受度的方法？
(A) 高階主管的支持與宣導　(B) 使用者參與導入過程
(C) 建立懲罰制度　(D) 以上皆非

(　　) 6. 下列哪一項不是選擇介面媒體所需考量的因素？
(A) 訊息內容數量　(B) 訊息內容專業性
(C) 內容的表達格式　(D) 以上皆是

(　　) 7. 舊的顧客關係管理系統轉換為新系統時，依據新系統的功能別逐漸轉換，這是採用哪一種轉換策略？
(A) 平行策略　(B) 完全切換策略
(C) 先導性研究策略　(D) 階段性策略

(　　) 8. 下列哪一項是導入顧客關係管理系統造成員工抗拒的原因？
(A) 對未來未知的恐懼　(B) 失去控制的權力
(C) 組織文化的衝突　(D) 以上皆是

(　　) 9. 下列哪一項不是降低員工對於導入顧客關係管理系統抗拒的方法？
(A) 取得高階主管支持與承諾　(B) 員工主導系統發展過程
(C) 教育訓練　(D) 注意組織的權力結構

二、問題與討論

1. 流程設計的步驟為何？請舉一個非本章所舉的流程為例，說明其流程設計過程。
2. 顧客關係管理系統導入流程為何？欲使顧客關係管理系統導入有效，其主要的條件為何？
3. 如何評估顧客關係管理軟硬體的廠商及商品？
4. 顧客關係管理介面採用時主要考量哪些內涵？
5. 顧客關係管理導入時可能面臨哪些抗拒的阻力？如何降低人員抗拒？
6. 請依據顧客關係管理策略規劃以及需求分析過程中，所牽涉的人力資源需求，設計教育訓練課程。（包含課程的科目、內容、對象、時間等）

三、實作習題

【業務拜訪行程安排】

說明： 業務人員今天早上都在台中工業區，想利用下午的空檔時間順道拜訪台中工業區客戶提升業績，希望藉由系統快速過濾台中工業區的客戶名單。

1. 進入「潛在客戶管理模組」，選取「公司」程式。
2. 點選「查詢」按鈕。
3. 點選「進階查詢」頁籤。
4. 「欄位名稱」選取「工業區簡稱」。
5. 條件值輸入「台中工業區」。
6. 按下「新增條件」按鈕。
7. 按下「執行查詢」，過濾客戶名單。

本章摘要

1. 顧客關係管理設計主要包含顧客關係管理資訊系統的採用（購買）以及顧客互動方案或制度與內部流程的設計。
2. 方案或流程設計主要是決定流程各個活動的內容、人員配置、其他資源配置、產出水準等。
3. 導入乃是為了採用及有效運用某項創新的一種行為，該行為包含了組織為了此項創新所採取的所有活動。
4. 軟硬體的取得乃針對軟硬體廠商及產品，其評審的準則及權重因軟硬體種類不同而有不同，其種類包含硬體平臺、顧客關係管理套裝軟體、資料採礦軟體、電子商務網站、電腦電話整合軟體等。
5. 介面包含媒體及接觸形式兩大部分。介面媒體需注意訊息內容、專業性、及媒體之一致性；接觸方式需考慮表達格式、存取容易性、接觸時間與頻率。
6. App 應用程式開發階段與原有的應用程式開發大同小異。比較特別的地方是，App 需要考量智慧手機平臺，需求分析及測試也都需要在智慧手機上進行，而系統完成之後，需要上架及行銷。

參考文獻

1. 王成、龍潛譯（民 93），黛安娜．拉薩利（Diana LaSalle），泰瑞．布里頓（Terry A. Briton）原著，無價行銷，初版，臺北縣新店市：經典傳訊文化。
2. 呂奕欣譯（民 100），設計力創新，臺北市：馬可孛羅文化出版：家庭傳媒城邦分公司發行。
3. 周宣光譯（民 100），管理資訊系統，二版（翻譯自原書第十二版），臺北市：臺灣培生教育。
4. 洪育忠、謝佳蓉譯（民 96），Kumar．Reinartz 著，顧客關係管理：資料庫行銷方法之應用，初版，臺北市：華泰。
5. 後藤國彥著，張仲良譯（民 91），創意激發手冊，日之昇。

6. 陳琇玲譯（民90），價值網／David Bover, Joseph Martha, Kirk Kramer著，初版，臺北市：商業周刊出版：城邦文化發行。
7. 陸劍豪譯（民91），情緒行銷，初版，臺北市：商周出版：城邦文化發行。
8. 游萬來，宋同正譯（民87），設計進程 - 成功管理設計的指引，一版，臺北市：六合出版社。
9. Chou D.C., Chou, A.T. (1999), “A Manager’ s Guide to Data Mining,” Information Systems Management, Fall, pp. 33-41.
10. Kolter, P. & Trias De Bes, F. (2004). Lateral Marketing-New Technigues for Finding Breakthrough Ideas, John Wiley & Sons, Inc.（註：本書中譯本由商周出版）
11. Rogers, E.M., (2003), Diffusion of Innovation, 5th ed., The Free Press.
12. Schmitt, B.H. (1999), Experiential Marketing : How to Get Customers to Sense, Feel, Think, Act, and Relate to Your Company and Brand, The Free Press.
13. Shotack, G. L., (1984), “Designing Services that Deliver,” Harvard Business Review, 62:1, pp. 133-139

第三篇 運用

Chapter 12
顧客關係管理實施

Chapter 13
顧客知識管理

Chapter 14
顧客關係管理創新方案之擬定

Chapter 15
顧客關係管理議題與趨勢

Chapter 12

顧客關係管理實施

學習目標

- 有能力描述各類型的顧客關係管理實施模式。
- 能夠由該實施模式中，了解所牽涉到的相關知識。
- 能夠由該實施模式中，找到可以創新的地方。

前言

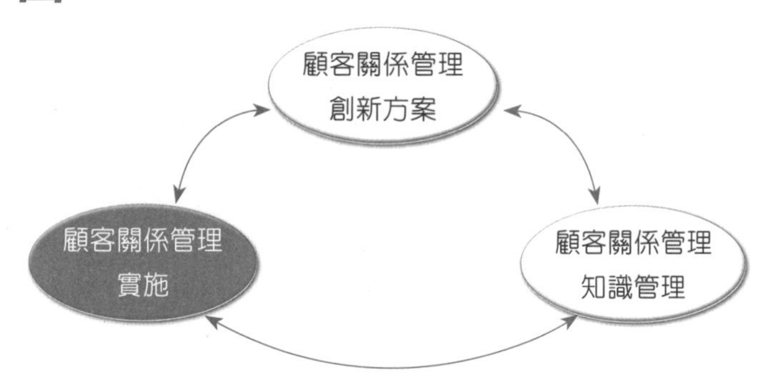

顧客關係管理系統一旦完成導入，便開始運作。依顧客關係管理架構，顧客關係管理實施是以顧客互動方案為核心，以顧客關係管理策略為導引，以制度管理及分析工具為後盾，透過互動介面與顧客進行互動，以達成顧客關係管理建立與維持顧客關係之目標。在運作的過程中，有兩件特別值得一提的現象，一是學習效果，即透過互動的過程，累積顧客知識與關係管理相關知識，以達成學習效果，對顧客關係管理的運作，能夠精益求精，顧客關係更加密切；一是創新效果，即顧客關係管理實施過程中，不論是互動方案、互動介面、資料分析方式等，均需要不斷的創新，以滿足顧客不斷變化的需求，甚至開創顧客的需求。顧客關係管理的實施、知識管理、創新方案遂構成一個不斷演進的運作循環，如圖12-1所示。

本章針對顧客關係管理運作循環中的顧客關係管理實施，進行介紹，以典型的顧客關係管理導入模式，即客服中心、銷售自動化、電子商務網站為例，說明顧客關係管理實施的情形。說明的內容主要強調運用本文顧客關係管理系統架構，以及實施過程中，與顧客關係管理知識管理與創新方案之關係。

企業觀測站

屈臣氏於 1841 年在香港創立，現已發展成全球最大的國際美容保健零售商。屈臣氏的品牌價值與信念展現在對顧客「look good, feel great」的感受上，從內到外面面俱到，盡心滿足各種保健和美妝需求。

屈臣氏於 1987 年進軍臺灣，目前全臺總店數已經超過 580 家，提供超過 25,000 項商品，服務會員超過 700 萬人次。屈臣氏主要販售三大類商品：美麗（Beauty）、健康（Health）及個人用品（Personal Care）。在臺灣，屈臣氏身為國內最大連鎖商店之一，除了在售價上提升競爭力外，也努力加強商品之附加價值，例如自有品牌與各項專屬服務等，維繫與客戶之間的互動、強化品牌忠誠度，以使企業永續經營。此外，屈臣氏亦高度重視地區市場的特性，並因應個別市場喜好和品味設計出各式各樣的商品組合。

2006 年初，經內部人員評估市場上客服軟體優劣後，選擇了鼎新 V-Point CRM 做為客戶關係管理系統解決方案，並導入 Service Online 的服務支援模組，於 1 月 9 日教育訓練到 2 月 10 日驗收，短短一個月就成功上線。

導入鼎新 V-Point 顧客關係管理做為客戶關係管理系統解決方案之後，產生了三大效益：

1. 簡化客服流程，顧客關係管理讓客戶感受更多效率與熱忱，省下作業的工時，客服人員有更多時間去解決客戶的問題，而服務支援系統中的 Call Center 更是提供多項服務完整分析報告。

2. 系統累積客服經驗，應變與查詢更為快速：查詢資料只要設定案件類別、月份、案件數量，馬上得到數據，還可以比較不同月份的趨勢，主管可以更快掌握客戶的需求，在處理案件上，也可應用以往的案例經驗，應變跟查詢都變得更簡單快速。

3. 統籌報表資訊，全面化客服無盲點：系統提供每日各時段平均等候時間及通話數、客服人員累計通話及平均通話時間、問題處理時間、客戶來電等候時間比較分析等重要資訊，屈臣氏客服部也針對以上內容統籌報表呈至主管。

資料來源：鼎新電腦網站，2019.8.8；臺灣屈臣氏網路商店，2022.8.18

提示

屈臣氏導入顧客關係管理系統，建立了客服中心，由其系統效益的描述中，可知系統運用於客服流程、顧客資料查詢、顧客行為分析以及績效評估等，顧客關係管理系統的妥善運作可以提升這些流程的績效。本案例讓我們思考，屈臣氏的 V-Point 系統運作過程，以及在導入及運作過程中，相關的創新（IT 創新、客服流程創新）與知識管理（客服知識與經驗）議題。

12-1 顧客關係管理運作流程

回顧本書第一篇，提供了顧客關係管理完整的架構，顧客關係管理的架構主要是由顧客關係管理策略來引導顧客互動流程的運作，顧客關係管理策略定義了顧客區隔，以及與該區隔群顧客所欲建立的關係程度，關係程度決定於企業可以位顧客創造多少的顧客價值，而互動流程的運作便是期望能夠達成創造顧客價值的目標。其次，互動流程的運作需要企業其他單位的配合方能有效，包含資訊系統的支援、互動介面的設計、與制度上的配合。此完整的架構指引我們建立有效的顧客關係管理系統。

本書第二篇，討論的是建立顧客關係管理系統的流程，包含策略規劃、需求分析與導入。顧客關係管理系統一經建立，便可開始實施，此為顧客關係管理的運作階段。顧客關係管理運作的核心是顧客互動方案，直接以各種不同的介面與顧客進行互動，有關顧客關係管理系統建制與運作的過程，以及過程中較需要考慮的因素，重點說明如下：

1. **顧客關係管理策略的擬定**：顧客關係管理在策略上是需要達到為顧客創造價值的目標，CRM 策略的主要內容包含顧客區隔、顧客價值（關係程度）與資源投入。第二篇已經對策略擬定流程做了詳細的說明，此處要考量的議題是「顧客的價值有哪些？」「如何找出這些價值？」有關顧客價值的關鍵議題有兩項，一個是由顧客的需求，我們需要許多的顧客特質、需求、行為等知識，方能了解顧客需求。另一個是定義顧客價值的議題，要能將顧客需求轉換為價值目標，則需要有專業知識與創意。
2. **顧客互動方案與配套措施**：包含顧客互動方案的擬定、資訊系統的引進、制度或企業流程的改變或建立等。這些均需要累積顧客知識或專業知識，而且上述的方案與配套措施，均是組織的變革，需要創新，方能引進新技術、提出新的互動方案、以及其他的制度與流程。
3. **顧客互動方案的實施**：互動方案的實施指的是持續與顧客互動，包含顧客互動方案之執行與資訊系統之運作，以便建立及增進顧客關係。互動過程中，知識是累積的，包含企業對顧客的了解以及顧客對企業的認知，我們將互動流程的運作，視為組織學習的過程。同時也因不斷提出新的互動方案以及其他的制度、流程而持續不斷地創新。

由前述說明，我們認為顧客關係管理運作過程中，有兩個議題需要加以注意，即知識管理與創新。

在知識管理方面，包含以下三項：

1. **顧客知識**：顧客特質、需求、行為等知識，方能了解顧客需求。
2. **專業知識**：定義新的顧客價值，把顧客需求轉換為價值目標。
3. **組織學習**：企業與顧客均在知識方面有學習之處，企業更須不斷了解顧客，將顧客知識與以累積，具有組織學習之效果。

在創新方面，也包含以下兩項：

1. **顧客價值創新**：提供顧客不同的價值是一種差異化的效果，顧客價值不斷創新能夠提升競爭力。
2. **持續創新**：CRM 過程中，不斷引進新技術、提出新的互動方案、以及其他的制度與流程。

此兩個議題能讓顧客關係管理持續而有效地進行，不但找出許多創新方案，也滿足知識累積的學習效果。也就是說，顧客關係管理實施、知識管理、創新等三者，構成顧客關係管理運作循環，如圖 12-1 所示。

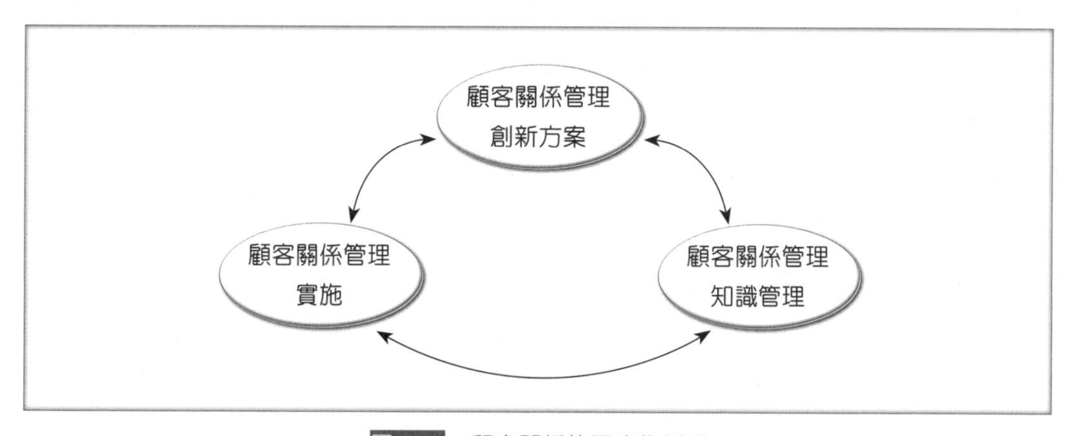

圖 12-1　顧客關係管理實施循環

本章以客服中心、銷售自動化、電子商務網站等三個代表性的顧客關係管理運作方式為例，說明其運作過程，以及所牽涉到的知識管理與創新議題。

12-2 顧客服務與客服中心

首先，舉一些顧客服務與客服中心的例子。

NEWS 報 1——中華航空

在客服專線方面，中華航空提供給乘客最方便的飛行計畫及最方便的往來航點。中華航空提供最好、最便捷的服務，只要提供起訖出發地和個人資料，即可完成航班預定。同時也會提供訂位代號，乘客可以隨時確認航班及更多相關資訊。

中華航空公司首創，自 2013 年 9 月 4 日起臺灣地區推出全新 E 化服務，乘客可隨時隨地透過華航網站「email 客服」，以 EMAIL 表單來「更改訂位」或「再確認」行程，不須再耗費寶貴的時間撥電話。

中華航空公司的線上客服，更是提供相當不錯的服務，包含定位相關服務、會員服務、精緻旅遊服務與機場相關服務。以定位服務來說，包含行程預定、行程管理（諸如更改行程、票證、搭機證明、行李須知、行前準備之提醒等）、班機資訊等，而機場相關服務則包含接駁、貴賓室、登機等機場服務以及頭等商務經濟艙等機上服務。同時也提供中華航空 APP，讓服務更便利。

資料來源：中華航空公司網站

NEWS 報 2——奇異公司

奇異公司成立客戶詢答中心，這可能是最早的客服中心。早期奇異的詢答中心隨後演變為一個具有五個應答中心的網絡。位於堪薩斯州路易斯維爾的詢答中心，每年會接到上百萬通客戶的電話，他們負責為客戶提供家電用品使用與保養的一般性資訊，為客戶診斷某項家電用品的問題，提供技術支援以及處理電話訂購事宜。另外三處區域性的詢答中心分別位於維吉尼亞州的諾福克、田納西的曼菲斯及亞歷桑納州的鳳凰城，負責安排拜訪客戶的行程，管理契約的簽訂，並作為處理客戶關係的中樞。第五個詢答中心，「論壇中心」（Forum Center）則特別被設定在處理與零售商及與營造商的關係，也就是對這些家電用品銷售創造 20% 業績的中大型客戶提供服務。

資料來源：邱振儒譯，民 88，pp. 88

NEWS 報 3——威訊通訊

在疫情期間，威訊通訊十三萬五千名員工，絕大多數在家裡工作，並且必須繼續維繫營運所需的工具與流程；此外，一萬多名服務技師無法前往客戶辦公室或住家執行安裝與維修工作。為此，威訊通訊快速部署軟體，讓技師以虛擬方式造訪客戶，遠距處理安裝與維修工作，至於仍需開門營業的威訊通訊門市，則建立起一種無接觸體驗的服務模式。例如：透過應用程式讓客戶預約與員工一同遠距瀏覽產品資訊，打造完全數位化的身分驗證及簽約流程，提供自助繳費機等無接觸付款選擇。

資料來源：李芳齡譯（2021），領導者的數位轉型，第一版，臺北市：遠見天下文化出版股份有限公司

上述個案扼要描述了顧客服務與客服中心的服務內容。電腦電話整合，一般是指客服中心（Call Center）的業務，將接線業務與電腦資訊系統或資料庫結合。客服中心的主要任務是負責收發電話，其主要功能主要區分為被動式的顧客服務（Inbound）與主動出擊的電話行銷（Outbound）兩大類。以下說明客服中心的功能與運作流程。

一、客服中心的功能

客服中心有其基本的運作功能，在軟體的程式與資料庫方面，受理訂貨牽涉到產品的資料庫、訂單資料庫、顧客資料庫等資料，以及訂單產出、排程等分析；受理詢問方面，主要的資料內容便是常見答問集（FAQ）、公司的服務事項、服務流程等，透過應用軟體的查詢，以便提供客服人員做為回覆的依據。受理申訴（抱怨）也需要有相關的技術資料庫或問題處理資料庫，促銷活動主要牽涉到有創意的促銷方案，以及對顧客行為及偏好的了解，因此對於顧客知識管理，也有相當的依賴，市場調查可能包含需求調查以及滿

意度調查，本身是一個資料蒐集的活動，然而更重要的是，如何透過這些資料分析，以便提出更佳的因應方案。

二、客服中心的運作流程

就以接收電話的顧客服務之功能而言，其內容包含接收訊息、議題分類、分配工作以及回應顧客，主要的任務包含受理訂貨、受理詢問、以及受理申訴三大類。就以主動出擊的電話行銷而言，主要是透過顧客需求分析、定義方案的方式，進行主動式行銷，其主要的功能包含促銷活動及市場調查。分別說明如下。

(一) 受理訂貨

受理訂貨包含接收訂單，以及催繳貨款等有關訂貨的業務，其服務的品質表現在親切禮貌以及讓顧客明確了解產品庫存以及訂單處理的狀況。親切禮貌是構成顧客心理效益的方式，包含良好的態度、關懷與尊重等，讓顧客了解產品庫存及訂單處理狀況，也讓顧客有安心的感覺。其次，顧客訂貨的方便性以及快速交貨也是受理訂貨的重要品質因素，這對顧客而言，產生快速、方便等經濟效益。就顧客關係管理的系統而言，需要有一個明確的訂貨流程以及良好的人員訓練。而企業在生產流程、存貨管理流程方面，也都需要充分配合，資料分析工具，則可以記錄及分析顧客的交易狀況以及採購模式，簡單地受理訂貨的作業，欲做到個人化的服務以及高服務品質，需有顧客關係管理系統的充分配合。

(二) 受理詢問

受理詢問主要的服務是答覆有關服務流程（如採購、付款、維修等）、產品規格、技術等問題。其服務品質除了前述的親切禮貌之外，最重要的是快速而正確地回答問題。由於顧客問題包含服務、產品、技術等專業領域的問題，接線生不一定有足夠的專業知識立即回答顧客的問題，因此有關企業的服務流程、常見問題及其解答等，均可事先以常見答問集（FAQ）的方式，置於資訊系統（資料分析工具）的資料庫中。接線生可以在電腦上快速查詢到顧客問題的相關答案，快速而正確地回答而使得顧客感到滿意，若顧客的問題較為特殊，則由接線生轉至相關單位處理。

上述的互動過程中，對接線生仍然有教育訓練的需求，對於受理詢問的流程，也要定義清楚，而資訊系統則需負責快速辨識顧客，以及提供相關問題的解答。

(三) 受理申訴

顧客若有不滿或遭受不平的待遇，需要妥善加以處理，這種事後的處置稱為「服務復原」（Service Recovery）。服務復原的快速、即時，以及正確的處置是重要的品質指標，客服中心的受理申訴提供良好的回應管道，接收到申請電話之後，需快速辨識顧客，對申訴問題做一個分類及嚴重性的判斷，再交給相關單位處理，提供適當的對策。因此，企業的申訴流程是支援申訴互動的重要依據，當然親切的態度也不可免。而資訊系統，則負責辨識顧客，並儲存及處理申訴事件及處理記錄，協助分析出造成問題的原因，解決之道以及防範的方式。

(四) 促銷活動

促銷活動主要的要領在於找到適當的顧客進行正確的促銷活動。個人化的促銷是顧客關係管理的重要能力之一，不但能提升促銷的效果，也節省許多的電話費用及人工成本。個人化的促銷也就是本項顧客互動的重要品質指標，因此就顧客關係管理系統而言，行銷部門應該提出有效、有創意的促銷方案，而資訊系統則需儲存顧客的相關資訊，以便找出個別顧客的特定偏好，而接線上的溝通技巧，也是顧客關係管理教育訓練應注意的地方。

(五) 市場調查

市場調查乃是透過主動的與顧客的電話接觸，發掘顧客的問題或得知顧客的需求，發掘問題之後用以擬定解決方案或服務復原的動作，得知顧客的需求可做為新產品或服務規格定義的依據，甚至提供客製化的產品或服務。就顧客關係管理系統支援此項顧客的互動而言，前述的顧客復原流程以及新產品／服務開發的流程均需充分支援，市場調查的方法與技術則是教育訓練的重點，市場調查的資料處理，則是資訊系統的工作項目之一。

三、客服中心的知識管理與創新

上述策略的考量最終目標仍是期望顧客終身價值的最大化，而其策略方案需聚焦在如何有效運用電腦電話整合技術，以及客服中心的電話（或配合其他介面媒體），能夠與顧客進行有效的互動，而互動的內容便是重要的知識管理的知識內涵。

客服中心的受理訂貨、受理詢問、受理申訴（抱怨）、促銷活動、市場調查等，均是顧客關係管理系統的核心互動流程，其互動介面主要是透過電話總機來進行，當然可以配合 E-mail、DM 等管道來進行。

將這些核心的互動流程加以整理，便可得知互動流程中，牽涉到許多的知識內涵，整理如表 12-1 所示。

表 12-1 客服中心互動流程與相關知識

功能	互動流程	相關知識
Inbound	受理訂貨	訂單資料預測顧客行為，顧客知識分析顧客偏好。
Inbound	受理詢問	技術、產品、流程等知識整理成 FAQ。
Inbound	受理抱怨	FAQ 加上抱怨處理或服務復原的技巧。
Outbound	促銷活動	顧客知識以及創意方案。
Outbound	市場調查	顧客需求之預測，顧客滿意度之了解。

在創新方面，整個客服中心也牽涉到許多的創新活動，首先在顧客價值創造方面，可能的創新表現在為顧客創造新的價值，例如顧客除了訂貨、申訴之外，也可以做互動式的諮詢，即為價值創新；其次在互動流程方面，包含互動介面的改良、知識處理的方法、促銷活動的創新等，均為可能創新之處；第三，在企業內部流程方面，可能因為滿足顧客更個人化的需求，而針對企業內部顧客抱怨處理流程、生產與庫存管理流程等進行創新設計；第四，在客服中心的介面方面，也有許多創新的機會，例如，顧客的端點設備由市內電話轉成智慧型手機，許多的 App 程式便可以讓顧客互動更為簡便，功能更加提升，Gogoro 運用 App 程式建議顧客在最適當的保養時間及保養地點進行保養，就是一個典型的例子；最後，客服中心與其他的顧客關係管理模式

（如銷售自動化、網站）相互協調整合，均有可能因為創新而達成更佳的效果，例如客服機器人就是創新服務，不但可以蒐集客戶相關資料，辨識客戶的意圖及情感，獲得許多知識，兼具創新及知識管理的效果。

12-3 銷售自動化

在談銷售自動化之前，先舉一些例子。

NEWS 報 4——思科公司

思科公司為顧客提供單點的線上購物服務。成立於 1991 年的思科線上聯結（Cisco Connection Online）。針對該公司的客戶，提供了現有產品線清單與價格表，客戶可以在線上即時下單，也可以追蹤訂單流程，並提供技術支援。自從思科開始運作這套「思科線上聯結」，客戶滿意度的分數提升了 20%（滿分 5 分，從 3 點 4 分變為 4.2 分）。思科現在保證，如果有任何一個問題沒有在 48 個小時內獲得解決，他們就會親自與客戶接洽。

資料來源：邱振儒譯，民 88，pp. 182

NEWS 報 5——生命保險公司

保險業也跨入人工智慧，試圖用科技取代程序繁瑣又耗時的理賠工作。日本某生命保險公司從 2017 年 1 月開始導入人工智慧平臺，取代員工，進行保險索賠的分析工作。該人工智慧系統可以閱讀醫生撰寫的醫療證明和其他文件，以及收集醫療紀錄、住院信息、手術名稱等保險理賠資金所必需的信息，運用人工智慧學習的方法，進行理賠決策。除此之外，該系統還能核對客戶的保險合約，並且判定一些特殊保險條款等。

資料來源：科技大觀園，人工智慧在金融科技上的應用，2019.3.25

一、銷售自動化之定義

銷售自動化乃是透過資訊通訊技術之輔助，提升銷售業務生產力，促進銷售人員之間的溝通與資訊交流，並且更深入了解顧客之需要，以提供更完善的銷售服務，進而提升顧客的滿意度與忠誠度。野口吉昭（民 90）對銷售自動化的定義如下：

「銷售自動化為支援更專業、更具附加價值、更具人性的面對面銷售活動，在顧客關係管理前端系統中，能策略性整合行銷與銷售的系統。」由於網路的普及化，許多銷售自動化的功能都與網站結合。

二、銷售自動化的系統功能

資訊系統欲有效支援銷售流程，所需具備的資料庫包含顧客資料（知識）庫、交易資料庫、產品技術相關資料庫，以及銷售技巧及案例資料庫等。這些資料庫的資料透過適當的軟體，可以進行個人化建議（顧客與產品資料庫）、交叉銷售或向上銷售分析（顧客、產品、交易資料庫）、銷售績效分析（交易資料庫）、以及銷售人員之間的知識經驗分享（產品技術、案例資料庫）。

銷售自動化主要的互動介面是運用資訊技術介面（如手提電腦、PDA 等）配合面對面來進行，這意味著銷售過程牽涉許多專業或模糊的知識，需要有豐富媒體做為互動介面。

針對上述銷售自動化的定義，銷售主要的內容是產品或服務之說明與推銷，在這說明的過程中，如何進行更專業、更具附加價值、更人性的互動為重要的考量因素。更專業指的是銷售人員對於本身的產品服務與銷售技巧具有相當高的能力；具有附加價值指的是，能夠站在顧客的立場，依據顧客的需求，建議出對顧客更有價值的方案；更人性，當然指的就是本身態度的誠懇、親切與尊重，這些都是銷售自動化的重要品質指標。

由第 11 章的銷售流程圖（圖 11-2）可以得知，銷售業務的進行，包含銷售準備、銷售開場、產品解說、締結契約等業務工作。銷售自動化系統主要任務便是支援這些業務活動，以及為了執行這些業務所需的溝通協調與個人管理相關活動。

1. **業務活動的支援**：針對銷售業務的進行，銷售自動化系統應該提供相關的資訊。例如，銷售準備階段，系統需要提供顧客基本資料、偏好資料以及銷售技巧等資料，使得準備工作更為周延，又如產品解說階段，系統則需提供產品規格、特性、使用方式等資料，以利於銷售員之解說。
2. **溝通協調之促進**：銷售人員與顧客及其他銷售人員或銷售主管，都需要進行溝通協調工作，諸如銷售技巧之切磋、顧客資料、心得之分享或銷售成果之呈報等均為溝通的工作，而銷售任務之安排、相互支援則為協調。溝通協調的工具包含電子郵件、傳真、簡訊、網路對談、視訊會議等，均為銷售自動化系統的一部分。
3. **銷售管理活動的支援**：針對銷售員所做的管理活動提供支援，包含顧客通訊錄之管理、行事曆及拜訪行程之管理、銷售績效之記錄與評估以及銷售計劃之擬定等。

針對銷售人員所需進行的教育訓練，包含專業知識、銷售技巧、資訊系統之操作等，均為銷售自動化不可或缺的能力。專業知識與銷售技巧乃是銷售人員進行有效銷售活動的必備條件，而資訊電腦能力則是運用電腦提升銷售績效的必備條件。

銷售自動化系統導入之後，績效評估制度對於銷售人員或銷售部門也需要有效發揮其功能，對於銷售人員的激勵方法與時機，均需搭配系統來運作。

三、銷售自動化的知識管理與創新

銷售自動化的過程依賴資訊技術工具，而其中所需處理的知識內涵，也需要加以提出。

1. 銷售資料庫、顧客資料庫的目的也與客服中心一般，用以預測顧客行為，了解顧客偏好，用以提供個人化的促銷方案。
2. 產品資料庫（產品知識），乃是對於本身所提供產品或服務（如保險業的保單）專業知識的了解，該專業知識配合對顧客需求及偏好的了解，對於產品建議，有重要的影響。
3. 透過資訊系統，有關顧客知識、銷售技巧、銷售心得等資訊，可以在銷售人員之間相互分享，對於因為知識的提升，而提升品質或提出創意的構想，有莫大的幫助。

銷售自動化的創新，首先表現在資訊技術（銷售自動化系統）以及相對應的銷售互動方案，資訊技術的採用，對於銷售部門與銷售人員而言，是屬於 e 化的創新，運用新的 e 化系統，可以構思許多新的互動方案，例如線上解說、3D 展示、虛擬體驗等。尤其是個人電腦由桌上型電腦演進到筆記型電腦，再演進到平板電腦，逐漸地與智慧型手機接軌，銷售自動化的工作也相對的依賴平板電腦及智慧型手機，許多協助銷售的 App 也應運而生，例如商品推薦的 App。此外，直播平臺的崛起，運用網紅來當作銷售的代言人也是相當創新的方式。其次，銷售自動化也可以為顧客創造新的價值，不但能夠有效地進行產品解說與方便的交易流程，更可以創造更多的顧客體驗。

12-4 電子商務網站與社群媒體

許多電子商務網站具有顧客關係管理的功能與特色，星巴克的網站就是一個例子。

NEWS 報 6——星巴克

為了振興星巴克的客戶體驗，舒茲在 2008 年 1 月回任執行長，並在兩個月內推出 My Starbucks Idea 網站。每個人都可以用自己獨一無二的想法形塑星巴克的未來，同時也能參考別人的點子，投票給他們認為最優秀的提案。星巴克開放了幾乎所有的流程供網友出主意，包括點咖啡、付款、領咖啡、店面地點與氣氛，社會責任與社會關係，產品相關的想法如飲料、周邊商品、熟客卡，以及任何能改善星巴克體驗的方法。單單地一年，網站就募集了六萬五千個點子，收到六十五萬八千張選票。2009 年底，星巴克宣佈網站上五十個優異的點子已經獲得通過即將付諸實現，而其中不少點子是對星巴克都是極大的突破，比方說提供健康食品等。

資料來源：王怡棻譯，民 100，pp. 34

網站為電子商務及網路行銷的重要手段，若電子商務網路的目標包含了顧客關係的建立與維持，便屬於顧客關係管理的範疇。

一、網路行銷

定位策略之後，重要的行銷活動是行銷組合，包含產品（Product）、通路（Place）、價格（Price）、推廣（Promotion）等內容。

資訊時代的來臨，運用網際網路進行行銷者也越來越普遍。網路行銷指的是企業與顧客（包含最終消費者或企業顧客）之間，為了建立關係或促成交易等行銷的目的，透過網際網路（或其他電子媒體）所進行的一切接觸活動。網路時代的消費者的特性包含對客製化與個人化的要求、參與與合作、整體的解案或一次購足、購物經驗、通路的一致性等，產生電子商務與網路行銷之機會。網路行銷的主要活動包含電子郵件行銷、網路廣告、促銷、顧客自助服務、個人化服務、關鍵字廣告、搜尋引擎最佳化等。網路行銷欲達成的目標包含：

1. **媒體效率評量**：觀眾評量、點取資料、網頁鍵閱、訪問者、下單比率、網站黏度。
2. **網路行銷階段目標**：網站曝光、吸引人潮、留住人潮、促成交易、收集名單。
3. **銷售目標**：例如降低行銷成本、吸引人潮、提昇交易金額。
4. **顧客維持目標**：例如提昇顧客保留率、終身價值等。

以下以電子商務網站來說明顧客關係管理的實施過程。須注意的是，電子商務網站的一些功能，也可能包含銷售及顧客服務。

二、電子商務網站

(一) 電子商務網站系統架構

從系統元件的角度而言，電子商務網站屬於顧客關係管理的分析工具子系統，其主要的構成元件為伺服器、瀏覽器以及中介軟體：

1. **伺服器**：屬於網站伺服端的軟體，包含網站伺服器與應用伺服器，網站伺服器主要功能在於回應使用者對於 HTML 或 XML 網頁的請求，例如微軟公司的 Micorosoft、Internet Informatation Servier（IIS）便是網站伺服器。應用伺服器則用以協助網站各項功能之實現，諸如郵件伺服器、聊天伺服器、影音伺服器、廣告伺服器、拍賣伺服器等。
2. **瀏覽器**：屬於顧客端的軟體，用以協助使用者提出對伺服器提供服務的要求，目前微軟的 Explorer 為典型的瀏覽器。
3. **中介軟體**：網站資料主要是以 HTML 或 XML 的格式儲存，但企業原有的資料庫，則可能以其他格式（如 DB2、Oracle）來儲存，因此，欲透過網站來取得企業內部資料，需要有轉換格式之功能，該轉換之軟體稱為中介軟體（Middleware）。

電子商務網路主要是運用網際網路中的全球資訊網（World Wide Web, WWW）服務，建構一個具有查詢（型錄）、交易（下單、付款）、自助服務、雙向討論等功能的網站，以便進行企業對企業（B2B）、企業對顧客（B2C）、甚至顧客之間（C2C）的商務活動。

電子商務較為狹窄的定義是運用電子媒體與企業外界（如顧客、供應商等）之間的商務往來。所謂商務之往來指的便是交易前的查詢、交易進行以及交易後的售後服務等工作，這些商務之往來，就是代表企業與顧客之間某種程度的關係。

(二) 電子商務網站系統功能

由於電子商務技術的發達，透過網站進行顧客關係管理也演變成重要的趨勢，其最主要的訴求是透過網站可以與顧客進行一對一的接觸。欲與顧客進行一對一的接觸，其基本的條件就是能夠辨識每一個顧客，也就是能夠記住每一個顧客及其個別的特質。這需要處理大量的資料，而電子商務的頻寬、處理速度、多媒體的處理介面以及連通性等特質，讓一對一的顧客關係管理變得可行。

在透過網站與顧客進行互動的過程中，其模式仍然可以依據顧客的決策過程來建立，也就是顧客從知識、了解、評估、下單、收件、售後服務、訴怨等流程，每一個活動均可能透過網站與企業進行互動。典型的互動項目包含吸引顧客、產品建議、個人化促銷、下單與付款、自動服務、意見反應、以及社群討論等，分別說明如下（以下功能也可能包含銷售功能，例如產品建議；也可能包含顧客服務功能，例如自動服務）：

1. **吸引顧客**：企業透過登錄搜尋引擎、網路廣告、名片或產品包裝加印網址等方式，可以讓顧客知道本網站，也可透過網站活動或是主動以 E-mail 通知等方式來吸引顧客。光吸引顧客仍是不夠的，需要有良好的網站設計以及具競爭性的產品、服務或資訊，方能留住顧客。
2. **產品建議**：對顧客進行客觀、專業、深入的產品解釋及建議，對顧客而言是一個重要的服務，這種建議越專業、越個人化，則顧客心動的機率也越高。在網站上提供此項服務是重要的顧客關係管理手段，目前有許多更專業、更智慧的軟體來協助顧客，稱為智慧代理人（Intelligent Agent）。
3. **個人化促銷**：所謂個人化促銷乃是依據顧客的個別需求，採取特定的促銷手法。顧客的個別需求乃是由顧客的基本資料、偏好資料、交易資料分析而得，根據特定需求，提供滿足該需求的促銷手法，較能打動顧客的心。例如亞馬遜網站，能夠由顧客的購書紀錄，了解每個顧客常購買的書類，當該顧客一上亞馬遜的網站，網站上立刻出現該類書籍的廣告。
4. **下單與付款**：提供下單功能的網站技術稱為購物車，顧客能夠在網站下單，便能感受到方便性，若能夠在網路上付款，更是便利（當然需要考量安全性）。
5. **自助服務**：透過網路分享自助服務的類型包含 FAQ 的查詢服務、軟體下載等資訊分享以及可數位化的安裝維修服務等。在技術的支援之下，這些服務可以設計得很個人化，而且介面相當友善，對於顧客造成相當多的方便性，當然其滿意度與忠誠度也隨之提升。
6. **意見反應**：透過網站上的留言版以及 E-mail 信箱，可以讓顧客有充分反應意見的管道，當然意見有正面的、負面的，均需要妥善加以處理，所提供的資料也需加以妥善運用，因此除了資訊技術之外，有關意見回應、抱怨處理等流程，也都是顧客關係管理系統的重要元件。
7. **網路社群**：電子商務可以提供顧客對顧客交談的社群功能，提供不同主題的社群討論。網路社群可以讓顧客在線上的時間較久，而且社群中所蘊涵的資訊更是豐富，不但可了解顧客的需求、顧客的抱怨，可為產品服務設計的依據，更有許多的專業知識在此產生。

其次，物流的配合是電子商務網站非常重要的條件，網路商店不但在產品來源與品質方面，需有適當的夥伴配合；在物流方面，也需要有配送的策略夥伴。這在顧客關係管理策略擬定時均需加以考量。

NEWS報 7——梭夢創意

梭夢創意股份有限公司建立「府城新職人布品文化創生平臺」（www.goodotn.com），大量媒合多元能力與技術之業者，使不同的業別間獲得相互交流與合作的機會，並導入在地文史工作者，與傳統布生產商、設計師進行共同企劃，以生產出具有文化歷史特色之產品。

此外，平臺亦加入「徵選」與「評選投票」之機制，除了提供平臺的設計師進行投稿之外，也開放機會給具有文創設計才能的在學學生，可以在資金與實務經驗不足之下，踏足商業領域，加速創業腳步。藉由徵選與投票機制，可以了解即時市場需求與消費者喜好，傳統布生產商可以調整生產策略，降低滯銷風險，設計師也能修正布品設計，推出兼具文化價值與商業利益的產品。

「府城新職人布品文化創生平臺」除了建構新型態的布業商業模式之外，也為布職人安排布產業知識與技術、文史、商業經營之業師，提供諮詢、輔導和課程，諸如染整與塗佈技術、臺南布產業史、商品企劃、數位管理與工具等，希望可以為布職人帶來技術與文化的提升。

資料來源：職人平台進駐，布藝榮耀再現府城。蘇文玲總編輯（2020），城鄉創生 魅力台灣 2，第一版，臺北市：經濟部中小企業處，pp. 154-157

三、社群媒體粉絲頁經營

社群經營主要的目的是能夠與消費者或會員有更多、更深入的互動，同時也希望提供更豐富的體驗。社群經營主要有兩種型式，一是在自己的官網提供社群功能，例如意見箱、留言版、論壇、聊天室等。社群運作的過程中，透過分享、知識傳遞、討論等方式，達到社會、娛樂、心理及商業實質效益等效果，分享、知識傳遞、討論等方式越有效，社群效果越大。

NEWS報 8——TOYOTA

社交媒體已成為行銷與客戶關係的完善工具，物聯網更讓產品可自動產生貼文、分享內容以及位置資訊，協助打造一個以公司產品為主的使用者線上社群，行銷人員也能在此取得實用的回饋，瞭解用戶意見走向。Toyota 精心打造 Toyota Friend 平臺，在連結裝置與社交網路方面領先其他同業。該平臺採用 Salesforce Platform 所打造，讓 Toyota 的汽車都能使用社交網路來與車主通訊，例如在必須進行汽車保養時發出提醒。該平臺也為 Toyota 車主及其愛車提供專屬的社交網路社群，因為這項技術，Toyota 得以更進一步發展客戶關係，並更深入瞭解自家汽車的生命週期。

資料來源：Salesforce，什麼是物聯網（IoT）？，2022.8.22

另一種是運用社群媒體平臺經營社群，例如 @LINE、臉書及 IG 社團或粉絲頁等。

社群媒體是運用資訊科技來支援使用者在網絡上分享內容的媒體，社群媒體能讓一群人透過共同興趣連結起來形成社群。社群媒體的分類包含協同專案型（如維基百科、開源軟體等）、部落格和微型部落格（如痞克幫、推特、微博等）、內容社群（如 YouTube、IG 等）、社交網站（如臉書、LINE 等）。

粉絲頁經營雖無固定步驟可循，但仍有一些原則可參考。以臉書為例，提供粉絲頁（Pages）及社團（Group）兩種社群，粉絲頁無特定對象，如果你是想推廣知名度、建立品牌形象、長期和廣大粉絲互動，經營 FB 粉絲專頁較適當；社團比較具有隱私、規則性、向心力強的特性，主要目的若偏向同好交流、特定族群經營，建立 FB 社團較適合。

建立粉絲專頁首先要了解你的目標受眾（Target Audience），包含人口統計變數（年齡、性別、居住地、教育、職業等）、興趣（關注的、有興趣的議題）及需求。同時也需要注意目標受眾與本身主題、內容相匹配。

粉絲頁經營的目標主要有以下幾點：

1. **吸引粉絲**：類似開拓新客源的概念，能夠吸引粉絲加入，欲了解吸引粉絲的狀況，可以用按讚數、追蹤數、造訪頻率等指標來測量。吸引粉絲重要的目的之一，也是要蒐集名單，做為後續聯繫、行銷的依據。

2. **增加黏度**：也就是增加粉絲在社群裡的互動，包含互動時間、留言狀況等，黏度就是忠誠度或是社群意識，可以用品牌意識、深度連結、互動次數、內容轉載等指標來測量。
3. **提升品牌知名度**：也就是提升大眾對品牌或產品服務的認識，可以用觸及人數、互動比率來衡量。
4. **促成交易**：社群經營最終目的是要促成交易，但經營過程又不能太過交易導向，這也需要做好拿捏，當然銷售訂單就是最直接的績效指標，包含銷售數量、金額、利潤及其成長率。

粉絲頁的經營也有一些原則可以參考：

1. **主題與核心價值**：要有明確的風格以及注意核心價值（社群或商品之核心價值），要搭配目標受眾的需求。
2. **發布貼文**：貼文的形式（文字、相片 / 影片、相簿、相片輪播、輕影片）、內容、布局、貼文時間安排都需要注意。
3. **粉絲互動**：與粉絲互動需注意自己風格的一致性，對粉絲留言要及時回應，也要適當的舉辦一些活動來搭配。粉絲頁的設計，也需要友善，例如適當的 CTA（Call to Action）按鈕等。
4. **粉絲頁行銷**：針對粉絲專頁也需要採取一些行銷手法，以提升粉絲頁經營績效，例如廣告、直播、外連至其他粉絲專頁等。
5. **資料分析**：需要定期或不定期進行資料分析，包含按讚、瀏覽、貼文、用戶等分析，社群平臺都有提供分析功能，便於了解粉絲狀況。

粉絲頁的經營可以節省不少成本，但是顧客名單終究掌握在媒體平臺身上，長久之計還是要回到本身的會員經營（請參閱第九章）。

NEWS 報 9——Nike

Nike 直營店 Nike Life，與大型店面 Nike Rise 比起來，面積只有其 150 坪的四分之一，而且門市常落腳於從沒插旗的地方鄰里社區。小型實體店，正是它力推會員制，牢牢黏住粉絲的最新行動，不只可以線上訂鞋門市取貨，在試穿內衣時也有一對一專屬服務。鞋子陳列架旁是個仿造吧台的空間，可以坐下來諮詢穿搭的疑難雜症。商品每兩週就根據當地需求更換一次，更替速度比過去快兩倍，就算常來逛也不厭倦。出色的會員制，讓 Nike 躋身最懂圈粉的服飾品牌，2021 年全球會員突破三億人，比三年前成長兩倍，活躍會員數也超過七千九百萬人。

而小型實體店專為會員量身訂制，也凸顯了 Nkie 正依循著新零售「人、場、貨」的邏輯，進一步深化品牌與會員之間長長久久的關係。「人」就是將會員擺第一，一改過去商品賣出後就形同結束關係的做法，將深度價值提供給顧客；「貨」就是除了根據會員需求提供商品，也不吝以 App 推出運動最需要的客製化課程，維持會員加入後的參與度，讓他們對品牌黏緊緊；「場」就是善用大數據，透過手機 App 抓取會員的產品喜好與位置，做為開設實體店面的依據，Nike 會分析會員的購物偏好，使用健身與跑步 App 的數據，當會員使用 App 購物時，會依照推薦順序列出產品，會員也可以客製化鞋款。

資料來源：Nike 開實體店卻賣起麵包？三億會員圈粉數大破解，商業週刊，1783 期，2022.1

四、電子商務網站與社群媒體的知識管理與創新

在各項互動過程中，所牽涉的知識管理與創意活動，有下列事項：

1. 與前述的客服中心與銷售自動化相同，顧客資料、產品資料、交易資料，也是電子商務網站的主要資料內涵。對於了解需求、推測顧客行為、分析績效等均功不可沒。
2. FAQ 的相關知識也是重要的，而且在網站上有更親切的介面、與更彈性的運用方式。
3. 意見反映與抱怨處理的知識運作方式相仿。
4. 網路社群中，有許多的顧客需求、對產品的意見、產品專業知識、對公司的意見、內心的不滿與抱怨等資料，其中的知識內容非常豐富，但是要加以整理分析，實屬不易，需要知識管理學者更進一步的努力。

在創新方面，電子商務本身就是一種技術創新，若欲提供顧客更為個人化的服務，或為顧客創造更多的價值，則需要更深入了解顧客需求，並配合良好創意，運用網路技術來設計具創新且競爭力的互助方案。例如前述的專家線上諮詢，提供互動性更高、知識性更豐富或是更貼心的服務，均有待於

創新的互動方案，同時也需要更創新的技術，例如結合人工智慧（AI）技術等。

其次社群經營也是重要的創新趨勢，在官網上面可以做社群經營，也可以在社群平臺經營紛絲頁。

NEWS報10——馬自達

2018年九月，在日本靜岡縣小山町的「富士賽道」，有五千位馬自達車主及粉絲舉辦了活動，兩百名馬自達員工（其中大多數為工程師）參加了這項活動。與粉絲的互動，馬自達的技術可以獲得許多啟發，進而一起創造汽車。最具「共創」象徵的汽車，就是2015年上市的雙人敞篷車「MX-5」，在上市前一年，粉絲就參加了非官方活動，公開了底盤。後來的完成車，也在眾多粉絲參與下，首度向全世界發表，在正式銷售前，就聽取粉絲的聲音。

資料來源：雀巢、馬自達也愛的業績翻升密技，聽八位讀者聊，日雜躍升龍頭，商業周刊1620期2018.11，pp. 90-92

顧客焦點

中友百貨用服務達成「快適生活的提案者」

中友百貨 1992 年四月三十日於臺中市三民路開幕，其經營 Know-How 取自日本東京銀座、擁有百年歷史的松屋百貨，特別重視在服務理念的落實。

中友百貨自 1992 年開幕以來，即以「快適生活的提案者」自我期許，提供消費者購物與休憩的舒適園地。透過每年一到兩次的賣場改裝，更將這個理念充分展現。中友百貨帶給消費者更為精緻、豐富、知性、感性兼具的新風貌，打造一個夢想起飛的百貨新樂園。除了一般的服務項目之外，中友百貨也提供業界少有的親子廁所、多功能廁所、集哺乳室等，更顯現無微不至、深入人心的服務。此外，中友百貨更提供許多貼心的服務。包含 Wi-Fi Free、服務臺、顧客諮詢服務站（數個樓層）、投幣式置物櫃與行李櫃、自動提款機、外籍旅客退稅服務、修改室、尿布臺、無障礙廁所等。

在遠見雜誌所舉辦的神秘客嚴選的服務業活動中，中友百貨自 2017 年以來已經連續兩年獲得百貨業／購物中心類的冠軍。總經理李季庭接受訪問時指出，其中的關鍵就是在於落實，落實在 26 年前成立時就已經建立的服務文化。

由於百貨的同質性太高，唯有服務才能突圍。但是百貨業想做好服務很難，因為專櫃人員的人數是自有員工的三倍，領的卻是廠商的薪水；而保全、清潔人員皆是外包。但是只要服務不好，全都算在中友百貨身上。

因此，中友百貨一開幕就設立「顧客服務中心」，再由每個單位推派一人擔任服務委員，組織「服務委員會」，每月舉辦一次「服務促進會」，讓服務理念開枝散葉。

除了體制內員工要參加「新進訓」之外，專櫃員工也得定期接受「服務訓」，清潔和保全人員則是每季一次，凝聚共識。

從 2008 年開始，顧客服務中心每季會設定服務主題，推出服務季報，利用每天晨會宣導。同時每月會派自聘的神秘客至專櫃突擊檢查，不合格者下個月須重新檢測。

目前最傷腦筋的問題是櫃姐滑手機，深入了解時，櫃姐總是解釋是用 LINE 傳商品給客人看，但是看在客人的眼裡就是不專業，這需要花很大的功夫，說服櫃姐，才能理解與改變。

面臨網路店商排山倒海而來，各種通路瓜分市場，2017 年中有營收縱然減少了 1%，但來客數並沒有減少，靠的就是服務，服務是千年不敗的關鍵。

資料來源：台式服務無懈可擊，神秘客嚴選，19 家業態冠軍的致勝新法，遠見雜誌 2018.12，pp. 94-95；中友百貨網站，2019.8.8

中友百貨為了提升服務，採用了許多顧客服務的設計，這些服務包含有哪些創新及知識管理的成份？

本章習題

一、選擇題

(　　) 1. 下列哪一項不是顧客關係管理運作循環的要素？

(A) 顧客關係管理實施　(B) 知識管理
(C) 創新　(D) 受理申訴

(　　) 2. 顧客抱怨處理是屬於哪一類的顧客互動？

(A) 銷售　(B) 行銷
(C) 顧客服務　(D) 忠誠度方案

(　　) 3. 下列哪一項不是被動是客服中心的主要任務？

(A) 促銷活動　(B) 受理訂貨
(C) 受理詢問　(D) 受理申訴

(　　) 4. 企業製作的常見答問集最常應用於客服中心的哪一項任務？

(A) 促銷活動　(B) 市場調查
(C) 受理詢問　(D) 受理申訴

(　　) 5. 針對客服中心設計出與顧客互動式的諮詢，讓顧客獲得更多的協助，強化顧客關係，這應該是屬於哪一種創新？

(A) 價值創新　(B) 介面創新
(C) 產品創新　(D) 流程創新

(　　) 6. 銷售任務的安排是屬於下列哪一項銷售自動化的活動內容？

(A) 業務活動的支援　(B) 溝通協調之促進
(C) 銷售管理活動的支援　(D) 以上皆非

(　　) 7. 下列哪一項活動不是屬於銷售流程的內容？

(A) 決定採用說服型的銷售　(B) 銷售前準備
(C) 銷售開場　(D) 銷售後追蹤

(　　) 8. 下列哪一項互動屬於電子商務網站應用於顧客關係管理的相關互動？

(A) 個人化促銷　(B) 自助服務
(C) 網路社群　(D) 以上皆是

(　　) 9. 常見答問集（FAQ）常用於下列哪一項電子商務網站的顧客互動？

(A) 個人化促銷　(B) 自助服務

(C) 產品建議　(D) 吸引顧客

二、問題與討論

1. 何謂顧客關係管理的運作循環？
2. 客服中心的主要功能為何？
3. 客服中心的實施與知識管理及方案創新有何關係？
4. 銷售自動化的功能為何？
5. 銷售自動化的實施與知識管理及方案創新有何關係？
6. 電子商務網站的主要功能為何？
7. 粉絲頁經營的目標有哪些？
8. 電子商務網站的實施與知識管理及方案創新有何關係？

三、實作習題

【客情維繫】

說明： 業務人員想針對把握度高，成交可能性低的客戶進行顧客互動，以提升成交或維持關係。

1. 進入「客情維繫管理模組」選擇「案例管理」。
2. 在「快速案例查詢」畫面，把握度 [J]：60% ～ 100%，案例等級代號 [K]：D、E、F 級客戶（A 至 F 等級是依據成交可能性高低排列），按「查詢」，請列出合乎條件之客戶名單。
3. 針對上述客戶名單（資訊），請問您如何與顧客互動？
4. 若條件改為把握度 [J]：0% ～ 60%，案例等級代號 [K]：A、B 級客戶（A 至 F 等級是依據成交可能性高低排列），按「查詢」，請列出合乎條件之客戶名單。請問您與顧客互動方式有否因而不同？

本章摘要

1. 常見的顧客關係管理實施方式為客服中心、銷售自動化、與電子商務網站。顧客關係管理的實施過程乃依據顧客關係管理的架構，以產品服務及互動流程為核心，以分析工具為支援，透過互動介面與顧客進行互動。
2. 顧客關係管理實施過程牽涉到知識管理與創新，三者構成顧客關係管理運作循環，使得在顧客關係管理基礎架構之下，互動方案不斷精進，顧客關係亦有所改善。
3. 客服中心主要的互動流程包含受理訂貨、受理詢問、受理申訴等三大類的顧客服務（Inbound），以及促銷活動與市場調查兩大行銷活動（Outbound）。
4. 銷售自動化乃是銷售的準備階段、銷售開場、產品建議、締約成交等核心互動流程為基礎，透過自動化技術的協助，與顧客進行銷售互動。
5. 電子商務網站與顧客互動流程包含吸引顧客、產品建議、個人化促銷、下單與付款、自動服務、意見反應、網路社群等。
6. 粉絲頁經營的目標包含吸引粉絲、增加黏度、提升品牌知名度及促成交易等。

參考文獻

1. 王怡棻譯（民 100），雷馬斯瓦米、高哈特合著，共同創造到底多厲害？，初版，臺北市：商周出版：城邦文化發行。
2. 邱振儒譯（民 88），顧客關係管理：創造企業與客戶重複互動的客戶聯結技術，初版，臺北市：商業周刊出版：城邦文化發行。
3. 野口吉昭（民 90），顧客關係管理戰略執行手冊，遠擎。

Chapter 13

顧客知識管理

學習目標

- 了解顧客知識的分類及其處理過程。
- 了解顧客知識的應用方式。
- 了解有效建立顧客知識管理系統的步驟及方法。

前言

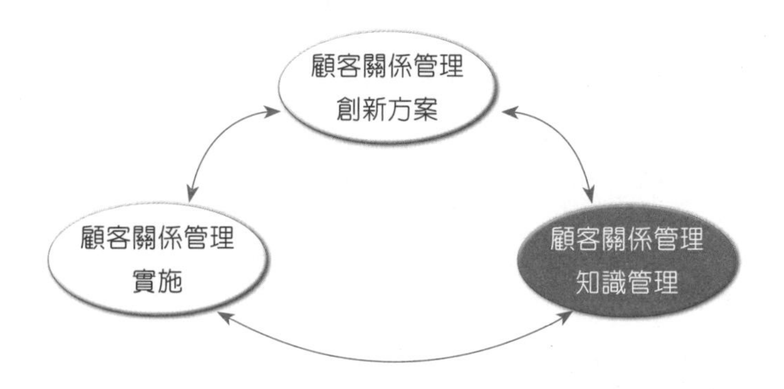

顧客關係管理的基本流程是界定顧客、區隔顧客、客製化的互動，經由前述的章節，在顧客關係管理的策略面，已經完成了界定顧客與區隔顧客的工作。同時，顧客互動的基礎建設也經由顧客關係管理系統發展的過程建立完畢，接下來的動作便是在顧客關係管理系統的支援之下，持續不斷地與顧客進行個人化的互動。這需要有不斷的個人化互動方案的產生，再透過系統的互動介面來達成。個人化互動方案的產生，是一個高度創意的工作，而且創意來自於對個別顧客的深入了解。對顧客特性的深入描述稱之為顧客知識，能夠將顧客知識轉換為有效的顧客互動方案為顧客關係管理持續運作的關鍵成功因素之一。也就是說，如何蒐集顧客知識，如何由顧客知識中萃取出有用的結果，如何將該結果轉換為有效的顧客方案，實為重要的課題，也是本章討論的重點。

企業觀測站

中華航空（China Airlines），簡稱華航，於1959年由中華民國政府為首出資創辦，1993年2月26日股票掛牌上市，是臺灣規模最大的民用航空業者，以經營國際客運和貨運航線為主，其中貨運排名全球前十大，航點遍佈亞洲、大洋洲、中東、歐洲和北美洲。其總部與主要轉運中心設於桃園國際機場，在臺灣各大國際機場均有營運定期航班。華航是臺灣第一家取得IOSA認證的航空公司，2015～2018Airline Rating最高安全評價七顆星等級。服務的便利性方面，已提供e-Checking、e-Shopping等服務，而華航也著重於美學、文化等飛行體驗。其子公司華信航空則經營國內航線與亞洲區域航線。

中華航空臺北客服中心扮演旅客與公司間之橋樑，無論旅客有任何需求或問題，均以客服中心為單一連絡入口。早前客服中心引進「客服佈告欄（CSCC）」系統，在資訊量快速增加之後，客服人員在系統查找資料相當耗時或查詢不到，造成旅客因等待時間長而抱怨連連。

為了客服中心服務效率與品質，中華航空公司開始著手規劃，導入客戶服務中心知識管理系統。經過長時間謹慎而嚴格的評選，中華航空選擇了碩網資訊的 SmartKMS 知識管理系統，搭配鼎新電腦的 e 化導入團隊。

SmartKMS 知識管理系統結合頂尖的雲端運算技術架構，以及 SoLoMo（Social、Local、Mobile）與 BYOD（Bring Your Own Device）的最新資訊科技發展趨勢，提供以人為核心的新一代行動知識分享平臺，協助企業蒐集內、外部知識，加強即時應變能力，提高決策的速度與品質，大幅提昇工作者與管理者之作業效率。讓導入客戶透過行動網路快速掌握正確訊息，做出關鍵決策，成為領航大數據知識管理新風貌且具競爭力的永續企業。

中華航空導入 SmartKMS 系統之後，藉由其強大的知識搜尋、回饋、知識演進（版本）管理、知識編輯、審核發佈、查詢使用、統計分析等功能，使客服中心的知識資產有效活化，將可加快客服人員的資料查找效率、縮短旅客問題之處理與等待時間，使客服人員可以服務更多旅客，同時強化服務品質、提升顧客滿意度。

資料來源：航空產業知識管理標竿 -SmartKMS 在客服領域應用再創典範，碩網科技網站，2019.8.12；中華航空網站，2022.8.18；中華航空「企業簡介影片」，2019.3.7

提示

本個案可知中華航空客服中心導入 SmartKMS 系統的過程，以及該系統協助蒐集、創造、處理及應用那些知識，以提升客服中心服務品質。

13-1 知識管理基本概念

一、知識分類

從知識處理的流程而言，知識由蒐集（或創造）、分類整理、儲存、傳佈、取得乃至知識的應用，以便創造價值。知識類型分為內隱知識（Tacit Knowledge）與外顯知識（Explicit Knowledge），「內隱知識」是指高度內隱專業的且個人化，是無法用文字描述的經驗知識，且是不容易文件化與標準化的獨特性知識，所以不易形成與溝通，必須經由人際互動才能產生共識。而「外顯知識」是能以形式、系統語言，如外顯事實、公理、標示被傳播的，它能以參考手冊、電腦程式、訓練工具等被編撰且清楚表達，因此，顯性的知識可以自知識庫中直接複製使用，其特點是與人分離。

二、知識處理流程

知識處理是一個複雜的過程。可能包含解釋，亦即賦予所蒐集訊息之意義；可能包含學習，亦即由現有知識加以推論衍生，而增加更多知識的過程；可能包含創造，亦即透過思考、實驗等方法，找出新知識；也可能包含分享或整合，亦即將不同人員的知識加以整合或共同使用。知識需要創造或取得，其最終目的是要有效運用，而知識分類知識分享與傳播等，均為知識的有效運用而設。因此，我們將企業內部知識處理流程區分為知識創造、知識分類與儲存、知識分享與移轉、知識應用等步驟，如圖 13-1 所示，分別說明如下：

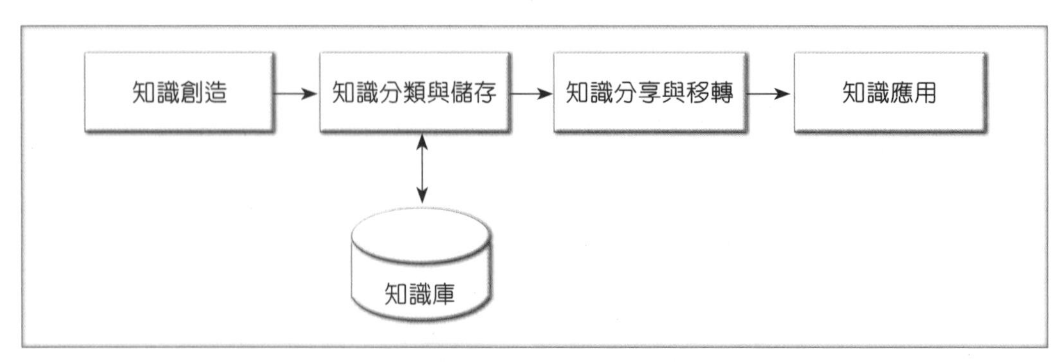

圖 13-1 知識處理流程

(一) 知識創造

NEWS報 1——松下麵包機

松下的家用麵包機在一九八七年問市，是第一台全自動的、供家庭使用的麵包機。它不僅可以自動地揉麵、發酵和烘焙麵包，做出來的麵包品質更可以和職業麵包師傅相比。它具體融合了大麵包師傅的技巧，卻又易於操作。由於它巧妙地掌握了以往只有麵包師傅才有的內隱揉麵過程，因而可以利用電機科技製造出品質一致的產品。使用的技術包括電子鍋的電腦控制加熱系統、食物處理機的馬達，以及鐵板燒的加熱設計。知識創造方面，領導小組成員之間透過經驗分享把產品觀念外化為特定的產品特質並組合成原型。小組成員的內隱知識配合消費者的需要外化為「一旦放進各種材料後，機器必須能夠自動地揉麵、發酵和烘焙麵包」。規劃小組到美國去觀察美國人日常生活的趨勢，結合生活型態與美味和營養的知識。此外，小組成員向傳統麵包師傅學習揉麵與烘焙技術，透過做中學將技術內化。

資料來源：改寫自：楊子江、王美音、李仁芳譯，民86

知識創造指的是知識的蒐集、取得、創造，由外部取得知識重要的做法包含收購、策略聯盟、外包等。組織內部個人或群體透過創意、實驗、討論、訓練等方式開創新知識。

1. **社會化（Socialization）**：社會化指內隱知識的共有化，獲得內隱知識的關鍵在於經驗。團隊成員討論組織文化相關議題時可能進行社會化處理，包含心智模式和技術性技巧的分享，通常透過分享經驗而達到創造內隱知識的過程。例如學徒即是透過觀察、模仿和練習來學習大師的技藝，而非透過語言。一般而言，利用非正式的會議，設計輕鬆無壓力的氣氛（例如用餐、喝酒、泡溫泉）均為社會化較有效的方法。
2. **外化（Externalization）**：外化是將內隱知識明白表達為外顯觀念的過程。內隱知識透過隱喻、類比、觀念、假設或模式表達出來。例如將抽象的願景、產品概念或顧客需求，透過外化方法而得到具體的規格。又例如環保節能概念轉為節省耗電量、減少一氧化碳排放等。

3. **結合（Combination）**：結合是將觀念加以系統化而形成知識體系的過程。學校內的正規教育或訓練多半採用此種形式。例如產品概念或顧客需求等知識與高階層的企業願景結合，並賦予新的意義，就是知識的結合模式。而組織內部的知識（例如技術、流程）與外部的知識（例如顧客需求）加以結合，以便產生新的產品設計或顧客互動方案，也是典型的知識結合模式。
4. **內化（Internalization）**：內化是運用外顯知識的學習而產生新的內隱知識的過程。內化和「做中學」息息相關。例如運用故事來傳達知識，或將其製作成文件手冊，讓知識接受者深入體會，將有助於將外顯的知識轉換成內隱知識。

(二) 知識分類與儲存

知識的來源可能是內部的員工、團隊或工作，也可能來自外部顧客、供應商、合作伙伴、顧問公司、調查機制、學術單位、專家、網路等。知識也可以按照專業領域來分類，例如技術知識、市場知識等，或依據流程分類，例如問題、原因、解案之知識。組織應該界定本身在各種來源存在哪些知識、需要哪些知識、並加以分類，以利知識的儲存、搜尋與取得的工作，其要素包含取得的容易程度、客製化程度、權限等。

(三) 知識分享與移轉

指的是將知識傳遞給所需的人，包含對象的決定、移轉的內容、移轉的方式等。知識的分享指的是組織員工或團隊，在組織內或組織間，彼此透過各種管道（例如討論、網路、知識庫）交換、討論知識、擴大知識的利用價值或產生綜效。知識移轉與分享的意思相仿，但強調由組織主導、正式的、明確的對象（提供者與接收者）（林東清，民 92）。

(四) 知識應用

指的是知識與使用者本身工作（如決策制定、問題解決、工作流程等）結合，以產生效果，其中知識的潛力、使用時的方式、對知識的解釋等均為考量要素。

13-2 顧客知識的蒐集與分析

NEWS 報 2——沃爾瑪

1969 年沃爾瑪開始使用電腦來追蹤存貨，1983 年所有門市開始採用條碼掃描系統，1987 年完成內部衛星系統，彙整全美各分店的即時資料，藉此分析顧客的購買行為。1988 年啤酒和尿布這兩件毫無關聯性的商品，銷售數字確有著難以理解的高度正相關。沃爾瑪發現了這個獨特的現象，開始在賣場嘗試將啤酒與尿布擺放在相同的區域，讓年輕爸爸可以同時找到這兩件商品，並且很快地完成購物。調整之後，結果尿布和啤酒的銷售量雙雙增加三成。

資料來源：胡世忠著，民 102

一、顧客知識分類

顧客關係管理知識是顧客關係管理運作過程所需之知識，包含顧客知識、市場知識、產品知識、財務知識等，而顧客知識則專指有關顧客特徵、購買行為、背景脈絡等知識。

顧客關係管理知識可以知識的個體或所依附的企業功能來分類，區分為產品知識、製程知識、流程知識、顧客知識、市場或競爭者知識等。其次，顧客關係管理亦可以問題與解案來加以分類，一般而言，可區分為問題、原因、解答（或對策）等三大類。亦可再配合上述功能性分類加以細分，例如製程的問題、原因、解答相關知識，以及某產品或技術相關的問題、原因及解答等。第三，知識亦可以依據其嚴謹的程度來區分，嚴謹度代表溝通容易與否的程度，例如內隱相對於外顯、隱藏相對於揭露、現有知識相對於預測知識等。最後，知識亦可配合管理的績效指標來分類，例如可滿足技術指標、新產品指標、顧客滿意度指標等相關的知識。知識的妥善分類為知識有效累積儲存、傳播、及運用的基礎，也是建立多維度知識架構的依據。

從知識被使用的類型來說，顧客知識主要分為三類，即顧客所需知識（Knowledge for Customer）、有關顧客的知識（Knowledge about Customer）、來自顧客的知識（Knowledge from Customer）（Khodakarami and Chan, 2014）。

1. **顧客所需知識**：就是提供給顧客的「顧客所需要的知識」，例如如產品、服務、製程、流程知識等。企業本身若能有效整理相關知識來提供給顧客，便可增加顧客購買意願。
2. **有關顧客的知識**：即與顧客背景、動機、偏好相關的知識，例如運用 Data Mining 等方式進行萃取所得到的知識。企業運用此項知識來了解需求，提供產品服務解案或是用以設計是當的互動方案。

   有關顧客的知識包含：

   (1) 基本資料：如顧客屬性、顧客偏好（興趣、喜好、習慣）、生活型態等。

   (2) 交易資料：包含顧客購買行為規則、顧客購買額度等。

   (3) 顧客需求：指的是顧客對產品、服務或解決問題之需求，也包含顧客對互動之需求、顧客情感需求等。
3. **來自顧客的知識**：指的是顧客所具有的產品、服務及競爭者的相關知識。

二、顧客知識創造

就顧客知識而言，企業分享「顧客導向」的企業文化、顧客至上的使命或是尊重顧客的價值觀，均牽涉到知識社會化的過程。而提出顧客互動方案時，可能需要整合由資料採礦所得的顧客行為規則、企業內部資源與能力、外部的技術解案等知識，這是知識結合的例子。至於技術服務或客服人員仔細閱讀顧客抱怨的內容，反覆思量，而逐漸深入體會顧客抱怨時的心境，這是知識內化的過程。

由上述例子可知，有關顧客關係管理的知識其社會化、外化、結合、內化的轉換過程，均可能創造知識，包含外顯與內隱知識。

三、顧客知識蒐集

NEWS報 3——哈雷機車

若要建立有關保險客戶的客戶知識，就必須進入買方的內心深處，並發掘那些客戶未曾言明，但足以影響客戶決定購買的潛在價值與需求。人種誌（Ethnography）是哈雷機車建立客戶知識的一種方法，他們根據客戶所共同擁有的特質與對產品價值抱持的看法，來建立客戶知識。哈雷機車聘請了兩位人種學家，針對哈雷次文化進行田野調查，最後以產品及行銷的角度解釋調查發現的結果。他們發現，70% 以上的哈雷騎士具有高中以上或更高的教育程度，大多數為已婚者，而且幾乎有半數的人育有子女，年平均收入超過六萬美元。

資料來源：邱振儒譯，民 88，pp. 124

顧客資料不會自己找上門來，必須主動加以蒐集，然而蒐集資料的成本卻相當的高，故不能漫無目的地蒐集，必須有所取捨、篩選。因此，企業應該先建立起本身的知識架構，再依據該知識架構，從各種可能的資料來源中蒐集資料，而且資料的蒐集也並非一日完成，而是逐漸累積而得的。

知識的架構可以參考本書第六章的資料倉儲，它是一個多維度的資料架構，該架構包含了顧客、銷售、產品、時間、地理區等主題，做為各種互動方案所需的分析構面。資料倉儲分析的方式包含「線上分析處理」及「資料採礦」。一般而言，我們可以稱線上分析處理所得分析結果為「資訊」，資料採礦所得分析結果為「知識」，就電腦系統的資料處理而言，也不一定有如此區分的必要。

在上述的知識構面基礎下，便可開始蒐集顧客資料，顧客資料的內容包含：

1. **基本資料**：指的是顧客的年齡、性別、職業等基本資料，基本資料主要是從會員卡來蒐集，包含書面的會員卡申請，或網站的會員申請表的填寫等。基本資料也包含顧客的偏好，包含興趣、喜好、習慣等，甚至包含其家庭成員以及生活型態等。這種資料主要是要透過與顧客的聯絡才能得知，也包含訪談或問卷調查的結果，這種資料的蒐集最為困難，也由於資料的特性，不容易加以整理及整合。

2. **交易資料**：指的是顧客的購買記錄，記錄某位顧客在何時、何地、購買某個數量的某種產品。交易資料也包含顧客購買行為之資料，如購買量、成本與利潤、購買動機、購買或使用之感受等。交易資料主要來自於 POS 系統的蒐集，為了要蒐集交易資料，需要採用各蒐集媒介。例如，利用收銀機來讀取會員卡資料再輸入商品條碼；在遊樂場可以運用儲值卡的方式能蒐集到顧客消費狀況的資料。

3. **顧客需求**：指的是顧客對產品或服務的需求、對體驗或互動的需求、對解決自己問題或達成目標的需求等。可能透過觀察、調查、焦點團體等方式蒐集之。

顧客知識的取得方式包含了互動（或對話）、觀察與預測（邱振儒譯，民 88），顧客互動的蒐集管道，包含面對面的洽談、文件的傳輸、收銀機、網站登錄、網頁紀錄、網路社群以及信用卡或智慧卡等。也可能透過觀察顧客使用產品或服務的行為，或是藉由分析模式以預測顧客或為有用的知識。這些不同管道蒐集的資料需要加以彙整才能發揮其功效，如何構成一個整合的資料庫，對企業而言，的確是一大挑戰。

顧客關係管理相關的知識來源主要有三個構面，一為顧客接觸點，一為其他外部來源，一為內部來源，如圖 13-2 所示。

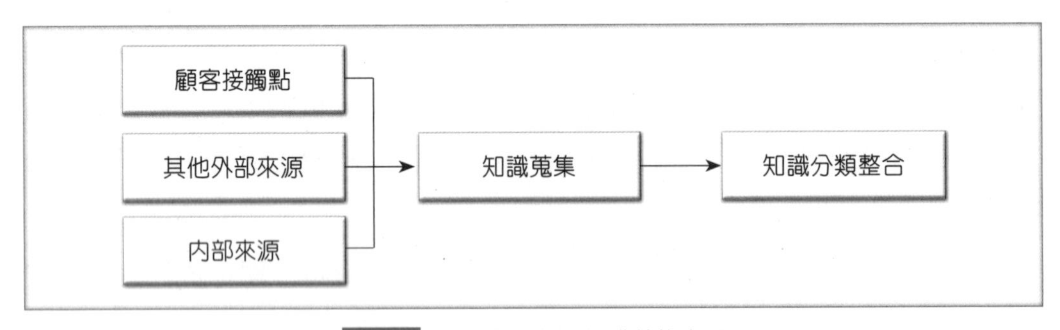

圖 13-2 顧客關係管理知識蒐集來源

圖 13-2 顧客關係管理知識蒐集來源的各個構面說明如下：

1. **顧客接觸點**：每一個顧客接觸點均可能成為顧客知識的蒐集來源，包含收銀機、會員加入、舉辦活動、顧客洽談、網路交易、網路社群、留言板、意見箱、AI 機器人等，非常廣泛，企業應該注意是否有充分把握住每一個資料蒐集的機會。
2. **其他外部來源**：除了顧客接觸管道之外，所有外部知識的蒐集均可歸於此類，一些例子包含網路搜尋引擎、資料庫查詢、市場研究、商品展覽、研討會等。
3. **內部來源**：指存在於公司內部而對於顧客關係管理有所助益的知識，可能存在於各個部門，也可能由統一的資料中心來掌管。

四、知識分析與運用

NEWS 報 4——BMW

從 1980 年代早期開始，英國的 BMW 就一直在蒐集與整合各種形式的顧客資料。該公司所蒐集的資訊有各種來源，包括新車和二手車的購買記錄、保固和服務記錄、BMW 的金融服務記錄、直接郵件和網路來源，以及像競爭銷售資料來源這種外界資訊。這個資料庫有許多不同的使用目的，但它多半是用來預測顧客最可能在什麼時候換車。這些資訊也被用提升顧客親密度，分析人員可以準確地區隔及鎖定顧客，並聯繫那些願意回覆的顧客，而提升了活動回覆率。最後，資料也用於維持頂級顧客服務的聲譽，讓電話客服中心的第一線員工與他們密切聯繫。

資料來源：戴至中、袁世珮譯，民 93

NEWS 報 5——麒麟啤酒

過去釀酒師傅技術傳承需要十年以上，才能掌握搭配不同配方的釀酒技術。麒麟啤酒（KIRIN）為了彌補高齡化造成的世代斷層，與三菱綜合研究所合作，將過去二十年的實驗數據輸入 AI 系統中。未來員工只要選擇希望呈現的味道、香味、色澤及酒精濃度，AI 便可以依據數據推測出可能的釀造方法。此方法大幅降低了對老師傅經驗的依賴，也減輕頻繁研發出新口味的實驗負擔。

資料來源：詹文男等合著（民 109），數位轉型力：最完整的企業數位化策略 *50 間成功企業案例解析，初版，臺北市：商周出版：家庭傳媒城邦分公司發行

NEWS 報 6——亞馬遜

亞馬遜的協同過濾軟體在產品推薦時發揮了規模的效果，傳統的推薦受到人力及專業領域的影響，推薦效果始終不能擴大。亞馬遜的資料庫中有龐大數據，演算法透過這些數據，再考慮產品規格及顧客特徵等因素，就能準確預估並推薦可能吸引顧客的新產品。人工智慧隨著消費者購買產品而不斷學習，資料、規模、產品種類越多越好。不但不會產生溝通協調之類的複雜性人事成本，而且系統效率不會隨業務量成長而降低。此外，它可以輕易建立消費者不同需求之間的連結：亞馬遜對於一個消費者在書及喜好的了解，可以進而應用於向這位消費者做出影片、服飾，甚至任何其他商品的推薦。

資料來源：李芳齡譯（2021），領導者的數位轉型，第一版，臺北市：遠見天下文化出版股份有限公司

顧客知識管理乃是有效地運用足以獲取、維持有利顧客組合（各區隔顧客群的集合）的知識，主要包含顧客行為、顧客需求、市場狀況、競爭威脅等知識。

顧客的資料來自不同的來源，必須要加以適當的分析，才能夠發揮知識的功效，也就是不同的應用目的，所做的分析也不一樣，常見的分析方式如下：

1. **RFM 分析**：以最近購買日（Recency）、購買頻率（Frequency）、購買金額（Monetary）做為分析的指標。了解顧客的這些訊息，對於提供促銷方式有相當大的幫助。
2. **OLAP**：指的是線上分析處理（On-Line Analytical Processing, OLAP），也就是依據資料倉儲所提供的維度構面，讓行銷人員能夠在線上依據自己分析的需求進行即時的分析。例如可分析某位顧客在某個時段採購的各種商品數量，或可分析某個顧客購買商品的頻率等。

3. **人工智慧分析**：包含影像、語音、語意分析及許多知識發現的模式，均可獲致許多有用的顧客知識，例如影像識別可以得知顧客的表情或情緒、語音分析及語意分析可以得知顧客許多原來無法蒐集的需求，知識發現包含分類與分群的應用以及資料採礦（Data Mining）的關連與序列模式，以資料採礦為例，資料採礦相對於線上分析處理而言，資料採礦較無特定的目標，也就是說，資料採礦的結果是一系列的規則或型態，但這些規則型態是事先無法預期的。典型的規則或型態包含關聯分析與次序分析，關聯分析的規則描述是，若購買 A 產品，則可能有很高的機率同時購買 B 產品；次序分析的規則是，若此次購買 A 產品，則下次購買 B 產品的機率很高。

4. **大數據分析**：許多的 AI 分析都結合大數據，由大數據分析，可以進行更準確的預測或提供個人化的互動方案。

上述的分析方法都是企圖從龐大的資料庫中，尋找對於擬定互動方案有用的知識，例如關聯分析的結果，對於實施交叉銷售（Cross-Selling）有相當大的幫助，次序分析的結果對於規劃個人化促銷活動也功不可沒。

顧客知識的運用主要包含下列數項：

1. **顧客區隔**：除了基本資料（顧客屬性、顧客偏好、生活型態）之外，有關顧客交易行為之資料，包含購買行為、交易數量或金額等知識，均是作為顧客區隔的重要依據。利用 RFM 分析或是人工智慧的分群技術，均可進行顧客區隔。

2. **互動方案（行銷、銷售、顧客服務）及忠誠度方案之設計**：運用資料庫或資料倉儲分析，可以了解需求，若運用大數據或人工智慧分析，更可以預測顧客個人化需求，做為互動方案設計的基礎。包含產品、服務、體驗、整體解案等之設計以及互動方案（行銷、銷售、顧客服務）及忠誠度方案之設計。例如上述之交易資料（顧客購買行為規則、顧客購買額度），也可做為互動方案（行銷、銷售、顧客服務）設計之依據。包含自助服務、產品推薦、抱怨處理、會員獎勵等均為典型的顧客互動方案。

3. **其他**：顧客知識亦可應用於執行及經營品牌關係或進行感性行銷等顧客關係管理相關活動。

13-3 顧客知識管理策略與建構流程

知識管理也有策略面與戰術面的考量，「策略面」強調知識管理的策略目標與資源分配；「戰術面」則指知識管理的建構與運用流程，本節說明策略與建構之流程。

一、顧客知識管理策略

策略的定義是包含分配資源、運用何種途徑、達成目標等元素，知識管理策略（Knowledge Management Strategy）也依據此原則加以說明。知識管理的策略面目標可能包含創造豐富的知識內容，以便加以運用而提升競爭力；也可能是達成組織學習的氣氛，或是進行知識創新，為組織或為顧客創造價值；也可能以應用領域來區分，例如，運用知識進行顧客關係之維持、提升本身的核心能力、進行知識創新等。

知識管理的策略方案包含知識內容、知識創造、知識傳遞與移轉、知識系統建置等，如表 13-1 所示。

表 13-1 顧客關係管理知識策略

策略方案	策略選項
知識內容策略	顧客知識佔公司整體知識的比重
知識創造策略	既有知識充分利用或探索新知識 知識保護或加速創新
知識傳遞策略	專家模式或分散模式
知識移轉策略	移入或轉出知識之關鍵性
知識管理系統建置策略	投入於建置知識管理系統的預算額度或比率

知識內容方向指的是管理何種領域的知識，例如，著重於顧客知識或是專業領域的技術知識等，不同的領域重點，其知識蒐集、處理、運用的方式便有所不同。

其次，就知識創造而言，可區分為兩種策略（林東清，民 92，引自 Knott, 2002; Bierly & Daly, 2002）：

1. **既有知識的充分利用策略（Knowledge Exploitation Strategy）**：指的是將組織既有的知識，例如經驗、最佳實務、智慧財產權等，加以清楚定義、充分分享、善加利用。這些知識可以利用做中學、經驗是學習等方式進行之。
2. **新知識的探索策略（Knowledge Exploration Strategy）**：主要是透過分析式的學習方式，例如，歸納、演繹等方式，來尋求具突破性、本質性的新知識與新方法，以挑戰現有經營模式或企業假設，新知識的探索偏向於雙迴圈的學習效果。

知識創造的相關策略也包含保護策略與加速策略兩種類型，保護策略強調的是組織對手模仿、內隱式的儲存、專利的申請、營業秘密等；加速策略則是在知識上不斷的創新，與新知識的探索策略相似。

就知識傳遞而言，其策略主要是強調知識移轉模式的選用，例如 Dixon（2000）依據知識來源的集中與分散將知識管理模式區分為專家模式與分散式模式，專家模式假設知識掌握在少數專家手中，需由這些專家傳授給成員，此模式重在知識的垂直傳遞，強調知識權威性，是最傳統的知識傳遞方法；分散式模式假設每個人均有其潛力與專長，而且可透過彼此互動不斷演變出來，因此每個人均應該扮演知識創造者的角色。

知識移轉的策略考量指的是移轉之知識為關鍵性或策略性之知識，經移轉之後，對組織亦產生關鍵性的影響。

最後，運用何種技術來進行知識管理也是策略的方案之一，例如運用資訊技術進行知識庫的建立，以及運用網路進行知識分享等。前述的知識管理策略均可能與知識管理系統有關，例如針對內隱知識，其處理應以人為主體，若是外顯知識，則可能採取系統化的策略，善用資訊系統來處理。

資源分配乃是為了達成上述目標，投入所需的資源，包含知識創造的資源、資訊與通訊技術的資源、人力資源等。

二、顧客知識管理系統建構流程

知識管理也需有專業團隊來負責，也需要設定目標、分配任務與資源，並於執行過程中有所引導與管理，更需要妥善的工具來協助，欲使顧客關係管理相關知識於顧客關係管理系統中運作無礙，需建構顧客關係管理知識管理系統。顧客關係管理知識管理建構的流程主要包含知識管理目標設定、知識管理架構擬定、知識管理工具選定、知識管理制度化等步驟，如圖 13-3，這些步驟基本上仍需依附在顧客關係管理的架構及運作流程之上，分別說明如下：

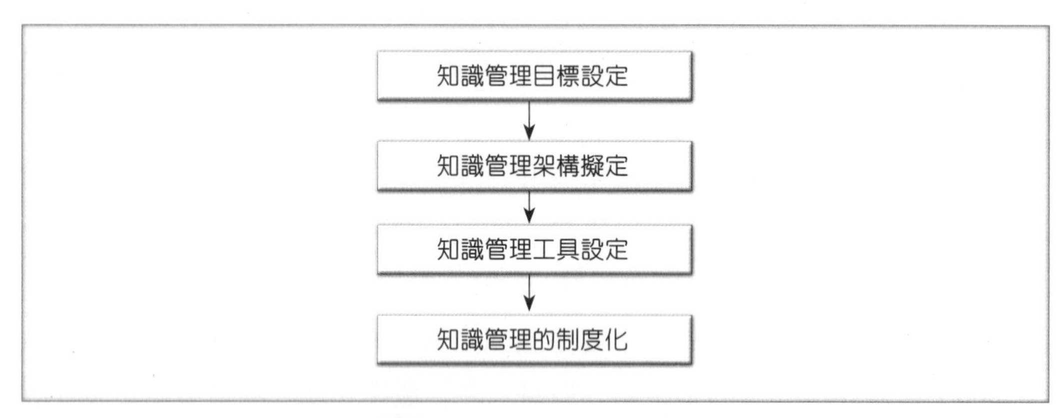

圖 13-3 顧客知識管理建構流程

(一) 知識管理目標設定

知識管理目標乃是由顧客關係管理策略所決定，顧客關係管理策略中已經設定與顧客關係的程度，在此種關係程度下，需要蒐集哪些顧客知識，方能提供良好的互助方案；需要提供哪些有關公司產品或產業的知識，才能滿足顧客互動的需求。也就是在顧客關係管理的策略之下，決定知識管理的方向，並考慮知識的深度、廣度、使用的方法等。也就是說，在顧客關係管理體系之下，決定應該獲得哪些知識、知識的深度為何？知識如何運用以便提升顧客關係管理的績效，為本階段工作的重點。知識管理的目標可能是知識性的目標，例如，知道創造數量、智慧財產權數量等；也可能配合顧客關係管理的目標，例如，獲取顧客知識以進行有效區隔、提出互動方案、提升顧客保留率或滿意度等。

(二) 知識管理架構的擬定

知識管理架構指的是知識於組織中傳遞的內容、對象及運用的方式。內容指的是知識的分類與表達形式；對象指的是知識的創造者、傳遞者、接受者、應用者為何人；運用的方式指如何運用知識，以創造價值。

更具體地說，知識管理架構需要依據知識管理目標定義組織中與顧客關係管理系統相關的成員，分別需要蒐集哪些相關的知識，以及蒐集知識的來源、頻率與方法。其次，也要定義知識內容、分類、存取的方式與權限等。第三，知識管理夠也需要定義顧客關係管理系統成員在運作過程中，需要取得哪些知識以及如何運用這些知識。

(三) 知識管理的工具選定

基本上，顧客關係管理架構中的分析工具，應該包含知識管理的工具選定，亦即透過需求分析、設計及導入的過程，採用適當的知識管理工具。

易言之，上述知識管理架構所定義出的知識或資訊的內容（種類與數量）、處理與存取方式、傳播管道等，均已經決定需要有何種功能的知識管理軟體及資訊通訊技術方能達成，也就指引了知識管理工具的選定。

(四) 知識管理的制度化

知識管理在顧客關係管理系統運作中扮演重要的角色，知識管理的制度化基本上也是顧客關係管理導入的一環，加上顧客關係管理運作循環中，知識管理成為持續性的工作，與組織或顧客關係管理流程緊密配合。

知識管理制度化的結果，代表組織依照顧客關係管理的運作流程，不斷地蒐集、創造、累積、應用知識，知識的良性循環，也代表組織成員不斷地學習、進步，逐漸趨向於學習型組織。

13-4 顧客與組織的學習關係

顧客關係管理重要的策略工作包含招攬新顧客、留住舊顧客。前者需由潛在顧客中找到最可能回應的客群，做有效的招攬活動，提升招攬率；後者則針對現有顧客加以區隔，以做最有效的投資，提升保留率與顧客利潤貢獻。顧客知識管理的重要任務便是了解潛在顧客與現有顧客的偏好、購買行為或生活型態，做為顧客區隔及互動方案設計的依據。

顧客知識經過資料庫行銷、線上分析處理（OLAP）、資料採礦等分析而產出，或是透過內化、外化、社會化、整合等創造流程而產生。知識應用領域主要是了解需求、顧客區隔、互動方案，其常見的知識應用如下：

1. 顧客購買行為規則的知識用以進行個人化促銷、交叉銷售、升級銷售或其他互動方案之設計。
2. 依顧客某些屬性分群的知識用以進行有效的顧客區隔。
3. 依不同構面或屬性分析出顧客購買額度的知識，可用於了解各區隔顧客的價值或利潤貢獻。
4. 顧客情感需求與認同的知識可用於經營品牌關係或進行感性行銷。
5. 顧客需求知識用以擬定產品、服務、體驗、整體解案等策略。

知識的取得與運用是一個學習過程，學習理論上有一個重要的支派，稱為訊息處理或認知理論，強調學習的過程，由訊息的接觸、感知、編碼、短期記憶、長期記憶、到知識的形成，是一個認知不斷加深的過程。

組織的個別成員在顧客關係管理運作過程中不斷地學習，透過顧客關係管理知識管理機制，個人學習逐漸擴充為組織學習，組織學習是顧客關係管理系統運作過程中重要的目的。其次，透過顧客關係管理系統，企業與顧客均不斷產生學習效果，而彼此建立了學習關係，學習關係也是企業與顧客重要的關係型態。

一、組織學習

顧客知識管理可視為組織學習的活動，Argyris and Schon（1978）認為「當組織實際成果與預期結果有差距時，組織會對此種誤失進行集體探究、主動偵察與矯正過程，此過程即是組織學習」。組織學習的過程包含發現存在的差距、發展解決方案、實施方案行動、並將所得之經驗內化到組織規範等四階段。就顧客關係管理而言，組織學習應該包含以下兩個觀點：

1. **學習範圍**：組織學習是來自個人、團隊到組織整體的學習過程，其雖以個人為學習的開端，但若無法推展到集體的學習則充其量僅停留於個人學習或團隊學習罷了，稱不上是組織學習。因此，顧客知識的學習，也是由銷售或服務人員擴展至組織其他成員，同時也考量顧客的學習。
2. **學習深度**：依據組織學習四個階段的循環，學習的結果應該包含知識技能的取得與應用，在應用面可分為單一及雙迴路學習，「單一迴路學習」指的是學習結果應用於實際活動與行為的改變，包含工作的方法改變、工作技能的提升、甚至目標的改變等。「雙迴路學習」指的是針對學習結果應用於挑戰組織的基本假設與價值觀，也就是透過批判反思的過程，重新思考組織文化背景與議題的公平性與適當性，進而重新思考經營模式（Argyris & Schon,1978）。

二、學習關係

在顧客關係管理的核心活動「顧客互動」的過程中，不論是企業或是顧客，均具有許多的學習過程，企業學習乃是對顧客的了解，了解顧客的偏好、行為、特性等，甚至顧客內心的深層需求，目的是為了提供更好、更有差異化、更令顧客驚喜的產品、服務方案。

同理，顧客也存在許多的學習活動，顧客交易之前，對於產品的搜尋、評估等活動，便是一個學習過程；顧客在使用產品或服務也是學習的過程；顧客從了解這家公司或產生好感、忠誠的行為，也是對企業的學習。企業應該了解顧客的各項學習過程，以及其偏愛的學習方法，其目的在於設計良好的互動介面，使得顧客能夠有效地學習，或參與企業流程，這對顧客而言也是相當重要價值。

在顧客關係管理的運作過程中，上述的關係稱為學習關係（Learning Relationship；Gronroos, Ozasalo, 2004；Peppers et al, 1999）。顧客關係管理知識管理系統建構的主要目的，便是要提升這種相互學習活動持續不斷地進行。

就企業的角度，對顧客知識的學習內容、方式及應用舉例說明如下：

1. **顧客行爲與偏好知識**：顧客行為與偏好知識內容包含興趣、喜好、習慣、生活型態等，其來源為顧客接觸點、內部來源、其他外部來源（參考本章第二節），這些知識的蒐集也是來自多重的管道，而顧客偏好知識的應用，除了用來規劃及設計合乎顧客個人化需求的產品與服務之外，也因為對顧客的了解而做適當的區隔與精準的行銷。因此，知識管理系統應該能夠充分支援這些應用。

2. **市場需求知識**：市場需求知識其實是顧客知識的集合，也就是說，顧客偏好知識的集合，加上市場調查、訪談或觀察所得，成為完整的市場需求知識，這些知識的運用，偏向於策略面的應用，亦即作為修定企業的顧客關係管理、策略之依據。

其次，企業亦需要依據顧客的學習行為，提供一個方便於顧客學習的互動介面，顧客的學習行為舉例說明如下：

1. **產品或服務之搜尋**：依據本書所強調的顧客決策過程或顧客資源生命週期，了解其每一個階段的學習行為，而提供其方便的學習環境，諸如電子型錄、產品建議系統、智慧代理人的服務等。而非電子媒體方面的學習支援，亦不可偏廢，如產品解說、示範等。
2. **技術諮詢**：顧客於交易前或使用中，對於產品的原理、使用方法、效果或副作用等，也有瞭解的必要，此偏向於技術方面的學習。企業常在網站上提供線上協助（On-line Help）、常見答問集（FAQ）、維修軟體下載、線上顧問諮詢等，均是提供良好的技術學習方式。當然實體管道方面的技術論壇、研討會、教育訓練等，也都是值得考慮的方式。
3. **對企業的學習**：顧客與企業要能長期往來，對企業的了解也是必要的，其目的是對企業作業流程或規章制度的了解，以及對企業產生信心或信任感，許多企業理念、經營方針、顧客策略、流程規章等均透過不同的電子介面管道，給顧客自動學習的機會，其他的管道則包含企業的社會責任的履行（如公益活動、勞工僱用方式、環保、公安等）以及企業與顧客或會員的活動舉辦等，均提供顧客對企業學習的良好方案。

總而言之，從知識管理的角度來說，顧客互動過程是一個相互學習過程，其學習的觀念架構及學習內容的例子如圖 13-4 所示。

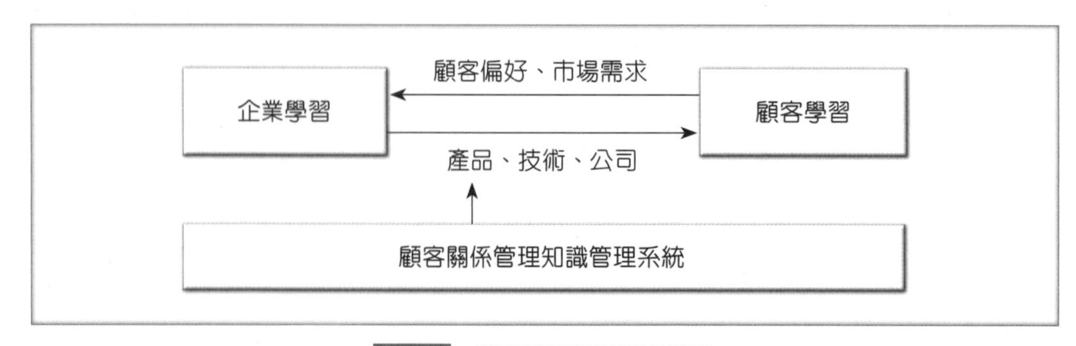

圖 13-4 顧客關係管理學習關係

由圖 13-4 可以得知，企業與顧客之間是不斷的相互學習的關係，就知識管理的角度而言，應該構建一個具有彈性的知識管理系統，可以不斷地創造及累積知識，並持續地提供企業與顧客更新的知識內容與學習管道。如此，顧客關係管理知識管理系統便可以將顧客關係管理系統運作所產生的組織，擴散到組織內部及顧客，提升組織的知識及智慧資本。

安口食品機械讓餐飲店用機器人包水餃

安口食品機械在臺灣發跡於 1978 年，致力於提供安心可口美食的全方位解決方案。安口食品機械堅持嚴格把關製造品質，在 1999 年通過 ISO 9001 認證，確保機器符合食品衛生和電氣安全標準，讓生產環境需要 CE、UL 等標準檢驗的客戶也能安心使用。全方位客製化服務、配方諮詢與整廠服務等優勢讓安口成為全球業界的中式食品設備指標品牌。安口食品機械是臺灣最大包餡機設備供應商，位於三峽，工廠占地約三千坪。在工廠生產線旁有一座為驗貨而設置的大廚房，這是機器人追逐老師傅手藝的最終試煉場。客戶將在這裡檢視，機器人包的餡料，味道能否超越傳統的老師傅，若沒辦法超越，安口就必須退訂金，認賠成為庫存。

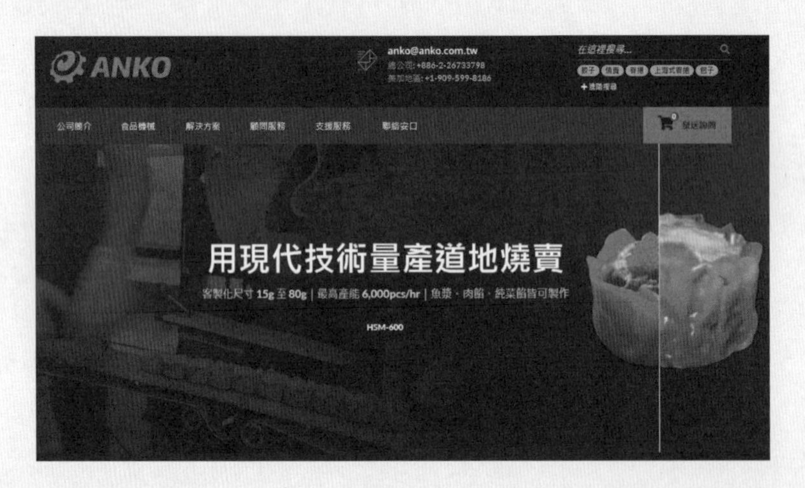

一台衣櫃大小的水餃機，每小時能包出 1 萬 5 千顆到 1 萬 8 千顆水餃，若外裝夾具設備，就能改包上海灌湯包、日式和菓子或美式蘋果派。若變換變形模具，還能擬真做出媲美手工、有 12 道摺痕的湯包。若嫌麵皮口感不夠 Q 彈，追加擀麵模組就能改善，這種變形金剛式的能耐就是安口食品機械的一大特色。

安口食品機械很早就認清，自己不能只賣機器，而是能幫助自己的客戶，做少量多樣的生意，才可能存活。

第二代也是安口食品機械的總經理歐陽志成說，這是一段非常辛苦的摸索過程。相較於木工機、工具機所加工的是金屬、木材等應是材料，食品設備處理的卻是麵團、餡料，在不同含水量下，其黏度、軟硬度、彈性、特性都不一樣，只能靠一次次實戰累積經驗，才能提升勝率。

安口食品機械透過一次次實戰，滿足不同配方需求，設計出包餡機「九成標準化，保留一成依客製化需求靈活調整」的硬體設計架構，降低失敗率。並將每次配方成敗的數據記錄起來，建立一個涵蓋上百個國家、多達 300 多種食品的「種族食品配方圖書館」，最後軟硬體結合，讓安可現在勝率達到八成以上。

安口食品機械近來的目標是「幫小餐廳做生意」，這是一種「把廚師變成餐廳研發員、品保員」的廚房新改革。

以水餃店為例，安可協助客戶透過機械取代包水餃的時間，讓廚師可以專心研發獨特口味與品管，並降低人事成本，甚至還幫餐廳提供更多元的餐點服務，吸引更多的新客上門。歐陽志成還提供自己的電商銷售經驗，幫忙客戶解決機器產量過剩的問題，發展網購外賣，避免被市場淘汰。

深耕中華文化的安口，投入 30 年不斷開發和研究中式食品，如餃子、燒賣、春捲、餛飩、鍋貼、小籠包、蝦餃、蔥油餅、湯圓、包子和饅頭。從手捏、多折、擬手工、飽滿的外型，到清脆爽口的蔬菜內餡、多汁鮮美的豬肉內餡，安口能滿足大多數市面上的中式點心，旗下食品機械設備都已研發成功並拓銷全球各地，這是知識不斷累積的成果。

資料來源：盧希鵬 / 商業周刊著（民 106），C2B 逆商業時代：一次搞懂新零售、新製造、新金融的 33 個創新實例，初版，臺北市：城邦商業周刊，pp. 169-174；變型金剛包餡機 從三峽賣進 109 國，商業周刊 1548 期，2017.7；安口食品機械網站，2022.8.18

安口食品機械累積了哪些專業知識及顧客知識？如何運用？

本章習題

一、選擇題

(　　) 1. 就知識的分類而言，產品規格是屬於哪一類知識？
(A) 外顯知識　(B) 內隱知識
(C) 無形知識　(D) 以上皆非

(　　) 2. 就知識的創造而言，將產品知識、顧客需求等知識與企業遠景共同考量，並賦予新的意義，是哪一種知識創造的過程？
(A) 社會化　(B) 外化
(C) 結合　(D) 內化

(　　) 3. 企業的產品、服務、流程等知識是屬於哪一種類別的顧客知識？
(A) 顧客所需知識（Knowledge for Customer）
(B) 有關顧客的知識（Knowledge about Customer）
(C) 來自顧客的知識（Knowledge from Customer）
(D) 以上皆非

(　　) 4. 運用資料庫查詢來取得顧客知識，通常是使用哪一種顧客知識來源？
(A) 顧客接觸點　(B) 其他外部來源
(C) 內部來源　(D) 以上皆非

(　　) 5. 得到潛在的顧客行為規則，是採用哪一種顧客知識分析方法所得到的結果？
(A) RFM　(B) OLAP
(C) Data Mining　(D) 以上皆非

(　　) 6. 決定採用專家策略或是分散策略是屬於哪一種知識策略？
(A) 知識內容策略　(B) 知識創造策略
(C) 知識傳遞策略　(D) 知識移轉策略

(　　) 7. 決定知識於組織中傳遞的內容、對象及運用方式，這是屬於知識管理建構流程中的哪一個步驟？
(A) 知識管理目標設定　(B) 知識管理架構擬定
(C) 知識管理工具選定　(D) 知識管理制度化

( ) 8. 透過學習過程產生批判反思，挑戰企業經營之假設，這是屬於哪一種學習？

(A) 單一迴路學習 (B) 雙迴路學習

(C) 集體探究 (D) 主動偵察

( ) 9. 下列有關學習關係的描述何者有誤？

(A) 企業向顧客學習顧客偏好知識

(B) 企業向顧客學習產品知識

(C) 顧客向企業學習技術知識

(D) 顧客向企業學習企業理念與經營方針

二、問題與討論

1. 何謂內隱知識？何謂外顯知識？與顧客關係管理運作過程相關的內隱知識與外顯知識分別有哪些？
2. 顧客知識的分類為何？其蒐集來源有哪些？
3. 何謂顧客知識管理策略？如何擬定顧客知識管理策略？
4. 建構顧客知識管理系統的步驟為何？
5. 何謂組織學習？顧客關係管理推動如何促進組織學習？
6. 何謂學習關係？學習關係可以強化顧客關係嗎？為什麼？

三、實作習題

【顧客服務準備】

說明： 客服人員進行顧客服務之前，想針對顧客的服務紀錄進行了解，有助於服務安排。

1. 進入「客戶服務管理模組」，選擇「案件管理」。
2. 選擇「服務紀錄快速查詢」，輸入服務人員代號，輸入預期結案日為 2010-1-1 至 2010-12-31，列出該服務名單。請說明您（客服人員）對這些顧客應該如何進行服務安排？

本章摘要

1. 顧客知識管理應配合顧客關係管理實施創意方案，構成一個不斷演進的循環。
2. 知識處理流程包含知識創造、分類及儲存、分享與移轉及應用等步驟。
3. 顧客知識蒐集來源包含顧客接觸點、其他外部來源、內部來源等三大方向。企業應把握住可能的蒐集來源，依據知識管理之需求蒐集之。
4. 顧客知識主要包含顧客所需知識、有關顧客的知識、來自顧客的知識等，主要應用於顧客區隔、了解顧客需求、設計互動方案等。
5. 顧客知識創造策略包含既有知識充分利用或新知識探索策略，知識傳遞模式可區分為專家模式與分散式模式，顧客關係管理的知識管理策略還包含投入多少資源於知識管理系統。
6. 顧客知識管理系統建構的步驟包含知識管理目標設定、知識管理架構擬定、知識管理工具選定及知識管理制度化等四個步驟。
7. 顧客知識應用是一個企業與顧客相互之間，不斷地學習的過程，基於顧客關係管理的知識不斷累積與分享，顧客關係也更加的密切。

參考文獻

1. 邱振儒譯（民 88），客戶關係管理：創造企業與客戶重複互動的客戶聯結技術，初版，臺北市：商業周刊出版：域邦文化發行。
2. 林東清（民 92），知識管理，初版，臺北市：智勝文化。
3. 胡世忠著（民 102），雲端時代的殺手級應用：Big Data 海量資料分析，第一版，臺北市：天下雜誌。
4. 野口吉昭（民 90），顧客關係管理戰略執行手冊，遠擎。
5. 楊子江、王美音、李仁芳譯（民 86），創新求勝，臺北市：遠流。
6. 戴至中、袁世珮譯（民 93），唐．舖爾茨（Don E Schultz）、海蒂．舖爾茨（Deidi Schultz）原著，IMC 整合行銷傳播：創造行銷價值、評估投資報酬的五大關鍵步驟，初版，臺北市：麥格羅希爾。

7. Argyris, C. & Schon, D. A., (1978), Organizational Learning: a Theory of Action Perspective, New York: Addison-Wesley.
8. Dixon, N. M.(2000), Common Knowledge: How Company Thrive by Sharing What They Know, Boston: Harvard Business School Press
9. Gronroos; C., Ojasalo, K., (2004), "Service Productivity : Toward A Conceptualization of the Transformation of Input into Economic Results in Services," Journal of Business Research, 57, pp. 414-423.
10. Khodakarami, F., Chan, Y.E. (2014), "Exploring the Role of Customer Relationship Management(CRM) Systems in Customer Knowledge Creation." Information & Management, 51, pp. 27-42。
11. Peppers, D. et al., (1999), "Is Your Company Ready for One-to-One Marketing?" Harvard Business Review, Jan-Feb, pp. 51-60.

Chapter 14

顧客關係管理創新方案之擬定

學習目標

- 了解顧客關係管理整體架構中，有哪些值得改善與創新之處。
- 了解創新策略擬定方法及創新流程。
- 了解組織如何塑造一個創意的工作環境，使得顧客關係管理創意方案能夠源源不絕。

前言

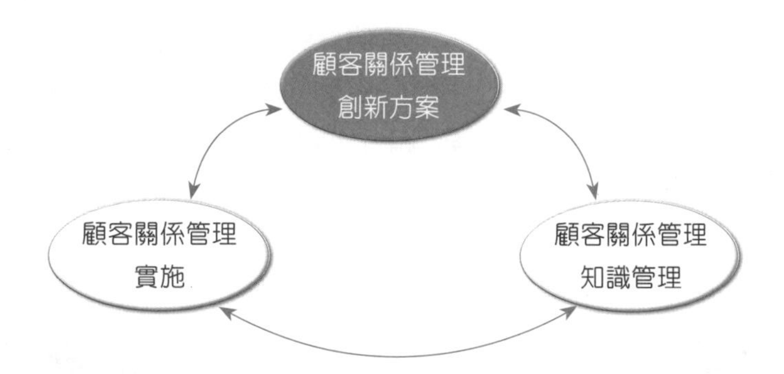

不論是客服中心、銷售自動化或電子商務網站，顧客關係管理的運作都是以顧客互動為核心，互動方案的好與壞當然影響互動的品質，也就影響顧客關係管理的成效。在顧客關係管理的系統基礎之下，企業與顧客應該透過互動方案不斷進行互動，方能達到顧客關係管理的目標。互動方案需要資訊技術、內部流程與組織制度的支援，因此顧客關係管理創意方案包含了新穎的互動流程、互動介面、新技術的採用以及新的管理制度等。創意方案能夠使得顧客關係管理的運作能夠持續不斷改善。

企業觀測站

2006年耐吉推出了Nike+，這是一項與蘋果電腦合作的計劃，目的是吸引更多跑步者及跑步社團參與。Nike+將運動鞋裝上與iPod Touch或iPhone連動的感應器，當人們一邊聽音樂一邊跑步，感應器就會自動記錄跑步的時間與距離。當跑步者打破過去記錄，iPod就會傳出鼓勵與喝采。結束後，使用者可以把跑步資料上傳到Nike+的網站（www. NikePlus.com）加以分析、製圖，甚至分享給其他人，使用者可以設定目標，追蹤進度，甚至向其他跑步者挑戰。使用者也能用Nike+的跑步記錄（Run Tracking）功能，自動規劃跑步距離、時間、速度與燃燒的卡路里；能用比一比（Challenges Others）功能，向他人送出挑戰訊息；利用耐吉與Google合作開發的地圖和分享路線（Share Her Runs）功能，還能在地圖加上詳細註解（如地形與路面狀況），並分享給其他人。這個體驗是由使用者和Nike+共同創造的，使用者決定跑步的方式，Nike+提供參與平臺，讓使用者能與廣大的跑步社團相互交流。耐吉的主管拋棄了傳統以產品為中心的思維，把重點放在使用者經驗，因而了解到跑步經驗不只是個人單獨的體會，而是與其他同好、專家、教練互動形成的社會化經驗。

目前iPod裝置已經進化到App，使用者透過應用程式，上傳資訊到NIKE+網站，記錄與管理自己的運動習慣，可以進一步透過臉書或推特（Twitter）跟朋友分享。網站首頁即時更新全球使用者累積的三個最新數據，包括「總共燃燒多少卡路里」、「總共跑了多少步」、「總共達成了多少自己設定的目標」。運動被數量化、公開化、社交化，有如時尚般教消費者忍不住要追隨。帕克（耐吉執行長）把NIKE+定位為公司跟消費者維繫一輩子關係的數位平臺。

Nike 藉由跑步 App，每年蒐集的八千萬公里跑步資訊，把跑者的跑步需求回饋給設計與製造，讓製造商品可以產出最適合客戶的商品，同時，它正透過亞馬遜直接銷售給顧客，目前直接銷售的比重由 2012 年的 4%，提高到 2018 年的佔營收接近三分之一。

此外，「Nike Training Club（Nike 訓練俱樂部）」是 Nike 推出的免費運動 App。它從初學者到運動狂都適合，目前有近兩百種計畫，涵蓋從暖身、伸展，到瑜珈、重訓、拳擊、健身球等運動，甚至可加強雕塑腿、手臂線條等；也可依照運動目的，選擇在家、健身房、甚至沙灘等場合，配合不同訓練。每種計劃都有影片跟語音指令，提醒怎麼做出正確姿勢，以及應感受哪些肌群正在施力。

資料來源：王怡棻譯，民 100，pp. 18；Nike、沃爾瑪都在做的 O 型戰術，商業周刊 1616 期 2018.11，pp. 94-96；去顧客去的地方，EMBA 雜誌 2015.1，pp. 34-40；年後甩油，2020 運動科技一次看 -3.6 兆運動商機，早已接管你的一天，商業週刊 1680-1681 期，2020，pp. 134-141

提示

在這個互動方案中，包含了 IT 平臺的創新、顧客價值的創新、介面創新，其實 Nike 也做了策略上的創新，將資源由球鞋設計轉移至與顧客互動上。

14-1 創新基本概念

NEWS 報 1——希伯爾

1990 年代末期，希伯爾系統公司（Siebel System）對大型企業提供管理銷售和行銷流程的系統軟體，而成為市場領導者。這種商業模式成本很高。直到 1999 年，貝尼奧夫（Marc Benioff）創立了銷售力網站（Salesforce.com）而扭轉了整個情勢。他經由網路提供顧客關係管理的服務，包含銷售、行銷、客戶服務跟支援性作業。這家新公司打破以顧客伺服器為基礎的模式，應用網路科技，讓顧客能及時在該公司的伺服器上存取資料。此外，每個月低於一百美元的費用，能讓企業不需要特別核准就能訂購。

資料來源：李瑞芬譯，民 95

顧客關係管理的導入是一項變革，這變革中，可能是由一系列的創新所組成，企業的策略、流程、制度、甚至資訊技術，均是創新，與顧客之間的互動方案，更是不斷創新的過程。欲了解顧客關係管理之創新，需先對創新的基本概念有所了解，使得顧客關係管理創新能夠順利進行，持續不斷。創新的基本概念包含創新的定義、型態、規模、策略與流程。

一、創新的定義與型態

(一) 創新的定義

由於外在環境變化快速，企業競爭激烈（例如技術的快速進步、資訊技術造成許多產業結構的改變等），能夠建立並維持競爭優勢是企業（甚至產業、國家）能夠生存發展的必要條件。而對於產品與服務的創新、企業流程與價值鏈的創新，至整個產業遊戲規則改變的創新等均是建立並維持競爭優勢的前提。這些創新活動是企業適應或操縱環境變化的方法，建立良好的創新系統需要善用目前已經具有的創新理論知識與實務，包含創新的來源、創意性的提案、創新的實現等，再配合管理領域的策略規劃、組織設計、專案管理等知識技能。

任何與以往不同或是與眾不同的改變，皆稱之為「創新」，在一般觀念上創新可包括下列事項：

1. 結合兩種（或以上）現有事情，以較創新之方式產生。
2. 將新的理念由觀念轉化成實際之活動。
3. 新設備的發明與執行。
4. 相對於既有形式而言，新的東西或事情。

(二) 創新的型態

創新的型態指的是創新產出結果的型態，例如產品的創新指的就是由產品的構想至商品化的結果，該結果可能是全新的產品或改良的產品，產品創新便是創新型態的一種，當然創新的產出也有可能是新的服務或全新的企業。

但所謂的「創新」，並不僅限於新科技的創新，例如經濟學家熊彼得提出新產品、新服務、新方法或生產、開創新市場、新的供應來源、新的組織方法等六種不同的創新型態（Schumpeter, 1943），從企業價值鏈的角度，包含如經營模式、產品、行銷、服務或者整個供應鏈等不同角度出發之考量之較新穎活動或改革，皆可涵蓋在內。一些創新的例子說明如下：

1. **技術創新**：指的是企業在專業領域方面技術上的開發或採用。
2. **流程創新**：指的是企業 R&D、生產、服務或其他流程的改良或開創。
3. **新產品或服務**：指的是企業在產品或服務方面的創新，以提供全新或差異化的結果給顧客。
4. **經營模式創新**：指的是企業採用新的經營方法，或開拓新的經營模式。

上述創新類型，若依創新的技術背景與所需的創新能力加以區分，可概括分為「技術創新」與「行政創新」，分別說明如下：

1. **技術創新**：泛指企業專業領域技術方面的創新，包含新技術、製程或產品創新。
2. **行政創新**：泛指企業非技術方面的創新，如管理方面的 BPR、TQM 或行銷之創新等。

(三) 創新的規模

創新的規模指的是某項創新的新穎程度。創新的規模包含漸進式創新（Increamental Innovation）、跳躍式創新（Radical Innovation）。「漸進式創新」屬於逐漸的改良；「跳躍式創新」則以發明為基礎，創新全新知識領域，並可能開創新產業。以資訊技術的創新為例，其真空管技術由半導體技術來取代，半導體技術便是跳躍式的創新，如今半導體產業已經成為重要產業；至於半導體技術中，CPU 的技術已由 386、486、586 至 Pentium 技術，則是漸進式創新。

汽車產業的第一個跳躍式商業模式創新，是亨利福特（Henry Ford）導入標準化跟產品線的概念。整個汽車產業的概念因而大翻轉，從工作坊轉為生產線，從產品績效轉為產品成本，從客製化到標轉化，從配件裝配到垂直整合，從利基市場變成大眾市場（李瑞芬譯，民 95，pp. 53）。

以顧客關係管理系統來說，我們可以視「部分導入顧客關係管理」為漸進式創新；「完全顧客導向地導入顧客關係管理」為跳躍式創新。另外，導入全新的資訊技術於顧客關係管理系統，偏向跳躍式創新；改良現有資訊系統功能以滿足顧客關係管理目標，則偏向漸進式創新。

二、創新策略

創新的產生是在企業價值鏈或價值網絡的任何一個點，包含物料、製程、技術、產品、行銷與銷售等，甚至包含企業整體策略或是經營模式的改變，創新會影響企業的整體競爭力，因此創新需要從組織整體的角度來檢視，方能得知創新的機會點，善用創新的方法與要領，進行相關的創新活動，也就是將創新視為策略問題，策略定義之後，才進行創新流程。

創新策略（Innovation Strategy）指的是投入適當的資源，於不同層次與型態的創新，以便提昇競爭優勢，或開創競爭市場以擺脫競爭（目標）。創新策略的主要任務是擬定組織創新目標、決定創新方法與創新組合、資源分配與執行。

(一) 擬定組織創新目標

為了衡量組織創新之績效，須擬定組織創新目標。公司在經營方面可能有業績的目標（例如營業額、利潤），在創新方面也需要擬定績效指標，例如每年有幾個創新方案、新產品創新機率等。

組織創新的績效指標包含全面性的創新績效衡量，科特勒（胡瑋珊譯，2013）將創新指標區分為下列四類，再細分為 26 項指標：

1. **經濟指標**：根據公司財務報表來衡量，例如新產品的營收佔比、新產品的獲利、來自新產品之外創新的營收與獲利等。
2. **創新密度**：衡量創新的數量，例如專利權的數量、產品、服務、顧客體驗、流程或商業模式的創新數量、每年提出創新點子的數量、持續進行中的創新專案數量等。
3. **創新成效指標**：衡量與資源運用有關的獲利，例如新產品的成功率、上市時間、創新專案的平均投資額等。
4. **創意文化**：衡量創新在公司內的普及程度，例如提出創新點子的員工比例、花在創新工作的時間比重、持續進行創新的部門數量、冒險的傾向等。

NEWS 報 2——3M

3M 規定每個事業部門 25%以上的營業額要來自過去五年內推出新產品（自 1993 年起，改為每年營業額 30%為四年內新產品）。例如以臺灣來説，3M 臺灣百分之 30 的營業額，要來自過去四年所研發的主要新產品，稱為「新產品活力指數」（New Product Vitality Index, NPVI），甚至第一年主要的新產品就要佔百分之十營業額。過去 3M 臺灣團隊的創新能力不斷超越總公司要求，2010 年更達到 40% 的佳績，遙遙領先各國子公司。

資料來源：沒變成新台幣，就不叫創新，EMBA 世界經理文摘 288 期，2010/08；彭芃萱著，民 99，pp. 25

(二) 決定創新方法與創新組合

創新組合是用哪些方法進行哪些形態的創新。創新的方法主要包含創新取得方法（如自製、外購、策略聯盟）、創新應用方法（如自行應用或授權）、創新保護方法（如專利或營業秘密），也包含企業所採用的創新模式，例如藍海策略、開放式創新等。創新組合的內容當然是指新產品、技術，或流程之項目，其型態有不同的選擇。從創新規模的角度區分為漸進式創新與突破式創新；從競爭定位區分為攻擊型創新、防衛性創新；從創新類別可區分為產品創新、服務創新、技術創新、流程創新、經營模式創新等。

(三) 資源分配

決定創新組合需要針對所提出的創新方案進行評選，以決定哪些創新應該優先進行，例如未來三年需要有一個新產品突破性創新、五個新產品漸進式創新、三項技術性創新等。有一些方法可以協助創新專案之選擇，例如：檢核表法、計分模型（Scoring Model）、分析層級程序法（AHP）、投資組合分析、數學模式（例如採用線性規劃、整數規劃、動態規劃等數量方法）、財務模式（例如：淨現值法（NPV）、投資報酬率（ROI）等）。

三、創新流程

創新的核心在於創造力（Creativity），由創造力產生的新創意，會衍生無窮的新知識、新技術、新產品和新市場的契機，從而為企業組織創造更多的財富，創造力產生的創意是組織成長與獲利的推動引擎。由創造力、創意構想、創新的執行或是商品化，是企業重要的創新過程，欲從創新獲致創新的績效，需要妥善管理創新的整個流程方能成功。

創意是創新的前提，就流程而言，華勒斯（Wallas, 1926）建立了創意歷程的四階段模式：第一階段稱為準備階段，是初步的分析來定義並提出問題；第二階段為醞釀階段，此階段並沒有針對問題的、有意識的工作，創作者此時可以專注於其他的主題，或都只是放鬆休息，而不理會要解決的問題，但是大腦在潛意識中仍繼續工作，不斷形成各式聯結；第三階段為豁然開朗階段，豁然開朗可以被定義成「靈光一閃」，一種突然地靈感乍現；最後是驗證階段，創意一經形成，需要評估、再定義，以便發展及確認創意的概念。

新產品發展也是典型的創新之一，新產品發展的流程包含產品企劃、概念定義、設計與測試、雛型製作等階段，產品企劃指的是發掘市場機會，以便提出本身的產品組合；概念定義指的是定義應該生產什麼（或哪些）產品，也就是由創意的提案，經過篩選以及市場、技術、財務等評估，決定產品的概念與規格；產品設計則是依據市場需求，以及概念階段的規格，決定設計目標，再提出滿足目標的設計解案，設計解案往往區分為功能性解案、象徵性或美學等解案；產品概念、雛形等均應接受一連串的測試之後，再進行生產及上市。

即使是技術創新，也有其創新的流程可供參考，技術創新的流程包含基礎研究、應用研究、技術構想的形成、概念定義、可行性評估、技術發展等階段。

創新的過程一般而言，包含構想提出（提案）、評估、需求分析、設計、試行、實施等階段。

1. **提案**：提出構想不但需要對顧客有深入的了解（分析工具中的資料採礦可協助此項工作）之外，還需要配合創意、腦力激盪、水平思考等方式，企業具有開放的企業文化也是必要的，提案來自不同部門或不同的個人，因此，顧客關係管理團隊成員不僅要踴躍提出構想，也需採納其他部門的意見。
2. **評估**：構想需要廣泛的提出，要執行則需妥善的評估，以免投入太多的成本於不可行的方案，評估乃是針對所提的方案依據適當的評估準則加以評估，評估的準則包含效益（為顧客創造的價值）、成本、其他資源、法律智權等。
3. **需求分析**：可行方案經評估之後，需進一步做需求分析，以確認未來的創新方案應達成什麼目標，滿足這些需求。
4. **設計**：設計指的是為所選的方案建立適當的計劃或執行藍圖，雖然互動方案不一定像技術或產品創新一樣需要繪製設計圖或規格圖面，但一份良好的執行計劃是成功的關鍵要素。設計是提出滿足需求的方案，此種方案也有多種可能性，提出設計方案，也如提案階段一樣需要創造。需注意的是，該方案的執行，需要配合顧客關係管理系統，如互動介面、資料採礦工作，或企業流程等。
5. **試行**：試行就是產品創新中的測試的概念，一個成功的互動方案，實施前進行小規模的測試，模擬是很有必要的，不但可讓方案的執行成功機率更高，更有信心，而且可以將方案修正得更為完美。

14-2 顧客關係管理的創新

一、創新的來源

創意來源可能包含總體環境的因素以及企業價值網絡的每一個點，杜拉克對於創新來源的敘述，包含（Druker, 1985）：

1. **意料之外的事件**：指意料之外的成功或失敗，例如，杜邦研究聚合物，一位研究助理讓爐子燒了整個週末，而發現爐子裡的東西凝結成纖維，經過 10 年的研究後，因而發現尼龍的作法。
2. **不一致的狀況**：就是事實與理想（應然）、或與假想之間的差距，包含不一致的經濟效益（績效指標）、消費者需求的認知、業務流程等。例如，白內障手術在切斷韌帶的時候，可能使病患流血，進而使眼睛受到傷害，因這手術流程的不協調而發明可以立即分解韌帶的酵素。又例如，顧客服務過程的不方便，而產生客服中心的 FAQ 系統。
3. **程序需要**：基於工作的需要，而需要有完成該工作的流程，而有程序的創新。例如攝影過程需要厚重且容易破碎之玻璃，笨重的照相機，使得柯達發展極輕的軟片代替重玻璃片，並因此而發明較輕的照相機。
4. **產業與市場結構**：產業技術趨勢改變、營業額快速成長、截然不同的科技彼此整合（例如，電腦與電話科技）、市場趨勢及交易方式快速地變動。例如，e-Bay 基於市場交易型態的改變而發展出電子拍賣系統。
5. **人口統計資料**：包含出生率、死亡率、教育水準、勞動人口結構、人們遷徙與停留。例如，美國的梅爾維爾（Melville）零售店接受了戰後嬰兒潮這個事實，60 年代早期（嬰兒潮剛好到達青少年段），為這批青少年創造新穎而與眾不同之商店。
6. **認知的改變**：人們對於生活、社會、政治、經濟、文化、宗教、價值觀等等看法的改變。例如，人們對於健康與舒適的過度關切，創造出新的醫療保健雜誌市場；人們進食由溫飽到講究美食，創造出新的美食烹飪節目、美食烹飪手冊市場。

7. **新知識**：新知識或知識的整合。例如，由於真空管、二位元理論、打孔卡片（新的邏輯）、程式設計、回饋概念等知識，發明了電腦；1880 年中期，汽油引擎知識，以及氣體力學知識，聚合在一起，而發明了飛機。

二、CRM 創新的機會點

創意需要具備有好奇的人格特質，以及運用創意的工具輔助，並對於環境的仔細觀察而產生，觀察的方法包含傳統的市場調查或市場研究、資料的蒐集、直接觀察或參與式的觀察、焦點團體或深度訪談等。就顧客關係管理而言，主要針對本書顧客關係管理架構中的對象，去尋求創新的機會點。

由顧客關係管理的運作過程，我們可以得知常見的顧客互動方案包含產品建議、銷售、諮詢服務、抱怨處理、社群討論等，雖然這些互動方案在不同形式的顧客關係管理系統（即客服中心、銷售自動化、電子商務網站），有不同的呈現方式，但是其基本的模式都是相同的。

顧客互動的目的乃是對於顧客的經濟上、心理上及社會方面產生效益認知，什麼樣的互動方案才會達成上述的效益認知是一個極待研究的問題，也需要依賴創意與創新。就本書所考量的互動模式來說，其互動的內容及互動方式均可能影響顧客的認知，此處再回顧一下本書第五章，可以知道：

1. **互動內容**：不論是訊息或是實體的互動，其專業性、互動頻率以及互動技巧，均會影響顧客效益認知。
2. **互動方式**：不論是互動介面（如面對面、網路、電話等）或互動過程，均會影響顧客效益認知。

因此，良好的互動方案，是顧客關係管理績效的根本，唯有不斷地創新互動方案，才是顧客關係管理成功的不二法門，而上述互動內容與方式，均為創意思考的機會點。

由前述的創新的對象與型態我們可以得知，創新的點是無所不在的，我們可以說，在企業價值網路的每一個點或網路的一部分，均有創新的可能，例如，技術創新、流程創新、通路創新、產品服務創新，或企業模式的創新。同理，對於顧客關係管理而言，我們也認為在顧客關係管理的架構中，每一個點均有其創新的可能，以下是一些代表性的例子：

1. **新產品或新服務**：產品或服務的創新雖然不是專屬於顧客關係管理討論的範圍，可能牽涉公司的技術或行銷策略，畢竟新產品或新服務的提升，對顧客滿意度及忠誠度的提升，也頗有貢獻。而且，新產品或新服務創新構想，許多都是源自於與顧客互動的結果，因此，我們將新產品、新服務也列為顧客關係管理的創意方案，也就是新產品或新服務亦能為顧客創造新的價值，也就是新產品或新服務亦能為顧客創造新的價值。
2. **顧客互動方案之創新**：指的是運用新的促銷方案、採用新的互動流程，例如採用 FAQ 與電腦電話整合技術的客服流程相對於傳統的客服流程而言，便是一種創新。
3. **互動介面的創新**：針對某個接觸點採用新的互動介面媒體或是提供多重介面給顧客做選擇，均為一種創新，這類創新往往令顧客感覺到使用的方便性、節省時間、成本，甚至有客製化的效益。例如，提供網站的介面、或是運用電磁卡面等均屬此類；其次，塑造良好的空間環境或令人感動的氣氛，可以令顧客獲得更好的體驗，也可視為互動介面的創新。
4. **新技術的採用**：除了介面的創新之外，也可能因為採用新的資訊、通訊技術，而使得顧客互動更為密切。電腦電話整合、銷售自動化軟體、電子商務網站均可稱為技術採用，若更加細分，則其中的資料採礦技術、FAQ 技術、電子付款技術、智慧代理人技術等採用，均可稱之為創新，技術創新對於顧客關係管理而言，是一大利器。
5. **管理創新**：對於支援顧客關係管理的組織內部管理與制度而言，也需要隨之創新，例如，績效評估方式、教育訓練課程與教學方法、激勵制度等，均可因為創新而使得支援效果越佳，進而提升顧客關係管理的績效。
6. **顧客關係管理策略創新**：與顧客之間的關係建立方式，也是一種創新，例如，與顧客共同合作來定義新產品或服務的規格，就比傳統的由顧客接受產品服務或選擇產品服務來得更創新。
7. **顧客關係型態創新**：與顧客建立不同型態的關係是可能的創新，例如讓顧客自助、協助顧客或共同創造等。
8. **價值創新**：為顧客提供不同的價值就是創新，例如由功能價值轉向心理價值或象徵性價值等。

因此，在整個顧客關係管理的架構之下，各個點或面均有創新的可能，就看在顧客關係管理運作過程中，是否有足夠的能力及意願去挖掘創新的機會，這些創新的機會點如圖 14-1 所示。

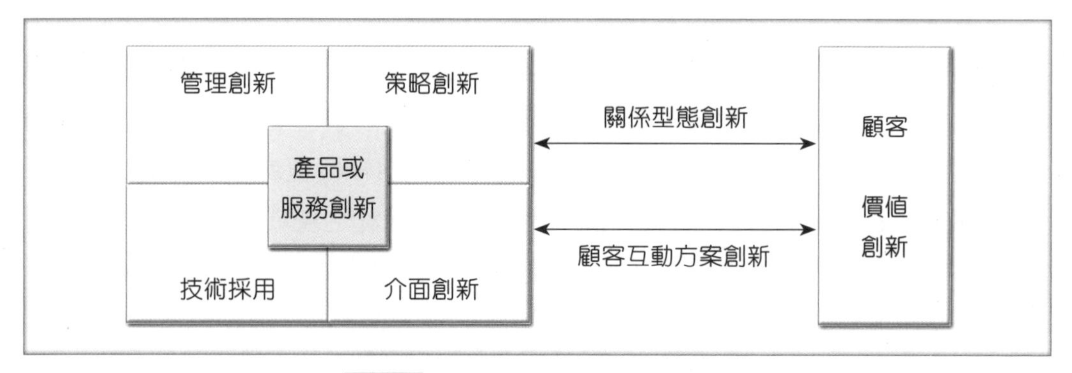

圖 14-1 顧客關係管理創新的機會點

三、顧客互動方案與 CRM 資訊系統的創新

NEWS 報 3———星巴克

為了振興星巴克的客戶體驗，舒茲在 2008 年 1 月回任執行長，並在兩個月內後推出網站 MyStarbucksdea.com。容許每個人可以用自己獨一無二的想法形塑星巴克的未來，同時也能參考別人的點子，投票給他們認為最優秀的提案。星巴克開放了幾乎所有的流程供網友出主意，包括點咖啡；付款、領咖啡；店面地點與氣氛，社會責任與社會關係，產品相關的想法如飲料、周邊商品、熟客卡，以及任何能改善星巴克體驗的方法。單單地一年，網站就募集了六萬五千個點子，收到六十五萬八千張選票。2009 年底，星巴克宣佈網站上五十個優異的點子已經獲得通過即將付諸實現，而其中不少點子是對星巴克都是極大的突破，比方說提供健康食品。

資料來源：王怡棻譯，民 100

(一) 創新的構想來源

針對顧客互動方案的創新來源，主要可以區分為三大構面來說明，一為敏銳的觀察，一為顧客關係管理知識管理，一為顧客關係管理技術調查。

1. 敏銳的觀察

參考本章第一節創新的機會點可以得知創新來源之一為來自敏銳的觀察，觀察的對象相當廣泛，觀察的內容也非常豐富。

以觀察對象而言，可能包含社會、經濟、技術、政治的發展趨勢；也包含本身產業的產品或技術；也包含企業的價值鏈流程、制度與價值觀，更可以觀察顧客行為與動機。對於總體環境與產業環境的觀察，可以配合策略規劃過程的偵測機制，來觀察環境的趨勢或事件；對於組織流程或價值鏈的觀察，可以運用問題分析的方式，察覺理想狀況與實際狀況之差異，而激發改善之創意；對於消費者的觀察，則如本書需求分析所建議的方式，觀察其購買流程、使用流程或日常生活。

觀察內容的豐富性表現在對於觀察對象脈絡（Context）的了解，例如觀察顧客行為，則該顧客的內在動機、文化背景與生活條件等均為其脈絡。對於組織（企業顧客），需觀察其環境、外顯行為以及內部假設，也就是了解其企業文化；對於消費者，則需觀察其外顯的採購與使用行為，更需注意消費者的經濟條件、社會地位、生活風格與宗教信仰等。

2. 顧客知識管理

前一章已經詳細說明顧客知識管理的流程，知識的運用領域，應有相當大的比例用於創新活動，稱為知識創新，底下是一些知識創新的例子。

(1) 由資料採礦的結果，可以得知顧客的未來購買行為，例如購買商品的關聯性、次序性等。這些結果若能善加利用，可以提出許多的促銷方案，例如個人促銷、商品推薦、商品擺設等。

(2) 由網路社群或顧客意見箱的知識，可以得知顧客的偏好、顧客需求以及學習許多新的專業知識，對於提出新產品或新服務的構想，頗有幫助，同時對於顧客互動方案的設計，也有相當多的啟示。

(3) 在顧客互動過程中，對於顧客行為的敏銳觀察，或是相關資料的蒐集，可以對顧客的需求及背後的動機，有更加深入的了解。對於新產品新服務、新的互動方案、新的互動介面的創意構想，有相當多的幫助，不但更能滿足顧客需求，而且可能創造顧客需求。

(4) 由顧客滿意度調查的結果，可以了解顧客的期望，以及企業服務的水平，為了能夠提升顧客的滿意度及忠誠度，也刺激顧客關係管理人員更有創意地提出構想。

(5) 由顧客關係管理績效評估的結果，以及外界競爭知識的了解，所建立出的商業智慧（Business Intelligence），也可用於提出新的構想。

3. 顧客關係管理技術調查

顧客關係管理的技術調查乃是隨時觀察有關顧客關係管理技術的演進趨勢，以便決策是否適時引進或採用（Adoption）該項技術，提升顧客關係管理的能力。顧客關係管理技術狹義的定義是指資訊通訊等分析工具的技術，廣義的定義則是包含顧客關係管理的策略、概念，以及推展方法。

上述的敏銳觀察與顧客關係管理知識管理的結果，其目的是要使得顧客關係管理團隊能夠產生（Generate）新的構想，並加以實施。顧客關係管理技術調查的結果，其目的是為了使顧客關係管理團隊能夠採用創新，不論是自行創新或採用創新技術，均為創新的重要手段，如圖 14-2 所示。

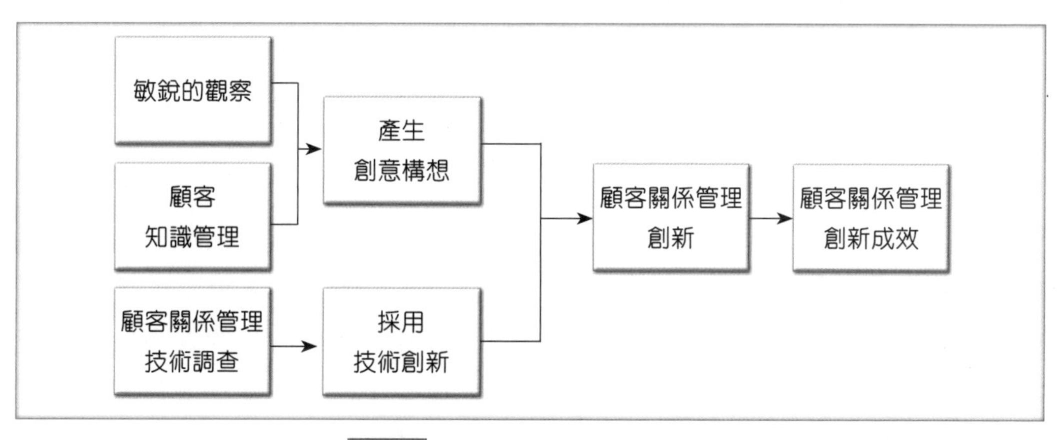

圖 14-2 顧客關係管理創新的途徑

創新的步驟中，除了所需資訊之外，構想的提出是一個關鍵的步驟，顧客關係管理的團隊不但需要執行事先規劃的顧客互動方案，而且也要不斷透過學習（顧客知識之學習）、以及創新的方式，加上對工作及對顧客的熟識，不斷地提出更多、更具創意、更能為顧客創造價值的方案，才能使顧客關係往前不斷地推進。

以中友百貨為例，中友百貨針對萬聖節（當時萬聖節對臺灣而言乃然相當陌生）舉辦親子活動，透過對顧客的教育，讓顧客了解並逐漸接受萬聖節，再加上以萬聖節為主題的親子活動，讓顧客感覺新鮮、有趣又有知性，與中友百貨的關係也就更接近了。這個互動方案具有創新、有趣為顧客創造價值等特性，然而我們較需注意的是其背後提出並執行此方案的過程，該團隊不但是隨時了解顧客動向、隨時觀察國內外的社會現象與文化背景，更重要的是，他們隨時把顧客握在心裡，認為與顧客分享具有成就與榮耀，因此具有相當高的工作熱情。

圖 14-3 中友百貨為慶祝萬聖節舉辦親子活動，小朋友打扮成各種鬼怪造型搶著要糖果。

(二) 創新的執行與評估

構想執行指的是將篩選後的互動方案納入顧客關係管理系統中執行，例如，聯邦快遞的包裹追蹤系統要執行，則在資訊系統方面，需有手提式電腦或輸入設備、中央處理伺服器；軟體方面需有分析包裹狀態的查詢軟體；資料庫方面則需將包裹資料加上各階段的動態欄位（例如收件、上貨運、上飛機、過海關等），方能由查詢軟體查詢得知。其次，在流程方面，送貨人員的作業方式需要改變，例如需要在收件、交件時填入狀態，而且聯邦快遞與航空、貨運公司之間的作業流程也常密切的配合。

構想執行之後，也需要評估其績效，做為改進互動方式的依據，例如，可透過顧客滿意度調查，了解顧客的反應，若績效不如預期，則需加以改善，或運用其他的互動方案來取代。

與顧客之間的互動，很可能是例行的業務，如交易、查詢、維修等，當然這些例行的互動對顧客而言必要而且重要，但是若要讓顧客產生驚喜、訝異的感受，許多非例行而且有創意的互動方案需要被提出並執行。

以網路書店為例，網路書店上的下單、付款等是例行的業務，但是在網路書店舉辦讀者與作家合作寫書的活動，則是一個有創意的互動方案。讀者參加寫作競賽，若獲選者，其作品可與知名作家並列，這種活動對讀者而言具有相當的吸引力，該吸引力便來自於網路可以為顧客創造成就動機之價值，因此讀者在線上的時間增加了，對網站的歸屬感也增加了，不但有吸引人潮之效果，更重要的是，顧客的留住率與忠誠度之提升。

有創意的互動方案的確能夠強化與顧客之間的互動關係，而且可以超乎顧客的意料之外。重點在於互動方案的提出與執行，是否有些原則可供遵循，從創新的角度來說，互動方案是一個創新的過程，創新的特性是創意需要加以商品化，此處我們視商品化為互動方案的確實實施，而與顧客進行良好的互動。

顧客關係管理系統或制度若視為顧客關係管理的骨架，源源不斷的互動方案則是肉，骨架是硬體，肉是軟體，兩者相互配合，方能有效運作，達成顧客關係管理的目標。

NEWS 報 4——IKEA

宜家家居（IKEA）應對疫情，讓門市變成購物網站的出貨中心。在數位長柯波拉領導下，用一週的時間將全球十三個地區的數據移到中央雲端系統，匯總及整合所有地區的資料；接著用三週的時間讓採購、訂價、配銷部門主管學習運用科技、數據及人工智慧，打造符合公司傳統的全數位化零售體驗。此外，數位團隊推出「網購店取」（Click and Collect）的無接觸出貨模式，從而提高每人平均下單次數。在線上，先進的人工智慧不僅能向線上購物者推薦商品，更能擴增零售團隊的市場洞察。線上顧客看到最相關、最符合需求的推薦商品而購買更多品項，使單次購物總額暴增，線上商店營收成長三到五倍，獲利成長率出現大幅提升。

資料來源：李芳齡譯（021），領導者的數位轉型，第一版，臺北市：遠見天下文化出版股份有限公司

14-3 創意的工作環境

NEWS 報 5——3M

在 3M 內部也設立非常多鼓勵創新、刺激冒險的獎項，在技術部門有「金階獎」，鼓勵成功開創事業的同仁；「創世紀基金」是 3M 內部的創業基金，任何研究人員最多可以獲得五萬美元開發新產品；「分享技術獎」鼓勵同仁在內部散播新技術和新構想；代表研究技術人員最高榮譽的「卡爾頓獎」，這個獎項在 3M 的地位如同諾貝爾獎，只要獲選加入就代表這位 3M 人曾經開發出原創性技術，並有傑出貢獻，是莫大的肯定。

資料來源：彭芃萱著，民 99，pp. 70

一、塑造創意的工作環境

在創新的流程中，討論到構想，由提案、評估、執行是一個相當嚴謹的過程，透過該過程，可以讓創意構想具體實現，但是如何才能夠讓構想源源不斷地提出，受到重視，加以評估，而具體實現呢？這需要組織成員有高度的創意、有創新的意願，以及具備專業技能，欲讓成員具備這些技能，則組織應該是具有創意的工作環境。易言之，組織在實質上，是鼓勵創新的，在觀念上，具有創意的氣氛。

組織塑造創意的工作環境主要的方向包含提升創新的意願、激發創意、以及提供構想產生的方法三大方向，提升創新的意願包含對創新的激勵、對願景的溝通、創新文化的塑造等；在創意的激發方面，可以藉由集合左右腦的人員（一般而言左腦負責分析邏輯，右腦負責情感、藝術等）、不同專業領域的人員，進行創意摩擦；構想產生的方法請參考第三節。

組織的許多變數會影響創新，例如，保守的氣氛，會讓創意較難發揮，而一些不經意的活動，更會扼殺創意，以下有一些組織設計的原則，可以協助組織塑造一個較有創意的工作環境：

二、組織設計的原則

(一) 領導風格

領導者能夠排除障礙、尋求機會，積極採用打破官僚式的方法，傾聽市場的聲音，注重創意性的問題解決方法，促使組織接受創新，領導者具有下列特質者，較有助於創新：

1. 個性負責、分享榮譽。
2. 具備人際關係技能。
3. 熱心參與尋求支持。
4. 較有把握地取得創新所需之資源（資源或專案管理）。
5. 維持溝通網路。
6. 兼顧技術導向及市場導向的決策。

(二) 組織結構與文化

組織結構較具適應能力及彈性者有利於創新。因為具有適應能力的組織，能快速察覺環境的變化，並分析該變化對組織的衝擊，再迅速採取因應的對策，其中快速的察覺、分析代表訊息的流通，快速的採取因應對策，自然蘊涵較多的創新活動。而較具有開放、冒風險、顧客導向文化之企業，也較具創新潛力。因為開放及顧客導向，代表願意傾聽顧客的聲音，並滿足顧客的需求，而引發許多創新的互動方案；冒風險指的是願意投入資源做更多的嘗試，而產生創新的方案。

(三) 資源分配與任務分配

分配於創新相關活動之時間、空間、安全感、實質資源（資金、設備等）等資源較充分者有助於創新，因為資源較為充分，則投入創新之實力及意願均較高。工作壓力與負荷適中、工作自主性較高以及較具有挑戰性之工作分配者有利於創新。工作的壓力與負荷太輕，則工作可能較為鬆懈，較容易令人忽略工作工本身以及進步所需的創意；負荷太重，則令人過於忙碌應付工作，而無暇思考創新的議題。工作的自主性與挑戰性也是同樣的道理，自主性與挑戰性的工作，可以令工作者可以採用或嘗試各種方法來達成工作目標，這不斷的嘗試就是創新。

(四) 激勵制度

激勵的目的在於激發員工的工作潛能，激勵的對象與方法，也就決定了工作潛能發揮的方向，如果企業的文化較為保守，其激勵制度可能是針對工作表現穩定或是少犯錯者加以鼓勵，自然造成工作較為平穩，而進步緩慢。反之，較具創新的組織，其激勵的目標在於有效地激勵創新行為及創新成果，因此激勵制度的設計，對於創新與創意有所影響，激勵事件、對象需針對有創新意願、有創意提出、有創新成果（成功）、無創新成果（失敗）、推動創新者。而激勵方法如金錢、獎狀、表揚等方法若使用恰當，則有助於創新。

(五) 資訊系統

創新的進行需要許多組織內外知識與資訊的傳遞，例如，構想的來源，可能來自於新知識、顧客知識、市場需求，構想的執行也需要許多的溝通與技術資訊，暢通的資訊系統便成為顧客關係管理新的要件。資訊系統應具有暢通的管道，以便有效地蒐集到有利於創新之資訊及知識，而且該資訊及知識能有效地刺激創意或評估創新方案，則有利於創新之推動。

顧客焦點

越活越年輕的大甲鎮瀾宮

2019 年四月二日早上，大甲鎮瀾宮正殿前面，金色長捲髮、拿著弓箭的精靈，跟一個紅髮、穿著全白西式王子束裝的男子等人，魚貫走進宮廟，收起手上的巨大武器，站在媽祖神像前拿香祭拜。一旁信眾大感驚訝，紛紛放下合十祈禱的手勢，拿起手機拍照。他們是遊戲橘子公司請來的角色扮演者（Coser），為旗下力推行動入口服務「beanfun」及去年爆紅的手機遊戲「天堂 M」與大甲媽祖合作造勢。

大甲鎮瀾宮副董事長鄭銘坤表示，「我們希望遶境跟科技的結合，能讓遶境更年輕，吸引更多的年輕人參加。」「世代傳承」、「年輕化」是大甲鎮瀾宮極力推動的概念。

臺灣宮廟受到信眾高齡化的衝擊，未來有可能連宮廟都會因為收不到香油錢而倒閉，連神明也無可奈何。許多宮廟也紛紛力拼「轉型升級」。

大甲鎮瀾宮副董事長鄭銘坤在二十年前就已經嗅到信徒老化的危機，為了拓展客源，鄭銘坤啟動一系列品牌再造工程，摘錄其要者列述如下：

1. **2004**：舉辦「大甲媽祖國際學術研討會」至今。
2. **2006**：起駕前一夜舉辦「媽祖之光」演唱會至今。也開始與天眼衛星合作，安裝 GPS 感測器在媽祖神轎，吸引年輕人參與。
3. **2007**：舉辦「大甲媽祖國際觀光文化節街舞大賽」至今。同時與經濟部工業局的紡織時尚週、模特兒經紀公司凱渥合作，在鎮瀾宮走秀。
4. **2008**：連兩年舉辦媽祖盃文化婚禮新娘造型創意大賽。也舉辦攝影、自行車及路跑等競賽。
5. **2010**：連六年舉辦兩岸媽祖盃歌唱大賽。
6. **2013**：董事長鄭銘坤開始經營個人粉絲頁。同時開始 e 世代青年一日遶境體驗活動。
7. **2014**：舉辦大甲媽祖微電影徵件比賽。
8. **2017**：成立「鎮瀾買足」電商網站。
9. **2019**：QR Code 捐香油錢、委託宏碁做智慧佛珠。
10. **2022**：舉辦大甲媽祖國際觀光文化節攝影比賽、繪畫比賽、土風舞競賽。

大甲鎮瀾宮為了爭取年輕信徒，街舞、路跑、鐵馬、直播……樣樣來，只要不要違背善良風俗，都可嘗試。目前鎮瀾宮的臉書粉絲約 51 萬，高過北港朝天宮與新港奉天宮。鎮瀾宮推動年輕品牌可用四步來說明。第一步請下神壇，閉門祭典公開舉行；第二步卡通化，首開Q版風潮，推出Q版媽祖圖像；第三步科技行銷，線上求籤、集點，吸引行動數位原住民；第四步大學生當志工，青年會辦活動秒殺，串起生態系。

當然，神聖信仰如此商業化的演出，也遭受一些質疑的聲音，在商業經營績效之下，是否影響這種神聖性有討論的空間。

資料來源：宮廟也會倒的年代，它為何越活越年輕？商業周刊 1639 期 2019.4，pp. 74-80；大甲鎮瀾宮網站，2022.8.18

大甲鎮瀾宮在顧客互動方案的設計、科技的應用、顧客關係的理念上，分別有哪些創新的做法？

本章習題

一、選擇題

(　　) 1. 企業設計新的檢測流程是屬於哪一種創新？

(A) 技術創新　(B) 流程創新
(C) 新產品或服務　(D) 經營模式創新

(　　) 2. 下列何者屬於創新策略的內容？

(A) 組織創新目標　(B) 創新組合
(C) 資源分配的方法　(D) 以上皆是

(　　) 3. 某公司規定 20% 的營業額要來自五年內上市的新產品，此為創新策略的哪一個元素？

(A) 組織創新目標　(B) 創新組合
(C) 資源分配的方法　(D) 以上皆是

(　　) 4. 沒有針對問題去進行有意識的工作，這是華勒斯創意階段的哪一個階段？

(A) 準備　(B) 醞釀
(C) 豁然開朗　(D) 驗證

(　　) 5. 發現人們飲食由溫飽而講究美食，進而創造出新的美食節目，這運用杜拉克的哪一種創新來源？

(A) 意料之外的事件　(B) 不一致的情況
(C) 程序需要　(D) 認知的改變

(　　) 6. 企業在推動顧客關係管理時，設計了新的客服流程，這是屬於哪一種創新？

(A) 顧客互動流程之創新　(B) 新產品或服務
(C) 技術創新　(D) 介面創新

(　　) 7. 企業在推動顧客關係管理時，採用電腦電話整合系統，這是屬於哪一種創新？

(A) 顧客關係管理策略創新　(B) 管理創新
(C) 技術創新　(D) 介面創新

(　　) 8. 下列哪一項領導風格不利於組織創新？
(A) 掌握創新資源　(B) 維持溝通網絡
(C) 專制　(D) 熱心參與尋求支持

(　　) 9. 下列哪一項任務分配的原則不利於組織創新？
(A) 工作壓力高　(B) 工作自主性高
(C) 工作挑戰性高　(D) 以上皆非

二、問題與討論

1. 何謂創新策略？如何擬定創新策略？
2. 為何顧客關係管理創新，對於顧客關係管理實施的績效有重要的影響？
3. 顧客關係管理架構中，哪些地方（機會點）可以讓我們提出顧客關係管理的創意方案？
4. 顧客關係管理創新方案的構想來源為何？如何構成顧客關係管理創新途徑？
5. 如何塑造一個創新的工作環境？

三、實作習題

【顧客服務】

說明：客服人員想針對不同重要性的顧客以及不同急迫性的顧客進行不同方式的服務安排。

1. 進入「客戶服務管理模組」，選擇「案件管理」。
2. 選擇「案件快速查詢」，輸入服務人員代號，重要性 [Q]：高 / 很高，按「查詢」，列出該客戶名單。請說明您（客服人員）對這些顧客應該如何進行服務？（例如品質要求、服務時效等）。
3. 查詢條件改為：公用（20）急迫性【高】以上的案件，列出該客戶名單。其進行服務方式有何不同？

本章摘要

1. 顧客關係管理的創新對顧客關係管理的運作成效而言是相當重要的，而且與顧客關係管理知識管理頗有關聯。
2. 顧客關係管理的創意方案的機會點包含了新價值、新關係型態、新產品、新服務、新的互動流程、新的互動介面、新技術的採用、新的管理制度與新的顧客關係管理策略，創新的能力及意願，決定了顧客關係管理團隊能否提出充分的創新方案。
3. 創新策略的內容包含擬定組織創新目標、決定創新方法與創新組合、分配創新資源等項目。
4. 顧客關係管理的創新流程包含構想的提出、構想的篩選（評估）、需求分析、設計、試行等階段，其重要的條件是要將創新構想付諸實現，並產生績效。
5. 欲令顧客關係管理的創新構想源源不絕，並且付諸實現，企業應提供良好的創意工作環境，包含暢通的資訊系統、良好的激勵制度、充分的資源分配、適當的工作安排，以及組織結構與文化之調整。

參考文獻

1. 王怡棻譯（民 100），雷馬斯瓦米、高哈特合著，共同創造到底多厲害？初版，臺北市：商周出版：城邦文化發行。
2. 李瑞芬譯（民 95），創新地圖，初版，臺北市：臺灣培生教育。
3. 胡瑋珊譯（2013），科特勒談創新型組織，臺北市：天下雜誌（F. T. de Bes, P. Kolter, Winning at Innovation: the A-to-F Model）。
4. 彭芃萱著（民 99），你不知道的 3M：透視永遠能把創意變黃金的企業傳奇，初版，臺北市：城邦文化發行。
5. Drucker, P.F. (1985). "The Discipline of Innovation," Harvard Business Review, May-Jun, pp. 67-72（註：杜拉克的專書著作「創新與創業精神」中譯本由臉譜出版）

6. Amabile, T.M. (1998) “How to Kill Creativity,” Harvard Business Review, Sep / oct, 76:5, pp. 130-143.
7. Schumpeter,J.A.(1934), The Theory of Economic Development: An Inquing into Profits, Capital, Credit, Interest, and the Business Cycle, Harversity Press, Cambrdge, MA.
8. Peppers, D. et al., (1999), “Is Your Company Ready for One-to-One Marketing?” Harvard Business Review, Jan-Feb, pp. 51-60.
9. Wallas, G.., (1926), The Art of Thought, New York, Harcourt, Brace.

NOTE

Chapter 15

顧客關係管理議題與趨勢

學習目標

- 了解顧客關係管理推行的障礙及其克服之道。
- 了解顧客關係管理推行時的倫理與社會議題。
- 了解顧客關係管理未來的趨勢。

前言

顧客關係管理的最終目標是要將顧客終身價值最大化，其主要的手段，就是提供客製化的產品服務或提供個人化的互動。

依據本書對顧客關係管理的架構定義，不同的互動層次會為顧客提供效益，顧客對效益的認知，而有了滿意及忠誠的回應，有幾個議題是值得提出的，第一個議題是顧客關係管理推行的障礙為何？第二個議題是倫理與社會議題。企業與顧客更多的接觸，產生那些倫理、隱私、財產權的議題。第三個議題是，顧客關係管理未來的趨勢到底如何？推行顧客關係管理真的是企業不二的選擇嗎？本章將逐一討論這些問題。

企業觀測站

2010年，陳琪放棄阿里巴巴產品經理工作，與魏一搏於2011年共同創立蘑菇街，擔任公司CEO。公司的使命是：Make Fashion Accessible to Everyone，願景是：Become a Fashion Destination。在此理念下，公司提供時尚服務，讓用戶瀏覽各種穿搭照片，再連結到淘寶選購相關商品，這種商品導購服務讓蘑菇街一砲而紅。但阿里巴巴不甘被掐脖子，也因而切斷導購連結，陳琪因此從仲介生意轉向開發線上版的女性百貨公司，自己招商、建金流、物流。

2016年，蘑菇街決定切入當紅的直播趨勢，首先爭取關鍵意見領袖（KOL），也就是網紅的支持。如何讓兩萬名網紅願意與蘑菇街合作呢？

點開蘑菇街APP，正中間版位就是以網紅為體的「直播特賣」欄目，一眼可看見那些網紅正在直播，主打那些商品，下方則是網紅分享的穿搭指南，方便粉絲直接購買他們穿的商品。蘑菇街全力支持網紅，先讓他們贏，才能讓超級用戶離不開自己。

為了幫網紅聚集買家，蘑菇街從最基本的改善消費體驗開始，現在，當用戶看蘑菇街直播，想買網紅身上的衣服，不用跳出畫面而另外搜尋商品，網紅每換一件衣服，直播畫面下方就會立即顯示該商品價格、款式、尺寸等訊息，讓消費者一邊購物一邊看直播。之後，蘑菇街運用內部編輯與影音等自製內容團隊，每週固定替網紅打造節目，把他們當藝人經營，推出穿搭、美妝等各種主題視頻，不只提供消費者實用資訊，也賦予網紅專業形象。

蘑菇街正在研發新功能：人工智慧（AI）穿搭，透過豐富商品訊息與超過兩億註冊會員之購買行為資料，未來可透過AI，分析不同時間最熱銷的商品組合，替消費者配出最適合的服飾，同時也能替商家預測市場，制定商品策略。

資料來源：「人」當關鍵通路，用2萬穿搭網紅打進朋友圈，商業周刊1594期2018.5，pp. 86-89；蘑菇街網站，2022.8.18

提示

由此個案可以觀察推動顧客關係管理時，在技術、顧客角色、個人化程度、顧客效益、夥伴關係方面的發展趨勢。

15-1 顧客關係管理推行的障礙

顧客關係管理是一個複雜的系統，就本書的定義而言，顧客關係管理系統包含了與顧客直接互動的互動流程，而為顧客創造價值的元件、指導顧客關係管理設計與運作的策略元件，以及支援互動流程的分析工具、互動介面與組織制度元件。與顧客關係管理系統相關的人員包含：

1. **高階主管**：決定顧客關係管理系統目標與資源分配。
2. **顧客關係管理團隊**：負責規劃、建置顧客關係管理系統。
3. **與顧客直接互動的顧客關係管理執行人員。**
4. **組織其他成員。**

在上述的基礎下，顧客關係管理依據發展流程逐步建構完成、並實施，也不斷地創新與知識累積。

推行顧客關係管理的過程，並不是順暢無礙的，實際上顧客關係管理也無可避免地面臨了一些障礙，這些障礙可以從認知的障礙、整合的障礙以及顧客本身的障礙三項來說明。

一、認知的障礙

與顧客關係管理推行有關的成員包含顧客關係管理團隊、組織的所有主管及人員、甚至包含合作夥伴以及顧客，這些人員對顧客關係管理的認知是否相同，是否矛盾，是一個相當頭痛的問題，對於顧客關係管理的認知可以從顧客關係管理系統、顧客關係管理績效兩項來說明。

1. **顧客關係管理系統**：所有成員對於顧客關係管理的定義、範圍及策略都可能有不同的認知，有些人認為顧客關係管理是一個具體可執行的資訊系統，即本書所指的分析工具與介面；有些人認為顧客關係管理是企業整體的抽象概念；有些人認為在顧客關係管理的策略上可以與顧客訂定明確的關係契約；有些人認為顧客關係管理策略中存在不可避免的信任與默契；有些人認為顧客關係管理是客服部門，或是業務部門的事；有些人則認為顧客關係管理是全體員工的動員。對於顧客關係管理系統的認知不同，其執行過程所投入的努力以及所設定的目標，也就不一致。

2. **顧客關係管理績效**：由於顧客關係管理的績效不容易衡量，即使有顧客終身價值的具體目標，但其衡量實屬不易，所分解出來的顧客保留率、忠誠顧客比率等子目標，也都有衡量的困難。加上顧客親密度、信譽的提升等質性的績效指標，使得績效標準不易衡量，而且認知不同，加上成本的考量，使得企業對於顧客關係管理的投資，猶豫不決。

二、整合的障礙

顧客關係管理運作過程的核心是互動流程，而背後支援的是資料（資訊以及知識）及管理制度，由於顧客的區隔相當精細，甚至個人化，其需求千變萬化。因此，流程、資料的整合及制度的配合便構成了整合的障礙。除此之外，組織政治也是造成整合的困難，由於顧客關係管理的實施或流程整合，造成某些部門或人員失去決策的權力，而造成抗拒的心態或行為，使得流程整合更為困難。

1. **流程整合**：既然顧客互動講究的是客製化與個人化，則企業所設計的互動流程到底是運用統一的流程，還是運用眾多的個別流程，的確是困難的問題。統一的流程，則恐怕無法有足夠的彈性，因應個人化之要求；流程眾多，則效率大受影響，成本也大增，甚至執行產生了困難。
2. **資料整合**：由於顧客關係管理的資料來自不同的管道，所處理或儲存的系統也可能有所不同，例如，從帳單所得的資料，與從客服人員所得的資料，雖然可能來自相同的顧客，但可能分開處理，對顧客的回應，也就變得片段且不一致了。資料的整合是絕對有必要的，但在於技術上（如人工、電腦資料，而電腦資料的 HTML 又與其他資料格式不同）、在作業流程上、在互動介面上，如何有效而又統一運用資料，對顧客提供一致的互動服務，是一個極大的挑戰。
3. **制度配合**：組織有組織目標、決策過程、溝通管道、組織制度等。這些管理與制度是否能夠充分與顧客關係管理的策略及運作流程配合，是一個值得探討的問題，也形成顧客關係管理推行的障礙。

三、顧客本身的障礙

顧客關係管理的推行，使得顧客在企業營運過程中，扮演了更重要的角色。無可避免地，顧客的一些特質也增加了顧客關係管理推行的困難，包含顧客的理性與情感層面、顧客的環境背景層面等。首先，在理性與情感方面，對企業最有貢獻的顧客，理論上應該獲得最佳的待遇，我們也都明白，企業百分之八十的營業額，可能來自前面百分之二十的顧客。因此許多的顧客忠誠度方案，都是對不同的顧客採取不同的優待方式，典型的例子包含：

1. 零售業對於較高購買金額的顧客，提供優惠點券、折扣或摸彩。
2. 航空業的里程累計點數。
3. 金融業的信用卡有白金卡、金卡、普通卡的區分，越高級的信用卡持有者，有越貴賓的禮遇。
4. 製造業的採購，也因為付款方式（現金、票據等）或採購金額而有不同的折扣優待。

這些作法，從理性的角度來講，都是合理而且必要的，但是從心理層面來講，是否顧客在相同的場合，感受到與其他顧客不同的待遇（尤其是本身是較為次級的待遇），內心的感受是否會相當難為情？以搭飛機為例，A 級的顧客有貴賓室的禮遇，B 級的顧客看在眼裡，是否平衡？B 級的顧客能夠很理性地分析，因為本身搭乘的哩程數少而應該接受較差的待遇，還是感性地認為自己何苦受到差別待遇，而改搭其他公司的班機？就企業的角度來說，是否應該顧慮到 B 級甚至 C 級顧客非理性的感受呢？畢竟，B 級顧客有一天可能也成為 A 級顧客，也可能成為 C 級顧客，甚至離開。

上述的議題牽涉了顧客公平待遇的問題，就顧客區隔之後，採取了不同的互動方式，互動方案包含了價格的不同以及服務內容與方式不同，在價格的公平性方面，顧客的疑慮包含：

1. 多種組合服務，與客製化的量身訂做服務，兩者之間的價格適合加以比較嗎？如何比較？
2. 標準而且公平的價格如何訂定？
3. 如何維持價格的公平性呢？

其次，在差別待遇方面，也面臨相同的問題，顧客的疑慮也會出現，例如：

1. 低收入戶或居住偏遠地區的顧客，會不會明顯感到不公平的待遇？
2. 較低層次或拒絕對較不重要顧客的服務，會不會令人感到屈辱？
3. 企業拒絕對較不重要的顧客提供服務，其拒絕的標準為何？

這是個十分吊詭的事情，企業在推行顧客關係管理時，應該適當地考量這些心理層面的因素。由於牽涉到顧客心理的層面，顧客的反應有時也很難用具體的公式來描述，以下只是提供一些顧客關係管理推動過程中的參考原則：

1. 實體互動介面，儘量避免不同區隔顧客群在相同的場合進行互動。
2. 虛擬的互動介面，儘量避免讓不同區隔的顧客群感受到很明顯的待遇。

另外，不理性或態度惡劣的顧客也是令人頭痛的問題。可能有些顧客存在著不合理的期望，或是情感上的問題，對於企業所提供的互動服務，給予惡劣的回應，如果企業的回應不令他滿足，則可能有惡意中傷的情事，對企業造成了傷害，若要加以處理，則可能勞民傷財，並打擊顧客關係管理團隊的士氣，這也是顧客關係管理的障礙吧！

其次，在顧客的環境背景方面，指的是顧客可能具有不同的文化、語言、時區、幣值、法規條件，尤其是跨國企業，更是同時面對異質的顧客。在此情況之下，顧客關係管理系統中欲採用的互動方案、互動介面以及資訊科技分析工具，一致地滿足各個顧客是一件困難的工作，因而形成了顧客關係管理推行的障礙。

15-2 倫理與社會議題

由於推行顧客關係管理過程中，牽涉許多的倫理議題，而且企業與顧客之間實體與資訊的往來，想要與顧客進行愈深入的接觸，愈需了解顧客需求，而蒐集大量的資料；想要為顧客創造良好的體驗，則顧客的表達與參與也愈密切。因為，與顧客的關係越密切，則越可能發生隱私權、財產權等相關議題，因此，推行顧客關係管理的同時，有兩種權利是需要加以顧慮的，一為「智慧財產權」，一為「資訊權」。

一、倫理議題

倫理（Ethics）是用來規範社會成員之間的關係準則，例如誠實、責任、公平、尊重等專業倫理，以及人權、自由等普世價值。道德則是個人行為合乎倫理規範的表現。推動顧客關係管理時牽涉到科技採用、資訊、以及行銷等多方面的技術及技能，也就會牽涉到倫理議題。

例如科技倫理方面，新科技發明可能會牽扯到科學活動的客觀公正性、公眾利益是否優先被考量、新發明的利弊得失是否被充份揭露、甚至影響的人倫關係（例如代理孕母）等。在資訊倫理方面，我們會要求資訊專業人員要遵守法律、保護社會大眾的利益、保護智財權、誠實揭露大眾所關心的資訊等，資訊方面的隱私權、正確性、存取權以及財產權都是重要的考量。在行銷方面，需要注意客戶的權益，不可有誇大不實的廣告、不誠實的產品標示，需要合乎公平競爭的原則及注意產品責任等，都是重要的倫理議題，有關顧客資料的隱私與財產權也是重要的考量。

二、智慧財產權

與顧客關係管理推行較有相關的財產權為智慧財產權，「智慧財產權」包含專利、商標、著作權以及商業機密；商標指的是用以識別及區分產品，以及顯示來源的記號；商業機密指的是處方、設計、流行樣式、資料編輯、軟體等之賦予工作成果，其背後隱含有專賣權的觀念；著作權指的是以法令保護智慧財產的創作者，禁止他人假借任何目的去複印與複製。著作權不保護創意，只保護其表達的方式；專利權則以法令保護創意本身及表達方式，包含機器、人工產品、合成物、處理方式等。企業推行顧客關係管理，與顧客進行互動，可能與智慧財產權有關的事項如下：

1. 企業可能創造很有優勢的顧客互動方案，為了保護本身互動方案，可能採取公開的保護，而申請專利，或以商業機密的方式避免互動方案遭到模仿或抄襲。
2. 企業與顧客之間資料或資訊之相互分享與引用，可能牽涉到著作權的問題。

這些有關財產權的議題，在電子商務、行銷管理或管理資訊系統相關著作中，法律與道德議題已經受到重視，且有廣泛的討論，推動顧客關係管理的過程，其考慮的條件也是相同的。

三、資訊權

資訊權主要的有關內容是隱私權。「隱私權」指的是個人要求獨處，不受他人、組織、政府之監督或干擾的權利，資訊隱私權是隱私權的一部分。

在顧客關係管理推動的過程中，需要蒐集許多顧客的資料。由資訊技術進行資料蒐集的方式包含搜尋引擎、網站交易紀錄、運用 Cookies 蒐集個人資料、購物車、表單等。在蒐集的過程中，是否合法？是否侵犯到顧客的隱私權？或是對顧客造成困擾？均為需要考慮的問題。

其次，顧客資料加以分析之後，可以用於對顧客進行個人化的促銷，這種個人化促銷的活動，是否會騷擾到顧客？使顧客反感？甚至違法？也值得考慮。例如，有了顧客名單，對顧客發送廣告或促銷的電子郵件，對顧客而言，一方面可能感到方便性，另外一方面，也可能視為垃圾郵件，這也是值得考慮的事項。

第三，顧客資料的用途，也受到關注，當顧客申請會員、填寫資料，他們有權利知道這些資料是否受到安全的保障，例如，這些資料只做為何種用途？可否開放給分公司或策略聯盟公司使用？可否轉給其他公司使用？這些都是顧客關切的問題，甚至有公司將顧客資料轉賣給不法集團使用，造成顧客相當大的恐慌。

上述的資料機密的問題，在推動顧客關係管理過程中，更有其敏感性與重要性，企業推動顧客關係管理應抱持維護顧客資料安全的基本態度與實際作法，並適時讓顧客了解，使得顧客能夠安心。

較為代表性的作法如下：

1. **網路交易安全機制**：在網路交易的介面，採用網路交易安全機制，如 SSL、SET 等。
2. **隱私權政策**：企業在網站上或文件上，應該有隱私權政策之說明，說明資料的蒐集方式、應用範圍以及顧客所接受到的保障程度。

3. **告知同意（Informed Consent）**：企業在蒐集或使用顧客資料時，可以採用選擇加入（Opt-in）或選擇退出（Opt-out）等方式，讓顧客決定是否同意資料之蒐集或使用。

4. **線上隱私同盟（On-line Privacy Alliance）**：乃結合對於隱私權較為注重以及理念相合之企業，建立線上隱私同盟，共同推動隱私權保障運動，使得顧客更為安心而對於自己與企業之間的關係更有信心。

15-3 顧客關係管理的未來趨勢

顧客關係管理隨著關係行銷觀念的演進以及資訊技術之進步，已經逐漸成為一種趨勢，有人甚至認為顧客關係管理會如同 ERP 一樣成為企業 e 化的主流，到底顧客關係管理未來的趨勢如何演變，的確也是值得關切的議題。

由本書的顧客關係管理架構，可以得知顧客關係管理大致區分為企業（包含互動流程以及支援互動流程的策略、制度、資訊系統等）、顧客、關係三大部分。其運作方式是運用資訊技術及流程的配合，以便支援企業與顧客之間的互動，進而達成或增進企業與顧客之某程度的關係。顧客關係管理的未來趨勢，應該也是以這個架構為基礎，向前延伸，經由未來技術的改變、顧客需求的改變以及社會認知的改變，可以大致推論未來的顧客關係管理趨勢如下：

一、技術的趨勢

資訊通訊技術由個人電腦、工作站，進展到網路，其處理及傳輸速度也大幅提升，尤其是網際網路的應用技術，其進展非常快速。第一，是在社交網站技術方面，已經到了 web 3.0 的時代。web 2.0 技術的主要特色是使用者自製內容，使用者即時控制，以便進行社會互動與分享。其中社群及分享網站，包含臉書、推特、YouTube 等網站，可以分享文件、照片、影片等，個人可以表達自我，增進人際互動；另一種技術是類似維基百科的共同編輯網站，使用者可以在平臺上共同創造內容。web 3.0 則是將網頁上的數位內容都給予意義，例如語意網（Semantic Web）就將數位資訊與人的社會活動交織在一起。這些技術對於各類型的顧客關係，均有增進的效果，企業也常利用這些技術，做為企業內外社群溝通的工具。這些即時訊息、社交網路、共同編輯的技術可稱為協作技術（Collaboration Technology）。

其次，網際網路技術的進步，造成許多的變革。包含雲端運算、物聯網、區塊鏈技術、5G 行動通訊等。雲端運算（Cloud Computing）技術的興起，也使得資料處理產生許多變化，包含資料處理的便利性以及資料機密的疑慮，當然也形成新型態的顧客關係。物聯網所蒐集的資料會透過網路層加以傳輸。這些資料逐漸可累積成大數據，進行大數據分析或人工智慧的應用，產生許多的價值，這就是應用層，例如人員監控、遠距服務、疾病防治等。區塊鏈具有去中心化、開放性、匿名性、安全性等特性，可以讓陌生人之間的交易變得可能，目前已經廣為應用在財金、保險、醫療、農業等領域，未來的可能性是取代目前的平臺交易，類似 Uber、Airbnb 等平臺交易，是否逐漸被取代實在是很有挑戰性的議題。至於 5G，採用無線高速傳輸，大量圖片、影片的傳送更為便利，配合大數據的資料蒐集以及人工智慧的快速運算，使得物聯網的應用如虎添翼。

第三，人工智慧技術也增加了顧客互動的便利性，例如醫生運用影像識別來閱讀病歷及病情，協助診斷與監控，又例如社群網站臉書、IG 上的許多圖片、影片、照片資料，以及大街小巷裝設的自動監視器影像資料、RFID 所記錄的顧客資料，這些大數據（Big Data），結合人工智慧技術，產生許多的發展及應用空間。就顧客關係管理領域而言，資料採礦就是數於廣義的人工智慧分析。大數據結合人工智慧分析讓個人化的顧客區隔變得可能，我們可以說，大數據分析出來或預測出來的需求是個別顧客的需求。依據這種需求所提出的顧客互動方案也變得更為多元而有彈性。當然，顧客被了解得越清楚詳細，其隱私也越受威脅。

二、顧客的角色與期望

顧客原先是產品 / 服務或是價格的接受者，逐漸地，顧客參與了企業的研發、生產、配送等流程。顧客參與的程度，是由兩個方向加以延伸，一個是隨著企業的價值鏈往前延伸，由交易的過程，到配銷生產過程（諸如庫存、配銷狀態之查詢），到產品規格定義的參與，甚至可以參加構想的創意討論。另一個方向的延伸是顧客主導的權力，也就是顧客在價值鏈過程中，每一個階段顧客意見的重要性、貢獻程度以及影響力。例如顧客參與產品規格之定義，顧客的角色可能是被告知產品規格、被邀請來測試、或驗證產品規格、或是被邀請來提供規格的構想，因此，顧客可能由接受者轉變為顧問的角色，未來的顧客可能是企業價值的共同創造者（Prahalad & Ramaswamy, 2000；Prahalad, & Ramaswamy, 2003）。不但顧客的角色越來越吃重，顧客的期望也會越來越高。顧客不論是接觸到更多企業優越的服務或是本身的學習效果，均令他們對於高水準的服務視為理所當然，而且會期望有更高水準的期望，如此一來，也會使得企業致力於改善本身的顧客關係管理系統。

三、個人化的程度

由於資訊技術的進步，顧客被識別的能力大為提升，因此顧客區隔也就越來越精細，每個個人的特質可能被鑑別出來，當然個人化的互動方案也會逐漸被提出，運用數位化及寬頻的廣告及促銷也會越普通。此外，個人化程度也逐漸由服務的觀念逐漸轉為「體驗（Experience）」的觀念，也就是在銷售或其他顧客互動過程中，塑造一個可以讓顧客親身體驗的環境，不但讓顧客運用了產品與服務的功能以及接受個人化的對待，更讓顧客身歷其境、深刻體會，不僅是使用產品或服務，同時也體會生活，例如庭園咖啡，其顧客互動可由賣咖啡豆（原料）、賣熱咖啡（產品）、提供良好的景觀裝潢、藝術等環境，以及客製化服務（個人化），到為特定顧客提供有意義的節目、分享人生觀的園地等，讓顧客真正參與、融入其中（體驗），Pine II and Gilmore（1999）稱這種趨勢為體驗經濟的時代，可能成為未來行銷的主流趨勢。這對顧客關係管理策略及互動方案的設計，也是一大挑戰，更是提升競爭力的機會。

個人化也更重視個人的個性、情感與精神層面的需求。對企業而言，企業的個人化則是代表更重視企業顧客的品牌個性、企業文化、價值觀等內在的意義。

最後，顧客關係管理將以消費者個人為中心，了解其食、衣、住、行、育、樂全方位的需求，提供完整的解案，這需要大數據的分析，以及企業跨領域合作，有時稱為生態系創造。

四、顧客效益

由於顧客的認知效益包含了經濟、心理及社會層面，經濟層面的效益會隨著顧客關係管理系統的成熟及資訊技術的進步而逐漸滿足顧客的需求。未來企業欲運用顧客關係管理來提升其競爭優勢，應在於顧客關係管理系統能夠滿足或挖掘顧客心理的、社會的效益，這有賴於資料採礦技術能夠在龐大的資料庫中，找尋更多有價值的規則，以便找出更多的互動方案，同時心理學與社會學的知識，也會受到顧客關係管理領域更多的重視，以便能夠更深入了解消費者的行為與動機。舉例來說，教育學和心理學講究的認知理論和學習理論，對於了解顧客在決策過程中，產品知識、企業訊息等的學習過程，有相當大的助益，因此顧客學習方面的知識成長與人格的養成，也都可能是顧客互動的效益。又對於社會學而言，目前是屬於後現代主義與多元文化的社會，個人對於族群的認同、個人的認同，以及其他文化的尊重與了解，均為普遍的現象，若能塑造具有這種特質的互動環境，將會對顧客的內心不可磨滅之印象，對顧客忠誠度之建立，應有相當大的助益。

五、夥伴關係的趨勢

顧客關係管理所牽涉成員是由通路或合作夥伴以及最終顧客所構成，依據 Kumar & Reinartz，影響顧客關係管理的通路有以下兩個主要趨勢（洪育忠、謝佳蓉譯，民 96，pp. 405）：

1. **直效通路的激增**：由於技術的進步以及直效行銷的風行，直效通路變得相當普遍，包含網站、自助電話、自助服務技術等。所造成的影響是顧客可以直接與企業進行溝通，包含交易、談判、諮詢、教育訓練、解決問題等。
2. **通路的激增與多重通路採購者的出現**：諸如網際網路、電子郵件、自助式電話、手機簡訊等通路均納入通路體系中。所造成的影響是企業對於同樣資訊來源有眾多的接觸管道，讓企業可以交叉驗證來自多重通路之長期資訊的真實性與可靠度，也提升昇企業對其通路夥伴的互動能力。採購者也透過不同而多元的通路進行採購。

若將顧客關係管理的架構由個別企業擴大至價值鏈成員或合作夥伴，則價值鏈與最終消費者逐漸構成網絡體系，再以網路技術逐漸形成虛擬企業般的網絡，這是顧客關係管理的最終目標。

六、顧客關係管理的普遍性

顧客關係管理的架構包含顧客關係管理的技術及制度，顧客關係管理的普遍性指的是顧客關係管理的觀念及技術的擴散程度，擴散程度的兩個層面，一為企業採用顧客關係管理觀念及技術的比率，一為個別企業導入顧客關係管理的程度。若視顧客關係管理為一項創新技術，創新技術的擴散程度受到技術本身、傳播媒介、技術採用者的特質、以及社會體系的影響（Rogers, 1995），技術本身指的是顧客關係管理技術對企業而言，其相對效益是否足夠、是否與本身既有制度不會差距太遠、以及不會太複雜等。傳播媒介指的是推動顧客關係管理的單位努力與推動效果，包含企業管理、行銷、資訊管理的學術與實務、均致力於顧客關係管理之投入，政府對於行銷與e化，也不遺餘力。採用者特性指的是企業是否導入顧客關係管理的決策者之決策過程，有些企業匆匆導入，有些審慎評估，對顧客關係管理擴散，有所影響。最後，社會體系指的是社會文化、風俗民情，以及對科技的看法，臺灣的社會，既重科技又講人情，對顧客關係管理擴散速率，有加分之效果。由擴散理論可推知，企業採用顧客關係管理觀念及技術的比率勢必越來越高，顧客關係管理可能成為全球企業共同的概念，並普遍實施。至於個別企業導入顧客關係管理程度的問題，也會隨著顧客關係管理理論架構及資訊技術工具越來越成熟而有更高的導入程度，其顧客關係管理的導入效益，也會更加彰顯。

顧客焦點

顧客關係管理為什麼會失敗

顧客關係管理（Customer Relationship Management, CRM）是資訊科技界的熱門議題，也在企業界備受重視。但是，美國市場研究公司 Meta Group 的統計資料顯示，企業的顧客關係管理做法中，55% 到 75% 都無法達到原訂目標，失敗率在一半以上。

為什麼有些公司的顧客關係管理成功，有些公司卻失敗？「情境」（Context）雜誌日前指出顧客關係管理的推展，尤其在資訊科技使用方面，最常見的失敗原因有三：

1. 不了解顧客

通用汽車的金融子公司 General Motors Acceptance，專門提供商業房地產貸款。4 年前，公司聘請企業顧問重新為公司設計與顧客相關的運作系統，希望能提高效率。但是，因為企管顧問公司沒有完全了解公司的顧客，以致新系統運作失敗。其原因是公司的顧客群廣大，借貸的額度小至 10 萬美元，大至 16 億美元，但是新系統忽略顧客的複雜度，設計系統時將所有顧客一視同仁，結果 2 年前新系統上路後出現各種問題，使公司不得不放棄新系統。

2. 公司的政策不定

販售居家建材的歐文思康寧（Owens Corning）公司，在全世界都有客戶。90 年代初期，公司的顧客量大幅成長，與顧客相關的資料跟著成長到難以管理的數目。公司原有的方法已不敷使用，例如，同樣的顧客資料儲存在不同的資料庫，造成各種混淆。1997 年，該公司決定投入上百萬美元，開始改進與顧客關係管理相關的系統，包含改進客服中心，但是因為公司的政策搖擺不定，以致成果不若預期。當年 7 月，公司通過這筆預算，10 月預算遭到刪減，次年 1 月再次被刪，結果到了 1999 年，公司與顧客關係管理相關的預算又回到 1992 年的金額。公司沒有真正把顧客關係管理視為優先推行事項，政策及效果最後都在原地踏步。

3. 科技使用產生問題

美國柏修斯發展（Perseus Development）公司專門為其他公司設計執行顧客調查。1999 年時，公司體認到顧客關係管理重要性，決定購進相關的應用軟體。但是，在買進軟體後，公司卻發現軟體與公司原有系統不合，結果，安裝新軟體幾個月過後，公司不僅沒有受惠，反而受害，例如，業務員必須為同一名顧客在不同系統上重複填寫一樣的資料表。許多公司大手筆投資購買顧客關係管理的科技軟體，但是卻不符合公司原有的系統，或者公司的真正需求，以致發揮的效果有限。在決定購買科技產品時，公司首先需要了解自己的實際需求，然後根據公司的需求與能力，決定由公司自己做、外包給其他公司量身訂做，或者購買現成的產品。

近年來，等顧客上來購買現有產品的時代已經結束，新科技讓一週七天、一天 24 小時永不打烊的關係得以成真。與顧客的關係不再是被動回應，而是要事先回應顧客需求，甚至主動出擊，提供顧客所需的產品與服務。席格高與特維施在哈佛商業評論上就提出不斷線的顧客新關係的主張，稱之為「連線策略」，該策略有四大可能做法：

(1) 回應渴望：讓顧客以最省時最省力的方式收到商品，而其中最關鍵的回應要素是速度。

(2) 策畫式供應：引導顧客選購公司方便供應的產品，而其中最關鍵的能力是個人化推薦的能力。

(3) 指導行為：主動提醒顧客需求，並鼓勵他們行動，而其中最關鍵的能力是了解顧客需求，並能蒐集與詮釋豐富資料。

(4) 自動化執行：在顧客覺察之前，就滿足他們的需求，而其中最關鍵的能力是監測顧客行為，並快速提出因應方案。

連結策略最根本的理念是「重複」，也就是從現有互動中學習，打造永續優勢。

資料來源：顧客關係管理為什麼會失敗，EMBA 世界經理文摘第 199 期，pp. 124-125；不斷線的顧客新關係，哈佛商業評論全球繁體中文版，May 2019，pp. 60-69

顧客關係管理失敗的主要原因為何？讀完本書，你有多大把握，可以改善這些問題？不斷線的顧客新關係的四大做法，與本書所提供的策略或互動方案設計有無異同之處？

本章習題

一、選擇題

(　　) 1. 推動顧客關係管理時，對於績效指標的認定有所不同，造成推行時產生障礙，這是屬於哪一種障礙？

(A) 認知的障礙　(B) 整合的障礙

(C) 顧客本身的障礙　(D) 以上皆非

(　　) 2. 下列哪一項倫理議題與顧客關係管理有關？

(A) 科技倫理　(B) 資訊倫理

(C) 行銷倫理　(D) 以上皆是

(　　) 3. 下列有關財產權的敘述何者正確？

(A) 著作權不保護創意　(B) 著作權不保護表達方式

(C) 專利權不保護創意　(D) 專利權不保護表達方式

(　　) 4. 企業在電子商務網站上採用 SSL 系統，是屬於何種隱私權的做法？

(A) 交易安全機制　(B) 隱私權政策

(C) 告知同意　(D) 線上隱私同盟

(　　) 5. 企業在網站上說明資料蒐集方式、應用範圍、顧客保障程度等，是屬於何種隱私權的做法？

(A) 交易安全機制　(B) 隱私權政策

(C) 告知同意　(D) 線上隱私同盟

(　　) 6. 影響社群溝通方式最顯著的是哪一種技術？

(A) 雲端　(B) 協作

(C) 平板　(D) 無線

(　　) 7. 從顧客關係管理的角度而言，了解技術趨勢的最主要目的為何？

(A) 進行採用決策　(B) 用以設計互動方案

(C) 用以促進溝通　(D) 以上皆是

(　　) 8. 整體體驗所以受到重視，可以由下列哪一個趨勢加以解釋最適當？

(A) 技術趨勢　(B) 顧客角色與期望

(C) 個人化　(D) 夥伴關係

(　　) 9. 顧客可以共同創造價值，此現象可以由下列哪一個趨勢加以解釋最適當？

(A) 技術趨勢　(B) 顧客角色與期望

(C) 個人化　(D) 夥伴關係

二、問題與討論

1. 顧客關係管理推行時，面臨哪些障礙？你認為本書的顧客關係管理架構及發展所討論的內容能夠協助你克服多少障礙？
2. 顧客關係管理推行時，面臨哪些智慧財產權及隱私權的問題？如何克服？
3. 顧客關係管理未來發展趨勢為何？

本章摘要

1. 顧客關係管理推行的障礙包含對於顧客關係管理範圍、定義、績效策略上的認知不同；對於流程與資料的整合困難，以及對於顧客本身理性情感與環境背景的障礙等三項。
2. 顧客關係管理推行也面臨倫理與社會議題。倫理議題包含科技倫理、資訊倫理與行銷倫理；智慧財產權議題包含專利、商標、著作權及營業秘密；隱私權的問題則指在蒐集顧客資料的過程可能侵犯到個人隱私，企業應採取一些策略，對顧客隱私有適度的尊重與保證。
3. 顧客關係管理的未來趨勢包含顧客角色的改變、個人化程度的越發提升、顧客潛在效益的開創、夥伴關係的趨勢，以及顧客關係管理觀念與導入的普及性等。

參考文獻

1. 胡世忠著（民 102），雲端時代的殺手級應用：Big Data 海量資料分析，第一版，臺北市：天下雜誌。
2. Pine II, B.J., Gilmore, J.H., (1999), The Experience Economy, Havard Business School Press.
3. Prahalad, C. K., Ramaswamy, V., (2000), “Co-Opting Customer Competence,” Harvard Business Review, Jan-Feb, pp.79-87.
4. Prahalad, C.K., Ramaswamy, V., (2003), The Future of Competition: Co-Creating Unique Value with Customer, Harvard Business School Press.
5. Rogers, E.M. (1995), Diffusion of Innovation, The Free Press.

索引表

S

T

U

V

W

中文索引

國家圖書館出版品預行編目資料

顧客關係管理 / 徐茂練編著. -- 八版. -- 新北市 : 全華圖書股份有限公司, 2022.11
面 ; 公分
ISBN 978-626-328-345-9(平裝)

1.CST: 顧客關係管理

496.5 111016979

顧客關係管理（第八版）

作者 / 徐茂練
發行人 / 陳本源
執行編輯 / 陳品蓁
封面設計 / 盧怡瑄
出版者 / 全華圖書股份有限公司
郵政帳號 / 0100836-1 號
印刷者 / 宏懋打字印刷股份有限公司
圖書編號 / 0804107
八版一刷 / 2022 年 12 月
定價 / 新台幣 560 元
ISBN / 978-626-328-345-9 (平裝)
全華圖書 / www.chwa.com.tw
全華網路書店 Open Tech / www.opentech.com.tw
若您對書籍內容、排版印刷有任何問題，歡迎來信指導 book@chwa.com.tw

臺北總公司(北區營業處)
地址：23671 新北市土城區忠義路 21 號
電話：(02) 2262-5666
傳真：(02) 6637-3695、6637-3696

中區營業處
地址：40256 臺中市南區樹義一巷 26 號
電話：(04) 2261-8485
傳真：(04) 3600-9806(高中職)
(04) 3601-8600(大專)

南區營業處
地址：80769 高雄市三民區應安街 12 號
電話：(07) 381-1377
傳真：(07) 862-5562